中国环境出版集团
普通高等教育规划教材

废水工程
物化工艺与原理

李　方　主编

田　晴　沈忱思　副主编

中国环境出版集团·北京

图书在版编目（CIP）数据

废水工程物化工艺与原理 / 李方主编. -- 北京：
中国环境出版集团，2025.7
中国环境出版集团普通高等教育规划教材
ISBN 978-7-5111-5853-6

Ⅰ. ①废… Ⅱ. ①李… Ⅲ. ①废水处理－物理化学处
理－高等学校－教材 Ⅳ. ①X703.1
中国国家版本馆 CIP 数据核字 (2024) 第 090660 号

责任编辑　侯华华
封面设计　宋　瑞

出版发行　**中国环境出版集团**
　　　　　（100062　北京市东城区广渠门内大街 16 号）
　　　　　网　　址：http://www.cesp.com.cn
　　　　　电子邮箱：bjgl@cesp.com.cn
　　　　　联系电话：010-67112765（编辑管理部）
　　　　　　　　　　010-67112735（第一分社）
　　　　　发行热线：010-67125803，010-67113405（传真）
印　　刷　玖龙（天津）印刷有限公司
经　　销　各地新华书店
版　　次　2025 年 7 月第 1 版
印　　次　2025 年 7 月第 1 次印刷
开　　本　787×960　1/16
印　　张　24
字　　数　460 千字
定　　价　89.00 元

前　言

　　水污染防治是生态文明建设的重要环节。随着污染防治攻坚战的不断深入，水污染防治的技术要求也在不断提升，从原来的达标排放到废水资源再生利用，从节能减排到"碳达峰、碳中和"目标，废水处理技术，尤其是物理法和化学法的相关工艺，在近 20 年来得到了显著的优化和改进。例如，由于排放标准越来越严格，高级氧化技术得到了推广应用；为满足工业废水的再生利用需求，膜分离技术已经被普遍应用。但目前环境工程专业的相关教材中关于这些物化工艺的原理和工程实践的内容还较少。为把握普通高等院校环境工程"新工科"建设的内涵，满足"卓越工程师教育培养计划"的教学要求，特编写此书作为环境工程专业本科生和研究生的教学用书。

　　本书根据废水污染物的特点及其处理方法，针对主流物化处理工艺的基本原理、技术方法、标准指南以及最新工艺设备进行系统性的阐述，梳理了基本概念，解释了基本理论，结合我国相关的技术指南和工程规范，融入工程实例，以培养学生的基本专业素养和解决工程实际问题的能力。通过数学公式推导和例题解答，可以清楚地阐述一些技术的基本原理，培养学生的创新意识，同时有助于培养研究生在科研工作中的文献阅读能力。每章都配有习题，旨在加深学生对基本理论的理解和对技术关键点的掌握。

本书由李方担任主编，田晴、沈忱思担任副主编。第 1 章和第 2 章介绍废水工程相关管理、技术概况和水质指标等，由李方编写；第 3 章介绍反应动力学与反应器，由田晴编写；第 4 章介绍格栅，由张星冉编写；第 5 章介绍化学混凝，由方小峰、李方编写；第 6 章介绍重力分离，由黄满红、李隽编写；第 7 章介绍常规过滤，由张星冉编写；第 8 章介绍化学结晶/沉积法与化学沉淀法，由田晴编写；第 9 章介绍吸附工艺，由沈忱思编写；第 10 章介绍膜分离技术，由李方编写；第 11 章介绍消毒与氧化还原，由刘艳彪、周娟编写。全书由李方负责统稿和校核，许向敏、张思远、童欣凯、柴妍玲、章耀鹏、黄嘉豪等协助制作相关图表。

本书可作为普通高等院校环境科学与工程专业本科和研究生教学用书，也可作为其他相近专业教学参考书，同时可供从事环境工程设计、管理及科研工作的人员参考使用。在本书编写过程中，收集与总结了国内外教材中所涉及物化工艺的基础理论，详细地描述了物化工艺过程所涉及的基本反应与原理，也吸收了很多工艺过程的研究与应用的新成果，以期为读者理解与掌握废水物化处理过程与相关工艺设计提供理论参考。中国环境出版集团为本书的编写和出版做了大量的工作，在此一并表示衷心感谢。

因作者水平与精力有限，书中难免存在一些错误与疏漏，敬请各位读者批评指正。

（课件与习题参考答案申请邮箱：lifang@dhu.edu.cn）

2023 年 10 月

目 录

第 1 章　绪　论

1.1　废水治理的发展历程

水是生命之源，是人类历史发展历程中最重要的自然资源。人类文明从狩猎采集到游牧、农耕社会，再到工业社会，随着人口数量和密度不断增加，生产、生活过程中产生的废水越来越多。在集聚人口规模很小的情况下，废水直接排放进入自然环境，通过土地和水体的消纳能力实现自然净化，而当集聚的人口规模突破所在地的环境容量时，特别是工业革命之后，规模化工业生产产生的大量未经处理的水直接排放到附近的湖泊或河流中，对水体环境造成了严重污染，影响水生态系统和人类社会对水资源的使用。一般把在生活、工业、商业、农业中使用过的水以及降水产生的地表溢流统称为废水（wastewater）。其中，生活产生的废水一般称为生活污水（sewage），但在传统的中文表述中，废水和污水两者经常混用。

在人类历史发展进程中，废水控制技术不断得到提升和发展。在中国，古人很早就意识到废水排放的重要性。商朝时期城市规模已经发展到了一定程度，在遗址中发掘出的一处大型石木结构排水暗沟的宽度可达 2 m。汉唐时期的农村，生活污水和家畜粪便一般直接流入"溷"（相当于今天的化粪池），粪水可以用作农作物肥料。在欧洲，古罗马人使用冲水厕所并修建了早期下水道系统，这些排水道后来逐渐演变成收集生活污水的下水道，至今仍在发挥作用。到了中世纪，由于欧洲城市对污水治理问题的忽视，瘟疫和传染病肆虐，后来科学家发现了霍乱等流行病真正的致病原因后，提出了将城市的生活污水（一般称为市政污水）通过地下管网输送到远离城市的郊外，这种城市地下管网得到了快速发展。随着工业革命的发展，人口数量增加导致城市污水量剧增，工业生产产生的大量废水（一般称为工业废水）也严重影响了生态环境，废水处理问题越来越严重，真正意义上的现代废水治理技术应运而生。

现代废水治理技术随着时代的变化也在不断地进步和发展。1914年，英国曼彻斯特市首次采用活性污泥法二级生物处理技术进行试验性的市政污水处理。1923年，中国建成第一座市政污水处理厂——上海北区污水处理厂，采用当时最先进的活性污泥工艺，设计处理能力为 3 500 m^3/d。随着社会城市化进程的加快和社会生产力的不断提高，世界范围内的废水处理量和废水处理难度也在增加，废水处理的目标从去除有机物出发，向脱氮除磷、去除难降解有机物、分离重金属和再生回用等目标发展，如今的处理技术包含生物法、物理法和化学法等众多工艺。

1.2 我国环境管理制度

1.2.1 生态环境标准

（1）生态环境标准分类

生态环境标准是国家生态环境法律法规的重要组成部分，是各级政府部门制定生态环境保护目标、开展生态环境管理的重要依据，也是排污单位进行污染治理、依法排污的主要依据。科学、协调、系统的环境标准体系对于支撑环境管理、提高环境管理效能具有重要意义。按照生态环境部2020年颁布的《生态环境标准管理办法》，我国的生态环境标准可以归纳为"两级六类"的标准体系，"两级"分别为国家级和地方级，"六类"包括生态环境质量标准、生态环境风险管控标准、污染物排放标准、生态环境监测标准、生态环境基础标准、生态环境管理技术规范。

（2）两级管理

国家生态环境标准在全国范围内或者标准指定区域范围内执行，国务院生态环境主管部门依法制定并组织实施国家生态环境标准。地方生态环境标准在发布该标准的省、自治区、直辖市行政区域范围内或者标准指定区域范围内执行。省级人民政府依法制定地方生态环境质量标准、地方生态环境风险管控标准和地方污染物排放标准，并报国务院生态环境主管部门备案。

（3）执行要求

国家和地方生态环境质量标准、生态环境风险管控标准、污染物排放标准和法律法规规定强制执行的其他生态环境标准，以强制性标准的形式发布。强制性生态环境标准必须执行。法律法规未规定强制执行的国家和地方生态环境标准，以推荐性标准的形式发布。推荐性标准不具有强制性。

（4）执行顺位

针对同一排污单位，同时存在不同级别、不同类型的污染物排放标准时，污染物排放标准执行的优先顺位如下：

①地方污染物排放标准优先于国家污染物排放标准；地方污染物排放标准未规定的项目，应当执行国家污染物排放标准的相关规定。

②同属国家污染物排放标准的，行业型污染物排放标准优先于综合型和通用型污染物排放标准；行业型或者综合型污染物排放标准未规定的项目，应当执行通用型污染物排放标准的相关规定。

③同属地方污染物排放标准的，流域（海域）或者区域型污染物排放标准优先于行业型污染物排放标准，行业型污染物排放标准优先于综合型和通用型污染物排放标准。流域（海域）或者区域型污染物排放标准未规定的项目，应当执行行业型或者综合型污染物排放标准的相关规定；流域（海域）或者区域型、行业型或者综合型污染物排放标准均未规定的项目，应当执行通用型污染物排放标准的相关规定。

1.2.2 我国生态环境标准体系的发展历程

1973 年，我国发布第一项国家生态环境保护标准《工业"三废"排放试行标准》（GBJ 4—73）。目前，我国已经形成完善的生态环境标准体系，全面覆盖水、大气、土壤、固体废物、噪声和辐射污染控制等领域。我国生态环境标准体系的发展历程可以概括为以下五个阶段。

第一阶段（1973—1978 年）为起步阶段，主要体现为第一项国家生态环境保护标准的制定和实施。

第二阶段（1979—1987 年）为体系初步形成阶段。1979 年颁布的《中华人民共和国环境保护法（试行）》对于生态环境标准作了具体的规定，1985 年设立国家环境保护局并下设规划标准处，开始了生态环境标准有组织、系统的研究和制定工作。在此期间制定发布了 41 项行业型国家污染物排放或控制标准，初步建立了以环境质量标准和污染物排放标准为主体，环境监测方法标准、环境标准样品标准、环境基础标准相配套的国家环境标准体系。

第三阶段（1988—1999 年）为污染物排放标准体系调整和环境质量标准修订阶段。在此期间，我国发布了 64 项国家污染物排放标准，包括《污水综合排放标准》和火电、钢铁、纺织染整等重点行业污染物排放标准；颁布了大气、土壤、海洋、电磁辐射等环境质量标准，环境质量标准体系基本完善。

第四阶段（2000—2010 年）为生态环境标准快速发展阶段。2000 年《中华人民共和国大气污染防治法》、2008 年《中华人民共和国水污染防治法》等污染防治法的颁布明确了与环境相关的"超标违法"等行为，环境标准类型和数量大幅增加，在此阶段发布了造纸、制药、合成氨、电镀、锅炉、轻型汽车等行业污染物排放标准。我国的污染物排放标准调整为以行业型排放标准为主、综合型排放标准为辅的标准体系。

第五阶段（2011 年至今）为环境标准体系优化阶段。以制定《火电厂大气污染物排放标准》和修订《环境空气质量标准》为标志，我国的环境标准逐步与国际接轨，更加注重以人为本，以环境质量改善为目标导向，污染物限值更加严格，同时优化体系并加强标准的实施监督。

1.2.3 我国水环境标准体系

（1）水环境质量标准

水环境质量标准按照标准规定的生态环境功能类型划分功能区，明确适用的控制项目指标和控制要求，并采取措施达到生态环境质量标准的要求，涉及水污染物的国家生态环境质量标准有《地表水环境质量标准》（GB 3838）、《海水水质标准》（GB 3097）、《地下水质量标准》（GB/T 14848）等。

专栏 1-1 《地表水环境质量标准》简介

《地表水环境质量标准》（GB 3838）是国家生态环境标准体系的一个重要组成部分，该标准于 1983 年首次发布后，分别于 1988 年、1999 年、2002 年进行了 3 次修订。该标准控制项目达 109 项，包括地表水环境质量标准基本项目、集中式生活饮用水地表水源地补充项目和集中式生活饮用水地表水源地特定项目。地表水环境质量标准基本项目适用于全国江河、湖泊、运河、渠道、水库等具有使用功能的地表水水域，集中式生活饮用水地表水源地补充项目和特定项目适用于集中式生活饮用水地表水源地一级保护区和二级保护区；依据地表水水域环境功能和保护目标，按功能高低依次划分为 5 类（见表 1.2-1）。

表 1.2-1 《地表水环境质量标准》（GB 3838—2002）水质分类情况

类别	适用范围
Ⅰ类	主要适用于源头水、国家自然保护区
Ⅱ类	主要适用于集中式生活饮用水地表水源地一级保护区、珍稀水生生物栖息地、鱼虾类产卵场、仔稚幼鱼的索饵场等
Ⅲ类	主要适用于集中式生活饮用水地表水源地二级保护区、鱼虾类越冬场、洄游通道、水产养殖区等渔业水域及游泳区
Ⅳ类	主要适用于一般工业用水区及人体非直接接触的娱乐用水区
Ⅴ类	主要适用于农业用水区及一般景观要求水域

（2）水污染物排放标准

水污染物排放标准根据适用对象分为行业型、综合型、通用型、流域（海域）或者区域型污染物排放标准。

①行业型污染物排放标准适用于特定行业或者产品污染源的排放控制。生态环境部目前已经发布了造纸、焦化、石化、化工、有色、纺织染整、制药、制革、电镀等 64 项行业水污染物排放标准，上述行业的废水、COD_{Cr} 和氨氮排放量占工业排放量的 90%以上。行业标准的制定主要是针对行业生产和废水处理过程中产生的一些高浓度或高毒性的特征污染物进行浓度及排污总量的限制。例如，《石油炼制工业污染物排放标准》中对挥发酚、三苯类化合物进行排放浓度限制，《纺织染整工业水污染物排放标准》及其修改单中对苯胺类、总锑等污染物进行浓度限制。此外，行业排放标准中一般设立单位产品或原料的基准排水量，可以通过基准排水量，基于产量对排污单位核算废水排放总量。

②综合型污染物排放标准适用于行业型污染物排放标准适用范围以外的其他行业污染源的排放控制，例如《污水综合排放标准》（GB 8978）、《城镇污水处理厂污染物排放标准》（GB 18918）、《污水排入城镇下水道水质标准》（GB/T 31962）等。

专栏 1-2 《城镇污水处理厂污染物排放标准》简介

《城镇污水处理厂污染物排放标准》（GB 18918）首次发布于 2002 年，2006 年发布修改单。该标准聚焦城镇污水处理厂，根据受纳水环境所允许的环境容量来制定污染物项目的限制浓度（见表 1.2-2）。

表 1.2-2　标准的分级和处理工艺与受纳水体功能的对应关系

	一级标准		二级标准	三级标准
	A 标准	B 标准		
处理工艺	深度处理	二级强化处理	常规二级处理	一级强化处理
受纳水体功能	资源化利用基本要求、景观要求	地表水Ⅲ类、海水二类、湖、库等	地表水Ⅳ、Ⅴ类，海水三、四类水域	非重点流域、非水源保护区建制镇水体

标准将城镇污水污染物控制项目分为以下两类：

第一类为基本控制项目，主要是对环境产生较短期影响的污染物，也是城镇污水处理厂常规处理工艺能去除的主要污染物，包括 BOD$_5$、COD、SS、动植物油、石油类、LAS、总氮、氨氮、总磷、色度、pH 和粪大肠菌群数共 12 项，部分一类重（类）金属污染物包括总汞、烷基汞、总镉、总铬、六价铬、总砷、总铅共 7 项。

第二类为选择控制项目，主要是对环境有较长期影响或毒性较大的污染物，或是影响生物处理、在城市污水处理厂又不易去除的有毒有害化学物质和微量有机污染物，如挥发酚、总氰、硫化物、甲醛、苯胺类、硝基苯类、三氯乙烯、四氯化碳等 22 项。

③通用型污染物排放标准适用于跨行业通用生产工艺、设备、操作过程或者特定污染物、特定排放方式的排放控制。

④流域（海域）或者区域型污染物排放标准适用于特定流域（海域）或者区域范围内的污染源排放控制，例如《河南省黄河流域水污染物排放标准》（DB 41/2087—2021）。

（3）管理技术规范

生态环境管理技术规范包括可行技术指南、工程技术规范、环保产品技术要求、环境标志产品标准等文件，一般为推荐性标准。

污染防治可行技术指南是根据我国一定时期内的环境需求和经济水平，在污染防治过程中综合采用污染预防技术、污染治理技术和环境管理措施，使污染物排放稳定达到国家污染物排放标准，规模应用的技术。污染防治可行性技术指南一般包括污染预防技术和污染治理技术两大类，并推荐废水污染防治的工艺流程、技术参数和运行管理措施。例如，《纺织工业污染防治可行技术指南》（HJ 1177—2021）

筛选了 9 项清洁生产技术和 25 项污染治理技术作为可行的推荐技术,明确了技术工程应用的关键参数和管理细节。废水治理的工程技术规范又包含各个行业废水治理工程技术规范和工艺的工程技术规范,目前已发布 21 项行业废水治理的工程技术规范和 18 项工艺的工程技术规范,具体见附录 2 和附录 3。

1.3 废水治理工艺技术的发展

1.3.1 常用技术介绍

根据污染物的性质和排放要求,可以使用下列任何一种或几种处理工艺的组合来对其进行处理以达到废水治理目标。

(1)物理处理

物理处理是指通过简单的物理作用力将污染物从废水中分离的过程,如沉淀、气浮、过滤等。物理处理工艺主要用于去除悬浮性固体以及部分胶体、溶解性固体。

(2)化学处理

化学处理是指向废水中添加化学药剂,通过化学反应实现污染物的转化或破坏,如混凝-絮凝去除固体颗粒、化学氧化降解可溶性有机物、化学沉淀除磷等。

(3)生物处理

生物处理是指利用微生物的新陈代谢作用将污染物转化或破坏。生物工艺包括活性污泥法、生物膜法、生物滴滤池、膜生物反应器等。生物处理的主要目的是通过生物的作用将废水中可生物降解的有机物减少到可排放的程度,生物处理也用于去除污水中的氮、磷等营养元素。

1.3.2 废水处理流程

废水处理系统是各工艺单元的组合,每个工艺单元都是相对独立的生物处理单元或物化处理单元。废水逐个经过处理单元,污染物的浓度会逐渐降低,直至降低到满足排放标准。按处理的目标和要求,废水处理程度可以分为预处理、一级处理、二级处理和三级处理(深度处理)。而工业废水由于其水质复杂和排放管理差异较大,其处理程度也可以分为预处理、达标排放处理、再生回用处理和"零排放"处理。典型市政污水处理流程和典型纺织染整废水处理流程分别如图 1.3-1、图 1.3-2 所示。

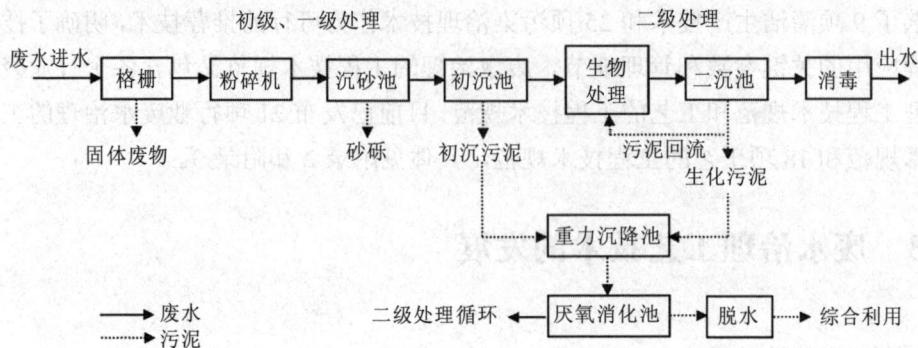

图 1.3-1 典型市政污水处理流程

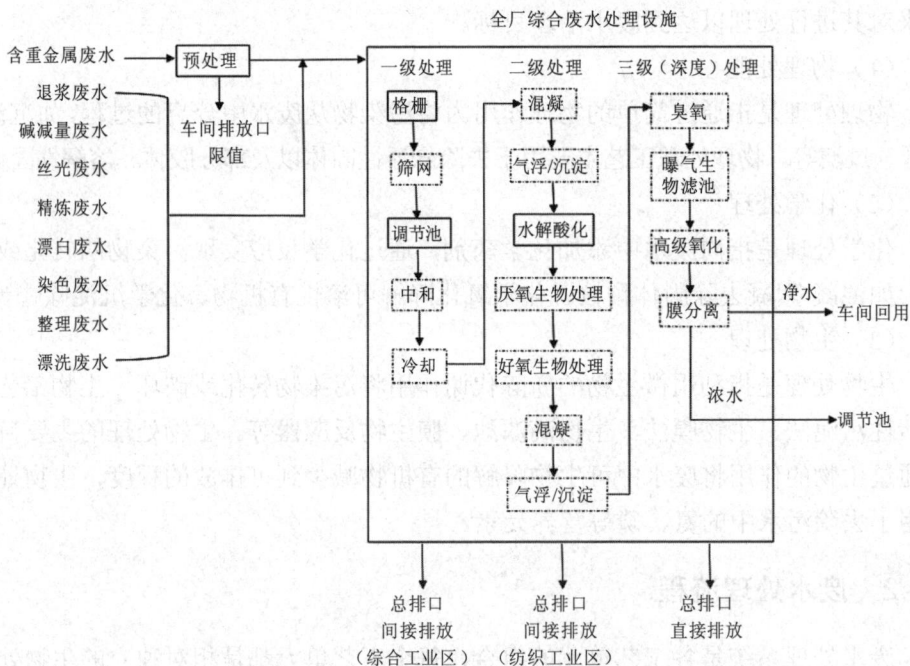

图 1.3-2 典型纺织染整废水处理流程

（1）预处理

预处理主要是指采用物理方法去除较大尺寸的固体，如大碎片纺织物、草木枝干、塑料纸片包装等。一般采用格栅、筛网等设备去除这些污染物，防止其对泵、管道造成堵塞和损坏。工业废水中的预处理也可以针对生产过程中某个特定的工段或工序产生的废水，采用特定的物化方法对特征污染物进行去除，以降低后续混合处理的难度，如采用酸析的方法对印染企业的碱减量废水进行处理，可以去除废水中聚酯合成时残留的低聚物。

（2）一级处理

一级处理是指采用物理方法去除废水中的部分悬浮颗粒。市政污水的一级处理通常采用沉淀法（如沉砂池和初沉池），一般也包括预处理。工业废水的一级处理可根据污染物性质选择混凝、沉淀或气浮等方法。

（3）二级处理

二级处理是指采用生物方法去除废水中的可溶性和胶体污染物，可去除 90%以上的 BOD。生物方法一般采用特定形式或结构的生物反应器，如升流式厌氧污泥床反应器（UASB）、序批式生物反应器（SBR）、三槽式氧化沟等。当针对氮或磷等营养物质需要达到特定的处理目标时，可以特定的反应器组合通过硝化-反硝化组合工艺实现生物脱氮，或者采用活性污泥厌氧释磷-好氧过量吸磷的方法实现生物除磷。

（4）三级（深度）处理

如果对废水处理目标有更高的要求，或者尾水需要回用，二级处理之后通常还需要增加深度处理工艺，一般采用物理法、化学法或者生物强化法等工艺的组合。例如，采用消毒工艺来杀灭病原体，用膜分离回收废水，用活性炭吸附去除挥发性有机物以及采用离子交换去除特定离子等。

1.3.3　未来废水治理的发展方向

（1）减少能源消耗

污水处理厂是能源和电力消耗大户。废水收集、运输、处理和再生利用的各环节都需要消耗电力，城镇污水处理厂处理单位污水的耗电量一般为 0.11～0.30 kW·h，其中约一半能耗在曝气环节。因此，未来污水处理厂更倾向于选择低能耗的工艺和设备。代表性的新技术有厌氧氨氧化工艺，该工艺规避了传统的硝化/反硝化路线，可大大降低好氧曝气的能耗；厌氧膜生物反应器则能有效地实现以能量转化为目标的碳的生物转化。在设备与装置方面，微孔曝气装置、在线监视/智能控制技术都能大幅提升工艺的稳定性，降低工艺整体的能耗。

（2）水再生利用与资源回收

水再生利用是世界各国普遍采用的解决水资源短缺的有效途径，再生水的用途包括城区绿化、（非粮食作物）农业灌溉、工业用水、景观娱乐用水和地下水补给等。未来废水治理方向应该更加注重再生水的水质稳定性和安全性。深度处理技术、高效膜分离技术都是废水再生利用过程中不可或缺的技术。此外，废水中的氮、磷等营养物质可以通过生物法或物化法处理后用于农用肥料的生产。

（3）生态安全与人体健康

随着生产技术的进步，世界上每年会产生 1 万余种新的合成有机化合物，它们会通过各种途径进入废水，目前可在废水甚至水源水中检测到大量新兴污染物。例如，杀虫剂、除草剂及其代谢产物、氯代烃、消毒副产物（DBPs）、三氯乙烯（TCE）、多氯联苯（PCBs）、N,N-二甲基亚硝胺（NDMA）、甲基叔丁基醚（MTBE）等。在我国，生态环境部、工业和信息化部及卫生健康委连续公布了两批优先控制化学品名录，美国国家环境保护局（EPA）也公布了 129 种优先控制污染物。大多数优先控制污染物在环境中是持久性有机污染物（persistent organic pollutants，POPs），并且已证实或怀疑有"致癌、致畸、致突变"的危险性。此外，大量使用的药物和个人护理产品均具有很高的生物激素类活性，此类物质进入废水中以微量级浓度存在，它们属于内分泌干扰物，在地表水环境中累积会影响水生动物的繁殖和发育。传统处理工艺无法有效去除这些微量污染物，未来污水处理厂需要采用高级氧化、致密膜分离等技术才能使废水排放达到可接受的水平。

（4）污泥减量化与资源化

安全、经济地处理和处置污泥是目前废水处理行业的挑战之一。污泥减量化是当前的热点技术，包括污泥预处理、强化厌氧消化和资源回收等。例如，污泥通过碱法水解后，再经超声波处理可促进有机物向脂肪酸的生物转化；通过热水解可以加快挥发性固体的析出，强化甲烷生成，从而实现污泥的减量。此外，还可以从剩余污泥中回收蛋白质，生化污泥可通过单独、组合型碱处理来水解、提取动物生长所必需的蛋白质，可回用于动物饲料添加剂的生产。

习题

1．简述我国生态环境标准的两级管理模式。

2．我国现行的污染物排放标准有哪几种？各种标准的适用范围及相互关系是什么？

3．在"双碳"目标约束下，未来废水治理技术将会呈现什么样的特点？

第 2 章 废水分类与水质特征

2.1 废水分类

2.1.1 生活污水

生活污水主要分为城镇生活综合污水和农村生活污水。城镇生活综合污水是指城镇居民日常家庭用水和公共服务用水过程中排放的且未经城镇污水处理设施处理的污水。居民日常家庭用水包括饮用、烹调、洗涤、冲厕、洗澡等日常生活用水；公共服务用水包括娱乐场所、宾馆、浴室、餐饮、商业、其他服务业、学校和机关办公楼等用水。农村生活污水是指农村居民在日常生活活动中所产生的污水，其中厨房炊事、洗漱、洗涤和洗浴等活动产生的污水，污染物浓度相对较低，归为"灰水"；水冲式厕所产生的冲厕污水（粪尿污水），污染物浓度相对较高，归为"黑水"。

城镇生活污水产生量根据城镇生活用水量和折污系数计算得出。折污系数为 0.8～0.9，其中，人均日生活用水量≤150 L/人时，折污系数取 0.8；人均日生活用水量≥250 L/人时，取 0.9；人均日生活用水量在 150～250 L/人时，系数取值采用插值法确定。人均日生活用水量采用城镇生活用水量与城镇常住人口的比值计算。

$$城镇生活污水产生量（万 t）=城镇生活用水量（万 t）×折污系数 \qquad (2.1\text{-}1)$$

$$人均日生活用水量[L/(人·d)]=\frac{年城镇生活用水量（万t）×1\,000（L/t）}{城镇常住人口（万人）×365（d）} \qquad (2.1\text{-}2)$$

城镇生活污水产生量（万t）= 人均日生活用水量 $[L/(人·d)]×$

城镇常住人口（万人）×折污系数×365（d）/1 000（L/t）

$$(2.1-3)$$

根据生态环境部发布的《第二次全国污染源普查产排污系数手册（生活源）》，城镇生活源水污染物产生系数已结合行政区划，同时充分考量了地理环境因素、城市经济水平、气候特点以及用排水特征等要素，将全国（不包括我国台湾省、香港特别行政区和澳门特别行政区）划分为 6 个区域，具体见附录4。需要注意的是，城镇污水处理厂处理的污水，除来自城镇居民生活污水和机关、学校、医院、商业服务机构及各种公共设施排水外，还有一部分是允许排入城镇污水收集系统的工业废水和初期雨水。

农村生活污水排放量和污染物排放量的计算可用式（2.1-4），排放系数具体参见《第二次全国污染源普查产排污系数手册（生活源）》。

农村生活污水排放量（万t）=农村常住人口（万人）×

污水排放系数 $[L/(人·d)]×365$（d）/1 000 （2.1-4）

污染物产生量（t）=农村常住人口（万人）×

污染物产污强度 $[g/(人·d)]×365$（d）×10 （2.1-5）

2.1.2　工业废水

工业废水是指工业生产过程中产生且未经处理的废水。作为世界上工业生产体系最为完善的国家之一，我国的工业生产行业种类繁多，不同行业产生的废水性质也完全不同，因此生态环境部根据不同的行业特点，发布了 55 项工业水污染物排放标准，以及一些相应的技术规范和可行技术指南。

工业废水的产生量计算如式（2.1-6）所示：

工业废水排放量（m^3）=企业产品产量×单位产品废水产生系数（m^3/单位产品）

$$(2.1-6)$$

单位产品废水产生系数可查询《第二次全国污染源普查产排污系数手册（工业源）》，也可按照行业水污染物排放标准中提供的单位产品的基准排水量确定。《纺织工业水污染物排放标准（征求意见稿）编制说明》中单位产品的基准排水量见表 2.1-1。

表 2.1-1　单位产品的基准排水量

产品类型	单位产品的基准排水量/（m³/t 标准品）
机织物	140
真丝绸机织物	300
纱线、棉/化纤针织物	85
精梳毛织物	400
粗梳毛织物	233

2.1.3　其他废水

除生活污水、工业废水两大废水来源外，农业种植、畜禽及水产养殖也会产生大量的污水。产生的污水水量和浓度可以参考《第二次全国污染源普查产排污系数手册（生活源）》。

2.2　水质指标

2.2.1　指标分类

水质浓度是水污染控制工程中最常用的表征手段，常用的浓度单位见表 2.2-1，常用污水水质指标及其意义见表 2.2-2。

表 2.2-1　表示水质分析结果的常用单位

浓度分类	计算方法	单位
体积比	溶质体积/溶液体积	mL/L
质量比	溶质质量/溶液质量	mg/g
体积百分比	溶质体积/溶液总体积×100%	%
质量百分比	溶质质量/（溶液质量+溶剂质量）×100%	%
质量浓度	溶质质量/溶液体积	mg/L、g/m³
摩尔浓度	摩尔溶质/溶液体积	mol/L
当量浓度	溶质当量/溶液体积	eq/L、meq/L

常用的污水水质指标可分为物理性指标、化学性指标以及生物性指标。

表 2.2-2　常用污水水质指标及其意义

（1）物理性指标

指标	英文及其缩写	指标意义
总固体	total solids，TS	污水中的固体含量是影响水资源循环利用的重要指标，一般以 mg/L 计。根据污水中不同的固体含量可以确定适合的处理工艺，一般悬浮性固体可以通过重力分离、过滤分离和膜分离等方式去除，溶解性固体通过生物降解、氧化、还原、膜分离和蒸发等方式去除
总挥发性固体	total volatile solids，TVS	
总固定性固体	total fixed solids，TFS	
总悬浮性固体	total suspended solids，TSS	
挥发性悬浮固体	volatile suspended solids，VSS	
固定性悬浮固体	fixed suspended solids，FSS	
总溶解性固体	total dissolved solids，TDS	
挥发性溶解固体	volatile dissolved solids，VDS	
固定性溶解固体	total fixed dissolved solids，FDS	
浊度	turbidity	单位为 NTU，由水中的悬浮固体导致
色度	color	单位为度或倍数，由水中的有机物或金属离子导致
温度	temperature	单位为℃或 K，一般由工业加工过程中产生的高温或低温废水导致
电导率	electrical conductivity，EC	单位为 μS/m 或 mS/m，由污水中的溶解性离子导致

（2）化学性指标

指标	英文及其缩写	指标意义
生化需氧量	biochemical oxygen demand，BOD	一般以 mg/L 计，可用于评估废水中易被微生物分解的有机物的量。BOD_5 指在 5 d 的时间内，微生物降解有机物所需的耗氧量
化学需氧量	chemical oxygen demand，COD	一般以 mg/L 计，可用于评估废水中能够被强氧化剂氧化的还原性物质的量
总有机碳	total organic carbon，TOC	一般以 mg/L 计，以碳的含量表征废水中有机物的含量
氨	Ammonia，NH_3	一般以 mg/L 计，可用于评估废水中氮、磷营养物质的丰度以及存在形态。氮元素的氧化态可以作为氮氧化程度的量度，是废水生化处理过程中的重要指标
铵根	Ammonium，NH_4^+	
亚硝酸盐	Nitrite，NO_2^-	
硝酸盐	Nitrate，NO_3^-	
有机氮	organic nitrogen，Org N	
无机磷	phosphorus inorganic，Inorg P	
磷酸盐	orthophosphate，PO_4^{3-}	
有机磷	organophosphorus，Org P	

指标	英文及其缩写	指标意义
酸碱度	pH	量纲一，是评价废水的酸碱性的指标
碱度	alkalinity, Alk	废水中氢氧化物、碳酸氢盐和碳酸盐的量度，一般以 mg CaCO₃/L 计，是废水缓冲能力的量度
油类	oil	指标可分为动植物油和石油类两类
表面活性剂	surfactant	监测指标为阴离子表面活性剂
氯化物	Cl⁻	一般以 mg/L 计，可用于评估废水对水生态的影响，以及回用于农业、工业活动的可行性
硫酸盐	SO₄²⁻	一般以 mg/L 计，硫酸盐可能导致废水在处理过程中产生臭气，并可能影响生物处理的效果
金属	包括 Na、Ca、Mg、Zn、Cr、Cd、Co、Cu、Pb、Hg、Mo、Ni 等常见金属	一般以 mg/L 计，可用于评估废水循环利用的可行性以及生物毒性。在工业废水处理中，重金属是必须关注的指标

（3）生物性指标

指标	英文及其缩写	指标意义
大肠杆菌	coliform organisms, MPN	一般以"个"计，评估污水中潜在的病原菌和消毒的有效性
生物毒性	toxicity	TUa 和 TUc 分别评估污水的急性毒性和慢性毒性
微生物	microorganisms	包括细菌、原生动物、病毒，微生物可评估污水生物处理工艺的效率以及回收利用的可行性

2.2.2 物理性指标

2.2.2.1 固体

废水中的固体包括生活中的食物残渣、工业企业排出的散落纤维、胶状物质等各种固体物质。废水中的总固体含量是指水样在 103～105℃下蒸发掉水分后留下的物质含量。

总固体物质（TS）可分为总悬浮性固体（TSS）和总溶解性固体（TDS）。根据《水质　悬浮物的测定　重量法》（GB/T 11901—89）的检测规程，采用微孔滤膜过滤器对水样进行过滤，总悬浮性固体是指采用 0.45 μm 的微孔滤膜能够截留的颗粒物或者胶体的集合。溶解性固体是通过滤膜的那部分水溶性物质。但实际上，通过微孔滤膜的固体并非全部是溶解性的，也包含一部分胶体颗粒；保留在滤纸上的固体也并非都是悬浮性固体。因为在微滤膜过滤过程中产生的膜孔堵塞和滤饼过滤问题会导致溶解性物质被吸附或截留，这也是采用重力过滤方法比抽滤方法测得的 TSS 值偏高的原因。

固体物质又可以分为固定性固体（FS）和挥发性固体（VS）。固定性固体是指样品在 600℃下未分解而残留的物质；分解消失的部分称为挥发性固体。挥发性固体和固定性固体通常用于表征水中有机物和无机物的含量，挥发性固体含量越高通常表明有机物含量越高，但当水中含有大量可高温分解的无机物时，可能会出现偏差。例如，碳酸镁可在 350℃环境下分解为氧化镁和二氧化碳，在碳酸盐浓度较高的情况下可能会表征出有机物的含量偏高而无机物的含量偏低的现象。

在对废水中的各固体组分含量进行表征时，首先需要沉淀去除水样中的粗大固体，再根据表 2.2-3 分类方法进行分类，各固体组分之间的相互关系如图 2.2-1 所示。

表 2.2-3 水样中固体物质的分类和定义

分类	定义
总固体（TS）	水样在指定温度（103～105℃）下干燥后的残留物
总悬浮性固体（TSS）	水样通过过滤，保留在具有指定孔径（0.45 μm）的滤纸上的一部分固体，在指定温度（103～105℃）下干燥后的残留物
总挥发性固体（TVS）	总固体在 600℃下高温灼烧时挥发和燃烧掉的固体
总固定性固体（TFS）	总固体在 600℃下高温灼烧时的残留物
挥发性悬浮固体（VSS）	TSS 燃烧时可能挥发和烧掉的固体（600℃）
固定性悬浮固体（FSS）	TSS 燃烧后残留的残留物（600℃）
总溶解性固体（TDS=TS－TSS）	水样经指定孔径（0.45 μm）的滤纸过滤后可以通过滤纸，然后在指定的温度（103～105℃）下蒸发和干燥的残留物
挥发性溶解固体（VDS）	TDS 在 600℃下灼烧时挥发和燃烧掉的固体
固定性溶解固体（FDS）	TDS 在 600℃下灼烧后的残留物

```
沉淀物 ← 沉降 ← 水样 → 蒸发 → TS
                 ↓
               过滤
         ┌───────┴───────┐
       滤渣蒸发          滤液蒸发
         ↓                ↓
        TSS              TDS
         ↓                ↓
        灼烧             灼烧
      ┌──┴──┐         ┌──┴──┐
     VSS   FSS       VDS   FDS
      └─┐   └────┐ ┌───┘   ┌─┘
       TVS      TFS
         └───┐  ┌──┘
             TS
```

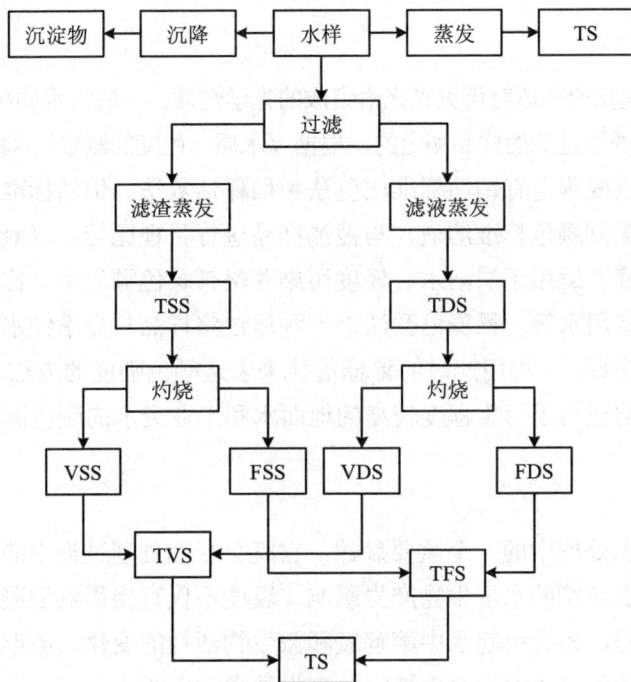

图 2.2-1　废水中固体组分污染物的相关性

2.2.2.2　浊度

浊度是由于水中存在对光有散射作用的物质而引起液体透明度降低的一种量度。水中的悬浮物及胶体微粒会散射和吸收通过样品的光线，光线的散射将产生浊度，利用样品中微粒物质对光的散射特性表征浊度，测量结果单位为 NTU。根据《水质　浊度的测定　浊度计法》（HJ 1075—2019），在地表水、地下水和海水中浊度较低的情况下，一般采用浊度计法，其基本原理是利用一束稳定光源光线通过盛有待测样品的样品池，传感器处在与发射光线垂直的位置上测量散射光强度。光束射入样品时产生的散射光的强度与样品的浊度在一定浓度范围内成比例关系。当污水的浊度较高时，可采用《水质　浊度的测定》（GB 13200—91）建议的分光光度法，在波长 680 nm 的条件下用 30 mm 比色皿测定。

2.2.2.3 色度

水的颜色是指改变透射可见光光谱组成的光学性质。一般污水的色度测定是用经 0.45 μm 滤膜过滤器过滤的样品测定的。根据《水质 色度的测定》(GB 11903—89) 的规定，水质色度测定有铂钴标准比色法和稀释倍数法。铂钴标准比色法用氯铂酸钾和氯化钴配制颜色标准溶液，与被测样品进行目视比较，以测定样品的颜色强度，单位为度，适用于清洁水、轻度污染并略带黄色调的水、比较清洁的地面水、地下水和饮用水等。稀释倍数法是一种通过将样品与光学纯水进行稀释，直到颜色刚好无法察觉，再用此时的稀释倍数来表达颜色强度的方法，其单位为倍。稀释倍数法特别适用于污染程度较高的地面水和工业废水的颜色测定。

2.2.2.4 温度

水温是废水处理中的一个重要参数，它既会影响处理过程中的化学反应，又会对排入地表水环境的水生生物产生影响。温度不仅直接影响混凝、沉淀、化学氧化等物化过程，还会引起水中溶解氧和微生物活性的变化。高温废水直接排入接收水体，会导致水体中的水生植物、鱼类种类发生变化。

在日常生活和工业生产中，排放高温污水的情况十分常见。日常生活排放的高温污水经过市政管网和其他污水混合后进入市政污水处理厂后，水温一般都会降低且不会对环境造成较大的影响。然而，在我国北方地区，冬天天气寒冷，市政污水水温偏低，这会导致生物处理的脱氮效果变差。而对于工业产生的高温废水，如果其温度超过 50℃，则需要进行冷却降温处理。

2.2.2.5 电导率

电导率（EC）是衡量水传导电流能力的指标。电流是通过水中的离子进行传递的，所以电导率一般与离子浓度成正比。因此，可用经验公式 [式（2.2-1）] 来估算总溶解性固体（TDS）值。

$$TDS = \alpha \times EC_{25} \qquad (2.2\text{-}1)$$

式中，EC_{25} 为温度校正到 25℃ 的电导率，μS/cm；α 为修正系数，取值可以参考表 2.2-4。TDS 的单位是 mg/L。盐类均为 NaCl 且不考虑 CO_2 影响。

表 2.2-4　不同溶液的电导率与 α 的取值

溶液	电导率（EC_{25}）/（$\mu S/cm$）	α
淡水	0～300	0.50
稀苦咸水	300～4 000	0.55
苦咸水	4 000～20 000	0.67
海水	20 000～60 000	0.70
浓盐水	60 000～85 000	0.75

上述关系不适用于含高浓度有机物的工业废水。

2.2.3　化学性指标

2.2.3.1　pH

pH 表示的是水溶液中的氢离子浓度，数值上定义为氢离子浓度的负对数，如式（2.2-2）所示。

$$pH = -\lg\left[H^+\right] \tag{2.2-2}$$

由于废水中大多数化学组分的浓度与 pH 有很大的关联性，因此 pH 是废水处理过程中的一个重要参数。水中的氢离子浓度与水分子的解离程度密切相关。水分子将电离成氢离子和氢氧根离子，如式（2.2-3）所示。

$$H_2O \rightleftharpoons H^+ + OH^- \tag{2.2-3}$$

平衡常数（K）可以由式（2.2-4）表示。

$$K = \frac{\left[H^+\right]\left[OH^-\right]}{\left[H_2O\right]} \tag{2.2-4}$$

$$K_w = \left[H^+\right]\left[OH^-\right] \tag{2.2-5}$$

式中，K_w 为水的电离常数，在 25℃温度下约等于 1×10^{-14}；$[H^+]$ 和 $[OH^-]$ 为组分的摩尔浓度，mol/L。

绝大部分微生物能适应的 pH 通常为 6～9，pH 过高或过低的废水均难以采用生物方法处理，且此类废水排放至环境后也会影响环境中生物的生存。

2.2.3.2 碱度

水的碱度是指水中所含能与强酸定量作用的物质总量，是水质综合性特征指标之一。水中的碱度主要是由于钾、钠、钙、镁等的碳酸盐、重碳酸盐及氢氧化物的存在而产生的，是表示水结合质子能力的参数。废水的碱度有助于其抵抗由酸引起的 pH 变化。其中，钙和镁的碳酸氢盐碱度是最常见的，此外，硼酸盐、硅酸盐、磷酸盐和类似的化合物也会导致碱度增加。

碱度是通过用强酸标准液将一定体积的水溶液滴定至 pH 为 4.0 所测得的数值，结果用碳酸钙表示，表示为 CaCO₃ mg/L。总碱度的测定方法一般采用酚酞和甲基橙作为指示剂，总碱度的测定计算方法如式（2.2-6）所示：

$$总碱度（以CaCO_3计，mg / L）= \frac{C \times (P + M) \times 50.5}{V} \times 1\,000 \quad (2.2\text{-}6)$$

式中，C 为盐酸标准液的浓度，mol/L；P 为水样中加酚酞指示剂滴定到红色褪去时盐酸标准液的用量，mL；M 为水样中加甲基橙指示剂滴定到颜色褪去时盐酸标准液的用量，mL；V 为水样体积，mL。

碱度也可以用摩尔当量来定义，如式（2.2-7）所示：

$$碱度（meq / m^3）= \left[HCO_3^- \right] + 2\left[CO_3^{2-} \right] + \left[OH^- \right] - \left[H^+ \right] \quad (2.2\text{-}7)$$

将摩尔当量单位的 meq/L 转换为 CaCO₃ mg/L 时，

$$CaCO_3毫当量 = \frac{(100\ mg / mmol)}{(2\ meq / mmol)} = 50\ mg / meq \quad (2.2\text{-}8)$$

因此，3 meq/L 毫当量的碱度可以表示为 150 mg/L 的 CaCO₃。

$$碱度（以CaCO_3计）\frac{mg}{L} = \frac{3.0\ meq}{L} \times \frac{50\ mg\ CaCO_3}{meq\ CaCO_3} = 150\ mg / L \quad (2.2\text{-}9)$$

2.2.3.3 有机化合物

有机化合物主要含碳、氢两种元素，同时常含有氧、氮、磷、硫、卤素等。废水中的有机物可以根据其产生方式分为天然有机物和人工合成有机物。天然有机物主要由碳水化合物、蛋白质和油脂组成；人工合成有机物主要包括塑料、合成纤维、表面活性剂、有机溶剂、染料、涂料、农药、食品添加剂和药品等。随着化学工业的发展，人工合成有机物的数量和种类不断增加。此外，根据有机物的结构，还可以将废水中的有机物分为聚合有机物和单体有机物。

有机化合物进入水体环境后，主要危害表现在以下 3 个方面。

①富营养化与水体缺氧。大量有机物进入水体环境后，它们首先会被好氧微生物降解。在这个过程中，水中的溶解氧会大幅下降，导致缺氧状态的形成，进而对水生生物和鱼类的生存条件造成危害。当水体溶解氧过低时，有机物分解转入厌氧状态，产生甲烷、硫化氢、氨等还原性物质和恶臭。在湖泊、池塘等封闭水域，水体接纳大量含氮、磷的有机废水后，在温度和阳光适宜的条件下，藻类会迅速繁殖。藻类死亡后沉入水底，经过厌氧分解会再次释放氮、磷等营养元素，促使藻类更快增殖。因此，水体的富营养化会导致水体质量恶性循环。

②生物毒性。水体遭受高毒性的有机物污染会导致生物体内蛋白质变性或沉淀，对生物细胞有直接损害。有机氯农药、多氯联苯、多环芳烃等均为难降解有机物，大多数是剧毒物或强致癌物，进入水体后不仅能长期存在，还能被生物吸收并贮积于生物体的脂肪组织中，其后经食物链逐级放大，造成危害。低浓度酚影响鱼类洄游、繁殖，高浓度酚可使鱼类大量死亡。

③油类污染。油脂或石油类化合物进入水体环境后，油膜覆盖水面，阻止气-液界面间的气体交换，造成溶解氧短缺，引发微生物和鱼类死亡，故浮游生物和海洋生物对漏油事故及含油废水排放极其敏感。

有机化合物引起的污染物的指标主要有以下 5 类。

（1）化学需氧量（COD）

COD 是在特定的条件下，使用一定的强氧化剂处理水样时，所消耗的氧化剂量，一般以 mg/L 表示。化学需氧量所测得的水中还原性物质主要是有机物，若水样中含有硫化物、亚硫酸盐、亚硝酸盐、亚铁盐等无机还原物质时，它们也会被强氧化剂氧化，从而表现为化学需氧量。大多数废水中有机物的数量远多于无机还原性物质的数量，因此，COD 可以用来表征水样受有机物污染的程度。

根据所用氧化剂的不同，COD 的测定方法又分为重铬酸钾法（一般称为化学需氧量，用 COD_{Cr} 表示）和高锰酸盐法（一般称为高锰酸盐指数，用 I_{Mn} 表示）。在 20 世纪 50 年代以前，多用高锰酸盐法表征废水浓度，但因高锰酸钾的氧化率较低且有各种因素的限制，60 年代后逐步被重铬酸钾法取代。目前，高锰酸盐法一般适用于地表水、地下水及饮用水等较清洁水样的测定，由于重铬酸钾有极强的氧化性，因此，重铬酸钾法现已成为国际上广泛认定的 COD 测定的标准方法，适用于生活污水、工业废水和受污染水体的测定。根据有机物在水样中的状态，有机物又可以分为可溶性有机物和颗粒性有机物（包括悬浮颗粒和胶体颗粒）。根据有机物被微生物降解的难易程度，又可以分为快速易生物降解有机物、慢速可生物降解有机物和难降解有机物。快速易生物降解有机物由挥发性脂肪酸和低分子碳水化合物等简单物质组成；慢速可生物降解有机物包括大分子可溶性、胶体有机物质和胶体颗粒性有机物质；难降解有机物一般为高分子聚合物、高毒性有机物，它们必须通过胞外水解作用转化为小分子物质，才可被降解利用。

废水中有机物的主要类别包括碳水化合物、蛋白质、油脂以及它们的分解产物。如果某有机物的分子质量为 M，化学式为 $C_iH_jCl_kN_lS_mP_nNa_oO_p$，假设其中的碳转化成二氧化碳，氢转化成水，磷转化成磷酸根，硫转化成硫酸根，卤素以卤化氢形式去除，而氮元素则需要分成两种情况讨论。首先，如果不存在硝化反应，氮元素生成铵根，则理论需氧量（ThOD）的计算可按式（2.2-10）进行。

$$ThOD_{NH_3} = \frac{16\left[2i + 0.5(j-k-3l) + 3m + 2.5n + 0.5o - p\right]}{M} \tag{2.2-10}$$

其次，如果存在硝化反应，氮元素生成硝酸，则理论需氧量的计算可按式（2.2-11）进行。

$$ThOD_{NO_3} = \frac{16\left[2i + 0.5(j-K) + 2.5l + 3m + 2.5n + 0.5o - p\right]}{M} \tag{2.2-11}$$

在用重铬酸钾法或高锰酸钾法测定 COD 时，强酸环境中氨氮不会被重铬酸钾或高锰酸钾氧化，因此重铬酸钾法测定的理论 COD_{Cr} 值一般按式（2.2-11）计算。

【例 2-1】 计算聚（β-羟基丁酸酯）（PHB）单体和甘氨酸[$CH_2(NH_2)COOH$]（Gly）的 ThOD 和理论 COD_{Cr}。

解：

$$C_4H_6O_2 + (2\times4 + 0.5\times6 - 2)\, O \longrightarrow 4CO_2 + 3H_2O$$

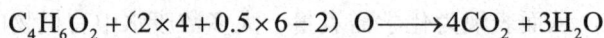

$$ThOD = \frac{16[2\times4 + 0.5\times6 - 2]}{86} = 1.67\,(mg/mg\ HB)$$

在 Gly 分解过程中，首先有机碳和氮分别转化为二氧化碳（CO_2）和氨（NH_3），然后氨被依次氧化为亚硝酸盐和硝酸盐。ThOD 是 3 个步骤所需氧气的总和。需氧量的平衡反应如下：

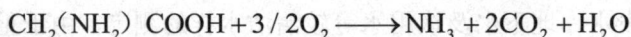

$$CH_2(NH_2)COOH + 3/2O_2 \longrightarrow NH_3 + 2CO_2 + H_2O$$

$$NH_3 + 3/2O_2 \longrightarrow HNO_2 + H_2O$$

$$HNO_2 + 1/2O_2 \longrightarrow HNO_3$$

$$NH_3 + 2O_2 \longrightarrow HNO_3 + H_2O$$

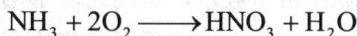

因此，ThOD 可以确定为

$$ThOD_{NH_3} = \frac{16[2 \times 2 + 0.5 \times (5-3) - 2]}{75} = 0.64\,(mg/mg\,Gly)$$

$$ThOD_{NO_3} = \frac{16[2 \times 2 + 0.5 \times 5 + 2.5 \times 1 - 2]}{75} = 1.49\,(mg/mg\,Gly)$$

（2）生化需氧量（BOD）

BOD 是指一定温度下，微生物在好氧条件下将水中有机物分解成无机物这个过程在特定时间内的氧化过程中所消耗的溶解氧量。在 BOD 的测量中，通常规定使用 20℃和 5 d 的测试条件，并将结果以氧的浓度（mg/L）表示，记为五日生化需氧量，即 BOD_5。由于 BOD 的测定中受诸多因素的干扰，因此并不是一项精确定量的检测。因 BOD 能间接反映水中有机物质的相对含量，故在污水处理中被广泛应用。

我国普遍采用《水质 五日生化需氧量（BOD_5）的测定 稀释与接种法》（HJ 505—2009）作为 BOD_5 的测定标准。该方法是使用氧饱和的水稀释待测水样，接种一定量的微生物悬浊液或活性污泥，然后测试此时的溶解氧含量（DO_1），并密封水样。将温度保持在 20℃，静置水样于黑暗环境中，防止光合作用增加样本中溶解氧。5 d 后，再测试水样的溶解氧（DO_2）。记稀释因子为 F，接种液中的生化需氧量为 BOD_{seed}，于是稀释接种法的计算公式如式（2.2-12）所示：

$$BOD_5 = (DO_1 - DO_2 - BOD_{seed}) \times F \tag{2.2-12}$$

BOD 检测中的硝化作用：在污水水样中，除含碳物质外还有其他的营养物质，比如，藻在蛋白质水解过程中产生的氨。自然界中许多细菌能将氨氧化为亚硝酸盐，然后再氧化成硝酸盐。以亚硝酸单胞菌为代表细菌，将氨转化为亚硝酸盐：

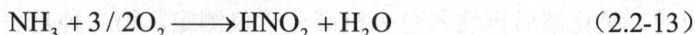

$$NH_3 + 3/2O_2 \longrightarrow HNO_2 + H_2O \tag{2.2-13}$$

以硝化细菌为代表，亚硝酸盐转化为硝酸盐：

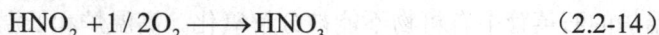

$$HNO_2 + 1/2O_2 \longrightarrow HNO_3 \tag{2.2-14}$$

氨转化为硝酸盐的总转化式为

$$NH_3 + 2O_2 \longrightarrow HNO_3 + H_2O \tag{2.2-15}$$

与氨氧化为硝酸盐相关的需氧量称为氮基生化需氧量（NBOD）。生活污水 BOD 实验中需氧量的使用定义如图 2.2-2 所示。由于硝化细菌的繁殖速度较慢，通常需要 6~10 d 才能积累到相当数量，从而进行显著的氮氧化作用，因此一般不会影响有机物 BOD$_5$ 的测定。然而，如果最初存在足够数量的硝化细菌，硝化作用造成的干扰可能会很大，在这种情况下为了避免硝化过程耗氧带来的干扰，可以在样本中添加硝化细菌抑制剂。

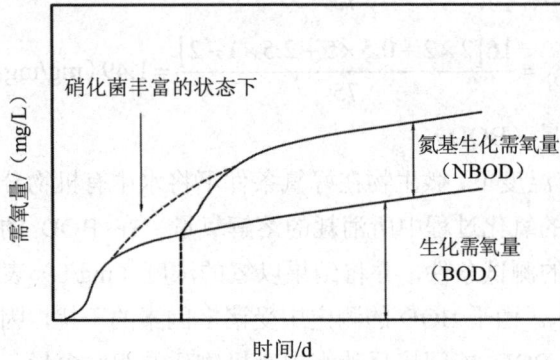

图 2.2-2　生化需氧量和氮基生化需氧量的使用定义示意图

（3）总有机碳（TOC）

TOC 是以碳的含量表示水样中有机物总量的一个指标。TOC 的测定采用燃烧法，能将有机物全部氧化，比生化需氧量或化学需氧量更能反映有机物的总量。

《水质　总有机碳的测定　燃烧氧化-非分散红外吸收法》（HJ 501—2009）推荐的方法，是将一定量的水样注入高温炉内的石英管，在 900~950℃ 下，以铂、三氧化钴或三氧化二铬为催化剂，将有机物燃烧裂解转化为二氧化碳，用红外线气体分析仪测定 CO_2 含量，从而确定水样中碳的含量。高温下，水样中的碳酸盐会分解产生二氧化碳，此时测得的为总碳（TC）。为获得有机碳含量，可采用两种方法：第一种是直接法，将水样预先酸化，通入氮气，吹脱各种碳酸盐转化生成的二氧化碳后再注入总有机碳分析仪测定。第二种是差减法，此方法要使用高温炉和低温炉的总有机碳测定仪。将同一等量水样分别注入高温炉和低温炉，低温炉的石英管中有机物不能被分解氧化。高温炉和低温炉中测得的 TC 和无机碳（inorganic carbon，IC）之差即为总有机碳量。

TOC 主要组分为溶解性 TOC 和颗粒态 TOC。在标准方法中推荐的用于区分溶解 TOC 和颗粒 TOC 的滤纸孔径为 0.45 μm，而用于区分 TSS 和 TDS 的滤纸孔径为 2.0 μm。在可溶性的有机物中，有很多种物质对紫外光具有强烈的吸收，如腐殖质、木质素、鞣酸类和芳香族化合物。因此，紫外吸收法目前经常被用来测定水样中具有紫外吸收特性的有机物的含量，尤其是芳香族有机物的含量。紫外吸收法使用的波长范围为 200~400 nm，最常用的波长是 254 nm，测量结果以 cm^{-1} 为单位。废水中 TOC 组分可以根据有机化合物的极性、酸碱性进行分类，常见的物质主要有以下几类，见图 2.2-3。

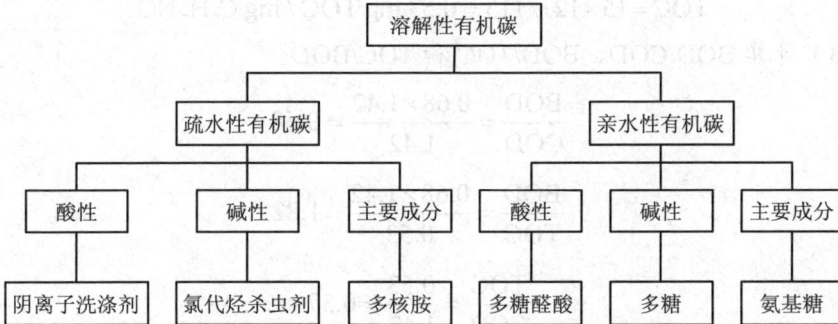

图 2.2-3　组成总有机碳（TOC）的有机组分

专栏 2-1　BOD 与 COD 的关系

如果废水的 BOD/COD（以下简称 B/C）为 0.5 或更高，则认为该废水很容易通过生物手段处理，应优先采用生物工艺进行处理。如果 B/C 低于 0.2，说明废水中的有机组分不容易被微生物降解代谢，或者废水中可能含有某些对微生物产生抑制的有毒成分，需要通过驯化的微生物来提高废水的可生化性。B/C 在废水处理过程中会随着工艺流程发生显著变化。如果市政生活污水的 B/C 在 0.3~0.8，应优先采用生化工艺处理。

【例 2-2】测定化合物 $C_5H_7NO_2$ 的 BOD 时，反应速率符合一级反应，一级反应速率常数为 0.23 d^{-1}，试确定理论 BOD/COD、BOD/TOC 和 TOC/COD。

解：用以下反应式计算化合物的 COD。

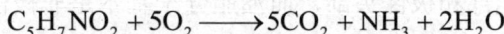

$$C_5H_7NO_2 + 5O_2 \longrightarrow 5CO_2 + NH_3 + 2H_2O$$

$C_5H_7NO_2$ 的分子量为 113，$5O_2$ 的分子量为 160，则

$$COD = 160 / 113 = 1.42 (mg\ O_2 / mg\ C_5H_7NO_2)$$

（1）计算化合物的 BOD。

$$\frac{BOD}{COD} = 1 - e^{-k_1 t} = 1 - e^{-0.23 \times 5} = 1 - 0.32 = 0.68$$

$$BOD = 0.68 \times 1.42 \ mg \ O_2 \ / \ mg \ C_5H_7NO_2 = 0.97 \ mg \ BOD/mg \ C_5H_7NO_2$$

（2）计算化合物的 TOC。

$$TOC = (5 \times 12) / 113 = 0.53 \ mg \ TOC \ / \ mg \ C_5H_7NO_2$$

（3）计算 BOD/COD、BOD/TOC 和 TOC/BOD。

$$\frac{BOD}{COD} = \frac{0.68 \times 1.42}{1.42} = 0.68$$

$$\frac{BOD}{TOC} = \frac{0.68 \times 1.42}{0.53} = 1.82$$

$$\frac{TOC}{COD} = \frac{0.53}{1.42} = 0.37$$

（4）油类

我国污水排放标准中控制的油类物质主要分为石油类和动植物油类，一般指 pH<2 的条件下能够被四氯乙烯萃取且在 2 930 cm^{-1}、2 960 cm^{-1} 和 3 030 cm^{-1} 处有特征吸收峰的物质。石油类是指在 pH<2 的条件下能够被四氯乙烯萃取且不被硅酸镁吸收的物质，动植物油类则是指在 pH<2 的条件下能够被四氯乙烯萃取且被硅酸镁吸收的物质，这是基于测定方法进行区分的。常见的石油类包括原油、煤油、润滑油、沥青等矿物质和蜡质等，是从石油和煤焦油中提炼出来的，主要组成是碳元素和氢元素。动植物油类主要来源于肉类、谷物、坚果和水果，一般存在于食品加工或日常生活排放的废水中。石油类比动植物油类更易覆盖于水体表面，且更难以被微生物降解。

（5）表面活性剂

表面活性剂是指能使目标溶液表面张力显著下降的物质，可降低两种液体或液体-固体之间的表面张力。表面活性剂通常是两亲有机化合物，具有头部的亲水基团和尾部的疏水基团（图 2.2-4），它们在有机溶剂和水中均可溶解。表面活性剂分子具有非极性尾部和极性头部，而油脂分子基本是非极性的。因此，表面活性剂的非极性尾部易与油脂结合，而极性头部则易与极性的水分子结合。这种作用会导致油脂与固体表面之间的分离，从而实现清洁表面的目的。洗涤剂是表面活性剂中的一大类，最典型的例子是肥皂。表面活性剂的存在导致废水处理过程中出现气泡，在废水曝气过程中，这些表面活性剂聚集在气泡表面，从而产生非常稳定的泡沫，影响处理效率和安全生产。

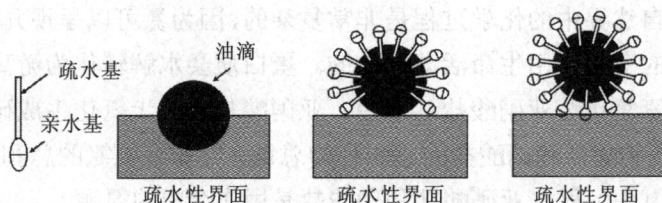

图 2.2-4　表面活性剂去除油污的机理

　　一般表面活性剂的疏水基团是由 10～20 个碳原子组成的碳氢基团（R），疏水基团主要包括在水中会电离的和不会电离的两种类型，故表面活性剂可以分为离子型和非离子型两种。离子型包括阴离子表面活性剂和阳离子表面活性剂，阴离子表面活性剂带负电荷 [如$(RSO_3N)^-Na^+$]，而阳离子表面活性剂带正电荷 [如$(RMe_3N)^+Cl^-$]。非离子型表面活性剂通常含有聚氧乙烯亲水基团（$ROCH_2CH_2OCH_2CH_2\cdots OCH_2CH_2OH$，缩写为 RE_n，其中 n 是亲水性基团中—OCH_2CH_2—单元的平均数）。

　　在日常生活和工业生产中会大量使用合成洗涤剂，这些洗涤剂主要由表面活性剂和助剂组成，阴离子表面活性剂直链烷基苯磺酸钠（LAS）是主要原料之一。LAS 易被生物分解，分解后表面活性消失不再产生泡沫，最终能被生物完全矿化降解。LAS 还能和水中的石油类、多氯联苯等疏水性有机物反应产生乳化效应，给后续的废水处理带来了难度，如 LAS 浓度高时，会对污泥消化带来不良影响。LAS 的处理有破乳、离子交换、活性炭吸附和生物处理等方法。

2.2.3.4　无机非金属成分

（1）氮

　　氮元素和磷元素是生物生长不可或缺的物质，也称为营养元素。蛋白质中约 16%（质量分数）为氮元素，这些氮以有机氮形式存在于蛋白质之中。有机氮是衡量有机物蛋白质含量的指标。

　　化合物中的氮元素主要有以下 3 个来源：第一个是生物体内的含氮化合物，如煤焦油蒸馏产生氨就是从腐烂的植物中提取氮；第二个是硝酸钠，其主要来源是固氮菌固氮形成，或是空气中的氮气在闪电、高温条件下与氧气直接化合成氮氧化物，溶于雨水形成硝酸，再与地面的矿物反应生成硝酸盐；第三个是通过大气的生物固氮，微生物自生或与植物共生（如豆科植物的根瘤菌），通过体内固氮酶的作用，将大气中的氮还原成氨。

氮元素在自然界中的化学过程是非常复杂的，因为氮可以呈现几种氧化状态，而且部分价态的变化是由生命活动导致的。蛋白质会水解转化为游离氨，亚硝基单胞菌将游离氨氧化为亚硝酸盐，最后，亚硝酸盐进一步氧化生成硝酸盐。有机氮、游离氨、亚硝酸盐和硝酸盐的总和称为总氮。氨和有机氮的总和称为凯氏氮。在所有种类的氮中，氨、亚硝酸盐和硝酸盐是用作合成的氮源。

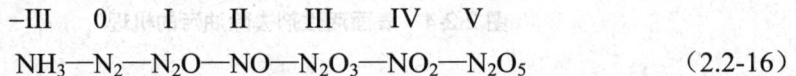

$$\begin{array}{ccccccc} -\text{III} & 0 & \text{I} & \text{II} & \text{III} & \text{IV} & \text{V} \\ NH_3 \!\!-\!\! N_2 \!\!-\!\! N_2O \!\!-\!\! NO \!\!-\!\! N_2O_3 \!\!-\!\! NO_2 \!\!-\!\! N_2O_5 \end{array} \qquad (2.2\text{-}16)$$

近年来，有学者发现了新的氮转化过程——厌氧氨氧化过程。厌氧氨氧化菌（anaerobic ammonium oxidation，Anammox）是一类浮霉菌门的细菌，它们可以在缺氧环境中，将铵离子（NH_4^+）用亚硝酸根（NO_2^-）氧化为氮气。厌氧氨氧化过程对全球氮循环具有重要意义，也是废水处理中重要的发展方向。

$$NH_4^+ + NO_2^- \longrightarrow N_2 + 2H_2O \qquad (2.2\text{-}17)$$

游离氨在水中的存在形态跟 pH 有关。根据以下反应，游离氨可水解产生 NH_4^+：

$$NH_3 + H_2O \rightleftharpoons NH_4^+ + OH^- \qquad (2.2\text{-}18)$$

当 pH<7 时，上述平衡向右移动，氮主要为离子态。当 pH>7 时，平衡向左移动，氮主要是游离氨。水中的氨是通过提高 pH 后加热沸腾，然后通过冷凝和吸收释放出的氨进行测定。高浓度氨氮废水也可采用调节 pH 进行吹脱和酸液吸收的方法进行测定。

亚硝酸盐氮很不稳定，很容易被氧化成硝酸盐，在废水中浓度很低。尽管亚硝酸盐的浓度通常很低，但它在废水处理和水污染研究中具有重要意义，因为它具有很强的生物毒性。废水中的亚硝酸盐易被氯氧化，因此可以通过增加氯用量和进行消毒来降低亚硝酸盐的浓度。

硝酸盐是氮化合物中氧化程度最高的形态。我国的排放标准虽然对硝酸盐没有特定的控制指标，但是作为总氮的重要组成部分，过高的硝酸盐浓度还需要通过反硝化作用将其去除。反硝化作用是细菌将 NO_3^- 中的氮通过一系列中间产物（NO_2^-、NO^-、N_2O^-）还原为 N_2 的生物化学过程，参与这一过程的细菌统称为反硝化细菌。在污水处理过程中，反硝化反应和硝化反应共同构成不同的工艺流程，是生物除氮的主要方法，在全球范围内的污水处理厂中得到了广泛应用。

废水处理中所利用的反硝化菌为异养菌，其生长速度快，但是需要外部的有机碳源，在实际运行中，需添加少量甲醇、工业葡萄糖等有机物以保证反硝化过程顺利进行。

（2）磷

磷元素同样是生命过程中不可或缺的营养元素。食物中的鸡蛋、鱼虾、豆类和牛奶均含有大量的磷，人类食用这些食物后，磷会通过代谢进入生活污水。矿产开采、磷肥施用也是水环境中磷元素的主要来源。磷是导致地表水体富营养化的主要因素之一，因此我国的污水排放标准对磷酸盐浓度有严格的控制要求。

磷通常以 3 种磷酸盐形式存在，即正磷酸盐、聚磷酸盐和有机磷酸盐。正磷酸，也称为磷酸，是磷的主要含氧酸。它是一种三元酸，在稀释的水溶液中，正磷酸盐以以下 4 种形式存在。①在强碱环境下，磷酸盐离子（PO_4^{3-}）较多；②在弱碱的环境下，磷酸氢盐离子（HPO_4^{2-}）则较多；③在弱酸的环境下，磷酸二氢盐离子（$H_2PO_4^-$）较普遍；④在强酸的环境下，水溶性的磷酸（H_3PO_4）是主要存在形式。

废水中的磷元素可分为固体颗粒态和溶解态，每种形态又可以分为活性和非活性。活性磷是指不需要水解或消化就能采用比色法测定的磷，一般都是正磷酸盐。废水中的活性正磷酸盐可能是可溶性的，也可能附着或吸附在固体颗粒上。磷的可溶性形式包括正磷酸盐（活性）、聚磷酸盐（可水解）和有机磷酸盐（可消化）。聚磷酸盐包括具有两个或两个以上磷原子、氧原子的分子。聚磷酸盐可以在水溶液中实现水解，然后被还原为正磷酸盐。

（3）盐类

盐类化合物是由金属离子或铵根离子与酸根离子或非金属离子结合的化合物，如硫酸钙、氯化镁、醋酸钠，一般来说，盐是复分解反应的生成物，如硫酸与氢氧化钠反应生成硫酸钠和水。我国某些工业废水排放标准，对硫化物、氯化物、硫酸盐和总盐等指标均有要求。

硫化物包括硫化氢、硫化氨等非金属硫化物和有机硫化物，有色金属和印染行业的废水对硫化物浓度都有严格限制。废水中的硫化物具有一定的生物毒性和腐蚀性，硫化氢气体还会有难闻的臭味。有色金属行业选矿废水中硫化物主要来源于残留选矿药剂和矿石。含硫选矿药剂在不同的 pH 和温度等条件下可以分解为多种形式的硫化物。

硫酸盐存在于食品生产废水、医药废水、工业废水、矿山废水中，硫酸盐排入自然水体会造成水体酸化；排入农田会使土壤板结，影响作物生长；废水处理过程中会产生 H_2S 气体，抑制微生物的生长。

氯化物是废水中最为常见的一种盐类，过高浓度的氯化物会造成饮用水有苦咸味、土壤盐碱化、管道腐蚀和植物生长困难。目前，我国部分地区制定了针对废水中氯化物浓度的相关标准。过高的氯化物浓度会导致生产设备严重腐蚀，也会造成废水生物处理效率降低，进而增加废水处理成本。

2.2.3.5 金属（类金属）

多种金属，如镉（Cd）、铬（Cr）、铜（Cu）、铁（Fe）、铅（Pb）、锰（Mn）、汞（Hg）、镍（Ni）和锌（Zn）等均是工业废水处理中需要关注的物质，其中镉、铅、汞、六价铬及其化合物也被归类为优先控制污染物或一类污染物。虽然大多数金属元素是生物生长所必需的，但是高浓度的金属会产生毒性，因此需要测定和控制这些物质的浓度。铜、铅、银、铬、砷和硼对水中的生物体毒害程度不同，一旦其浓度超过某个阈值便会使活性污泥中的微生物失去活性。例如，污泥消化过程中，铜的浓度限值为 100 mg/L，钾和铵离子的浓度限值为 4 000 mg/L，铬和镍的浓度限值为 4 000 mg/L。

专栏 2-2　重金属污染物

我国颁布了 34 项工业废水重金属排放标准，其中 17 种重金属的排放受到了限制（表 2.2-5），相关标准基本涵盖了能源工业、化工、金属工业、轻工业、生活污水等多个方面。随着我国新能源和新材料行业的快速发展，排放标准在防止重金属污染方面应得到更多的重视。能源工业、化工、金属工业、轻工业和生活污水排放标准中主要限制的重金属包括铅、锌、镉、汞、铬（Ⅵ）、总铬、镍和铜。这些重金属都具有较强毒性。不同行业标准对重金属限值的严格程度依次为化工＞生活污水＞轻工业＞金属工业＞能源工业。金属工业和能源工业产生的废水量大，废水中重金属含量高。

表 2.2-5　我国部分行业重金属排放的国家标准和限值　　　　单位：mg/L

标准名称	标准号	Pb	Zn	Cd	Hg	Cr⁶⁺	Cr	Ni	Cu	Ag	Mn	Fe	Co	Sb	Sn
电子工业水污染物排放标准	GB 39731—2020	0.2	0.5	0.05	—	0.2	1.0	0.5	0.5	0.3	—	—	—	—	—
石油化学工业污染物排放标准	GB 31571—2015	1.0	2.0	0.1	0.05	0.5	1.5	1.0	0.5	—	—	—	—	—	—
再生铜、铝、铅、锌工业污染物排放标准	GB 31574—2015	0.2	1.0	0.01	0.01	—	0.5	0.1	0.2	—	—	—	—	0.3	—
锡、锑、汞工业污染物排放标准	GB 30770—2014	0.2	1.0	0.02	0.005	0.2	—	—	0.2	—	—	—	—	0.3	2.0
电池工业污染物排放标准	GB 30484—2013	0.7	2.0	0.05~0.1	0.02	—	—	1.0	—	0.5	2.0	0.1	—	—	—
纺织染整工业水污染物排放标准	GB 4287—2012	—	—	—	—	0	—	—	—	—	—	—	—	—	—
铁矿采选工业污染物排放标准	GB 28661—2012	1.0	2.0	0.1	0.05	0.5	1.5	1.0	0.5	0.5	2.0	5.0	—	—	—
钢铁工业水污染物排放标准	GB 13456—2012	1.0	2.0	0.1	0.05	0.5	1.5	1.0	0.5	—	—	10.0	—	—	—
钒工业污染物排放标准	GB 26452—2011	0.5	2.0	0.1	—	0.03	0.5	1.5	—	0.3	—	—	—	—	—
铜、镍、钴工业污染物排放标准	GB 25467—2010	0.5	1.5	0.1	0.05	—	—	0.5	0.5	—	—	—	1.0	—	—
铅、锌工业污染物排放标准	GB 25466—2010	0.5	1.5	0.05	0.003	—	1.5	0.5	0.5	—	—	—	—	—	—
电镀污染物排放标准	GB 21900—2008	0.2	1.5	0.05	0.01	0.2	1.0	0.5	0.5	0.3	—	—	—	—	—
城镇污水处理厂污染物排放标准	GB 18918—2002	0.1	1.0	0.01	0.001	0.05	0.1	0.05	0.5	0.1	2.0	—	—	—	—

2.2.4 生物性指标

（1）大肠菌群

大肠菌群包括肠杆菌属、柠檬酸菌属、克雷伯氏菌属和阴沟肠杆菌属等多种细菌，主要栖息于动物肠道，它们在外部水环境中也可以存活，可用作指示指标，以检查水中是否存在病原体。因此，《城镇污水处理厂污染物排放标准》（GB 18918—2002）中把"粪大肠菌群"作为污水处理厂排放限制性指标之一。污水中粪大肠菌群数量与肠道致病菌数量存在相关关系，当每升污水中粪大肠菌群数超过 1 174 个时，就可在污水中检出病原菌。因此，可将粪大肠菌群数作为特征指示性指标来控制这些微生物。污水消毒的方法包括化学法和物理法，如液氯消毒、次氯酸钠消毒、二氧化氯消毒、紫外线消毒和臭氧消毒等。

（2）综合生物毒性

综合生物毒性指标主要反映排放废水的综合毒性，采用生物的敏感性进行毒性试验，一般以急性毒性或慢性毒性来表征。有别于对某种特定化学物质排放的控制，生物毒性测试是基于生态毒理学发展起来的检测方法，主要研究有毒有害污染物对生态系统中的生物（动物、植物、微生物）所引发的分子、细胞、器官、个体、群落等不同水平的损害。例如，发光细菌受到有害物质干扰时，发光代谢会受到影响。根据有害物质的种类和浓度的不同，菌体的发光强弱程度也会有所不同。因此，可以通过监测菌体的发光程度来评估有害物质的毒性。

有些国家已经采用综合毒性指标对废水排放作出了限制，例如，德国的水污染物排放标准直接使用了综合毒性指标，包括鱼卵毒性、蚤类毒性、藻类毒性、发光细菌毒性和致突变性（基因毒性测试）。

习题

1. 试用文字或图的方式描述总固体、溶解性/悬浮性固体、挥发性固体、溶解挥发性固体、悬浮固着型固体以及溶解性固体（挥发性、固着性）指标之间的相互关系。

2. 某地区于 2021 年拟新建一真丝印染企业，计划生产量 1 万 t/年，每年工作日为 300 d，试问该厂的污水处理站的设计处理量为每天多少吨？废水经厂内污水处理站处理达标后排入周边Ⅳ类水体。按国家排污许可管理规范，计算该项目废水的 COD、氨氮、总氮和总磷最高允许年排放总量［参见《排污许可证申请与核发技术规范　纺织印染工业》(HJ 861—2017)，《纺织染整工业水污染物排放标准》(GB 4287—2012)]。

第 3 章　反应动力学与反应器

本章借助化学工程中反应器的相关知识，介绍反应器类型以及与之相关的物料衡算的分析方法，主要包括反应动力学分析方法、不同类型反应器内的物质转化速率以及转化效率等分析方法。本章内容为理解废水处理过程中构筑物、设备内的反应与运行操作规律、优化工艺设计提供了基础理论依据。

3.1　反应动力学

在废水处理工艺中，污染物的去除主要通过分离或转化的方式来实现，这些过程必然是在反应器内发生的。在化学工程中，一般采用反应器内物质分离与转化过程的基本分析方法，来描述反应器内物质的浓度与总量的变化规律。基本的分析方法包括：分析反应器内的质量守恒、热量守恒和动量守恒；根据基元反应、动力学分析的基础知识来确定与计算反应器设计与操作过程中的相关参数。

3.1.1　反应速率

废水处理中除各类反应器的水力学特性会影响反应器运行效果外，反应动力学与反应速度也是选择反应器构型时的重要考虑因素。反应动力学研究反应中任一反应物减少或增长的快慢。如果达到反应平衡所需的时间很久，则反应器是根据平衡反应速率、该时刻的转化效率来设计的。为此需要精确计算反应器内控制性阶段（多步反应中速度最慢的步骤）的反应速率，以此来推断反应器设计所需的总停留时间。

反应速率是用来描述单位时间内单位反应器体积内物质摩尔数的变化（反应物为减少，产物为增加）（均相反应），或单位时间内单位表面积或单位质量的变化（非均相反应）。常用的反应速率表示方法如下：在液体容积（V）中的组分 A 由于反应在 $\mathrm{d}t$ 时间内所产生的物质的量变化为 $\mathrm{d}n_A$ 时，A 的反应速

率表示为

$$r_A = \frac{1}{V}\left(\frac{dn_A}{dt}\right) \tag{3.1-1}$$

式中，n_A 可以是均相反应器内物质总量，也可以是非均相反应器内的催化剂的总表面积，一般废水处理中均讨论均相反应器速率，即

$$r_A = \frac{d[A]}{dt} = \frac{dc_A}{dt} \tag{3.1-2}$$

式中，[A] 及 c_A 均代表 A 的浓度，r_A 的单位为 mol/（m³·s）。A 代表反应物时，由于其浓度是随时间降低的，反应速率（r_A）应为负值，反之，当 A 代表产物时，r_A 应为正值。

事实上，污染物在反应器内的转化往往涉及多种物质，它们在反应过程中的增减速率具有一定的化学计量学关系。在下述反应中

$$aA + bB \longrightarrow cP + dQ \tag{3.1-3}$$

令 n_A、n_B、n_P 和 n_Q 分别为相应物种在时刻 t 的物质的量，则在反应过程中有

$$-\frac{1}{a}\frac{dn_A}{dt} = -\frac{1}{b}\frac{dn_B}{dt} = \frac{1}{c}\frac{dn_P}{dt} = \frac{1}{d}\frac{dn_Q}{dt} \tag{3.1-4}$$

3.1.2 反应级数

让我们考虑下面的整数次反应：

$$aA + bB \longrightarrow cC \tag{3.1-5}$$

式中，C 为反应产物，A、B 为反应物；a、b、c 为化学计量系数。

上述反应的反应速率方程为

$$r_A = -k[A]^\alpha [B]^\beta = k[C]^\gamma \tag{3.1-6}$$

式中，r_A 为反应物 A 的反应速率；α、β、γ 为经验系数；[A]、[B]、[C] 为 A、B、C 的摩尔浓度；k 为反应速率常数。

反应级数是各个经验型指数之和，例如，对于反应物 A 和 B 的级数是（$\alpha+\beta$），而对于产物 C 的级数是 γ。反应级数可以是 1 个整数（如 0、1、2）或 1 个分数。

图 3.1-1 给出了零级、一级、二级反应时反应速率（r_A）随时间的变化情况。

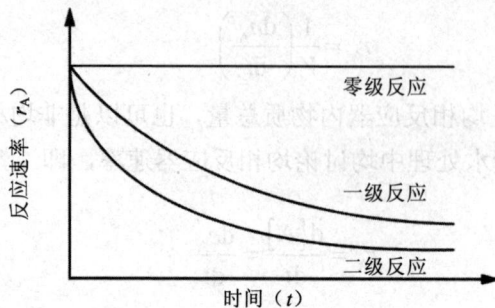

图 3.1-1 反应速率随时间的变化

对于各均相、不可逆的基本反应，经验确定指数等于化学计量系数。在这种情况下

$$r_A = -k[\text{A}]^a[\text{B}]^b = k[\text{C}]^c \tag{3.1-7}$$

在下述不可逆的基元反应中，反应物 A 转化为产物 C

$$\text{A} \longrightarrow \text{C} \tag{3.1-8}$$

速率方程可以写成

$$r_A = -k[\text{A}]^\alpha \tag{3.1-9}$$

$$\ln(-r_A) = \ln(k) + \alpha \ln[\text{A}] \tag{3.1-10}$$

式中，α 为反应级数；k 为反应速率常数。

测定了 A 在不同时间间隔（t）下的浓度（[A]）。绘制[A]与 t 的关系，如图 3.1-2（a）所示。计算沿曲线各点切线的斜率（r_A）。绘制 $\ln(-r_A)$ 与 $\ln[\text{A}]$ 的对比图，如图 3.1-2（b）所示。用最佳拟合线的斜率表示式（3.1-10）中反应的级数。

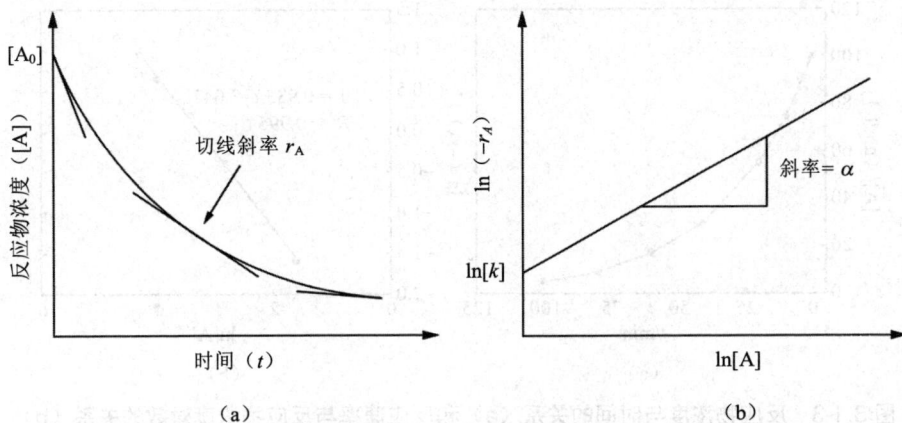

图 3.1-2　反应物浓度与时间关系（a）和反应速率与反应物浓度对数关系（b）

【例 3-1】从 A ——→ P 反应的试验中得到以下数据，试确定该反应的级数。

时间/min	0	10	20	40	60	80	100
[A]/（mg/L）	100	74	55	30	17	9	5

答：用 Excel 电子表格计算这些值，并绘制反应物浓度与时间的关系图和反应速率与反应物浓度对数的关系图。

t/min	[A]/（mg/L）	ln[A]	r_A	ln（$-r_A$）
0	100	4.61		
10	74	4.30	−2.60	0.95
20	55	4.01	−1.90	0.64
40	30	3.40	−1.25	0.22
60	17	2.83	−0.65	−0.44
80	9	2.20	−0.40	−0.92
100	5	1.61	−0.20	−1.61

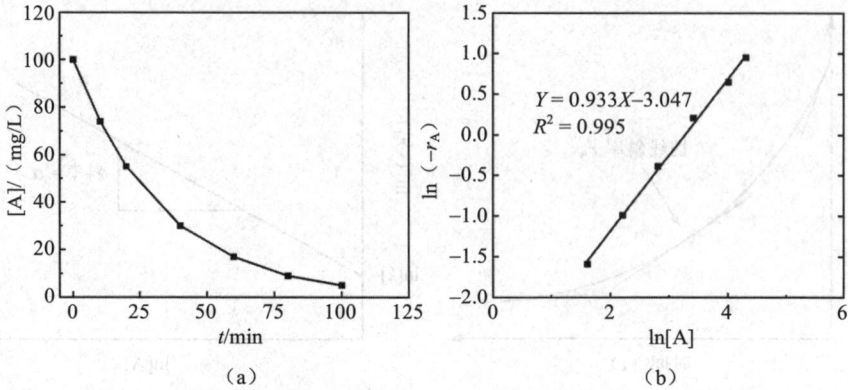

图 3.1-3　反应物浓度与时间的关系（a）和反应速率与反应物浓度对数的关系（b）

图（a）是反应物浓度与时间的关系图。假设每个时间间隔之间的曲线截面为一条直线，速率由该截面的斜率计算。对于第一个区间，$r_A = dA/dt = (100-74)/(0-10) = -2.60$，以此类推。图（b）是 $\ln(-r_A)$ 与 $\ln[A]$ 的关系图，最佳拟合线的斜率为 0.935，可以四舍五入到 1，所以该反应是一级反应。

（1）零级反应

如果已知单一组分的反应 $A \xrightarrow{k} P$ 为零级反应，A 的初始浓度为 c_{A_0}，k 为反应速率常数，则在反应时刻 t 浓度 c_A 的表达式可按如下方法求出。由零级反应的定义得

$$r = -\frac{dc_A}{dt} = kc_{A_0}^{\,0} = k \tag{3.1-11}$$

上式可以按时间从 0 到 t 进行积分得

$$\int_{c_{A_0}}^{c_A} -dc_A = \int_0^t k dt \tag{3.1-12}$$

最后得 c_A 的表达式为

$$c_A = c_{A_0} - kt \tag{3.1-13}$$

由式（3.1-11）可以看出，速率常数 k 的单位为浓度/时间，反应速率和反应物浓度的零次方成正比，也就是说，反应速率与反应物的浓度无关。生物化学反应中，底物（受生化催化剂酶作用的化合物称为底物）浓度很高时的酶促反应都属于零级反应；此外，在废水生物处理中，生物选择器内的反应往往是零级反应。

为了确定式（3.1-13）零级动力学的速率常数 k，进行了一个试验，在固定的

时间间隔内测量 A 的浓度，A 的浓度随时间的变化而变化。如图 3.1-4 所示，通过数据点绘制一条最佳拟合线。斜率表示速率常数（k），截距表示[A$_0$]。

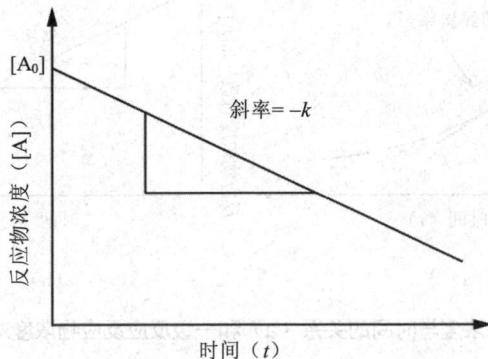

图 3.1-4　零级反应反应物浓度与时间的关系

（2）一级反应

如果上述单一组分的反应属于一级反应，初始浓度及速率常数仍用 c_{A_0} 及 k 表示，则在反应时刻 t 的浓度 c_A 可按类似方法求出。先按一级反应写出基本微分方程，再按时间间隔（0，t）积分得

$$r = -\frac{dc_A}{dt} = kc_A \tag{3.1-14}$$

$$\int_{c_{A_0}}^{c_A} \frac{dc_A}{c_A} = -\int_0^t k dt$$

$$\ln c_A - \ln c_{A_0} = \ln \frac{c_A}{c_{A_0}} = -kt \tag{3.1-15}$$

由上式可得出

$$c_A = c_{A_0} \exp(-kt) \tag{3.1-16}$$

用一个类似于前面的实验来确定一级动力学的速率常数（k）。A 的浓度随时间的变化而变化。对于一级反应，得到的曲线类似于图 3.1-5（a）。曲线上任意一点的切线斜率表示式（3.1-14）。ln[A]与时间的关系应该是一条直线，如图 3.1-5（b）所示。最佳拟合线的斜率绝对值等于速率常数（k）。

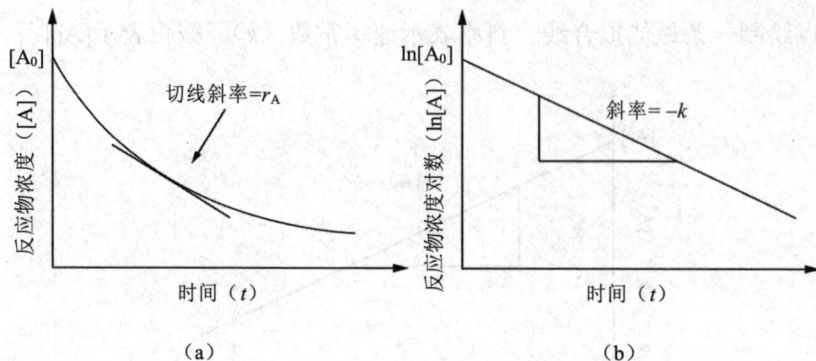

图 3.1-5 一级反应反应物浓度与时间的关系（a）和一级反应反应物浓度对数与时间的关系（b）

（3）二级反应

如果已知下列两种反应物的反应

$$A + B \xrightarrow{\ k\ } P \tag{3.1-17}$$

是一个二级反应，A 及 B 的初始浓度分别为 c_{A_0} 及 c_{B_0}，则产物 P 的浓度 c_P 的表达式可以分别按 $c_{A_0} \neq c_{B_0}$ 及 $c_{A_0} = c_{B_0}$ 两种情形推导如下。

当 $c_{A_0} \neq c_{B_0}$ 时，为了使表达式清楚明了，令 χ 代表产物 P 在时刻 t 的浓度 c_P。反应物 A 及 B 与产物 P 之间都是按 1∶1 的摩尔比关系变化的，在任意时刻，假设产物 P 的浓度增量为 x，A 及 B 的浓度必然相应地降低 x，因此，反应物的残留浓度 c_A 及 c_B 应分别为 $(c_{A_0} - x)$ 及 $(c_{B_0} - x)$。由二级反应的定义得

$$r = \frac{\mathrm{d}x}{\mathrm{d}t} = k c_A c_B = k\left(c_{A_0} - x\right)\left(c_{B_0} - x\right) \tag{3.1-18}$$

上式整理后并在（0，t）间隔内积分得

$$\int_o^x \frac{\mathrm{d}x}{\left(c_{A_0} - x\right)\left(c_{B_0} - x\right)} = \int_o^t k\mathrm{d}t$$

$$\frac{1}{c_{B_0} - c_{A_0}}\left\{\ln\frac{c_{B_0} - x}{c_{A_0} - x} - \ln\frac{c_{B_0}}{c_{A_0}}\right\} = kt$$

上式可写成

$$\frac{2.303}{c_{A_0} - c_{B_0}} \lg \frac{c_{B_0}\left(c_{A_0} - x\right)}{c_{A_0}\left(c_{B_0} - x\right)} = kt \qquad (3.1\text{-}19)$$

当初始浓度 $c_{A_0} = c_{B_0}$ 时，反应速率式简化成

$$\frac{dx}{dt} = k\left(c_{A_0} - x\right)^2$$

仍然在（0，t）内积分得

$$\frac{x}{c_{A_0}\left(c_{A_0} - x\right)} = kt \qquad (3.1\text{-}20)$$

当上述二级反应 $A + B \xrightarrow{\ k\ } P$ 中的某一反应物，例如，B 的浓度很高（c_B：$c_A > 20$），可以视为在反应过程中浓度不变时，则

$$r = -\frac{dc_A}{dt} = kc_A c_B = k'c_A \qquad (3.1\text{-}21)$$

由于 c_B 可视为常数，所以上式可用 k' 代替 kc_B，因而二级反应变成 A 的伪一级反应的速率方程。事实上，为了简化反应器运行操作研究中的动力学模型，往往通过大幅增加一种反应底物浓度的方法，将二级反应作为伪一级来加以简化。

用一个类似于前面的实验程序来确定二级动力学的速率常数 k。绘制反应物浓度倒数随时间变化的曲线，如图 3.1-6 所示。最佳拟合线的斜率提供了 k 的值。

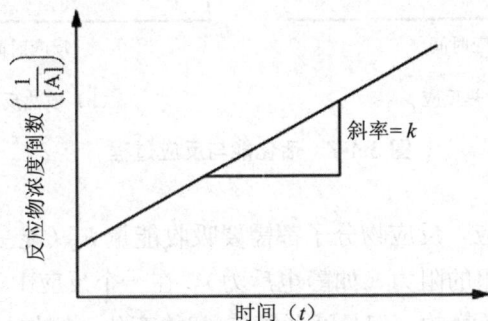

图 3.1-6　二级反应反应物浓度倒数随时间的变化

3.1.3 速率常数与温度

反应速率常数 k 与温度的关系可用 Arrhenius 方程来表示

$$\frac{\mathrm{d}\ln k}{\mathrm{d}T} = \frac{E_{\mathrm{a}}}{\mathrm{R}T^2} \qquad\qquad (3.1\text{-}22)$$

式中，E_{a} 为反应所需的活化能，J/mol；R 为摩尔气体常数，8.31J/（K·mol）；T 为热力学温度（摄氏温度+273.15）。

式（3.1-22）中活化能（E_{a}）的概念，一般表示如图 3.1-7 所示，图中显示了分子 XY 和原子 Z 产生 YZ 分子时能量变化过程（C 是催化剂），在外界有热、光、电等能量输入的条件下，XY 和原子 Z 吸收能量，并在催化剂的作用下形成不稳定的 XY^*C 和 CYZ^* 活化复体，图 3.1-7（a）表示反应物的能量小于产物的能量，属于吸热反应的情况；图 3.1-7（b）表示放热反应的情况，即反应物的能量高于产物的能量。

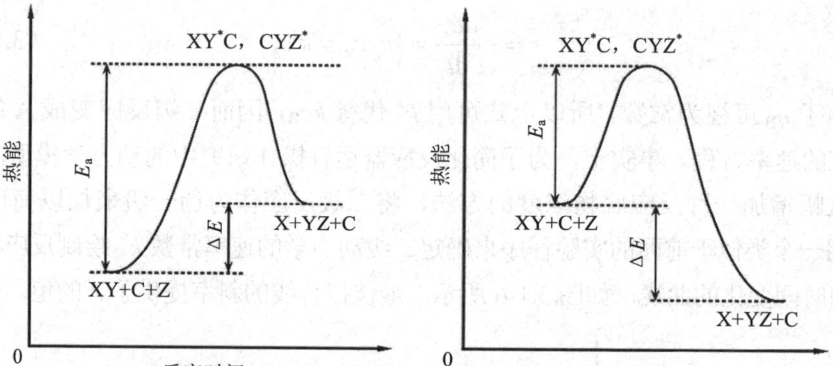

（a）吸热反应　　　　　　　　（b）放热反应

图 3.1-7　活化能与反应过程

无论是哪一种反应，反应物分子都需要吸收能量 E_{a}（能垒，energy barrier），即发生反应所必须克服的阻力（如静电斥力）。在一个反应中，ΔE 是反应物与产物的能量差，因此是不变的，但是活化能 E_{a} 却能变化。例如，可以添加催化剂降低反应所需的活化能，使反应易于进行。此外，活化能与反应速率常数 k 存在如下关系：

由式（3.1-22）积分得

$$\ln\frac{k_{T_2}}{k_{T_1}} = -\frac{E_a}{R}\left(\frac{1}{T_2} - \frac{1}{T_1}\right) \tag{3.1-23}$$

式中，k_{T_2} 及 k_{T_1} 分别代表温度 T_2 及 T_1 时的速率常数 k。由上式得

$$\frac{k_{T_2}}{k_{T_1}} = e^{\left[-\frac{E_a}{R}\left(\frac{1}{T_2}-\frac{1}{T_1}\right)\right]}$$

因此得

$$k_{T_2} = k_{T_1}e^{E_a/RT_1}e^{-E_a/RT_2} \tag{3.1-24}$$

上式可以写成下列常见形式：

$$k = Ae^{\left(-\frac{E_a}{RT}\right)} \tag{3.1-25}$$

式中，A 为指数前因子（pre-exponential factor）或频率因子；$e^{\left(\frac{E_a}{RT}\right)}$ 为指数因子，指具有活化能 E_a 的分子在全部参与反应的分子中所占的比例或分数。

因此，通过确定两个不同温度下的 k，可以用式（3.1-25）计算活化能 E_a。活化能 E_a 的值会随着温度的变化而有一定的变化。而废水处理过程中的温度范围变化相对有限，如式（3.1-25）所示，反应速率因温度改变而变化的程度，往往大于活化能（因温度变化产生的改变）的变化程度。

【例 3-2】观察某种氯产品在消毒时的化学平衡反应时发现，温度每升高 15℃，反应速率（常数）就会增加 1 倍。如果初始温度为 0℃，请估算该消毒反应的活化能。

解：$k_{T_2} = k_{T_1}e^{E_a/RT_1}e^{-E_a/RT_2}$，且 $k_{T_2} = 2k_{T_1}$ R=8.314 J/（mol·K）

代入已知值并求解 E_a。

$$T_1 = (273+0℃) = 273K$$

$$T_2 = (273+15℃) = 288K$$

$$E_a = \frac{\mathrm{R}\ln(k_2/k_1)}{(1/T_1 - 1/T_2)}$$

$$E_a = \frac{8.314 \times \ln 2}{(1/273 - 1/288)} = 30\ 206 \quad (\mathrm{J/mol})$$

3.2 反应器

反应器是化学、生物或生化反应发生的场所。反应通常在液体介质中发生，也可以在固体或气体介质以及混合介质中发生。化学反应器适用于污水处理厂的混凝-絮凝、石灰软化、气味控制、消毒和其他涉及化学反应的单元过程。污水处理厂使用的反应器多为生化和生物反应器，如活性污泥反应器、膜生物反应器等。

3.2.1 反应器类型

如图 3.2-1 所示，用于处理废水的反应器类型主要包括间歇式反应器（batch reactor，BR）、完全混合反应器（completed mixed reactor，CMR）和推流式反应器（plug-flow reactor，PFR，又称推流反应器或活塞流反应器）。

3.2.2 间歇式反应器（BR）

在间歇式反应器[图3.2-1（a）]中，反应器操作包括进水、处理、排水/静置、进水—重复新一周期。进水在反应器中与反应物一起混合完全，反应过程与外界没有物质交换。在反应器运行期间，反应物是否得到充分混合对反应器运行效果的好坏至关重要。在实验室中，生物、化学反应过程的动力学参数的测定主要在间歇式反应器内完成。工程上对于流量小、间歇排放的废水，通常使用间歇运行的反应器处理，由于反应器内污染物的起始浓度高，反应速率较快，反应器处理效率较高，但由于控制与操作复杂度高，该反应器操作不适合大水量连续流废水处理。

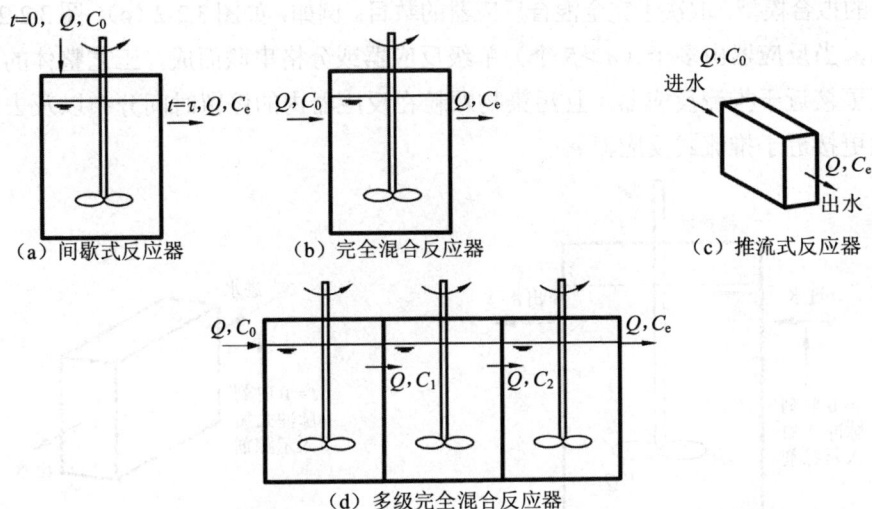

(a) 间歇式反应器　　　(b) 完全混合反应器　　　(c) 推流式反应器

(d) 多级完全混合反应器

Q—流量；C_0—进水基质浓度；C_1—第一个反应单元出水基质浓度；

C_2—第二个反应单元出水基质浓度；C_e—出水基质浓度

图 3.2-1　废水处理中常用反应器类型

3.2.3　完全混合反应器（CMR）

在完全混合反应器［图 3.2-1（b）］内，假定当颗粒随进水一起进入反应器时，会瞬间达到完全混合，且在反应器均匀分布（反应器内各点的浓度与温度均相同）。颗粒随出水离开反应器时的时间与它们（统计学上）在反应器内的数量分布成正比，即部分颗粒进入反应器后立刻随出水排出，停留时间趋于 0，也有部分颗粒在理论上其停留时间趋于无限长。因此，必定会有一部分未反应的颗粒物与进水新引入的颗粒物产生混合，即返混（back mixing）。然而，对不同的反应器实现混合所需的实际时间，取决于反应器的几何形状以及搅拌程度（由搅拌机输入功率决定）。工程上，当进水中含有有毒有害物质时，采用 CMR 操作能够通过稀释以及返混来降低生物抑制性，此外大部分连续流工艺从整体上看是多个 CMR 的串联形式［图 3.2-1（d）］，并且从转化效率上看，具有推流反应器［图 3.2-1（c）］的特点。

实际工程中连续流反应器也多采用多级完全混合反应器的串联形式［图 3.2-1（d）］，该形式的特点是，单级反应器内混合充分、级间串联，工艺整体的流态及其选用的拟合模型，取决于完全混合反应器的数目。例如，如图3.2-2（c）、图3.2-2（d）所示，当反应器由多个（$n>5$ 个）单级反应器或分格串联而成，工艺整体的水流特征更接近于推流反应器，且污染物颗粒在反应器内的停留时间分布以及去除规律也更接近于推流式反应器。

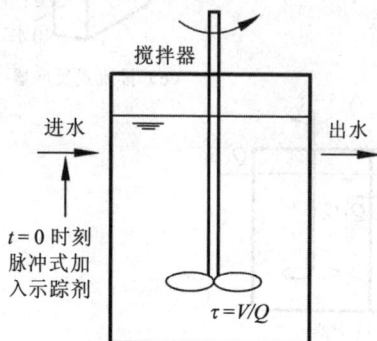

（a）完全混合反应器　　　　　　　　　　（b）推流式反应器

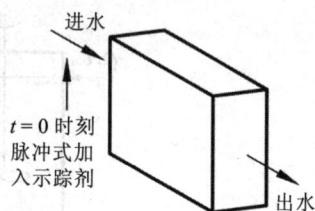

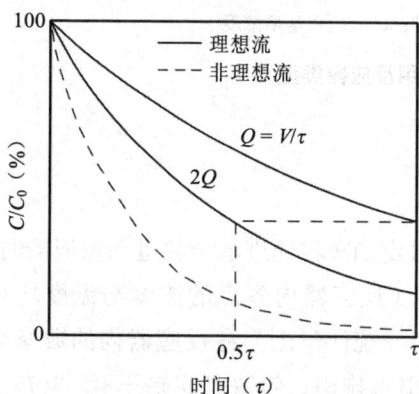

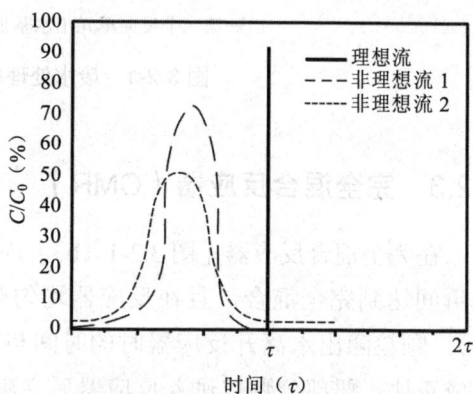

（c）完全混合反应器出水示踪剂浓度的分布　　（d）推流式反应器出水示踪剂浓度的分布

图3.2-2　废水处理中常用反应器及其器内示踪剂浓度的分布情况（加入不可降解示踪剂）

3.2.4　推流式反应器（PFR）

推流式反应器是水处理过程中常见的一种连续流反应器形式，如传统活性污泥法中采用的推流式曝气池、管式反应器等。对于理想平推流反应器，水流在流经长宽比很大的长条形反应器（管式反应器）时，进水颗粒在同一断面上混合充分，分布均匀，水流经过反应器时在沿程各断面上颗粒浓度、水流速度与方向都保持一致，前后断面无质能交换（沿反应器水流方向上不发生前后水质的混合现象，"返混"为零）。因此，推流反应器内污染物浓度仅仅是水力停留时间的函数，反应器对污染物的降解速率与去除效率接近间歇反应器。理想型推流反应器内，颗粒流经反应器时，其平均停留时间接近于理论停留时间，如图 3.2-2（d）所示，但在实际运行过程中，由于出现短流，断面前后因扩散效应等出现混合等现象，其实际停留时间往往会低于理论停留时间。

3.3 反应器中的反应动力学

反应速率与传质速率是反应器设计与运行操作的关键，而反应器内物料的流动直接影响反应速率与传质速率。进水颗粒物在实际反应器中的分布受水流流态、分子大小、温度等影响，不同停留时间的颗粒物混合后在反应器内存在温度、浓度与流速的分布。

为了分析不同类型的反应器出水水质，一般都简化反应器类型，并设想存在两种极端理想流状态，即完全混合反应器，也称全混流（返混程度无限大），即进水颗粒进入反应器后能瞬间达到完全混合，反应器内的浓度、温度处处相同；而与之对应的是推流，反应器内物料以相同的流速与一致的方向移动，不存在反应器轴向上的混合（返混程度为零）。实际反应器液态是介于全混流与推流之间的流态，为非理想流，在此仅分析理想流反应器内的水质模型。

3.3.1 间歇式反应器

根据反应速率的表达关系式以及物料衡算关系，可分析间歇式反应器［图 3.2-1（a）］内的反应性组分：积累=输入−输出+产生

$$\frac{\mathrm{d}C}{\mathrm{d}t}V = QC_0 - QC + r_c V \tag{3.3-1}$$

因为进水流量 $Q = 0$ ，所以间歇式反应器的方程式为

$$\frac{\mathrm{d}C}{\mathrm{d}t} = r_C \tag{3.3-2}$$

水处理构筑物内的反应物浓度通常被控制在较低范围内，因此，大多数反应属于一级反应，即 $r_c = -kC$ 。因此，在 $C = C_0$ 和 $C = C$ 以及 $t = 0$ 和 $t = t$ 的极限之间进行积分，可以得到

$$\int_{C=C_0}^{C=C} \frac{\mathrm{d}C}{C} = -k \int_{t=0}^{t=t} \mathrm{d}t = kt \qquad (3.3\text{-}3)$$

得到的间歇反应器内反应物残留浓度随反应时间变化的表达式：

$$C = C_0 \cdot e^{-kt} \qquad (3.3\text{-}4)$$

3.3.2 完全混合反应器

如图 3.2-1（a）所示，根据单级完全混合反应器内反应物的物料衡算关系：
积累=输入−输出+产生

$$\frac{\mathrm{d}C}{\mathrm{d}t}V = QC_0 - QC + r_C V \qquad (3.3\text{-}5)$$

设 $r_C = -kC$，稳态条件下［累积项等于零（$\mathrm{d}C/\mathrm{d}t = 0$）］，对在 $C = C_0$ 和 $C = C$ 以及 $t = 0$ 和 $t = t$ 的极限之间进行积分，可以得到

$$C = \frac{Q}{V}\frac{C_0}{\beta}\left(1 - e^{-\beta t}\right) + C_0 e^{-\beta t} \quad (\beta = k + Q/V)$$

$$C = \frac{C_0}{\left[1 + k(V/Q)\right]} = \frac{C_0}{(1+k\tau)} \qquad (3.3\text{-}6)$$

3.3.3 多级完全混合反应器反应

用数学模型分析水处理中常见的连续流反应器，多级完全混合反应器以及推流型反应器出水水质情况，根据物料衡算关系，两个反应器系统中第二个反应器的质量平衡的稳态形式见图 3.3-1。

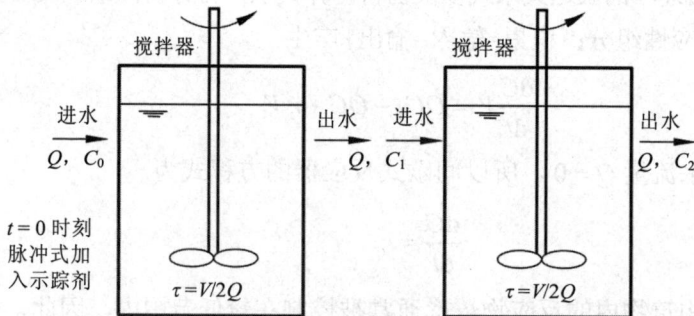

图 3.3-1 连续流多级完全混合反应器模型示意图

注：流程中单级反应器体积=V/2。

由以下公式给出：积累=输入−输出+产生

$$\frac{dC_2}{dt}\frac{V}{2}=0=QC_1-QC_2+r_c\frac{V}{2} \tag{3.3-7}$$

假设两个反应器内反应均属一级反应，符合一阶去除动力学（ $r_c=-kC_2$ ），可以求解 C_2

$$C_2=\frac{C_1}{1+(kV/2Q)} \tag{3.3-8}$$

由式（3.3-9）可知

$$C_1=\frac{C_0}{1+(kV/2Q)} \tag{3.3-9}$$

将上述两个表达式组合起来得到

$$C_2=\frac{C_0}{\left[1+(kV/2Q)\right]^2} \tag{3.3-10}$$

对于 n 个串联的完全混合反应器，其表达式为

$$C_n=\frac{C_0}{\left[1+(kV/nQ)\right]^n}=\frac{C_0}{\left[1+(k/n\tau)\right]^n} \tag{3.3-11}$$

【例 3-3】分析下列反应器出水浓度：反应器总体积为 1 000 m³，处理水量为 1 000 m³/d，反应符合一级动力学规律，k=0.1 h⁻¹，进水浓度为 100 mg/L。

（1）若采用两个间歇反应器并联处理，每天进水、出水一次，求出水浓度。

（2）若采用连续流二级完全混合反应器处理，求第 2 个反应器的出水浓度。

（3）若采用连续流五级完全混合反应器处理，求第 5 个反应器的出水浓度。

（4）若采用推流式反应器处理，求出水浓度。

解：（1）分析间歇式反应器的出水浓度：

由于采用两个反应器并联，单个反应器处理量 500 m³/d，$\tau=V/Q=500/500=1$（d），由于 $C=C_0\cdot e^{-kt}$，所以出水浓度：$C=100\cdot e^{-0.1\times24}=9.07$（mg/L）

（2）分析二级连续流反应器的出水浓度：

由于两个反应器串联，单个反应器体积：$V_1=V_2=1\,000\,m^3/2=500\,m^3$

单个反应器 $\tau=V/2Q=1\,000/2\,000\,d=0.5\,d=12\,h$

第 2 个反应器出水浓度：

$$C_2=\frac{C_0}{\left[1+(kV/2Q)\right]^2}=\frac{100}{\left[1+0.1\times12\right]^2}=20.66\ (mg/L)$$

（3）分析五级连续流反应器的出水浓度：

由于 5 个反应器串联，单个反应器体积：$V_1 = \cdots = V_5 = 1\,000 \text{m}^3 / 5 = 200 \text{ m}^3$

单个反应器 $\tau = V / 5Q = 1\,000 / 5\,000 \text{ d} = 0.2 \text{ d} = 4.8 \text{ h}$

第 5 个反应器出水浓度：

$$C_2 = \frac{C_0}{\left[1 + (kV / 5Q)\right]^5} = \frac{100}{\left[1 + 0.1 \times 4.8\right]^5} = 14.08 \text{ （mg/L）}$$

（4）分析推流反应器的出水浓度：

对于平推流反应器

$$V = 1\,000 \text{ m}^3, \quad Q = 1\,000 \text{ m}^3 / \text{d}, \quad \tau = V / Q = 1\,000 / 1\,000 \text{ d} = 1 \text{ d} = 24 \text{ h}$$

推流反应器的出水浓度：$C = 100 \cdot e^{-0.1 \times 24} = 9.07 \text{ （mg/L）}$

【例 3-4】某加氯氧化处理过程，在理想流条件下，当时水 COD 浓度 $C_0 = 100$ mg/L，请分别比较当该消毒过程符合一级或二级反应动力学（$r_c = -kC^{1或2}$），达到 99% 的 COD 去除效率时，所需要的多级完全混合反应器与推流式反应器的体积比。

解：（1）一级动力学方程（$r_c = -kC$）

①用 Q / k 计算完全混合反应器所需体积。

在稳定状态下，完全混合反应器的质量平衡产生量

$$0 = QC_0 - QC_e - k_c C_e V$$

简化并替换给定的数据

$$V = \frac{Q}{k}\left(\frac{C_0 - C_e}{C_e}\right) = \frac{Q}{k} \times \frac{100 - 1}{1} = 99\frac{Q}{k}$$

②用 Q / k 计算塞流反应器所需的体积。

在稳定状态下，柱塞流反应器的质量平衡产生

$$0 = -Q\frac{dC}{dx}dx + Adx(-kC)$$

稳态方程的积分形式

$$V = A\int_0^2 dx = -\frac{Q}{k}\int_{C_0}^{C_e}\frac{dC}{C} = -\frac{Q}{k}\ln C\Big|_{C_0}^{C_e} = -\frac{Q}{k}\ln\frac{C_e}{C_0}$$

将给定的浓度值代入得

$$V = -\frac{Q}{k}\ln\frac{1}{100} = \frac{Q}{k}\ln 100$$

③确定体积比。

$$\frac{V_{\text{CMR}}}{V_{\text{PFR}}} = \frac{99Q}{k}\frac{k}{\ln 100Q} = \frac{99}{\ln 100} \approx 22$$

（2）二级动力学方程（$r_c = -kC^2$）

①用 Q/k 计算完全混合反应器所需体积。

在稳定状态下，完全混合反应器的物料衡算

$$0 = QC_0 - QC_e - k_c C_e^2 V$$

简化并替换

$$V = \frac{Q}{k}\left(\frac{C_0 - C_e}{C_e^2}\right) = \frac{Q(100-1)}{k \times 1^2} = 99\frac{Q}{k}$$

②用 Q/k 计算推流反应器所需的体积。

在稳定状态下，推流反应器的物料衡算

$$0 = -Q\frac{dC}{dx}dx + Adx\left(-kC^2\right)$$

稳态方程的积分形式

$$V = -\frac{Q}{k}\int_{C_0}^{C_e}\frac{dC}{C^2} = \frac{Q}{k}\frac{1}{C}\int_{C_0}^{C_e} = \frac{Q}{k}\left(\frac{1}{C_e} - \frac{1}{C_0}\right)$$

将给定的浓度值代入得

$$V = \frac{Q}{k}\left(\frac{1}{1} - \frac{1}{100}\right) = \frac{99}{100}\frac{Q}{k}$$

③确定体积比。

$$\frac{V_{\text{CMR}}}{V_{\text{PFR}}} = \frac{99Q}{k}\frac{100k}{99Q} = 100$$

习题

1. 请说明在典型的污水三级处理工艺单元（沉砂池、初沉池、活性污泥池、二沉池、混凝反应池、化学沉淀池、快滤池、臭氧消毒池、活性炭吸附池）中，哪些处理单元属于活塞流（推流型）反应器？

2. 已知絮凝反应为一级反应，其反应速率常数 k 为 $1.5 \times 10^{-3} \mathrm{s}^{-1}$，进水颗粒浓度为 n_0，要求经过絮凝反应后，颗粒的浓度 n_e 总数降低 75%，请按照理想反应器进行如下计算：

（1）采用单级 CSTR 反应器所需要的絮凝时间是多少？

（2）若采用 3 个 CSTR 反应器串联，所需要的总絮凝时间是多少？

（3）若采用推流式反应器（PFR），所需要的絮凝时间是多少？

第4章 格 栅

格栅广泛应用于污水处理,一般作为污水处理系统的第一道处理设备。格栅由单组或多组金属栅条组成,倾斜或垂直安装在明渠、泵房以及污水处理厂的进水口,以去除污水中体积较大的漂浮物和悬浮物,避免在后续的处理过程中堵塞、缠绕水泵、管道和阀门等。更精细的格栅则可以进一步去除尺寸更小的固体悬浮物,保护易受悬浮颗粒影响的污水处理设施,如过滤器、膜生物反应器等。污水处理设施需要根据实际情况设置格栅的拦截尺寸和拦截道数,一般来说,拦截部件的间隙尺寸随着工艺流程依次递减。

4.1 格栅分类

格栅按截留物的尺寸大小可以分为粗格栅、细格栅和微格栅,粗格栅一般用于污水预处理,针对污水中的碎布、树枝、瓶罐、纸片和塑料漂浮物等大尺寸的固体。细格栅则用于预处理或一级处理,主要分离悬浮固体或去除在污泥处理系统前污泥液中的有机颗粒。而微格栅严格意义上属于过滤设备,可以用于一级处理或深度处理。格栅用于拦截污染的部件一般是平行直栅条、多孔筛板、楔形丝筛或者网筛。粗格栅一般采用栅条和筛板,而细格栅和微格栅一般使用丝筛或网筛。

格栅过水部件按形状可以分为平面格栅和曲面格栅。平面格栅由平行直栅条和框架组成,而曲面格栅一般是由筛板或丝网加工成曲面形状。

格栅按清渣方法可以分为人工格栅和机械格栅两种,按格栅构造和运行的特点又可将机械格栅分为往复齿耙式机械格栅、回转式机械格栅、钢丝绳牵引机械格栅、阶梯式机械格栅、转鼓式机械格栅等多种形式。污水处理中常用的格栅分类见图4.1-1。

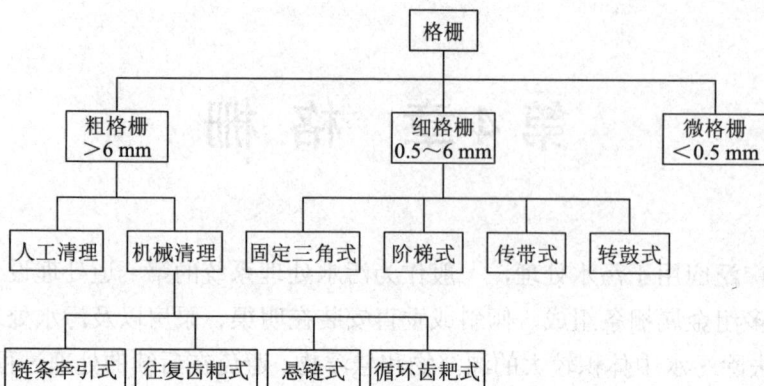

图 4.1-1　在污水处理中用到的格栅种类

4.1.1　粗格栅

粗格栅通常安装在污水处理厂的入口处，且在细格栅之前，避免细格栅被大尺寸固体污堵。粗格栅的筛分部件是平行栅条或开孔板，透水口常为圆孔状、方形或长方形，开口大小通常为 6～75 mm，特殊情况下可以增大开口的尺寸。

粗格栅的清渣方式可以分为人工清渣或机械清渣，具体视水质、水量而定，设计参数见表 4.1-1。

表 4.1-1　粗格栅设计主要参数取值

	人工	机械
栅条宽度/mm	5～15	
栅条厚度/mm	25～38	
栅条间距/mm	25～50	15～75
倾斜角度/(°)	45～60	60～90
过水流速/(m/s)	0.3～0.6	0.6～1.0
允许水头损失/mm	150	150～600

（1）人工格栅

人工格栅常常用于小型污水泵站泵前，或者中小型污水处理厂的预处理，因为处理水量较小或截留的污染物较少，无须频繁清理栅渣。人工格栅也常用作机械格栅的备用装置，当水量超过设计负荷、机械检修时，人工清理的格栅可作为临时设备运行。

人工格栅通常采用平面栅条格栅形式。为了方便人工清渣，避免清渣过程中栅渣回落，栅板的安装角度与水平成 30°～60°。栅板的安装角度不宜过小，倾斜较小的情况下栅渣虽不易回落，但占地面积较大。栅板也不宜过长，否则人工清理的难度较大，一般不超过 3 m，具体的制作方式见图 4.1-2（a）。格栅渠设计时，应注意防止砂砾和其他易沉降重物在渠内沉积，渠的底部应设置一定的向下坡度，渠道呈直线。人工格栅设计的过水面积应采用较大的安全系数，一般不小于进水格栅渠有效断面面积的 2 倍，具体设计参数见表 4.1-1。

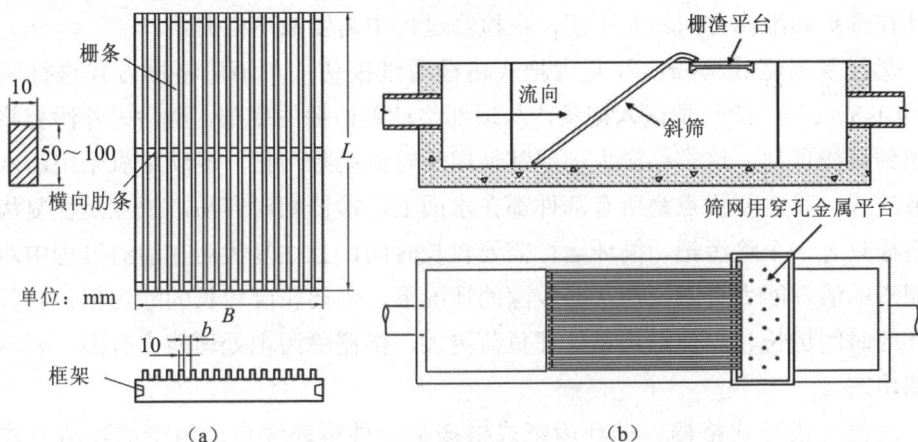

图 4.1-2 人工格栅安装示意图

（2）机械格栅

为减少人工操作，同时提高机械的清渣能力，机械格栅在设计上不断得到优化和改进。在不断开发新材料的背景下，许多耐腐蚀材料，比如，不锈钢和高强度塑料都被应用到机械格栅上。目前，污水处理的机械格栅按清渣方式主要有牵引式、往复齿耙式和循环齿耙式。

①链条牵引式格栅。链条牵引式机械清渣的格栅根据除污耙设置在筛板前侧（迎水面）还是后侧（背水面），以及除污耙是由前侧返回格栅底部还是由后侧回到底部，可分为 3 类：前清前返、前清后返以及后清后返。虽然这 3 类格栅的操作是相似的，但每种格栅都有各自的优缺点。一般来说，前清前返式格栅在分离固体悬浮物方面效率更佳，但使用过程中容易被沉积在耙底的栅渣卡住[图 4.1-3（a）]。

在前清后返式格栅中，除污耙从格栅的背水侧回到筛板的底部，再转过筛网的底部沿着栅板上升对格栅表面进行除渣，这样污染物不容易堵在栅条或孔眼里，但是需要将铰链板密封放置在格栅下方，同样会被卡住。目前新开发的悬链式格栅，严格意义上来说是钢丝牵引格栅的改进。悬链式格栅是一种前清前返的链式驱动格栅，但是不需要水下齿轮［图 4.1-3（b）］。牵引链条只有一个固定的旋转轴，既可以作为除污耙的承重结构，也可以作为支撑结构。如果污染物卡在格栅间，除污耙就会通过格栅间将其去除，避免堵塞，但是这类格栅占用空间较大。对于后侧清污的格栅，栅条可以保护除污耙免受硬质堵塞物的损坏，但固体污染物更容易被带到格栅后方。总体来说，大多数钢丝链牵引式格栅的链齿轮都在水下，因此在维护和维修方面相对不便，在检修过程中需要抽干格栅渠。

②往复齿耙式格栅。往复齿耙式格栅通过模仿人工清渣格栅方式进行清污［图 4.1-3（c）］。除污耙嵌入栅条，从顶部移动到格栅的底部，清污时除污耙将栅渣拉到格栅顶部。这类格栅大部分都使用齿轮驱动除污耙，驱动电机采用潜水式或液压式，其主要优点是所有部件都在水面上，检修相对容易，缺点是往复齿耙式格栅只有一个除污耙，循环运行需要较长时间，且往复齿耙在清渣过程中对硬质栅渣的清理能力有限。在水面较深的情况下，需要长度较长的除污耙，且往复循环的时间更长、固体污染物处理负荷更大，格栅除污耙处理能力有限，将导致格栅堵塞。

③循环齿耙式格栅。循环齿耙式格栅是一种可连续自动清渣的除渣方式，可以根据栅条或孔眼的大小用于不同场合，既可以用于细格栅也可以用于粗格栅［图 4.1-3（d）］。链带上的挂钩以抓取的方式截留稍大的固体物质，包括树枝、布片、纤维等。当被用于细格栅时，循环齿耙式格栅也可以不使用粗格栅的前置保护。循环齿耙式格栅不需要液下的链齿轮，检修和更换部件也相对容易。

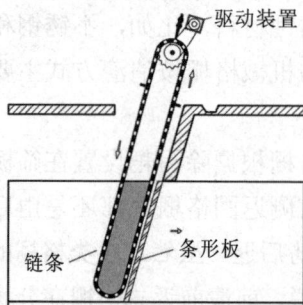

（a）前清前返式链条牵引格栅　　　　　　（b）悬链式格栅

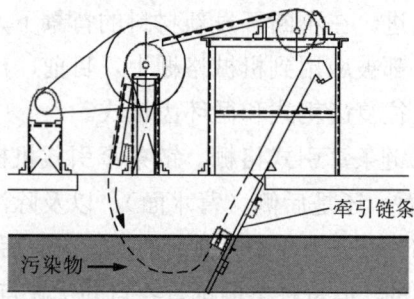

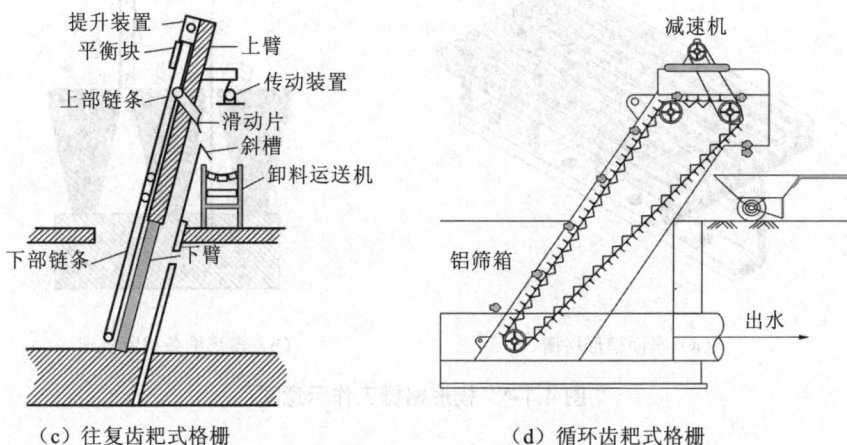

（c）往复齿耙式格栅　　　　　（d）循环齿耙式格栅

图 4.1-3　机械清渣格栅示意图

4.1.2　细格栅

　　细格栅的栅条间隙尺寸一般小于 6 mm，可用于经过粗格栅后的预处理、一级处理等场合。细格栅可以用于生物滤池或膜生物反应器之前，分离进水中会造成滤床或膜堵塞的固体颗粒，也可以用来分离去除污泥中的硬质固体以保障污泥处理。

　　目前，细格栅按设备形式可分为楔形格栅、阶梯格栅、滚鼓格栅等。一般来说，细格栅开口尺寸为 0.2～6 mm，经过格栅的水头损失为 0.8～1.4 m。由于其高精度的分离特性，细格栅甚至可以用来代替小型市政污水处理厂中的某些一级处理设施，最高处理能力可以达到 500 m³/h，并可通过高压喷嘴去除栅条或网眼中的污染物。以下介绍格栅的设计和使用细节。

　　①楔形格栅。楔形格栅可以做成平面或曲面形式，栅条间隙尺寸为 0.2～1.2 mm，设计的格栅面积流速为 400～1 200 L/（m²·min），水头损失为 1.2～2 m。格栅由小型不锈钢楔形条组成，楔形条的扁平部分面向水流。楔形格栅如图 4.1-4 所示。

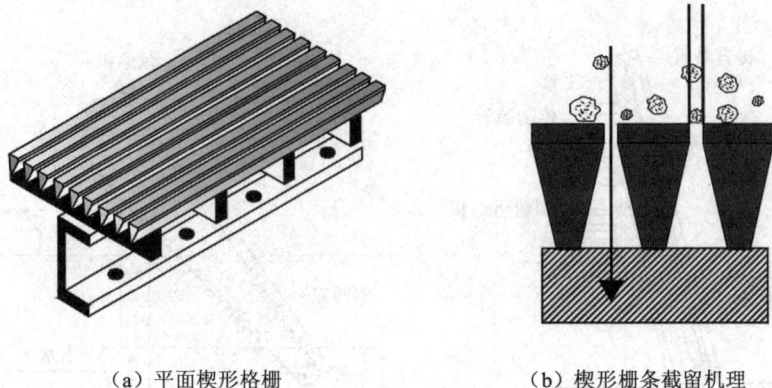

（a）平面楔形格栅　　　　　　　　　（b）楔形栅条截留机理

图 4.1-4　楔形格栅工作示意图

②阶梯格栅。阶梯格栅由两组阶梯形且相互垂直的筛板组成，分别是固定的和可移动的。固定筛板和活动筛板交替排列，组成一个筛分面板，栅条之间的间隙尺寸为 3～6 mm。活动筛板在垂直方向上依次运动，将截留的污染物依次提升到上一个平台，最终将其运输到格栅顶部，落到栅渣斗中。阶梯格栅的工作原理如图 4.1-5 所示。

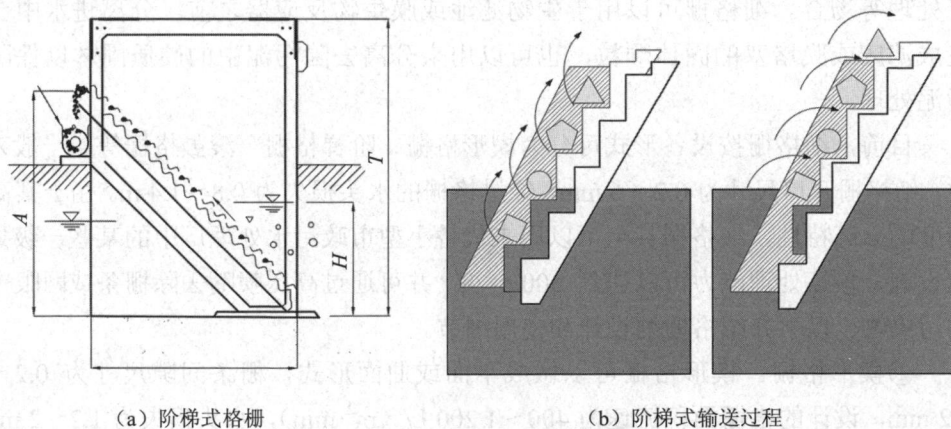

（a）阶梯式格栅　　　　　　　　　（b）阶梯式输送过程

图 4.1-5　阶梯格栅工作示意图

③转鼓格栅。转鼓格栅中筛分的栅板安装在一个滚筒上，以曲面形式面向水流，悬浮固体被截流在内部或外部表面。转鼓格栅的直径为 0.93～2 m、长度为 1.2～4 m。转鼓格栅的工作原理如图 4.1-6 所示。

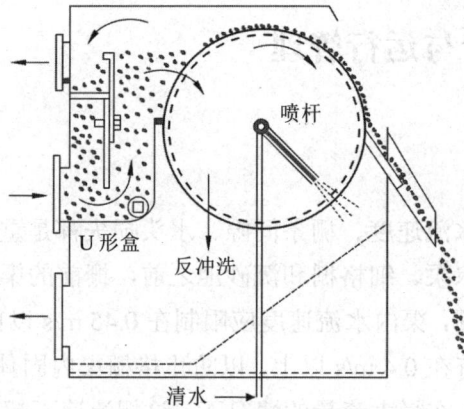

图 4.1-6 转鼓格栅工作示意图

4.1.3 微格栅

微格栅一般采用低速、连续式、转鼓式的运行方式，依靠水流自身重力进行分离，具体如图 4.1-7 所示。微型格栅通常采用纤维制成的滤网进行截留，开孔大小为 10～35 μm，安装在转鼓的表面。污水从转鼓的开口处流入并从筛网滤布流出，截留在表面的固体可以使用高压水枪喷射的方式进行冲洗，冲洗到鼓内的沟槽内。微格栅主要是去除二级处理出水中的悬浮固体颗粒，悬浮颗粒的去除率为 10%～80%。降低转鼓转动的速度或者减少滤布冲洗的频率会使颗粒物的去除率上升，处理水量性能下降。因此，微格栅设计时需要考虑进水悬浮颗粒物的浓度和种类、最大水力负荷、固体颗粒物负荷以及滤布反冲洗时的供水能力。

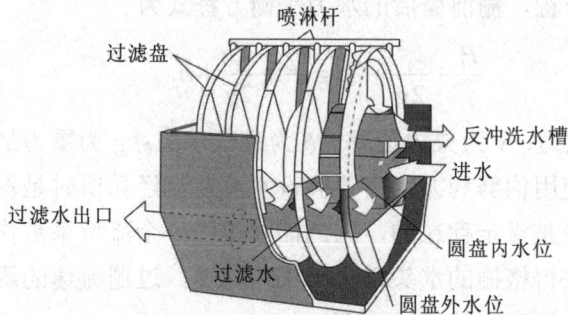

图 4.1-7 微格栅工作示意图

4.2 格栅的设计与运行管理

4.2.1 粗格栅

在选择格栅时，水流速度、栅条间隙、水头损失都是重要的设计参数。一般粗格栅应安装在提升水泵、细格栅和沉砂池之前，栅前的渠道长度是格栅宽度的2～4倍。对于人工格栅，渠内水流速度应限制在 0.45 m/s 以内；而对于机械格栅，渠内的水流速度应保持在 0.4 m/s 以上，以防止格栅渠内固体颗粒的大量沉积。同时流速也不能过高，即在最大流量的情况下，过栅流速不超过 0.9 m/s，以防止固体被水力冲刷通过栅条。在实际运行中，可在下游安装控制装置（如阀门），以控制水流通过格栅的速度。机械清渣格栅的水头损失通常限制在 0.08～0.15 m。

图 4.2-1 为格栅渠内的水力学示意图。

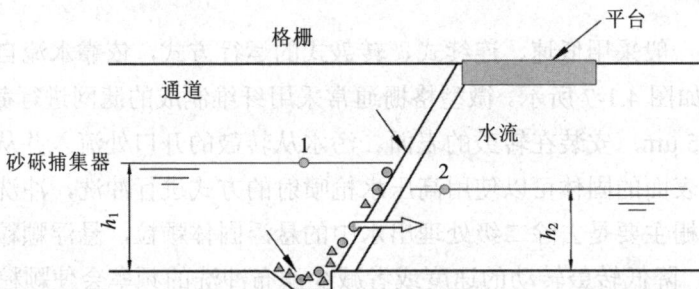

图 4.2-1 格栅渠内的水力学示意图

根据伯努利方程，栅前栅后的水力平衡方程式为

$$\frac{P_1}{\gamma} + \frac{v_1^2}{2g} + h_1 = \frac{P_2}{\gamma} + \frac{v_2^2}{2g} + h_2 \qquad (4.2\text{-}1)$$

式中，P 为压力；v 为渠内速率；h 为高程水头；g 为重力加速度。从流体力学的角度来讲，使用伯努利方程需要假设水流在流经孔口时是没有摩擦力的，但水力摩擦在格栅中是肯定存在的，因此需要提出一个流量系数作为修正。对以上方程进行整理，获得格栅的水头损失与渠内流速、过栅流速的函数关系，通过伯努利方程计算水头损失，其结果如下：

$$H_L = \frac{1}{C_d}\left(\frac{V_s^2 - v^2}{2g}\right) \qquad (4.2\text{-}2)$$

式中，H_L 为通过格栅的水头损失，m；C_d 为流量系数，对于清洁的净格栅通常为 0.70～0.84，对于污染物堵塞的格栅则为 0.6；V_s 为污水过栅流速，m/s；v 为污水渠内流速，m/s；g 为重力加速度，9.81 m/s^2。

格栅间隙的流速可根据渠道宽度中的格栅数量和水位深度计算得出。栅条、间隙以及栅孔的数量计算如下：

$$N = \frac{w - L}{B - b} \qquad (4.2\text{-}3)$$

$$N_s = N + 1 \qquad (4.2\text{-}4)$$

$$N_p = N_s \times L \times h \qquad (4.2\text{-}5)$$

$$V_s = \frac{q_v}{A} \qquad (4.2\text{-}6)$$

【例 4-1】使用机械格栅对某一废水进行预处理：废水流量=100 000 m^3/d，格栅渠内流速 $v = 0.6$ m/s，格栅中水流通过的面积 $S = 1.6$ m^2，干净格栅的水头损失系数为 0.75，堵塞格栅的水头损失系数为 0.60，垂直倾斜 $\theta = 0°$。试计算通过格栅的净水头损失；在 40%的流动面积被固体堵塞后，计算水头损失。

解：净水头损失 $\qquad Q = \dfrac{100\,000}{86\,400} = 1.16\,(\text{m}^3/\text{s})$

$$V_s = \frac{1.16}{1.6} = 0.725\,(\text{m/s})$$

$$H_L = \frac{1}{C_d}\left(\frac{V_s^2 - v^2}{2g}\right) = \frac{1}{0.75} \times \left(\frac{0.725^2 - 0.6^2}{2 \times 9.81}\right) = 0.01\,(\text{m})$$

可供流动的面积 $\qquad A = 1.6 \times (1 - 0.4) = 0.96\,(\text{m}^2)$

$$V_s = \frac{1.16}{0.96} = 1.21\,(\text{m/s})$$

$$H_L = \frac{1}{C_d}\left(\frac{V_s^2 - v^2}{2g}\right) = \frac{1}{0.6} \times \left(\frac{1.21^2 - 0.6^2}{2 \times 9.81}\right) = 0.09\,(\text{m})$$

当格栅干净时，水头损失也可以采用下式进行计算：

$$H_L = \beta \times \left(\frac{W}{b}\right)^{4/3} \times h_v \times \sin\theta$$

式中，W 为格栅迎水面总宽度，m；b 为总栅间距，m；h_v 为经过栅间的速度落差，m；θ 为水平安装角度，（°）；β 为栅条形状系数，量纲一，具体取决于与栅条类型，见表 4.2-1。

表 4.2-1　栅条类型及其形状系数（β）

栅条类型	图示	β
切齿矩形		2.42
带半圆形上游面的矩形		1.83
圆形	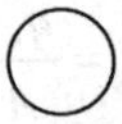	1.79
带半圆形上游面和下游面的矩形		1.67
楔形		0.76

4.2.2　细格栅

由于细格栅的过水孔口更为细小，水头损失计算需要根据孔口水头损失的方式计算。细格栅的水头主要取决于有效过水面积和过水孔口的堵塞程度，计算如下：

$$H_L = \frac{1}{2g}\left(\frac{Q}{CA}\right)^2 \tag{4.2-7}$$

式中，Q 为过栅流量，m³/s；A 为过水的有效开孔面积，m²；C 为排放系数，量纲一，净格栅一般取值 0.6～0.8。

4.3 栅渣处理

栅渣从格栅单元过滤至带式、槽式或气动传送系统上，通过压榨脱水后进行清运。栅渣也可以直接通过栅渣破碎机或研磨机搅碎后脱水清运。带式传送的优点是操作简单、方便维护且不会堵塞、成本低，但是会产生异味，可通过密闭装置减少臭气产生。气动传送异味相对较少，并且占地面积也较少。

4.3.1 栅渣压缩机

栅渣压缩机可以用于栅渣脱水以减少其体积，主要分为水力冲压机和螺旋压榨机两种形式。栅渣压缩机可以将栅渣压缩后转移到渣斗中，压缩机可以减少75%的栅渣体积、脱掉栅渣50%的含水量，装置如图4.3-1所示。

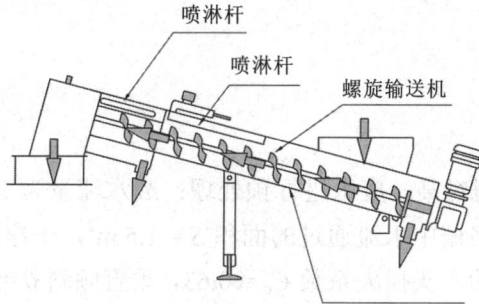

图 4.3-1 栅渣压缩机示意图

4.3.2 破碎机

破碎机大多数应用于小型污水处理厂，流量不宜大于 500 m³/h。破碎机一般安装在格栅渠内的格栅前，可以将较大体积的栅渣剪切到粒径 6~20 mm，但破碎机无法截留破碎后的栅渣。图 4.3-2（a）为切割破碎机的示意图，其由旋转的带齿切削叶轮和固定的筛网组成，切削叶轮剪切粗大的固体，剪碎的颗粒透过格栅进入下游。由于切割破碎机的操作和维护困难，因此目前大部分被研磨破碎机替代。研磨破碎机一般由两组反向低速旋转的咬合刀齿组成，如图 4.3-2（b）所示。咬合刀齿的安装一般垂直于水流通道，锯齿之间距离较小，可以有效切割通过的物体。切割这一过程可以有效阻止废弃布绳或塑料制品进入下游设备，保护机泵和管道。研磨破碎机还可以用于污泥脱水设备之前的预处理或者厌氧消化的混合液循环系统中。研磨破碎机的管道直径一般为 100～400 mm。

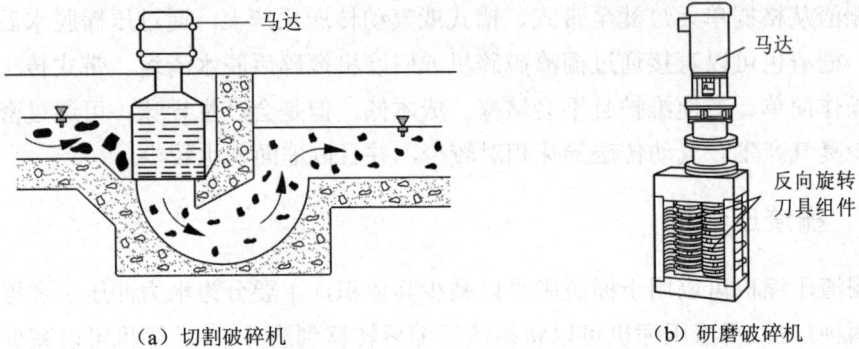

（a）切割破碎机　　　　　　　　（b）研磨破碎机

图 4.3-2　破碎机示意图

习题

1. 使用机械格栅对某一废水进行预处理：废水流量为 110 000 m³/d，格栅渠内流速 $v = 0.8$ m/s，格栅中水流通过的面积 $S = 1.5$ m²，干净格栅的水头损失系数 $C_d = 0.80$，堵塞格栅的水头损失系数 $C_d = 0.63$，垂直倾斜 $\theta = 0°$。试计算通过格栅的净水头损失；在 40%的流动面积被固体堵塞后，计算水头损失。

2. 试解释粗格栅、细格栅、微格栅各自的特点与使用场合。

第5章　化学混凝

化学混凝（chemical coagulation）是指通过投加化学药剂使水中胶体、悬浮固体等脱稳并生成大颗粒絮体的过程，是一个典型化学过程，也是废水处理工艺中的一种常见的单元操作。所形成的聚集体可通过重力沉降、过滤、气浮等方法将胶体颗粒和细小悬浮物从废水中分离。混凝过程可以分为两个步骤，首先，在化学药剂作用下使胶体和细微悬浮物脱稳并聚集为微絮粒的过程，称为凝聚（aggregation）；随后，脱稳的胶体或微絮粒聚结成更大的絮体的过程，称为絮凝（flocculation）。目前在国内外的教材或专著中，关于混凝和絮凝没有统一的说法。有的将两者归为同一个现象，统称为混凝或絮凝。有的则进行了区分，分为脱稳和絮凝过程。在实际工程应用中，两者在时间和设备上确实难以区分。在学习过程中为了使概念更加清晰，本书中将其统称为化学混凝，而这一过程分解为凝聚和絮凝两个步骤，两个步骤联合完成的废水处理过程称为化学混凝过程。

在化学混凝过程中使用的化学药剂，有混凝剂和絮凝剂两种。一般来讲，混凝剂是用于胶体颗粒脱稳形成微絮粒的化学药剂，包括一些无机盐类和高分子聚合物；而絮凝剂是加速絮体生成的化学药剂，通常为聚合物，也经常被用在过滤和污泥脱水工艺中。随着化学药剂研究的快速发展，混凝工艺在 20 世纪后期得到了迅速发展，混凝基础理论研究从定性分析发展到半定量或定量分析，并开始建立起不同条件下颗粒脱稳模型、水力学模型和传质模型，混凝剂类型也从传统金属盐絮凝剂发展到高分子絮凝剂，并向多功能絮凝剂与生物絮凝剂方向发展。对混凝基础理论研究和高分子絮凝剂的开发拓宽了混凝技术的适用范围，提升了废水处理效率，在实际工程中得到了广泛应用。

5.1　胶体及其特性

胶体是一种均匀的非均相混合物。在胶体中存在两种不同相态的物质，连续分布的叫作介质，被分散的叫作分散相。胶体溶液的稳定性是指其某些性质，如浓度、颗粒尺寸、黏度和密度等，在一定程度上保持不变。虽然从热力学角度来讲，胶体的本质是不稳定体系，但是事实上总能保持一定时间的稳定，有时甚至长达数十年之久。因此，胶体的稳定性只具有动力学意义，故而是相对的。

废水中的胶体颗粒表面荷电性通常为负电荷，颗粒大小为 0.001～1 μm，这些小尺寸粒子之间的分子引力显著小于所带电荷的排斥力。在稳定的条件下，由于尺寸更小的水分子不断撞击胶体颗粒，产生随机的布朗运动，强烈的布朗运动使胶体颗粒在水中保持悬浮状态，因而胶体体系具有一定的动力学稳定性。对于疏水性的胶体颗粒，尤其是水溶胶，常因质点带电而稳定；但其对电解质十分敏感，在电解质作用下胶体质点发生聚结，并出现下沉，此现象称为聚沉，聚沉是胶体不稳定的主要表现。

5.1.1 废水中的胶体颗粒性质

废水中的胶体颗粒的特性对化学混凝剂的选取、混凝过程控制及混凝机理认识等方面至关重要。

5.1.1.1 尺寸与浓度

废水中未经处理和初沉后的胶体颗粒数量通常在 10^6～10^{12} 个/mL。胶体颗粒的数量随着在废水处理流程中的取样工段和位置变化而变化。废水中颗粒物的浓度是颗粒去除工艺选取的主要依据。

5.1.1.2 形状与形变

废水中胶体颗粒形状大致可分为球形、半球形以及椭球体（如长圆形和扁球形）、杆状（如大肠杆菌）、盘状以及线圈状等。分子量大的高分子胶粒通常以线圈状的形式存在，例如，混凝过程中所投加的高分子助凝剂聚丙烯酰胺，分子量为 500 万时展开线性长度达 20 μm，在水动力的影响下会形成线圈并有可能被压缩成球状。颗粒形状随着处理过程中的位置变化而变化，形状结构影响其电化学性质、粒子-粒子相互作用和粒子-溶剂相互作用。

5.1.1.3 亲水性与疏水性

以水为分散相的胶体颗粒可分成疏水的和亲水的两大类。疏水胶体颗粒是指与水分子间缺乏亲和性的颗粒，亲水胶体颗粒是指与水分子具有亲和性并能结合的颗粒。水中黏土、无机混凝剂形成疏水胶体颗粒，而水中的天然有机物，如蛋白质、淀粉及胶质等属于亲水胶体颗粒。亲水胶体颗粒具有丰富的极性基团，能吸附大量的水分子，例如，溶解在水中的淀粉胶体颗粒能够吸附的水分子量达 79 mg/g。正因为大量水分子的包裹，所以后文所述的双电层等理论并不适用于亲水胶体颗粒。疏水和亲水划分并不能完全反映胶体的全部特性，例如，缔合胶体，通常由表面活性剂（如肥皂、合成洗涤剂）、染料组成，会形成有序的聚集体，称为胶束。

5.1.1.4 胶体颗粒荷电性

胶体颗粒表面因物理化学作用等吸附大量带电离子，形成初级电荷。胶体颗粒表面产生电荷有以下多种途径。

（1）胶体颗粒表面与水作用后产生电离使胶体带电

某些胶体颗粒表面与水分子发生反应后进一步电离产生阴离子和阳离子，释放出阳（阴）离子到水中，而使胶体颗粒带上与阴（阳）离子相同的电荷。因此，这类胶体表面电荷和电势也受溶液 pH 的控制。例如，蛋白质表面存在有 COOH 和 NH_2 基团。COOH 基团在碱的作用下，解离产生 COO^- 带负电荷的部位，而 NH_2 基团在酸的作用下，解离产生 NH_3^+ 带正电荷的部位，这两种情况使蛋白质宏观上表现为带正电或负电（图 5.1-1），但一般情况下蛋白质为带负电。此外，许多天然生成的硅酸盐胶体颗粒，首先是由硅酸盐颗粒表面与水反应生成硅酸，硅酸电离后将 H^+ 释放到水中，而胶体颗粒表面因保留有 SiO_3^{2-} 而带负电。

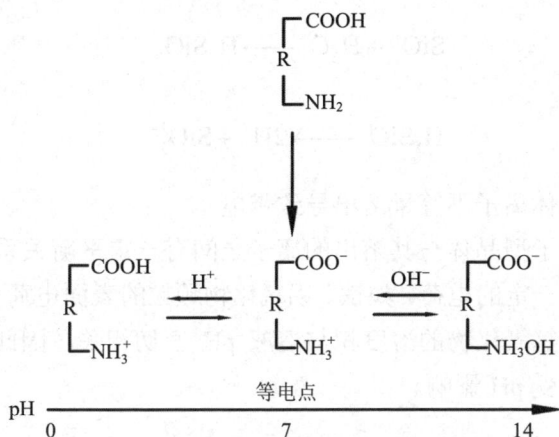

图 5.1-1 亲水胶体颗粒的初级电荷随 pH 的变化

（2）胶体颗粒吸附水中某些离子使胶体带电

对于自身不能离解的胶体物质（如石墨、纤维、油珠等），可以从水中吸附 H^+、OH^- 或溶液中其他离子而带电。在水为分散介质的体系中，通常阳离子的水化能力比阴离子大得多，因此，水中的胶体颗粒容易吸附阴离子而带负电。对于由难溶的离子晶体构成的胶体颗粒，通常对水溶液中某些与自身固体晶格中组分相似的离子优先吸附，从而使胶体颗粒表面带电。若吸附的是阳离子，则使胶体带正电，若吸附的是阴离子，则使胶体带负电。这种吸附在特定组成的分散体系中是有选择性的，若分散体系的组成发生变化，原来优先吸附阴离子的胶体也可能发生变化，优先吸附阳离子。

（3）离子型结晶物质的晶格取代

在这些晶体表面因原子或离子游离格点位置而形成的空位缺陷，在胶体颗粒中晶格被不同价位离子取代，胶体颗粒结晶中的晶格取代使胶体表面产生电荷。产生过量的阳离子或阴离子，因而在表面带正电或负电，黏土或其他铝硅酸盐矿物颗粒的表面电荷就是这样形成的。如水中大量存在的黏土颗粒，是由硅氧四面体和铝氧八面体交联而成的，但如果硅氧四面体中某个硅离子（Si^{4+}）的位置被低价的铝离子（Al^{3+}）或钙离子（Ca^{2+}）或镁离子（Mg^{2+}）所代替，则该胶体颗粒表面就产生了 1 个或 2 个负电荷。胶体颗粒同晶格置换产生的电荷，其电荷符号和数量均由胶体颗粒晶格中相互置换的原子种类和数量决定，与溶液 pH 等无关。

$$SiO_2 + H_2O \longrightarrow H_2SiO_3 \tag{5.1-1}$$

$$H_2SiO_3 \longrightarrow 2H^+ + SiO_3^{2-} \tag{5.1-2}$$

（4）离子型晶体离子不等量溶出导致带电

一些难溶的离子型晶体与其溶出的离子之间有一定平衡关系，即溶度积关系，这使晶体表面带有一定的电荷，如铁、铝氧化物颗粒的表面电荷可认为由此产生。这类金属氧化物或氢氧化物的溶度积与溶液 pH 密切相关，因此，这类颗粒的表面电荷和表面电势受 pH 影响。

5.1.2　胶体颗粒的双电层结构

胶体颗粒的双电层结构是胶体化学中有关胶体结构的一个非常重要的结构模

型，为一种在颗粒暴露于流体时出现在物体表面的电荷分布的结构。颗粒可能是固体颗粒、气泡、液滴或多孔介质。

5.1.2.1 Helmholtz 模型

最早的双电层结构假说是由赫尔曼霍兹（Helmholtz）于 1879 年提出的，该假说采用简单的平行板电容器来模拟胶粒的外层结构，电容的两板平行且电性相反，一板位于质点表面上，另一板则在液体中，Ψ_0 为两个平行板之间的电位，如图 5.1-2 所示。该模型与固液界面的实际性质是矛盾的，因为溶液中的离子时刻在做热运动，离子在溶液中的分布不仅取决于固体表面电荷对离子的静电作用，也取决于力图使离子均匀分布的热运动。但该模型过于简单，不能解释电动现象。

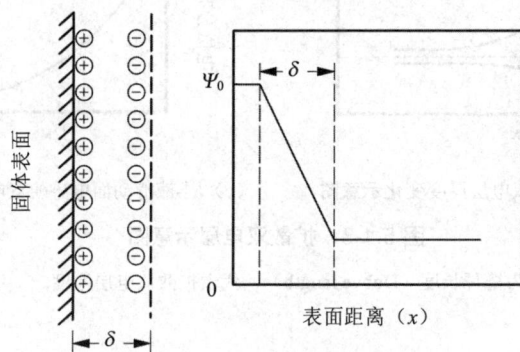

图 5.1-2 Helmholtz 双电层模型

注：δ 为两板间距离。

5.1.2.2 Gouy- Chapman 模型

Louis G. Gouy 在 1910 年以及 David L. Chapman 在 1913 年对 Helmholtz 模型进行了修正，认为溶液中的反离子并非平行地被束缚在与质点表面相邻的液相中，而是扩散分布在颗粒周围的空间内，其浓度随与颗粒表面的距离增大而减小，如图 5.1-3 所示。

（a）点电荷分布示意图

（b）离子浓度随扩散双电层厚度变化示意图　　（c）固-液滑动面电势随双电层厚度变化示意图

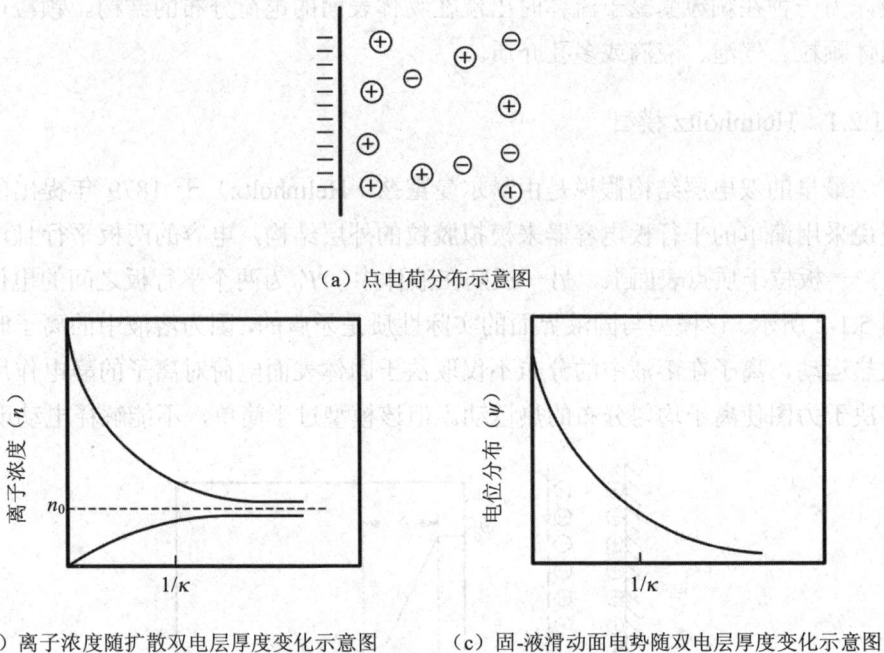

图 5.1-3　扩散双电层示意图

注：n_0 为电解质浓度；$1/\kappa$ 为德拜长度（Debye length），代表扩散双电层厚度。

对球形颗粒，当表面电势较小时，扩散层中距离固体表面为 x 处的电势（ψ）分布可以表示为

$$\psi = \psi_0 \exp(-\kappa x) \tag{5.1-3}$$

式中，ψ_0 为固-液滑动面的电势。

在电场作用下，胶体颗粒和它所荷载电荷的离子，向着与自己电荷相反的电极方向迁移，对液体做相对运动，称为电泳。同样在电场作用下，液体对固定的固体表面电荷做相对运动，称为电渗，这些现象都可以称为电动现象。电动现象发生时，固-液滑动处的电位与溶液内部的电位之差称为 ζ（Zeta）电位。Gouy-Chapman 模型可以很好地解释电动现象与电解质对 ζ 电位的影响，但无法解释某些情况下 ζ 电位的变号的现象。

5.1.2.3 Stern-Grahame 吸附模型

Stern 于 1924 年进一步对 Gouy-Chapman 模型进行修正，认为扩散层中的离子有水化作用并占有一定的体积，不能被简单地看作一个质点。其将上述模型中的扩散双电层分为两层，一层是紧靠质点表面的紧密层（Stern 层），是在颗粒表面与扩散双电层之间的一个对离子的专属吸附层。由于静电作用和表面对离子的专属吸附力，使离子束缚在吸附层中，聚集的离子吸附层对颗粒表面电荷和电势具有很大影响。当表面吸附过量的反离子时，可引起吸附层的表面电荷变号。另一层则为类似 Gouy-Chapman 模型中的扩散层，该层包含电泳时固-液相的滑动面，如图 5.1-4 所示。

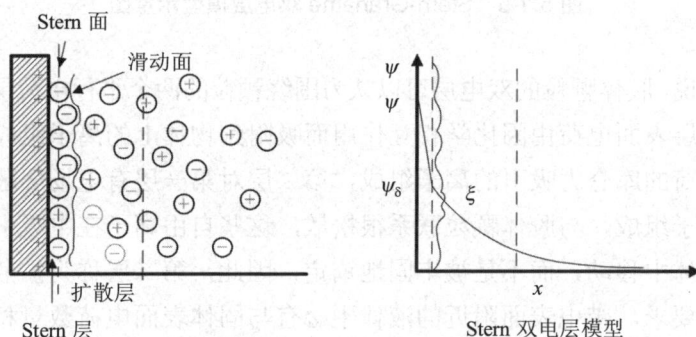

图 5.1-4 Stern 扩散双电层示意图

后来 Grahame 对 Stern 模型再作修正，将 Stern 层再分为内 Helmholtz 层（IHP）和外 Helmholtz 层（OHP）。内 Helmholtz 层定义为位于未水合的吸附离子（一般为阴离子）中心处，而外 Helmholtz 层则位于水合的吸附离子（一般为金属阳离子）的中心处。Stern 层可视为由两个串联的平行板电容器构成，即在颗粒表面与 IHP 和在 IHP 与 OHP 之间的电位降呈线性规律。OHP 是扩散双电层的起点。OHP 处电势内也称为扩散层电位，在 OHP 之外的电势分布由式（5.1-3）决定。图 5.1-5 为完整的平板双电层结构以及电势分布规律示意图。图 5.1-5（a）为负电荷表面吸附阴离子的情况。图 5.1-5（b）为正电荷表面过量地吸附了反离子（负离子）的情况。颗粒表面电荷发生了反号，使热力学电势（ψ_0）与扩散层电势（ψ_d）符号相反。

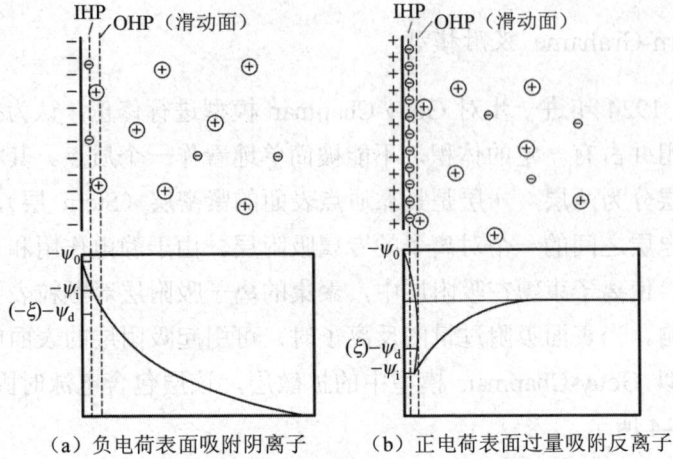

（a）负电荷表面吸附阴离子 （b）正电荷表面过量吸附反离子

图 5.1-5 Stern-Grahame 双电层模型示意图

  总体来说，胶体颗粒的双电层可以认为围绕颗粒的两个平行电荷层，如图 5.1-6 所示。第一层表面电荷由因化学相互作用而吸附到物体上的离子组成。第二层由受到表面电荷的库仑力吸引的离子组成，第二层对第一层有电场屏蔽作用。第二层由自由离子组成，与胶体颗粒联系很松散，这些自由离子在电吸引和热运动的影响下在流体中移动，而不是被牢固地锚定，因此，第二层称为扩散层。由于系统电中性的要求，带电表面附近的液体中必有与固体表面电荷数量相等且电性相反的反离子，带电胶体表面和反离子间构成双电层，在胶体运动过程中形成动点电势。电势越大，颗粒之间排斥力越大，胶体越稳定。双电层在许多日常物质中起着维持系统稳定的作用。例如，存在均质的牛奶就是因为脂肪颗粒被双电层覆盖，阻止了其凝结成奶油。

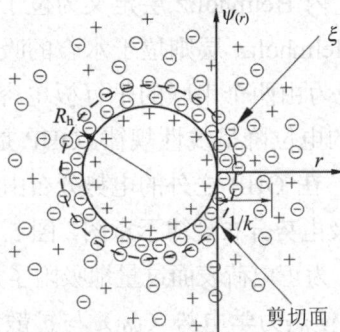

图 5.1-6 负电荷胶体粒子周围电势随粒子表面距离的变化

5.1.3　胶体颗粒之间的相互作用

在溶液体系中，胶体颗粒不是单个存在的，而是大量存在并相互作用。同时在胶体颗粒互相靠近时，因双电层相互重叠而产生排斥力。可以将两个互相靠近的胶体颗粒为两个平行平板双电层叠加，如图 5.1-7 所示。两平板由无穷远到相距 h 距离时，由于它们各自的扩散双电层不能充分展开而使电势（ψ）呈现如图 5.1-7 所示的分布状况，由于双电层的叠加，$h/2$ 处电势值为 ψ_m，相较于没有叠加时增加了 1 倍，产生静电斥力以使两平板分开。胶体是热力学不稳定体系，由于胶体表面存在双电层结构而相对稳定。

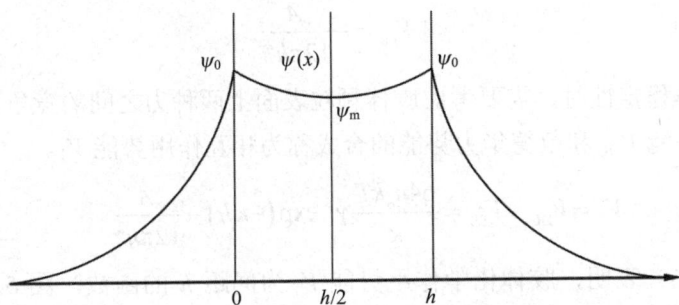

图 5.1-7　两平板双电层叠加示意图

20 世纪 40 年代，苏联物理化学家 Boris Derjaguin 和 Lev Landau，荷兰物理化学家 Evert Verwey 和 Theodoor Overbeek 分别提出了疏水胶体稳定性理论，简称 DLVO 理论。该理论认为，疏水性胶体粒子间既有因粒子带电形成的扩散双电层交联时产生的静电排斥作用，又有粒子间范德华力的相互吸引作用，这两个作用都与粒子间距离有关。当粒子间的排斥能大于吸引能时，胶体系统稳定；当吸引能大于排斥能时，粒子发生聚集，系统稳定性被破坏。粒子表面溶剂化层的形成有利于提高胶体的稳定性，而加入反离子，压缩双电层有利于粒子聚集。

胶体颗粒间的排斥力主要是由颗粒带同性电荷所形成静电斥力形成的。排斥力的大小与颗粒表面间距有关，胶体颗粒表面间距越短，作用力越大；在离表面无限远的地方，排斥力会减小为 0。颗粒间静电双电层作用势能（V_{DL}）可表示为式（5.1-4）：

$$V_{DL} = -\int_{\infty}^{h} F_{DL} dh = \frac{64n_0 kT}{\kappa} \gamma^2 \exp(-\kappa h) \qquad (5.1\text{-}4)$$

式中，V_{DL} 为静电双电层作用势能；F_{DL} 为静电双电层相互作用力；d 为粒子直径；h 为粒子距离；n_0 为电解质浓度；k 为玻尔兹曼常数；γ 为粒子表面电势；T 为温度。

在两个颗粒靠近时不仅产生静电双电层作用力或势能，而且存在一种范德华力或势能 V_{L0} 的作用，如式（5.1-5）所示。范德华力是一种电性引力，主要来源于取向力、色散力和诱导力 3 种作用力，但它比化学键或共价键弱得多，大小和分子的大小成正比。

$$V_{L0} = -\frac{A}{12\pi h^2} \qquad (5.1\text{-}5)$$

分析胶体稳定性时，需要考虑胶体颗粒表面上两种力之间的竞争关系，静电双电层作用势能 V_{DL} 和范德华力势能的合成称为相互作用势能 V_T。

$$V_T = V_{DL} + V_{L0} = \frac{64n_0 kT}{\kappa} \gamma^2 \exp(-\kappa h) - \frac{A}{12\pi h^2} \qquad (5.1\text{-}6)$$

式（5.1-6）表明，胶体化学作用势能 V_T 为间距 h 的函数。图 5.1-8 为依据式（5.1-6）计算的 V_T-h 曲线示意图。一般地，横坐标为间距 h 值，单位为 nm 或 κ^{-1}；纵坐标为势能坐标，单位为 erg 或 kT。

图 5.1-8 为胶体颗粒相互作用力的 V_T-r 曲线。图 5.1-8 中，范德华力由实线下方的虚线表示，排斥力由实线上方的虚线表示，实线表示这两个力的合力。在该曲线上一般存在一极大值 V_{max} 称为斥能峰。这样，当两个颗粒在靠近斥能峰时，在静电斥力作用下将重新分开，不能发生凝聚。随着距离增加双电层作用减弱，即双电层作用势能曲线下移，极大值减小以致最终消失或为负值，见图 5.1-8 中的排斥力。这时，颗粒间将发生脱稳而凝聚。水处理中的混凝过程就是为了实现这样的转变。使曲线上的斥能峰 $V_{max}=0$ 的电解质浓度称为混凝的临界电解质浓度 C_s，当溶液中实际的电解质浓度大于或等于 C_s 时，作用力 V_T 为零或负值，颗粒迅速发生凝聚。随着电解质中离子价数升高，C_s 将降低。因此，电解质中离子价数越高，促进颗粒脱稳凝聚所需浓度越低。

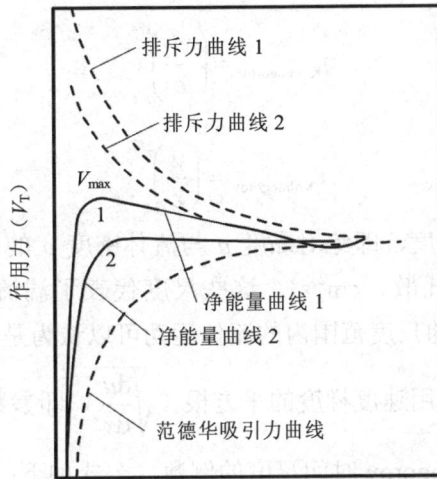

图 5.1-8 胶体化学作用势能曲线示意图

5.2 化学混凝过程及机理

5.2.1 混合

在化学混凝工艺中，充分的水力混合是化学混凝顺利进行的必要条件。为了颗粒脱稳和凝聚能够顺利进行，添加的化学药剂必须与废水中的悬浮颗粒有效接触。工程实践中两种最常见的混合方法是使用完全混合反应器或使用管道混合，在这两种情况下，化学药剂与悬浮液的有效混合都需要在紊流状态下进行。在紊流场中，流体沿着某个方向环绕直线或曲线轴的区域运动，这样的运动模式即涡流。流场中的涡流大小各不相同，最大的涡流接近整个反应器的尺寸，最小的涡流则取决于流体转移和耗散能量的能力。在湍流流场中，由于能量级联的作用，形成了长度尺度越来越小的涡流，也就是说，能量从一个流体包转移到更小的流体包，直到形成足够小的涡流，流体的能量通过黏性力被耗散。1941 年，Kolmogorov 提出的通用平衡理论把能量从大涡旋转移到小涡旋的净速率与总能量耗散率联系起来。该理论提出了两个关键的微观尺度，即 Kolmogorov 长度尺度 η 和时间尺度 τ，公式如下：

$$\eta_{\text{Kolmogorov}} = \left(\frac{v^3}{\varepsilon}\right)^{1/4} \tag{5.2-1}$$

$$\tau_{\text{Kolmogorov}} = \left(\frac{v}{\varepsilon}\right)^{1/2} \tag{5.2-2}$$

式中，v 为运动黏度，即绝对黏度 μ 与流体密度 ρ 的比值，cm^2/s；ε 为单位时间单位质量的能量耗散，cm^2/s^3。这些尺度代表了湍流运动的最小尺度，在 Kolmogorov 长度以下的尺度范围内的流体运动可以认为是层流状态。在废水处理领域中，混合强度通常用速度梯度的平方根（$\sqrt{\dfrac{du}{dx}}$，即参数 $\bar{G}$）来描述。在湍流状态下，$\bar{G}$ 也是 Kolmogorov 时间尺度的倒数，公式如下：

$$\bar{G} = \frac{1}{\tau_{\text{Kolmogorov}}} = \left(\frac{\varepsilon}{v}\right)^{1/2} = \left(\frac{\varepsilon\rho}{\mu}\right)^{1/2} \tag{5.2-3}$$

能量耗散率 ε 本质上也是一个微尺度量，在反应器的空间内不断变化，用仪器很难进行测定。因此，通常从宏观量估计反应器中 $\bar{G}$ 的平均值，假设单位时间耗散的能量等于提供的功率，即能量/时间，公式如下：

$$\bar{G} = \left(\frac{\varepsilon\rho}{\mu}\right)^{1/2} = \left(\frac{P}{\mu V}\right)^{1/2} \tag{5.2-4}$$

式中，P 为输入功率，$g \cdot cm^2/s^3$；V 为反应器中的液体体积。典型的快速混合装置设计为连续流完全混合器，$\bar{G}$ 为 700～1 000 s^{-1}，因此混合状态的最小时间尺度（$\tau_{\text{Kolmogorov}}$）在 0.001 s 的数量级上。

5.2.2 凝聚

目前，废水处理中化学混凝凝聚机理普遍认为有 4 种：压缩双电层作用、吸附-电中和作用、吸附-架桥作用、网捕-卷扫作用。混凝剂与水中胶体粒子发生凝聚作用时究竟以哪种作用为主，取决于混凝剂的种类、投加量、胶体的性质和含量及废水 pH 等。下面具体介绍 4 种机理。

（1）压缩双电层作用

胶体颗粒表面双电层的厚度会影响颗粒的聚集，如果胶体颗粒的双电层变薄，胶体颗粒间的排斥力会随之降低，减小颗粒间相互靠近所需的能量。当胶体颗粒接近时，颗粒间以排斥力为主变成以吸引力为主，就能实现颗粒凝聚。根据双电层的形成机理，通过投加电解质提高水中的离子强度，带电颗粒周围就能集聚更多的反离子，从而可减少双电层的厚度，如图 5.2-1 所示。压缩双电层作用适合解释疏水胶体的凝聚现象，但不适合解释亲水胶体，虽然加入电解质对亲水胶体也能起到一定的絮凝作用，但作用机理不一样。

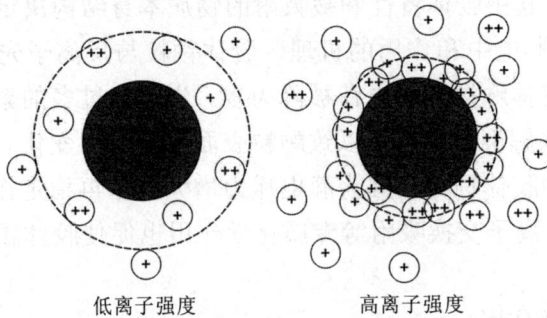

低离子强度   高离子强度

图 5.2-1　离子强度影响双电层厚度的机理

为了定量地说明不同价数和浓度的反离子对胶体颗粒的聚沉效率，引入了临界凝聚浓度的概念。所谓临界凝聚浓度，是在指定情形下使胶体悬浮液不稳定所需的电解质浓度。Schulze-Hardy 定律（1890 年）认为起凝聚作用的主要是反离子，反离子的价数越高，其凝聚效率也越高。聚沉值与反离子的价数相关关系：一价、二价、三价凝聚效率大致符合 1、1/100、1/1 000。Lyklema（1978）提出扩散层模型，认为在一般情况下，聚沉值与反离子价数的 6 次方成反比，即 $(1/1)^6$、$(1/2)^6$、$(1/3)^6$，与 Schulze-Hardy 定律的经验值接近。

在废水中胶体颗粒通常带负电荷，当加入含有高价态正电荷离子的电解质时，其通过静电引力会将原来的低价正离子置换出来，这样虽然双电层中仍保持电中性，但由于正离子数量的减少使双电层的厚度变薄，胶体颗粒滑动面上的 ζ 电位降低。当 ζ 电位降至 0 时，胶体排斥势能完全消失，此时的 pH 称为等电点。在实际废水处理过程中，只要将 ζ 电位降至某一数值使胶体颗粒总势能曲线上的势垒处 $E_{max} = 0$，胶体颗粒即可发生凝集作用，此时的 ζ 电位称为临界电位。但实际废水处理中，由于投加电解质会增加水中的盐度，直接采用压缩双电层的方法进行化学混凝处理并非常用的方法。如果两股不同的废水混合，一股离子强度较高的废水和另一股颗粒物较多废水混合很容易产生凝聚现象。值得注意的是，添加反离子的浓度过高，可能会使双层电荷发生反转并形成新的稳定胶体颗粒。

（2）吸附-电中和作用

吸附-电中和作用是指胶体颗粒表面吸附异号离子、带电颗粒或高分子，从而中和胶体本身所带部分电荷，减少胶体间的静电斥力，使胶体颗粒易于聚沉，如图 5.2-2（a）所示。这种吸附作用的驱动力包括颗粒间的静电斥力、氢键、配位键和范德华力等，其中胶体特性和被吸附的物质本身结构决定某种作用为主要驱动力。依据吸附-电中和作用的机理，胶体颗粒与反离子先发生吸附作用，然后电性中和，胶体颗粒表面电荷被降为零。当投加过多的絮凝剂时，颗粒表面能超量吸附其水解聚合形态，以致颗粒表面电荷发生变化。当颗粒表面正电荷过多时，凝聚的胶体颗粒会因为静电斥力增大发生再稳定作用。除静电作用力外，表面络合、离子交换吸附等专属化学作用也促使胶体颗粒发生凝聚脱稳作用。

（3）吸附-架桥作用

吸附-架桥理论对有机高分子聚合物与胶体颗粒产生的絮凝作用进行了解释，即同种电荷的高分子絮凝剂通过化学吸附-架桥作用去除带负电的胶体颗粒，胶体颗粒不直接接触，而是由高分子物质将胶体颗粒连接起来。多个胶体颗粒通过结合在一个含有许多活性基团的长链状聚合物分子上，以"架桥"方式连接在一起，形成桥连状的粗大絮状物，如图 5.2-2（c）所示。

吸附-架桥作用可细分为 3 种作用：①胶体颗粒与不带电的高分子物质发生吸附-架桥作用，由两者表面产生的吸附力促使其结合，从而增大胶体颗粒产生脱稳现象；②胶体颗粒与带异号电荷的高分子发生吸附-架桥作用，如水中带负电荷的胶体颗粒与带正电荷的阳离子高分子物质吸附桥连脱稳，同时具有电中和作用；③胶体颗粒与带同号电荷的高分子物质发生吸附-架桥作用，此时，胶体颗粒表面同时带有负电荷及正电荷，虽然总电性依然呈负电性，但胶体表面仍然存在只带正电荷的局部区域，并吸引与胶体颗粒带同号电荷的高分子物质的某些官能团，使胶体颗粒与高分子物质结合而脱稳。

（4）网捕-卷扫作用

絮凝剂水解后形成氢氧化物沉淀时，能将水中的胶体或小颗粒当成晶核或吸附物质而网捕，如图 5.2-2（b）所示。网捕-卷扫作用是一种机械作用，除浊效率不高，水中胶体颗粒杂质的量与所需混凝剂的量成反比关系。

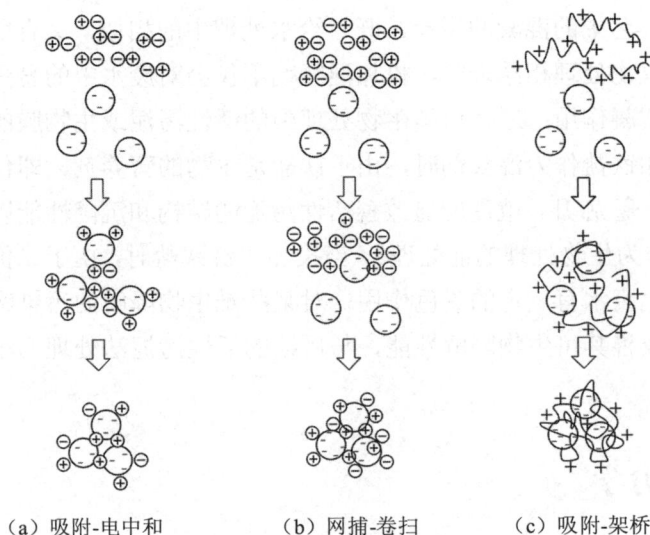

（a）吸附-电中和   （b）网捕-卷扫   （c）吸附-架桥

图 5.2-2   凝聚机理示意图

4 种作用机理的比较见表 5.2-1。压缩双电层作用和吸附-架桥作用，对于不同类型的混凝剂，所起的作用程度并不相同。对高分子混凝剂特别是有机高分子混凝剂来说，吸附-架桥可能起主要作用；对铝盐、铁盐等无机混凝剂来说，压缩双电层和吸附-架桥以及网捕-卷扫都具有重要作用。

表 5.2-1   4 种作用机理的比较

凝聚机理	与胶体颗粒的反应产物	混凝药剂过量的影响
压缩双电层	游离的离子	无再稳定现象
吸附-电中和	聚合离子和多核羟基配合物	电荷异号，颗粒再稳定
吸附-架桥	高分子物质	包裹胶体，絮体再稳定
网捕-卷扫	无定型的氢氧化物沉淀	无再稳定现象

在废水处理过程中不同混凝剂所产生的混凝作用机理不尽相同。实际的混凝过程是上面一种或几种机理共同作用的结果，可能 4 种机理会同时发生，也可能仅有 1 种或者 2 种、3 种机理发生。此外，混凝机理不仅取决于所使用混凝剂的物化特性，而且与所处理水质特性，如浊度、碱度、pH 以及水中各种无机或有机杂质等有关。在混凝过程中无论哪一种作用机理都不够全面，需要在新的科学试

验的基础上不断发展和完善。

在废水处理工艺中的混凝的原理,既与给水处理中的相似,又有所区别。特别是加药混凝与生物处理相结合时,投加混凝剂不仅会对废水中的悬浮固体和胶体杂质起吸附、絮凝作用,还使后续生物处理中的活性污泥或生物膜的性质得到改善,尤其是投加铁盐作为混凝剂时,由于铁盐是生物的营养剂,即使是投加较少的铁盐,如数十毫克/升,就能明显改善活性污泥的结构和沉降性能以及生物膜的附着性能(如作为生物处理的前处理)。当投加二价铁盐时,由于二价铁的还原作用,对某些有色废水有一定的脱色作用,对某些难生物降解的污染物可改变其分子结构,从而改善其可生物降解性能,与后续的活性污泥法处理相结合,能产生良好的效果。

5.3   凝聚动力学

混凝作为废水处理的一个重要工艺,使水体中的悬浮微粒首先脱稳,然后凝聚变大或形成絮团,从而加快粒子的聚沉以达到固-液分离的目的。在凝聚过程中,粒径分布从大量的小颗粒变为少量的大颗粒(即絮体)。凝聚通常是一个发生在温和湍流水力环境的物理过程,一般情况下,凝聚的实施需添加适当的絮凝剂,其作用是吸附微粒、在微粒间"架桥",从而促进集聚。本节将具体分析颗粒脱稳后凝聚的动力学过程。

5.3.1   微凝聚与宏凝聚

使脱稳胶体颗粒发生碰撞的推动力主要有布朗运动和颗粒受外力,为水力或机械力。根据脱稳颗粒的凝聚成更大颗粒的粒径范围,凝聚又可分为微凝聚与宏凝聚,如图 5.3-1 所示。对于粒径小于 0.1 μm 的小颗粒,其聚集的主要机理是布朗运动,小颗粒进行聚集时会形成更大的颗粒,在数秒后形成粒径为 1~100 μm 的微絮体,这个过程可以视为微凝聚,微小颗粒的凝聚速率主要由布朗运动引起,与颗粒间的扩散速率有关。对于粒径大于 1 μm 的颗粒凝聚通常在流体运动的作用下完成的,胶体颗粒顺着流体流动的方向运动,在运动中胶体颗粒速度存在差异,速度梯度导致的悬浮颗粒间的碰撞而产生凝聚,此过程称为宏凝聚。颗粒运动动力通常来源于机械搅拌、水力等外力作用,速度梯度可以由流体剪切力和沉降速率差异引起。其他专著或教材中也根据凝聚颗粒碰撞的方向,把剪切力与沉降差异引起的凝聚称为同向凝聚，将布朗运动引起的凝聚称为异向凝聚。

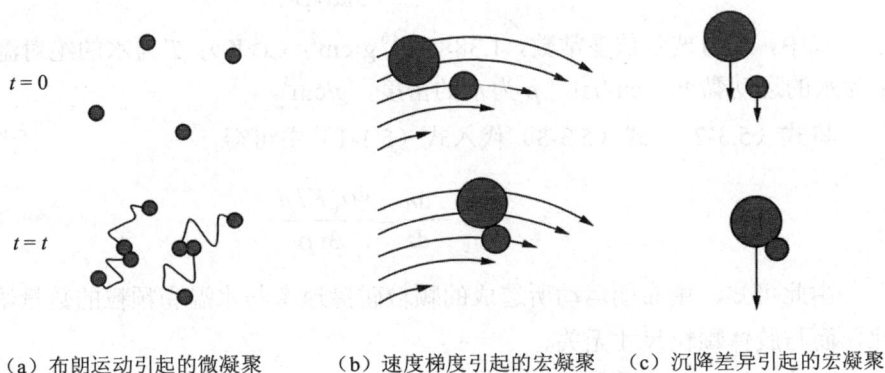

（a）布朗运动引起的微凝聚　　（b）速度梯度引起的宏凝聚　（c）沉降差异引起的宏凝聚

图 5.3-1　微凝聚和宏凝聚机理示意图

5.3.1.1　布朗运动引起的凝聚

已脱稳的胶体颗粒在水分子热运动的撞击下做布朗运动，这种布朗运动是随机无规则的，将导致颗粒间相互碰撞聚集，产生凝聚，由小颗粒聚集成大颗粒，布朗运动引起的凝聚也称为异向凝聚。在这一凝聚过程中，单位体积水中颗粒数减少而颗粒总质量不变，颗粒的凝聚速率取决于颗粒的碰撞速率。

假定胶体颗粒为均匀球体，设每单位体积废水中颗粒的个数为 n，则由于布朗运动相碰、凝聚而减少的速率可以认为是二级反应，如式（5.3-1）所示：

$$-\frac{\mathrm{d}n}{\mathrm{d}t} = k_\mathrm{p} n^2 \tag{5.3-1}$$

式中，k_p 为速率常数。

爱因斯坦在 1905 年和 Marian Smoluchowski 在 1906 年提出了爱因斯坦关系式，如式（5.3-2）所示：

$$K_\mathrm{p} = 4\pi d D_\mathrm{B} \alpha_\mathrm{p} \tag{5.3-2}$$

式中，d 为颗粒直径，cm；D_B 为布朗运动扩散系数，cm^2/s；α_p 为颗粒碰撞后产生聚集的分数。

布朗运动扩散系数（D_B）可用爱因斯坦-斯托克斯公式来表示，如式（5.3-3）所示：

$$D_{\mathrm{B}} = \frac{KT}{3\pi dv\rho} \tag{5.3-3}$$

式中，K 为玻尔兹曼常数，$1.38\times10^{-16}\,\mathrm{g\cdot cm^2/(s^2\cdot K)}$；$T$ 为水的绝对温度，K；v 为水的运动黏度，$\mathrm{cm^2/s}$；ρ 为水的密度，$\mathrm{g/cm^3}$。

将式（5.3-2）、式（5.3-3）代入式（5.1-1）中可得

$$-\frac{\mathrm{d}n}{\mathrm{d}t} = \frac{4\alpha_{\mathrm{p}}KTn^2}{3v\rho} \tag{5.3-4}$$

由此可知，由布朗运动所造成的颗粒碰撞速率与水温和颗粒的数量浓度成正比，而与胶体颗粒尺寸无关。

将式（5.3-4）积分得

$$\frac{1}{n} - \frac{1}{n_0} = \frac{4\alpha_{\mathrm{p}}KTt}{3v\rho} \tag{5.3-5}$$

式中，n_0 为颗粒的初始浓度，个/$\mathrm{cm^3}$；n 为时刻 t 时的颗粒浓度，个/$\mathrm{cm^3}$。

由式（5.3-5）可以计算出当颗粒浓度为初始浓度的一半的时候所需时间，如式（5.3-7）所示：

$$\frac{1}{2n_0} = \frac{4\alpha_{\mathrm{p}}KTt_{1/2}}{3v\rho} \tag{5.3-6}$$

$$t_{1/2} = \frac{3v\rho}{4\alpha_{\mathrm{p}}KTn_0} \tag{5.3-7}$$

假设脱稳的颗粒碰撞后，即刻黏附在一起并不再分离，则可以认为 $\alpha_{\mathrm{p}}=1$，将 $T=298\,\mathrm{K}$ 时水的运动黏度（v）和密度（ρ）以及玻尔兹曼常数（K）代入式（5.3-7）得

$$t_{1/2} \approx 2\times\frac{10^{11}}{n_0} \tag{5.3-8}$$

【例5-1】假设水中颗粒浓度 $n_0 = 10^5$ 个/$\mathrm{cm^3}$，计算通过布朗运动颗粒的数量减少一半所需的时间。

解：根据式（5.3-8）

$$t_{1/2} = 2\times\frac{10^{11}}{10^5} = 2\times10^6\,\mathrm{s}$$

由上述计算可知，这个时间约需 23 d，意味着布朗运动无法实现废水处理的絮凝工艺。此外，只有刚脱稳的很小的胶体颗粒才有布朗运动，由爱因斯坦-斯托克斯公式可知，随着胶体颗粒粒径增大，扩散系数不断变小，布朗运动逐渐减弱。当颗粒粒径大于 1 μm 时，布朗运动基本消失，需要采用水力或机械搅拌推动水流运动来促使颗粒相互碰撞，即利用速度梯度来形成凝聚。

5.3.1.2　速度梯度引起的宏凝聚

由以上分析可以看出，对于粒径稍大的颗粒，靠布朗运动形成的凝聚效率太慢，因此在实际水处理过程中必须通过水力或机械搅拌来增强胶体颗粒的宏凝聚以改善混凝效果。此外，在废水处理的反应器中，除理想的活塞流反应器外，所有其他形式的反应器中都存在由水流剪切力存在的流速差异，导致颗粒之间存在碰撞的概率。因此，速度梯度在整个混凝过程中具有十分重要的作用。

图 5.3-2 表示水中两个相邻颗粒，半径分别为 a_i 及 a_j，由于受到搅拌作用而在某一时刻朝同一方向运动的情况。两个颗粒间在垂直于运动方向的距离恰好为 $a_i+a_j=z_{ij}$，运动速度分别为 u 及 $u+\Delta u$，即在两个颗粒间存在一个速度梯度，如式（5.3-9）所示：

$$\frac{\mathrm{d}u}{\mathrm{d}z}=\frac{\Delta u}{z_{ij}} \tag{5.3-9}$$

速度梯度 $\dfrac{\mathrm{d}u}{\mathrm{d}z}$ 的单位为 s^{-1}，其计算公式将在本节后面介绍。从图 5.3-2 中可以看出，由于颗粒 a_i 比 a_j 每秒钟快一个 Δu 距离，在随后的一定的时间内必然赶上 a_j 颗粒而与之相碰。

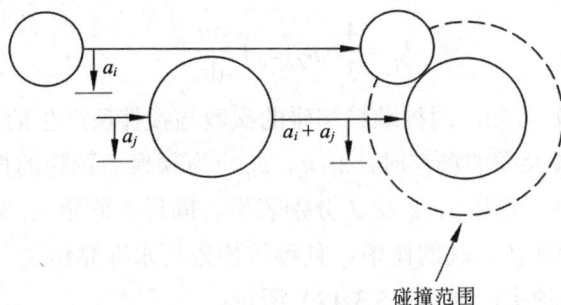

图 5.3-2　剪切力引起的速度梯度凝聚机理示意图

图 5.3-3 表示一个以 a_i 球为中心，a_i+a_j 为半径的圆柱体断面，即垂直于运动方向，通过 y 轴的剖视图。这个图说明，凡是半径为 a_j 的球，如果球心在这个圆柱范围以内，必然要与 a_i 球相碰。

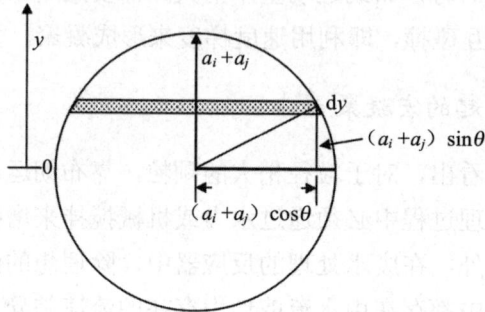

图 5.3-3　两个球形颗粒碰撞示意图

先假定 a_i 球不动，计算通过这圆柱断面积的流量如式（5.3-10）所示：

$$q = 2\int_0^{z_{ij}} y \frac{\mathrm{d}u}{\mathrm{d}z}\left[2\left(z_{ij}^2 - x^2\right)^{\frac{1}{2}}\right]\mathrm{d}y = \frac{4}{3}\left(z_{ij}\right)^3 \frac{\mathrm{d}u}{\mathrm{d}z} \tag{5.3-10}$$

如果 a_j 颗粒在水中的颗粒浓度为 n_j，在流量为 q 的废水中共有 $\frac{4}{3}n_j\left(z_{ij}\right)^3 \frac{\mathrm{d}u}{\mathrm{d}z}$ 个 a_j 颗粒，也就是说，每个 a_i 颗粒每秒钟与 a_j 颗粒相碰的次数应该为 $\frac{4}{3}\left(z_{ij}\right)^3 \frac{\mathrm{d}u}{\mathrm{d}z}$。如果 a_i 颗粒在水中的浓度为 n_i，那么，每秒钟 a_i 颗粒与 a_j 颗粒相碰的次数 J_{ij} 如式（5.3-11）所示：

$$J_{ij} = \frac{4}{3}n_i n_j \left(z_{ij}\right)^3 \frac{\mathrm{d}u}{\mathrm{d}z} \tag{5.3-11}$$

由式（5.3-11）可知，两种颗粒相碰的次数与搅拌所产生的速度梯度成正比。当 a_i 与 a_j 同为一种类型的颗粒时，$n_i=n_j$，z_{ij} 应为凝聚后颗粒的直径，J_{ij} 代表它们每秒钟相碰的次数，可用 n、z 及 J 分别表示。同样，假定 α_0 为颗粒平均需要经过数次碰撞后能凝聚在一起的概率，且颗粒相碰后永远黏结在一起，就可得颗粒数因相碰而减少的速率，如式（5.3-12）所示：

$$-\frac{\mathrm{d}n}{\mathrm{d}t} = J = \alpha_0 \frac{4}{3} n^2 z^3 \frac{\mathrm{d}u}{\mathrm{d}z} \tag{5.3-12}$$

式（5.3-12）说明颗粒数目减少的速率是颗粒数 n 的二级反应。速度梯度形成的凝聚速率常数 k_v 如式（5.3-13）所示：

$$k_v = \frac{4}{3} z^3 \frac{\mathrm{d}u}{\mathrm{d}z} \alpha_0 \tag{5.3-13}$$

其中，k_v 也包括两部分，在速度梯度 $\frac{\mathrm{d}u}{\mathrm{d}z}$ 作用下的颗粒传递项和颗粒黏附项。前者定义为速度梯度引起的颗粒传递速率常数 k_I，如式（5.3-14）所示：

$$k_I = \frac{4}{3} \frac{\mathrm{d}u}{\mathrm{d}z} z^3 \tag{5.3-14}$$

对于相同颗粒而言，z 即为颗粒直径 d。故可写为：

$$-\frac{\mathrm{d}n}{\mathrm{d}t} = \alpha_0 \frac{4}{3} n^2 d^3 \frac{\mathrm{d}u}{\mathrm{d}z} = \alpha_0 \frac{8}{\pi} \cdot \left[n \cdot \left(\frac{\pi d^3}{6} \right) \right] \cdot \frac{\mathrm{d}u}{\mathrm{d}z} n \tag{5.3-15}$$

式（5.3-15）方括号内的项表示在时刻 $t=0$ 时，n 个直径为 d 的颗粒的总体积，令其为常数 Φ，则式（5.3-15）改写为

$$-\frac{\mathrm{d}n}{\mathrm{d}t} = \alpha_0 \frac{8}{\pi} \phi \frac{\mathrm{d}u}{\mathrm{d}z} n \tag{5.3-16}$$

积分式（5.3-16）得

$$n = n_0 \exp\left(-\alpha_0 \frac{8}{\pi} \phi \frac{\mathrm{d}u}{\mathrm{d}z} t \right) \tag{5.3-17}$$

式（5.3-17）中，n_0 为 $t=0$ 时的颗粒数。可以将这一过程视为一级反应，如式（5.3-18）所示：

$$t_{1/2} = \frac{\ln 2}{k_v} \tag{5.3-18}$$

式（5.3-17）中，n_0 为 $t=0$ 时的颗粒数。可得 n 个颗粒的半衰期为

$$t_{1/2} = \frac{0.693}{\alpha_0 \frac{8}{\pi} \phi \frac{\mathrm{d}u}{\mathrm{d}z}} \tag{5.3-19}$$

由式（5.3-19）可知，通过加大搅拌提高速度梯度 du/dz，缩短反应时间。但是，由于实际上能够采用的 du/dz 的取值是有一定范围的，不可能无限制提高速度梯度，后续会讨论。对于数量相同的大颗粒与小颗粒，反应半衰期 $t_{1/2}$ 相差 $(d_{大}/d_{小})^3$。例如，直径为 10 μm 的颗粒，其半衰期只有 1 μm 直径颗粒的 1/1 000。在废水处理过程的搅拌中，随着颗粒的不断长大，$t_{1/2}$ 也就迅速缩短。搅拌一旦开始后，小颗粒凝聚形成大颗粒，总的颗粒数下降速度会很快。

混合强度通常用通过流体的速度梯度来表征。一般情况下，通过机械搅拌、水力搅拌等方式来保证水力混合。如图 5.3-4 所示，在混合搅拌的流体中以某微单位为对象，来分析其在 x 轴方向上的受力情况。由于受到水力剪切的作用，流体微单元在 x 方向产生切应变 θ。x 方向即相当于图 5.3-4 中水的运动方向。这一微单元在 z 方向存在一个速度梯度 du/dz，同样也与图 5.3-4 一致。由于 θ 很小，切应变 θ 等于速度梯度 du/dz。图 5.3-4 中 p 及 τ 分别表示微单元在 x 方向所受的压力及剪切力。如果写 x 方向的力的平衡关系则得式（5.3-20）：

$$p \cdot \Delta y \cdot \Delta z + \left(\tau + \frac{d\tau}{dz}\Delta z\right)\Delta x \cdot \Delta y = \tau \cdot \Delta x \cdot \Delta y + \left(p + \frac{dp}{dx}\Delta x\right)\Delta y \cdot \Delta z \quad （5.3\text{-}20）$$

式（5.3-20）简化后得

$$\frac{d\tau}{dz} = \frac{dp}{dx} \quad （5.3\text{-}21）$$

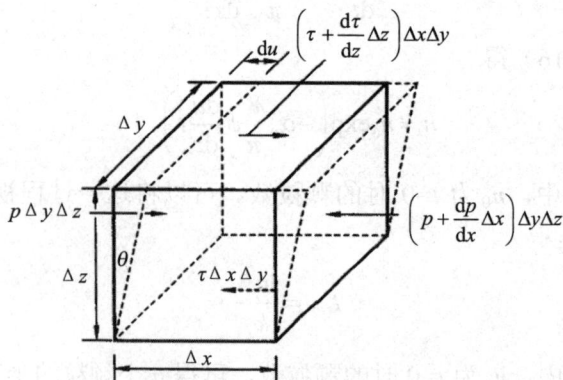

图 5.3-4　du/dz 的推导

力矩（$\tau\Delta x\Delta y$）Δz 每秒钟所做的功如式（5.3-22）所示：

$$P_L' = \left[(\tau\Delta x\Delta y)\Delta z\right]\theta = (\tau\Delta x\Delta y)\Delta z\frac{du}{dz} \tag{5.3-22}$$

式中，du 为微团受剪切力所产生的变形速度；du/dz 为角速度，$du/dz=\lim\limits_{\Delta z\to 0}\left(\dfrac{\Delta u}{\Delta z}\right)$。

由式（5.3-22）可得，对单位容积的水所做功如式（5.3-23）所示：

$$\frac{P_L'}{\Delta x\Delta y\Delta z} = \tau\frac{du}{dz} \tag{5.3-23}$$

根据黏度 μ 的定义，

$$\tau = \mu\frac{du}{dz} \tag{5.3-24}$$

将式（5.3-24）代入式（5.3-23）得

$$\frac{P_L'}{\Delta x\Delta y\Delta z} = \tau\frac{du}{dz} = \left(\mu\frac{du}{dz}\right)\frac{du}{dz} = \mu\left(\frac{du}{dz}\right)^2 \tag{5.3-25}$$

由式（5.3-25）得

$$\frac{du}{dz} = \left(\frac{P_L'}{\Delta V\cdot\mu}\right)^{\frac{1}{2}} \tag{5.3-26}$$

对于体积为 V 整个反应器，可看成放大的微团 ΔV，式（5.3-26）可写成：

$$\overline{\frac{du}{dz}} = G = \left(\frac{P_L'}{V\cdot\mu}\right)^{\frac{1}{2}} \tag{5.3-27}$$

式中，$\overline{\dfrac{du}{dz}}$ 及 P_L 分别表示整个反应器中的平均速度梯度及所施加的搅拌功率。

速度梯度 $\overline{\dfrac{du}{dz}}$ 一般用 G 表示。式（5.3-27）是混凝理论中的非常重要的方程，在实际设计中也经常应用。

当反应器中利用机械设备进行搅拌以产生速度梯度 G 时，搅拌功率 P_L 可按有关机械曝气所需功率的理论来计算。当利用水流的紊动作用进行搅拌时，P_L 可用式（5.3-28）计算：

$$P_L = 9.8 \times 10\,000 \times Q \times \Delta h \qquad (5.3\text{-}28)$$

式中，P_L 为功率，N·m/s；Q 为流量，m³/s；Δh 为水头损失，m。

由式（5.3-27）可得出

$$G = \frac{\ln \dfrac{n_0}{n}}{\alpha_0 \dfrac{8}{\pi} \phi t_n} \qquad (5.3\text{-}29)$$

式中，t_n 为从初始颗粒数 n_0 个减少到 n 个所需的时间。由式（5.3-29）可知，ϕ 是一个常数，G 越大，n 必然越小，这就意味着为了能够充分混合，G 应该往高值进行取值。但实际废水处理中，絮体是非常松散的，G 大意味着水力剪切力大，剪切力会破碎大颗粒絮体，因此过高的 G 也是不可取的，G 的取值也有限度。根据实际给水处理反应池的资料统计，G 一般在 $20 \sim 70\ \text{s}^{-1}$，特殊条件下最大 G 为 $10 \sim 100\ \text{s}^{-1}$。

如果把式（5.3-30）中的反应时间 t_n 用 T 表示，通过方程变换则得到一个量纲为一的 GT，如式（5.3-30）所示：

$$GT = \frac{\ln \dfrac{n_0}{n}}{\alpha_0 \cdot \dfrac{8}{\pi} \cdot \phi} \qquad (5.3\text{-}30)$$

GT 直接反映了在时间 T 时废水中的颗粒数量 n，反映了凝聚后颗粒的尺寸大小，实际上废水处理中 GT 也有一定的取值范围，一般在 $10^4 \sim 10^5$。

5.3.1.3 沉降速度差凝聚

对于两种不同尺寸的颗粒之间的凝聚，除扩散和速度梯度形成的凝聚外，还存在沉降速度差凝聚。根据沉淀理论，在大的颗粒以较快速度下降的过程中，能赶上沉速较小的小颗粒，因而发生碰撞，产生凝聚现象。

如图 5.3-5 所示，颗粒 a_i 与颗粒 a_j 在废水凝聚过程中沉降，设粒径 $a_i > a_j$，颗粒的斯托克斯沉速分别为 v_i 和 v_j，颗粒数浓度分别为 n_i 和 n_j。以颗粒 a_i 为参考，颗粒 a_i 在半径为 z_{ij}（$z_{ij} = a_i + a_j$）的圆柱体内的颗粒流量子 J_i 如式（5.3-31）所示：

$$J_i = \pi z_{ij}^2 \left(v_i - v_j \right) n_i \qquad (5.3\text{-}31)$$

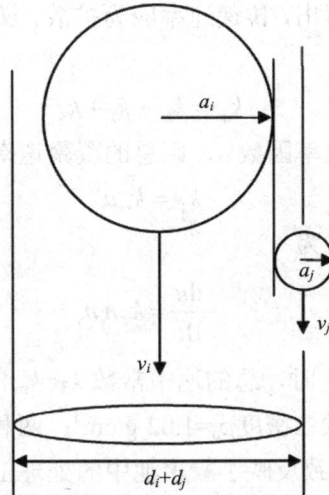

图 5.3-5 沉降速度差异的凝聚机理示意图

由于有 n_j 个颗粒 a_i，故颗粒总流量如式（5.3-32）所示：

$$J = \pi z_{ij}^2 \left(v_j - v_i \right) n_i n_j \tag{5.3-32}$$

将斯托克斯公式 $v_p = \dfrac{1}{18} \cdot \dfrac{\rho_p - \rho_1}{\mu} g d_p^2$ 代入式（5.3-32），可得颗粒因差降碰撞凝聚而减少的速率，如式（5.3-33）所示：

$$-\frac{dn}{dt} = \frac{2\pi g}{9\mu} \left(\rho_p - \rho_1 \right) \left(a_i + a_j \right)^3 \left(a_j - a_i \right) a_s n_i n_j \tag{5.3-33}$$

式中，ρ_p 和 ρ_1 分别为颗粒和水的密度；a_s 为黏附效率因数；g 为重力加速度。差降凝聚过程中由于颗粒斯托克斯沉速不同引起的颗粒传递速率常数 k_s，如式（5.3-34）所示：

$$k_s = \frac{2\pi g}{9\mu} \left(\rho_p - \rho_i \right) \left(a_i + a_j \right)^3 \left(a_j - a_i \right) \tag{5.3-34}$$

对于两种不同尺寸的颗粒间的凝聚，扩散传递和梯度传递的速率常数一般可表示为

$$k_D = \frac{2kT}{3\mu} \left(a_i + a_j \right) \left(\frac{1}{a_i} + \frac{1}{a_j} \right) \tag{5.3-35}$$

$$k_I = \frac{4}{3} G \left(a_i + a_j \right)^3 \tag{5.3-36}$$

总结前面的讨论可以得出，传递速率应为扩散、梯度和差沉传递速率的叠加，因而有速率常数的叠加

$$k_m = k_D + k_I + k_S \tag{5.3-37}$$

定义一个一般的黏附效率因数 a，则总的凝聚速率常数如式（5.3-38）所示：

$$k_T = k_m a \tag{5.3-38}$$

凝聚速率的一般表示式为

$$-\frac{dn}{dt} = k_T n_i n_j \tag{5.3-39}$$

图 5.3-6 所示为当 $a=1$ 时，总的速率常数 $k_T=k_m$ 的理论计算曲线。计算条件为 $G=10\ s^{-1}$，水温 20℃，颗粒密度 $\rho_p=1.02\ g/cm^3$；两种颗粒直径中的 $d_1=10\ \mu m$，d_2 为 $0.01\sim 1\ 000\ \mu m$。这大致反映了凝聚池中的处理工况。

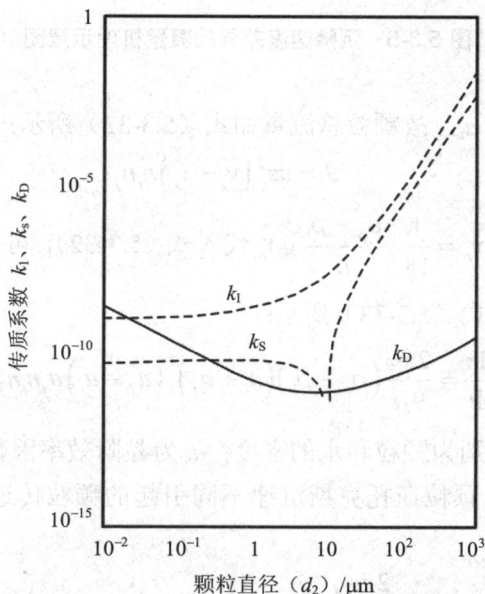

图 5.3-6　絮凝速率常数的理论计算曲线

图 5.3-6 所示的计算结果表明：①扩散传递作用只有在颗粒很小，即 $d_2<0.01\ \mu m$ 时，才明显。颗粒直径越小，扩散传递速率越大；②对于大颗粒，以速度梯度传递和差降传递作用为主，而且颗粒直径越大，这些作用越显著；③存在一个特定的颗粒直径使传递速率最小。对于上述计算实例，这一特定颗粒直径为 $0.1\sim 1\ \mu m$。

在宏凝聚的混合过程中，絮体颗粒会受到剪切力的作用，从而导致一些絮体

聚集体的瓦解、破损或絮体的破碎。混合一段时间之后，会形成稳定尺寸分布的
絮体，絮体颗粒的形成和破碎几乎平衡。因此，可以通过控制溶液的水力条件与
化学凝聚剂的使用来保证悬浮颗粒形成稳定分布的絮体差异沉降。

颗粒以不同的速率沉降时会造成絮体的聚集和增长。在水中形成较大颗粒会
由于重力作用开始下沉，密度相似的颗粒的沉降速度与其尺寸的平方成正比。水
中颗粒的沉降速度不同会导致不同尺寸和密度的颗粒碰撞和凝聚。因此，在沉淀
过程中，非均相悬浮液中形成的不同沉降颗粒为促进凝聚提供了额外的机理。对
于粒径范围大的悬浮液来说，差异沉降也是重要的凝聚机理之一。由于沉淀距离
或沉淀时间很短，差异沉降造成的凝聚对直接过滤、溶气气浮及高速沉淀过程（如
斜板）均不会产生影响。

5.3.2 反凝聚

根据前文所述，凝聚是指脱稳的胶体颗粒聚集成大的凝聚体的过程。一般是
加入电解质后发生的，电解质的离子强度、离子价数、离子半径等均会对凝聚产
生影响。一般离子价数越高，凝聚作用越强，如化合价为 2 价、3 价的离子，其
凝聚作用分别为 1 价离子的 $10\sim100$ 倍。当加入凝聚剂使电位降至 $20\sim25\ mV$ 时，
所形成的凝聚物结构疏松、不易结块，且易于分散。

如果在微粒体系中加入某种电解质使微粒表面的电位升高，静电排斥力也会
增加从而阻碍微粒之间的碰撞聚集，这个现象称为反凝聚（deflocculation），加入
的电解质称为反凝聚剂（deflocculant）。

当出现反凝聚时，粒径较大的微粒粗分散体系中不能形成疏松的纤维状结构，
且微粒之间没有支撑，沉降后易产生严重结块，不能再分散，也会影响其物理稳定
性。加入不同量的同一电解质，其在微粒分散系中会起凝聚作用或反凝聚作用。如
酒石酸盐或酸式酒石酸盐、磷酸盐和一些氯化物等，既可作凝聚剂也可作反凝聚剂。

5.4 化学混凝工艺设计与应用

在废水处理工艺中，化学混凝是最重要的工艺之一。在工程设计与应用中，
主要需要解决以下几个问题：化学药剂的选择、投药系统设计、混合设备以及絮
凝反应设备设计。

5.4.1　化学药剂的选择

前文已经说明,在工程设计与应用中并不能把凝聚与絮凝过程严格区分开来,化学药剂在废水处理过程中也难以明确区分所起的是凝聚作用还是絮凝作用。国内废水处理领域,习惯将颗粒脱稳并凝聚的药剂称为混凝剂,而将促进混凝的药剂称为助凝剂,助凝剂不能独立完成混凝作用。

5.4.1.1　混凝剂

废水处理中常用的混凝剂主要有铝盐类、铁盐类和无机聚合盐类,其在水中的水解产物和适用条件见表 5.4-1。

表 5.4-1　常用的混凝剂及其适用条件

混凝剂		水解产物	适用条件
铝盐	硫酸铝 $Al_2(SO_4)_3 \cdot 18H_2O$	Al^{3+}、$[Al(OH)_2]^+$ $[Al_2(OH)_n]^{(6-n)+}$	适用于 pH 高、碱度大的废水。破乳及去除水中有机物时,pH 宜在 4～7;去除水中悬浮物时 pH 宜控制在 6.5～8.0。适用水温为 20～40℃
	明矾 $KAl(SO_4)_2 \cdot 12H_2O$	Al^{3+}、$[Al(OH)_2]^+$ $[Al_2(OH)_n]^{(6-n)+}$	
铁盐	三氯化铁 $FeCl_3 \cdot 6H_2O$	$Fe(H_2O)_6^{3+}$ $[Fe_2(OH)_n]^{(6-n)+}$	对金属、混凝土、塑料均有腐蚀性。亚铁离子须氧化成三价铁,当 pH 较低时须曝气充氧或投加助凝剂氯氧化。pH 的适用范围在 7.0～8.5。絮体形成较快,较稳定,沉淀时间短
	硫酸亚铁 $FeSO_4 \cdot 7H_2O$	$Fe(H_2O)_6^{3+}$ $[Fe_2(OH)_n]^{(6-n)+}$	
无机聚合盐类	聚合氯化铝 $[Al_2(OH)_nCl_{6-n}]_m$ PAC	$[Al_2(OH)_n]^{(6-n)+}$	受 pH 和温度影响较小,吸附效果稳定。pH 为 6～9,适应范围宽,一般不必投加碱剂。耗药量少,出水浊度低、色度小,原水高浊度时尤为显著
	聚合硫酸铁 $[Fe_2(OH)_n(SO_4)_{6-n}]_m$ PFS	$[Fe_2(OH)_n]^{(6-n)+}$	

（1）铝盐

传统的铝盐主要有硫酸铝、明矾等。硫酸铝$[Al_2(SO_4)_3 \cdot 18H_2O]$的产品有精制和粗制两种。精制硫酸铝是白色结晶体,杂质含量不大于 0.5%,Al_2O_3 的含量不小于

15%。粗制硫酸铝中 Al_2O_3 的含量不小于 14%，质量不稳定，含不溶杂质较多。

明矾是一种含有结晶水的硫酸钾和硫酸铝的复合盐 [$KAl(SO_4)_2 \cdot 12H_2O$]，一般用于给水处理。当明矾溶于水时，电离出 Al^{3+} 离子。通过快速混合，Al^{3+} 离子在整个池中快速分散完成混凝过程，因为水分子是极性的，会吸引 Al^{3+} 形成络合离子：

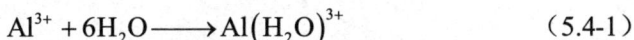

$$Al^{3+} + 6H_2O \longrightarrow Al(H_2O)_6^{3+} \tag{5.4-1}$$

在配合物离子 $Al(H_2O)_6^{3+}$ 中，Al 被称为中心原子，H_2O 分子被称为配体，下标 "6" 是配位数，是连接在中心原子上的配位的数目；上标 "3+" 是配位离子电荷。复合体的整个集合形成了配位球。因为水分子不带电荷，所以 $Al(H_2O)_6^{3+}$ 一般会被简单地写成 Al^{3+}。明矾在水中所有发生的配位交换平衡反应如下（平衡常数适用于 25℃）：

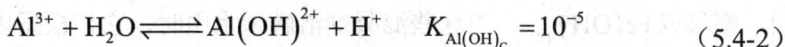

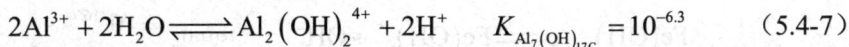

$$Al^{3+} + H_2O \rightleftharpoons Al(OH)^{2+} + H^+ \qquad K_{Al(OH)_C} = 10^{-5} \tag{5.4-2}$$

$$7Al^{3+} + 17H_2O \rightleftharpoons Al_7(OH)_{17}^{4+} + 17H^+ \qquad K_{Al_7(OH)_{17}C} = 10^{-48.8} \tag{5.4-3}$$

$$13Al^{3+} + 34H_2O \rightleftharpoons Al_{13}(OH)_{34}^{5+} + 34H^+ \qquad K_{Al_{13}(OH)_{34}C} = 10^{-97.4} \tag{5.4-4}$$

$$Al(OH)_{3(S)} \rightleftharpoons Al^{3+} + 3OH^- \qquad K_{spAl(OH)_3} = 10^{-33} \tag{5.4-5}$$

$$Al(OH)_{3(S)} + OH^- \rightleftharpoons Al(OH)_4^- \qquad K_{spAl(OH)_3} = 10^{-5} \tag{5.4-6}$$

$$2Al^{3+} + 2H_2O \rightleftharpoons Al_2(OH)_2^{4+} + 2H^+ \qquad K_{Al_7(OH)_{17}C} = 10^{-6.3} \tag{5.4-7}$$

从铝原子数来看，产物含有 $Al_7(OH)_{17}^{4+}$、$Al_{13}(OH)_{34}^{5+}$ 和 $Al_2(OH)_2^{4+}$ 等多核配合物。此外，H^+ 和 OH^- 也参与了这些反应，在混凝体系中水的 pH 影响每种络合离子的浓度。

（2）铁盐

常用的铁盐主要有三氯化铁、硫酸亚铁和硫酸铁等。三氯化铁是褐色结晶体，极易溶解，形成的絮凝体较紧密，易沉淀，但三氯化铁腐蚀性强，易吸水潮解，不易保管。硫酸亚铁（$FeSO_4 \cdot 7H_2O$），俗称绿矾，为半透明绿色结晶体，解离出二价铁离子 Fe^{2+}，如单独用于水处理，使用时应将二价铁氧化成三价铁。同时，残留在水中的 Fe^{2+} 会使处理后的水带色。

如有明矾存在的情况下，离子会迅速分散在整个槽中，以影响完整的混凝过

程中固体沉淀物 $Fe(OH)_{2(S)}$ 和配合物的形成，表示与固体 $Fe(OH)_{2(S)}$ 的平衡按以下反应发生：

$$Fe(OH)_{2(S)} \rightleftharpoons Fe^{2+} + 2OH^- \qquad K_{sp,Fe(OH)_2} = 10^{-14.5} \qquad (5.4-8)$$

$$Fe(OH)_{2(S)} \rightleftharpoons FeOH^+ + OH^- \qquad K_{FeOH_c} = 10^{-9.4} \qquad (5.4-9)$$

$$Fe(OH)_{2(S)} + OH^- \rightleftharpoons Fe(OH)_3^- \qquad K_{Fe(OH)_{3c}} = 10^{-5.1} \qquad (5.4-10)$$

所形成的配合物主要为 $FeOH^+$ 和 $Fe(OH)_3^-$。同时，OH^- 离子是这些反应的参与者，所以，溶液的 pH 决定了产生络合离子的浓度。为了达到最大的沉淀量，复合离子的浓度必须保持在最低限度。

用于水和废水处理的铁盐主要有 $FeCl_3$ 和 $Fe_2(SO_4)_3$。它们的化学反应基本相同，都形成 $Fe(OH)_{3(S)}$。当这些混凝剂溶解于水中时，它们根据以下方程离解：

$$FeCl_3 \longrightarrow Fe^{3+} + 3Cl^- \qquad (5.4-11)$$

$$Fe_2(SO_4)_3 \longrightarrow 2Fe^{3+} + 3SO_4^{2-} \qquad (5.4-12)$$

在此混凝过程中，这些离子必须在整个池中迅速分散，以达到好的混凝效果，然后形成固体沉淀 $Fe(OH)_{3(S)}$ 和配合物，这些反应在 25℃ 下的平衡常数如下：

$$Fe(OH)_{3(S)} \rightleftharpoons Fe^{3+} + 3OH^- \qquad K_{sp,Fe(OH)_3} = 10^{-38} \qquad (5.4-13)$$

$$Fe(OH)_{3(S)} \rightleftharpoons FeOH^{2+} + 2OH^- \qquad K_{FeOH_c} = 10^{-26.16} \qquad (5.4-14)$$

$$Fe(OH)_{3(S)} \rightleftharpoons Fe(OH)_2^+ + OH^- \qquad K_{Fe(OH)_{2c}} = 10^{-16.74} \qquad (5.4-15)$$

$$Fe(OH)_{3(S)} + OH^- \rightleftharpoons Fe(OH)_4^- \qquad K_{Fe(OH)_{3c}} = 10^{-5} \qquad (5.4-16)$$

$$2Fe(OH)_{3(S)} \rightleftharpoons Fe_2(OH)_2 + 4OH^- \qquad K_{Fe_2(OH)_{2c}} = 10^{-50.8} \qquad (5.4-17)$$

所形成的配合物为 $FeOH^{2+}$、$Fe(OH)_2^+$、$Fe(OH)_4^-$ 和 $Fe_2(OH)_2^{4+}$。其中，OH^- 离子是这些反应的参与物。所以，这些络合离子的浓度是由溶液 pH 决定的。

在实际水样的混凝过程中，同样需要优化条件，以达到最大的固体沉淀质量，在铁盐混凝中，固体沉淀用 $Fe(OH)_{3(S)}$ 表示。为了达到最大沉降量，配合物离子的浓度必须保持在最小值。

铁盐在混凝过程中注意以下事项：①废水中含重金属离子时应优先选用铁盐混凝剂；②铁盐混凝剂使用不能过量，并应控制 pH 等反应条件；③三氯化铁腐蚀性强，注意设备的耐腐蚀性；④使用前应验证铁含量（Fe_2O_3），且不得带入其他污染物；⑤硫酸亚铁作混凝剂应保证原水具有足够的碱度和溶解氧。必要时应曝气充氧或投加氧化剂，使亚铁离子迅速氧化，通常控制 pH 大于 8。

　　废水 pH 较低且溶解氧不足时，可通过加氯来氧化二价铁。加氯量可按式（5.4-19）计算，理论上为 $FeSO_4 \cdot 7H_2O$ 投加量的 1/8。

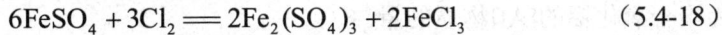

$$6FeSO_4 + 3Cl_2 == 2Fe_2(SO_4)_3 + 2FeCl_3 \tag{5.4-18}$$

$$c = \frac{\alpha}{8} + \beta \tag{5.4-19}$$

　　式中，c 为 Cl_2 投加量，mg/L；α 为硫酸亚铁投加量，mg/L，以 $FeSO_4 \cdot 7H_2O$ 计；β 为 Cl_2 过投量，1.5～2.0 mg/L。

　　（3）无机高分子混凝剂

　　无机高分子混凝剂主要有聚合氯化铝、聚合硫酸铝、聚合氯化铁、聚合硫酸铁等。

　　①聚合氯化铝（PAC）。PAC 经过水解能形成从 Al^{3+} 到 $Al(OH)_3$ 之间的一系列亚稳态物，即从二铝到十三铝的羟基络合物。首先，当铝盐投加到水体中，在水中以水合铝络离子 $[Al(H_2O)_6]^{3+}$ 的形态存在；继而，水合铝络离子就会发生配位水分子离解（水解过程），生成各种单核羟基铝离子 Ala［如 $Al(OH)^{2+}$、$Al(OH)_2^+$、$Al_2(OH)_2^{4+}$ 等］；水解逐级进行，单核羟基通过碰撞进一步聚合形成一系列多核羟基络合物 Alb［如 $Al_n(OH)_m^{(3n-m)+}$（$n>1$，$m \leq 3n$），即 $Al_3(OH)_5^{4+}$、$Al_4(OH)_6^{6+}$、$Al_6(OH)_{10}^{8+}$、$Al_8(OH)_{10}^{8+}$ 等］，多核络合物往往具有较高的正电荷和比表面积，能迅速吸附水体中带负电荷的杂质、中和胶体电荷、压缩双电层及降低胶体 ζ 电位，促进了胶体和悬浮物等快速脱稳、凝聚和沉淀，表现出良好的净水效果。当水解和缩合反应达到平衡时，铝盐溶液中存在的含铝络合物几乎是单一组分的 Al_{13}［$Al_{13}(OH)_{34}^{5+}$］，当主要以 $Al_{13}(OH)_{34}^{5+}$ 形式存在的铝盐溶液被投入水体中时，$Al_{13}(OH)_{34}^{5+}$ 不断地与水体中的悬浮物、胶体微粒等发生作用并结合，形成具有网状结构的 $[Al(OH)_3]_m$（$m>13$），以较大矾花的形式从水体中迅速地沉降下来。铝盐继续水解将产生溶胶态 Alc，Alc 主要是环状层片结构的二维聚合物相互叠集成具有三维结构的溶胶物质，接近 $Al(OH)_3$ 无定形沉淀物，微细颗粒将相互聚集而成可观察到的较大絮体，具有极强的吸附-架桥和网捕-卷扫作用。而且，聚合铝反应速度快，生成的絮体大，易沉降，对原水 pH 及水温的适应范围广，对高浊度、低浊度、高色度及低温水均有较好的混凝效果，因此，聚铝的混凝效果明显优于传统铝盐。

　　聚合氯化铝应选用碱化度（B）较高的产品；聚合氯化铝的质量应符合

GB 15892 的要求，其中最重要的是碱化度（B），要求 B 值应在 50%～80%。

碱化度按式（5.4-20）计算：

$$B = \frac{M_{OH}}{3M_{Al}} \times 100\% \qquad (5.4\text{-}20)$$

式中，B 为聚合氯化铝的碱化度；M_{OH} 为聚合氯化铝的[OH]物质的量；M_{Al} 为聚合氯化铝的[Al]物质的量。

聚合氯化铝在混凝过程中消耗碱度少，适应的 pH 范围广。

②聚合硫酸铁（PFS）。PFS 是另一种高效的无机高分子混凝剂。它可以用酸洗废液作为原料，在催化剂作用下，将二价铁氧化成三价铁，再加碱剂调制而成，它比三氯化铁腐蚀性小且混凝效果更好，形态性状是淡黄色无定形粉状固体，极易溶于水，10%（质量）的水溶液为红棕色透明溶液。聚合硫酸铁广泛应用于饮用水、工业用水、各种工业废水、城市污水、污泥脱水等的处理工艺。

聚合氯化铝和聚合硫酸铁是目前国内研制和使用较广泛的无机高分子混凝剂。目前，我国使用的混凝剂中，无机聚合混凝剂的用量已占 80%以上，基本上代替了传统混凝剂（表 5.4-2）。

表 5.4-2　无机高分子混凝剂

类型	名称
阳离子型	聚合氯化铝（PAC）、聚合氯化铁（PFC） 聚合硫酸铝（PAS）、聚合硫酸铁（PFS）
阴离子型	活化硅酸（AS）、聚合硅酸（PS）
无机复合型	聚合氯化铝铁（PAFC）、聚合硅酸铝（PASiC） 聚合硅酸铝铁（PAFSi）、聚合硫酸铝铁（PAFS） 聚合硅酸铁（PFSiC）、聚合磷酸铝铁（PAFP）
无机有机复合型	聚合铝-聚丙烯酰胺（PACM）、聚合铝-甲壳素（PAPCh） 聚合铝-阳离子有机高分子（PCAT）、聚合铁-聚丙烯酰胺（PFCM） 聚合铁-甲壳素（PFPCh）、聚合铁-阳离子有机高分子（PCFT）

5.4.1.2　高分子助凝剂

常用助凝剂有聚丙烯酰胺（PAM）、活化硅酸、骨胶等，其中 PAM 应用最为广泛。

PAM 是高聚合度的水溶性线型高聚物，是一种高效絮凝剂，目前国内外已有应用实例。PAM 一般采用水解丙烯腈制得丙烯酰胺单体，经聚合而制成。其结构式如下：

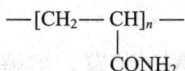

$$—[CH_2—CH]_n—$$
$$|$$
$$CONH_2$$

其聚合度（n）可达 $2×10^4 \sim 2×10^5$，故其分子量可达 $1.5×10^6 \sim 1.5×10^8$，粉剂固含量可大于或等于 95%，游离丙烯酰胺小于或等于 0.05%。产品黏度随分子量增大而增大，化学性质较为活泼，易导入离子基团通过霍夫曼反应、碱水解、接枝共聚等形成阳离子、阴离子或阴阳离子等种类繁多的衍生物。

（1）聚丙烯酰胺的絮凝机理

聚丙烯酰胺的絮凝机理是由于其具有极性基团——酰胺基，易于借其氢键作用在颗粒表面吸附，另外因其很长的分子链，大数量级的长链在水中有巨大的吸附表面积，故絮凝作用好，能利用长链在颗粒之间形成架桥，得到大颗粒的絮凝体，加速沉降。借助于聚丙烯酰胺的絮凝——助凝，在净水处理的混凝过程中可能发生双电离压缩，使颗粒聚集稳定性降低，在分子引力作用下颗粒结合起来，分散相的简单阴离子可以为聚合物阴离子基团所取代；以及由于分子链固定在不同颗粒的表面上，各个固相颗粒之间形成聚合桥。

（2）非离子型聚丙烯酰胺的水解

高分子絮凝剂的絮凝效果、聚合度与分子链形状有关，聚丙烯酰胺的每一链节均含有 1 个酰胺基（—$CONH_2$），由于酰胺基之间氢键的作用，往往使线性分子呈卷曲状，而不便伸展，致使架桥作用削弱。非离子型聚丙烯酰胺在碱性条件下，使一部分链节上的酰胺基进行水解，能提高其助凝作用。其反应如下：

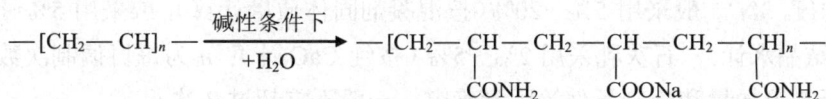

$$—[CH_2—CH]_n— \xrightarrow[+H_2O]{\text{碱性条件下}} —[CH_2—CH—CH_2—CH—CH_2—CH]_n—$$
$$| \qquad\qquad | \qquad\qquad |$$
$$CONH_2 \quad\quad COONa \quad\quad CONH_2$$

水解反应使部分聚丙烯酰胺生成聚丙烯酸钠，因此，聚丙烯酰胺的水解体是聚丙烯酰胺和聚丙烯酸钠的共聚物，其中丙烯酸钠分子在水中易电离成—COO^-离子和 Na^+离子，由于—COO^-的作用，使水解体成为阴离子型高分子絮凝剂，在—COO^-离子的静电斥力作用下，使聚丙烯酰胺主链上呈卷曲状的分子链展开拉长，增加吸附面积，提高架桥能力。其水解度为酰胺基转化为羧基的百分数。水解过度会带有过多的负电荷，对絮凝产生阻碍作用在 67%时的聚丙烯酰胺表现出明显的阴离子性质，静电排斥力较大，不利于絮凝。一般认为，作为絮凝剂其水解度控制在 30%～40%较适宜。PAM 的使用需注意以下事项：

①PAM 应用于铝盐、铁盐混凝反应完成后的絮凝；其用量通常应小于 0.3 mg/L，投加点在反应池末端。

②PAM 应设专用的溶解（水解）装置，溶解时间应控制在 45～60 min，药剂配制浓度应小于 2%，水解时间为 12～24 h。PAM 溶解配制完成后若超过 48 h 则不能继续使用。

活化硅酸用于低温低浊水，在混凝反应完成后投加，有适宜的酸化度和活化时间，配制较复杂。骨胶一般和三氯化铁混合使用。

5.4.2 化学药剂的调配系统

①混凝剂的溶解和稀释方式应按投加量的大小、混凝剂的性质来确定，宜采用机械搅拌方式，也可采用水力或压缩空气等方式。

②压缩空气调制可用于较大水量的污水处理厂的药剂调制，控制曝气强度在 3～5 L/（m²·s）。

溶解池与溶液池的容积分别按式（5.4-21）和式（5.4-22）计算：

$$W_1 = (0.2 \sim 0.3)\, W_2 \qquad\qquad (5.4\text{-}21)$$

$$W_2 = \frac{24 \times 100 aQ}{1\,000 \times 1\,000 cn} = \frac{aQ}{417 cn} \qquad\qquad (5.4\text{-}22)$$

式中，W_1 为溶解池容积，m^3；W_2 为溶液池容积，m^3；a 为混凝剂最大投加量，按无水产品计，石灰最大用量按 CaO 计，mg/L；Q 为处理的水量，m^3/h；c 为溶液浓度，%，一般采用 5%～20%（按混凝剂固体质量计算），或采用 5%～7.5%（按扣除结晶水计），石灰乳采用 2%～5%（按纯 CaO 计）；n 为每日调制次数，应根据混凝剂投加量和配制条件等因素确定，一般不宜超过 3 次。

5.4.3 混合反应器的设计

混合反应设备的基本要求为创造剧烈的水力条件，快速完成药剂在水体中分散。混合设备应根据废水水量、污染物性质及浓度等选择确定。混合设备常用参数为速度梯度（G）和混合时间（T）；所需功率、水力反应的水头损失应计算确定。

5.4.3.1 混合方式

混合方式与相应的投药方式对应，较常用的有以下 3 类。

①水泵混合：水泵混合是一种常用的混合方式，药剂投加在取水泵吸水管或吸水喇叭口处，利用水泵叶轮高速旋转以达到快速混合目的。

②管式混合：最简单的管式混合即将药剂直接投入水泵压水管中以借助管中流速进行混合。为提高混合效果，可在管道内增设孔板或文丘里管。这种管道混合简单易行，无须另建混合设备，但混合效果不稳定，管中流速低时，混合不充分。

③机械混合池：机械混合池是在池内安装搅拌装置，以电动机驱动搅拌器使水和药剂混合。搅拌器可以是桨板式、螺旋桨式或透平式。机械混合池的优点是混合效果好，且不受水量变化影响，适用于各种规模的污水处理厂；缺点是需增加机械设备投资，并相应增加维修工作。

几种常见混合器如图 5.4-3 所示。

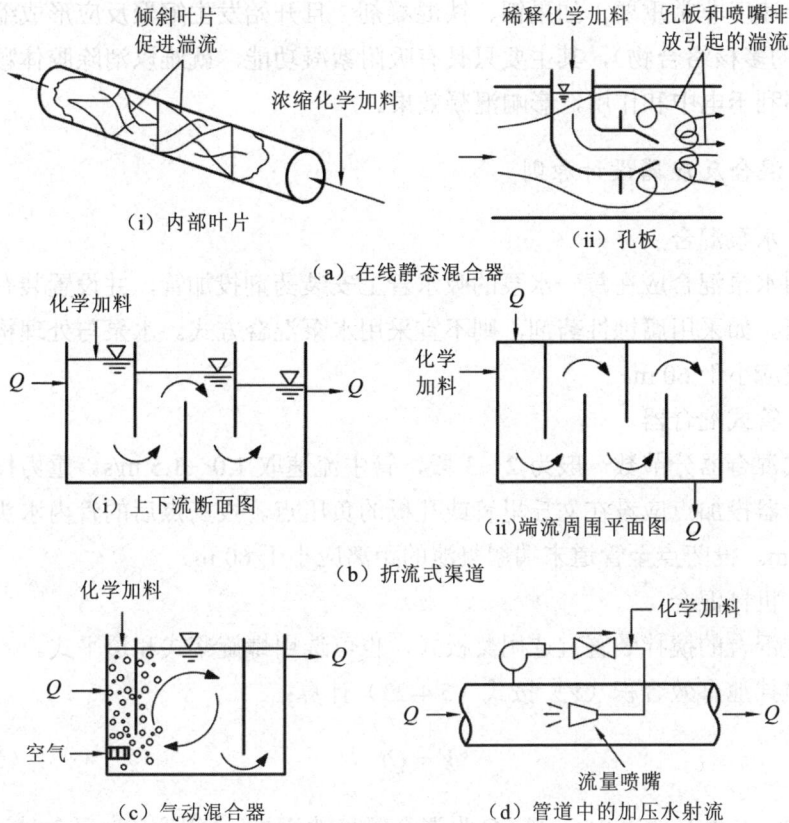

（i）内部叶片　　　　　　　　（ii）孔板

（a）在线静态混合器

（i）上下流断面图

（ii）端流周围平面图

（b）折流式渠道

（c）气动混合器　　　　　（d）管道中的加压水射流

图 5.4-3　静态混合器示例

5.4.3.2　主要工艺参数及其说明

①管式混合要求管中流速不宜小于 1 m/s，投药点后的管内水头损失不小于 0.3 m。投药点至末端出口距离以不小于 50 倍管道直径为宜。

②机械混合的搅拌功率按产生的速度梯度为 700～1 000 s^{-1} 计算确定。混合时间宜控制在 30 s 以内，最大不超过 2 min。

③参数选择。混合的目的是使药剂迅速而均匀地扩散于水中，使混凝剂单体水解并与胶粒完成电中和作用，降低其所带电位，完成胶体脱稳。混合反应的目的是借助紊动水流的作用，使铝盐、铁盐具有电离水解的 Al^{3+}、Fe^{3+} 及 $[Al(OH)]^{2+}$、$[Fe(OH)]^{2+}$ 等产物的高正电位离子，与胶体的负电位迅速完成电中和。在混合过程中，混合速度非常重要，如果铝、铁混凝剂一旦开始发生缩聚反应形成缩聚产物（铝、铁的多核络合物），其主要只具有吸附絮凝功能，就难以消除胶体颗粒的负电荷，不利于电中和作用，影响混凝效果。

5.4.3.3　混合反应器设计原则

（1）水泵混合

采用水泵混合应在每一水泵的吸水管上安装药剂投加管，并设置装有浮球阀的水封箱。如采用腐蚀性药剂，则不宜采用水泵混合方式。水泵与处理构筑物的距离一般应小于 60 m。

（2）管式混合器

管式混合器分节数一般为 2～3 段，管中流速取 1.0～1.5 m/s。重力投加时，管式混合器投加点应设在文丘里管或孔板的负压点。投药点后的管内水头损失不小于 0.3 m。投药点至管道末端絮凝池的距离应小于 60 m。

（3）机械混合

机械混合的搅拌装置宜选用桨板式，也可选用螺旋桨式和透平式。

①搅拌池有效容积（V）按式（5.4-23）计算：

$$V = Qt \tag{5.4-23}$$

式中，V 为有效容积，m^3；Q 为混合搅拌池流量，m^3/s；t 为混合时间，一般可采用 10～30 s。

②当搅拌池为矩形时，搅拌池当量直径（D）按式（5.4-24）计算：

$$D = \sqrt{\frac{4LB}{\pi}} \qquad (5.4\text{-}24)$$

式中，D 为搅拌池当量直径，m；L 为搅拌池长度，m；B 为搅拌池宽度，m。

③混合搅拌的有效功率（N_Q）按式（5.4-25）计算：

$$N_Q = \frac{\mu QtG^2}{1\,000} \qquad (5.4\text{-}25)$$

式中，N_Q 为混合搅拌的有效功率，kW；μ 为水的动力黏度，Pa·s；Q 为混合搅拌池流量，m³/s；t 为混合时间，s；G 为速度梯度，s⁻¹。

④搅拌器直径（d）按式（5.4-26）计算：

$$d = \left(\frac{1}{3} \sim \frac{2}{3}\right)D \qquad (5.4\text{-}26)$$

式中，d 为搅拌器直径，m；D 为搅拌器当量直径，m。

⑤搅拌器外缘线速度（v）为 2～3 m/s。

⑥搅拌器功率（N）按式（5.4-27）计算：

$$N = nC_s \frac{\rho\omega^3 lR^4 \sin\theta}{8g} \qquad (5.4\text{-}27)$$

$$\omega = \frac{2v}{d} \qquad (5.4\text{-}28)$$

式中，N 为搅拌器功率，kW；C_s 为阻力系数，一般为 0.2～0.5；ρ 为水的密度，kg/m³；ω 为搅拌器旋转角速度，rad/s；n 为搅拌器桨叶数，片；l 为搅拌器桨叶长度，m；R 为搅拌器半径，m；g 为重力加速度，9.8 m/s²；θ 为桨板折角，（°）。

⑦电动机功率（N_A）按式（5.4-29）计算：

$$N_A = \frac{KN}{\eta} \qquad (5.4\text{-}29)$$

式中，N_A 为电动机功率，kW；K 为电动机工况系数，连续运行时，取 1.2；η 为机械传动总效率，η 为 0.5～0.7。

5.4.4 絮凝反应设备的设计

絮凝反应设备的设计和选择，需确定机械反应所需功率、水力反应的水头损失，提出设计参数（G、T 和 GT）和各种絮凝反应设备的计算方法及相关参数。

5.4.4.1 絮凝反应设备

絮凝反应设备的基本要求：原水与药剂经混合后，通过絮凝反应设备形成肉眼可见的密实絮凝体。反应池形式主要分为两大类：水力搅拌式和机械搅拌式。废水处理中常用的有折板反应池、栅条反应池、机械反应池。常见的絮凝反应设备示意图如图 5.4-4 所示。

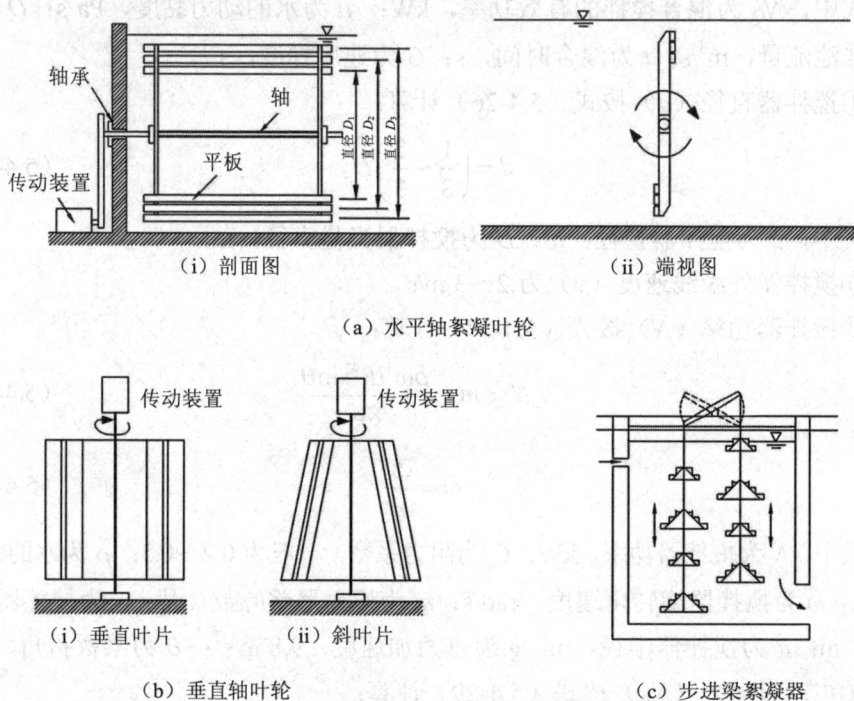

（i）剖面图　　　　　　　　（ii）端视图

（a）水平轴絮凝叶轮

（i）垂直叶片　　（ii）斜叶片　　　　　　（c）步进梁絮凝器

（b）垂直轴叶轮

图 5.4-4　絮凝反应设备示意图

（1）折板反应池

折板反应池是在隔板反应池基础上发展起来的，目前在给水上已得到广泛应用。折板反应池通常采用竖流式，有"同波折板"和"异波折板"。有时，反应池末端还可采用平板。例如，前面可采用异波、中部采用同波、后面采用平板。这种方式不易排泥，安装维修困难。

（2）栅条反应池

栅条反应池是应用紊流理论的反应池，由于池高适当，故可与平流沉淀池或斜管沉淀池合建。栅条反应池的平面布置由多格竖井串联而成。反应池分成许多面积相等的方格，进水水流顺序从一格流向下一格，上下交错流动，直至出口。在全池 2/3 的分格内，水平放置网格或栅条。通过网格或栅条的孔隙时，水流收缩，过网孔后水流扩大，形成良好的絮凝条件。

（3）机械反应池

机械反应池利用电动机经减速装置驱动搅拌器对水进行搅拌，故水流的能量消耗来源于搅拌机的功率输入。常用的搅拌器有桨板式和叶轮式等。根据搅拌轴的安装位置，又分水平轴和垂直轴两种形式。在多格反应池中，分格越多，絮凝效果越好，搅拌强度也应逐渐减小。机械反应池的优点是，可随水质、水量变化而随时改变转速以保证絮凝效果。

5.4.4.2　主要工艺参数

（1）折板反应池

在废水处理中常用竖流折板反应池，其一般分为 3 段（也可多于 3 段）。3 段中的折板布置可分别采用相对折板、平行折板及平行直板。各段的 G 从 80 s 到 20 s 依次减少。

（2）栅条反应池

栅条反应池宜设计成多格竖流式；反应时间一般宜为 10～20 min；反应池分段数一般宜分 3 段，竖井流速、过栅（过网）和过孔流速应逐段递减。

（3）机械反应池

反应时间宜为 15～20 min；池内一般设 3～4 挡搅拌机，搅拌机的线速度宜自第 1 挡的 0.5 m/s 逐渐变小至末挡的 0.2 m/s。

（4）参数选择

絮凝反应是指颗粒的电中和完成、动电位降低或消除的情况下，创造一个水力条件，使脱稳颗粒互相碰撞，逐步凝聚成较大颗粒的过程，以便后续的气浮或沉淀。絮凝反应初期水力紊动应相对较大，速度梯度取高值，加速颗粒的碰撞概率。絮凝反应后期絮体已形成，应逐步降低水流紊动程度，防止絮体被打碎，速度梯度取低值。絮凝反应形成的絮体具有较好的吸附能力，能吸附水中脱稳的残余颗粒及部分 COD、色度物质等，因而能脱色，除油及降低 COD 等。

5.4.4.3　各类混凝反应设备设计计算

（1）竖流折板反应池

竖流折板反应池各段的 G、T 及 v 取值可参考下列数据：

①第一段（异波折板）：G 为 80 s⁻¹，$T \geq 240$ s，v 为 0.25～0.35 m/s；

②第二段（同波折板）：G 为 50 s⁻¹，$T \geq 240$ s，v 为 0.15～0.25 m/s；

③第三段（平行直板）：G 为 25 s⁻¹，$T \geq 240$ s，v 为 0.10～0.15 m/s。

折板夹角可采用 90°～120°，折板长度可采用 0.8～1.5 m。

单格池容（w）按式（5.4-30）计算：

$$w = \frac{QT}{60n} \tag{5.4-30}$$

式中，w 为单格池容，m³；Q 为设计水量，m³/h；T 为反应时间，取 15～30 min；n 为池数，个。

折板反应池水头损失计算方法如下所述。

①异波折板的水头损失（H_1）按式（5.4-31）计算：

$$H_1 = n_1(h_1 + h_2) + h_3 \tag{5.4-31}$$

式中，n_1 为缩放组合的个数；h_1 为渐放段水头损失，m；h_2 为渐缩段水头损失，m；h_3 为转弯或孔洞的水头损失，m。

$$h_1 = \xi_1 \frac{v_1^2 - v_2^2}{2g} \tag{5.4-32}$$

式中，ξ_1 为渐放段阻力系数，0.5；v_1 为峰速，0.25～0.35 m/s；v_2 为谷速，0.1～0.15 m/s；g 为重力加速度，9.8 m/s²。

$$h_2 = \left[1 + \xi_2 - \left(\frac{F_1}{F_2} \right)^2 \right] \frac{v_1^2}{2g} \tag{5.4-33}$$

式中，ξ_2 为渐缩段阻力系数，0.1；F_1 为相对峰的断面积，m²；F_2 为相对谷的断面积，m²。

$$h_3 = n_2 \xi_3 \frac{v_0^2}{2g} \tag{5.4-34}$$

式中，n_2 为转弯个数；ξ_3 为转弯或孔洞处的阻力系数，上转弯 $\xi_3 = 1.8$，下转弯或孔洞 $\xi_3 = 3.0$；v_0 为转弯或孔洞处流速，m/s。

②同波折板水头损失（H_2）按式（5.4-35）计算：

$$H_2 = n'h + h_3 \qquad (5.4\text{-}35)$$

式中，n' 为 90° 转弯的个数；h 为板间水头损失，m；h_3 为上下转弯损失，m。

$$h = \xi \frac{v^2}{2g} \qquad (5.4\text{-}36)$$

式中，ξ 为每一 90° 弯道的阻力系数，0.5；v 为板间流速，0.15～0.25 m/s。

$$h_3 = n_2 \xi_3 \frac{v_0^2}{2g} \qquad (5.4\text{-}37)$$

式中，n_2 为转弯个数；ξ_3 为转弯或孔洞处的阻力系数，上转弯 $\xi_3 =1.8$，下转弯或孔洞 $\xi_3 =3.0$；v_0 为转弯或孔洞处流速，m/s。

③平行直板水头损失（H_3）按式（5.4-38）计算：

$$H_3 = n''h = n'' \xi \frac{v^2}{2g} \qquad (5.4\text{-}38)$$

式中，n'' 为 180°转弯个数；h 为板间水头损失，m；v 为平均流速，0.1～0.15 m/s；ξ 为转弯处阻力系数，3.0。

④折板反应池总水头损失（H）按式（5.4-39）计算：

$$H = H_1 + H_2 + H_3 \qquad (5.4\text{-}39)$$

式中，H 为反应池的总水头损失，m；H_1 为第一段（异波折板）总水头损失，m；H_2 为第二段（同波折板）总水头损失，m；H_3 为第三段（平行直板）总水头损失，m。

⑤竖流波形折板反应池。

反应池宜设计成三级连续反应室，三级的容积设计应逐级成倍递增（V_1：V_2：V_3=1：2：4）；平均流速成倍递减（v_1：v_2：v_3=4：2：1）。

竖流波形折板反应器每格流速由 0.25 m/s 逐步递减至 0.05 m/s。反应室单位沿程水头损失相应由 300 Pa/m 递减至 50 Pa/m。

反应室的总水头损失为 30～35 cm。

（2）栅条反应池

反应池分格数分成 6～12 格，可大致按分格数均分成 3 段。

网格或栅条数前段、中段、末段可分别为 16 层、10 层、4 层。上下两层间距为 60～70 cm，每格的竖向流速前段至末段由 0.20～0.10 m/s 逐步递减。

三级反应池的网孔或栅孔流速分别为 0.25～0.30 m/s、0.22～0.25 m/s、0.10～0.22 m/s。

格栅反应池宜设排泥管，一般采用 DN100～DN150 mm 的穿孔管，并安装快开排泥阀。

网格反应池的计算如下所述。

①池体积（V）按式（5.4-40）计算：

$$V = \frac{QT}{60}$$（5.4-40）

式中，Q 为流量，m^3/h；T 为反应时间，min，一般为 15～20 min。

②池面积（A）按式（5.4-41）计算：

$$A = \frac{V}{H'}$$（5.4-41）

式中，H' 为有效水深，m，一般为 2～3 m。

③分格面积（f）按式（5.4-42）计算：

$$f = \frac{Q}{v^0}$$（5.4-42）

式中，v^0 为竖井流速，m/s。

④总水头损失（H）按式（5.4-43）计算：

$$H = \sum \xi_1 \frac{v_1^2}{2g} + \sum \xi_2 \frac{v_2^2}{2g}$$（5.4-43）

式中，ξ_1 为网格阻力系数，前段、中段、后段分别取 1.0、0.9、0.6；v_1 为各段过网流速，m/s；ξ_2 为孔洞阻力系数，3.0；v_2 为各段孔洞流速，m/s。

（3）机械反应池

反应池一般应设 3 格以上。各格设相应挡数的搅拌器，搅拌器多用垂直轴。

桨叶可为平板型、叶轮式，桨叶中心线速度应为 0.5～0.2 m/s，各格线速度应逐渐减小。

垂直轴式的上桨板顶端应设于池子水面下 0.3 m 处，下桨板低端设于距池底 0.3～0.5 m 处，桨板外缘与池侧壁间距不大于 0.25 m。

每根搅拌轴上桨板总面积宜为水流截面积的 10%～20%，不宜超过 25%，桨板的宽长比为 1∶15～1∶10。

垂直轴式机械反应池应在池壁设置固定挡板。

反应池单格应建成方形，单边尺寸宜大于 800 mm，池深一般为 2.5～4 m，池边应设检修平台。

机械反应池的计算如下所述。

①每池容积（W）按式（5.4-44）计算：

$$W = \frac{QT}{60n} \tag{5.4-44}$$

式中，Q 为设计水量，m^3/h；T 为反应时间，一般为 15～30 min；n 为池数，个。

②单格池边长（L）按式（5.4-45）计算：

$$L = \sqrt{\frac{W}{H}} \tag{5.4-45}$$

式中，H 为平均水深，m。

③搅拌器转速（n_0）按式（5.4-46）计算：

$$n_0 = \frac{60v}{\pi D_0} \tag{5.4-46}$$

式中，v 为叶轮桨板中心点线速度，m/s；D_0 为叶轮桨板中心点旋转直径，m。

④搅拌器消耗的功率（N_0）按式（5.4-47）计算：

$$N_0 = \sum_1^n \frac{\rho k L \omega^3}{8} (r_2^4 - r_1^4) \tag{5.4-47}$$

式中，n 为每个叶轮上的桨板数目，个；L 为桨板长度，m；r_2 为叶轮外缘半径，m；r_1 为叶轮内缘半径，m；ω 为叶轮旋转的角速度，rad/s；k 为系数，当 $l/(r_2 \sim r_1) > 1$ 时，$k=1.1$；ρ 为废水的密度，kg/m^3。

⑤每个叶轮所需电动机功率（N）按式（5.4-48）计算：

$$N = \frac{N_0}{\eta_1 \eta_2} \tag{5.4-48}$$

式中，η_1 为搅拌器机械总效率，采用 0.75；η_2 为传动效率，采用 0.6～0.95。

5.4.4.4　能耗估算

在反应器或混合室中与叶轮混合会导致两种作用，即流体的循环和剪切。单位体积液体的输入功率可作为混合效率的粗略衡量标准，输入功率越大，湍流越大，混合效果越好。1943 年，Camp 和 Stein 研究了各种类型混凝池中速度梯度的建立和影响，并开发了以下方程式用于设计和操作带有机械混合装置（如桨叶）的系统。

$$G = \sqrt{\frac{P}{\mu V}} \qquad (5.4\text{-}49)$$

式中，G 为平均速度梯度；P 为电源功率；μ 为动态黏度；V 为絮凝器容积。

在式（5.4-49）中，G 是平均值的度量，G 的值取决于输入的功率、流体的黏度和水池的体积。将式（5.4-49）的两侧乘以滞留时间（$T=V/Q$）可得

$$GT = \frac{V}{Q}\sqrt{\frac{P}{\mu V}} = \frac{1}{Q}\sqrt{\frac{PV}{\mu}} \qquad (5.4\text{-}50)$$

$$P = G^2 \mu V \qquad (5.4\text{-}51)$$

式中，T 为停留时间，s；Q 为流速，m^3/s。

废水中混合和絮凝的典型滞留时间和平均速度梯度如表 5.4-3 所示。

表 5.4-3 废水中混合和絮凝的典型滞留时间和平均速度梯度

过程		数值范围	
		水力停留时间	G/s^{-1}
混合	废水处理中典型的快速混合操作	5～30 s	500～1 500
	快速混合，实现化学药剂的有效初次接触和分散	<1 s	1 500～6 000
	接触式过滤工艺中化学品的快速混合	<1 s	2 500～7 500
絮凝	废水处理中适用的典型絮凝工艺	30～60 min	50～100
	直接过滤工艺中的絮凝作用接触	2～10 min	25～150
	过滤过程中的混凝作用	2～5 min	25～200

【例5-2】计算水温为 15℃ 条件下，在容积为 2 800 m³ 的水箱中达到 100/s 的 G 时的所需理论功率。当水温为 5℃ 时，对应的理论功率是多少？

解：使用式（5.4-51）确定 15℃ 下的理论功率要求，如下：

$$P = G^2 \mu V$$

$$15℃, \quad \mu = 1.139 \times 10^{-3}\,N \cdot s/m^2$$

$$P = (100/s)^2 (1.139 \times 10^{-3}\,N \cdot s/m^2)(2\,800\,m^3) = 31\,892\,W \approx 31.9\,kW$$

确定 5℃ 下的理论功率要求：

$$5℃, \quad \mu = 1.518 \times 10^{-3}\,N \cdot s/m^2$$

$$P = (100/s)^2 (1.518 \times 10^{-3}\,N \cdot s/m^2)(2\,800\,m^3) = 4\,2504\,W \approx 42.5\,kW$$

【例 5-3】试计算在容积为 3 000 m³ 的水箱中达到 50/s 的 G 所需的桨叶面积。假设水温为 15℃，矩形桨的阻力系数为 1.8，桨尖速度为 0.6 m/s，桨叶的相对速度 v_p 为 0.75 v。

解：使用式（5.4-51）确定理论功率要求：

$$15℃, \quad \mu = 1.139 \times 10^{-3} \, N \cdot s/m^2$$

$$P = G^2 \mu V = (50/s)^2 \left(1.139 \times 10^{-3} \, N \cdot s/m^2\right) \left(3\,000 \, m^3\right) = 8\,543 \, kg \cdot m^2/s^3 = 8\,543W$$
$$\approx 8.54 \, kW$$

$$\rho = 999.1 \, kg/m^3$$

$$A = \frac{2P}{C_D \rho v_p^3} = \frac{2 \times 8\,543 \, kg \cdot m^2/s^3}{1.8 \times 999.1 \, kg/m^3 \times 0.75 \times 0.6 \, m/s^3} = 104.3 \, m^2$$

5.5 混凝烧杯试验

在实践中，无论使用何种混凝剂或助凝剂，最佳剂量和 pH 是通过烧杯试验确定的。混凝烧杯试验一般使用 4～6 个体积为 1 000 mL 的烧杯，均装满原水，并向其中注入不同剂量的混凝剂。每个烧杯都配有变速搅拌器，能够在 0～100 r/min 的转速范围内运行（图 5.5-1）。加入剂量后，以 60～80 r/min 的速度快速混合 1 min，然后以 30 r/min 的速度絮凝 15 min。停止搅拌后，观察絮体的性质和沉降特性，并定性记录为较差、一般、良好或极好。样本模糊表示混凝不良，适当凝结的样品表现为形成良好的絮体，絮体快速沉淀，此时产生所需絮状物和澄清度的最低药剂剂量和 pH 均为最佳值。

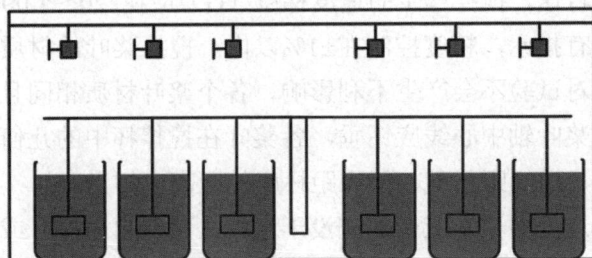

图 5.5-1 混凝烧杯试验常用的 6 联搅拌器

5.5.1 混凝试验及反应器

不同的混凝剂在不同的 pH 下其性质有很大的变化，同时由于水中杂质的性质和种类不同，混凝剂投加量和 pH 也有较大幅度的变化。在废水处理中，各污水处理厂必须事先确定最佳的混凝条件，多采用烧杯搅拌混凝试验来确定最佳混凝条件。

5.5.2 混凝试验的目的

用于评价特定原水水质和污水处理厂工艺条件下的混凝过程，指导实际污水处理厂的生产运行和管理。一般在以下情形下需要进行混凝试验：比较多种混凝剂对特定原水的混凝处理效果；确定某种混凝药剂的最佳投加量；优化生产中快速混合条件参数；优化生产处理工艺中的絮凝条件参数；进行快速混合、絮凝反应、沉淀之间的优化组合等。

5.5.3 混凝试验的技术要求

为了保证混凝试验具有重复性、重现性和可比性，要求混凝试验所用试验设备和仪器及操作严格规范，按照相关标准进行。

通常采用可同时搅拌多个搅拌杯的多联搅拌器来进行混凝试验。

搅拌器装置底部应有观察絮凝体的照明装置且照明装置不会导致水样温度升高，搅拌器应带有加注混凝药剂的加药试管和试管支架，能手动或自动完成对各个搅拌杯同时加注药剂。搅拌桨宜采用无级调速或不少于 5 挡的调速，转速应能控制且有指示，精度在±2%以内，当一个或多个搅拌桨停止或启动搅拌时，不影响其他搅拌桨的转速，搅拌产生的速度梯度（G）应在 20～1 000 s^{-1} 可调。搅拌时间应能控制且有指示，精度控制在±1%以内。搅拌桨叶的材质应具有化学稳定性和耐腐蚀性，对试验不会产生不利影响，各个桨叶材质相同且均匀，形状和尺寸也应相同。各桨叶轴中心线应铅垂，各桨叶在搅拌杯中的几何位置应相同，即桨叶上缘距水面、边缘距杯壁、下缘距杯底的距离应相当。

在搅拌试验过程中桨叶应全部淹没于水中，且能自由提升或下降，整套装置应保持平稳，转动时桨叶不能摇摆颤动或扭曲，同时防止搅拌杯有横向移位。对搅拌杯的技术要求：搅拌杯材质应具有化学稳定性、耐腐蚀、对试验不产生不利影响；各搅拌杯材质、尺寸、形状应相同，如采用透明的有机玻璃或塑料，有效容积不小于 1 000 mL；应在相同位置设取样口，杯壁上有体积刻度且误差应小于 2%。

对其他方面的技术要求：温度计测量偏差应小于±1℃，浊度仪灵敏度高，水质检验方法应符合相应的国家标准。原水水样和测定水样取样时应准确量取，量取体积误差应小于 2%。混凝药剂通常应使用分析纯试剂，混凝药液均用普通蒸馏水配制后投加，应用移液管或刻度吸管准确量取后加到投药试管中。药液浓度用质量/体积百分比表示，所用药液放置时间不宜超过 8 h。

5.5.4 混凝试验的方法

混凝试验通常应用流程为准备、混凝沉淀、测定与数据记录、混凝效果的总体评价。

①准备阶段通常先要对原水的一些简单易测的水质指标进行测定，如水温、pH、浊度、色度等，某些测定步骤稍复杂的指标可以在混凝试验结束后与处理后水样一起测定。用量筒量取原水水样倒入搅拌杯，将搅拌杯放置于搅拌器的设定位置，并把搅拌桨放入搅拌杯，对准中心位置。根据试验需要计算好各搅拌杯的加药量，用移液管或刻度吸管将相应量的药液加注到与各搅拌杯对应的试管内，为保证加到各搅拌杯中的药液体积一致，需要在药液体积小的各试管中补加适量蒸馏水使各加药试管中药液体积相等并摇匀。

②设定搅拌器的各试验参数：设定快速混合、絮凝反应的搅拌转速和时间，根据前文所讲，混合阶段的平均速度梯度一般设在 $500 \sim 1\,000\ \mathrm{s}^{-1}$，时间在 2 min以内，絮凝阶段的 G 一般设在 $20 \sim 100\ \mathrm{s}^{-1}$，时间为 20 min，絮凝阶段的 G 应逐时递减，同时需要设定沉淀区间。

③混凝沉淀准备工作完成以后，先启动搅拌器开始搅拌，稍等片刻待搅拌器转速稳定后，转动加药试管架，迅速将混凝药剂同步加注到搅拌杯中，注意观察混合及絮凝过程中絮凝体的形成速度及大小等混凝现象并做记录。

④絮凝反应完成后开始记录沉淀时间，注意观察沉淀过程中絮凝体与水的分离状况并做记录。测定与数据记录达到预设沉淀时间后，需要从搅拌杯中取水样测定 pH、浊度、色度、COD 等水质指标并记录测定结果，取样前应从取样口先排掉少许水样再取样测定。在进行多个搅拌杯混凝效果比较时，为了避免取样时间差对各搅拌杯水样测定结果（特别是浊度）的影响，应尽量缩短各搅拌杯取样的时间差，操作尽可能平行一致。

⑤混凝效果总体评价，对所得到的试验结果进行分析，讨论、评价各种混凝剂或同一混凝剂不同投加量的混凝效果，得出优化后的混凝剂投加量和混凝条件参数。

习题

1. 混凝法主要用于去除水中哪些污染物？

2. 何谓胶体的稳定性？试用胶粒间互相作用势能曲线说明胶体具有稳定性的原因。

3. 简要叙述硫酸铝混凝作用机理及其与水的 pH 之间的关系。

4. 影响废水的混凝的主要因素有哪些？可以采用哪些措施保证低碱度、低浊度废水的混凝效果？

5. 试用凝聚机理解释港湾处的沉积现象。

6. 当水温 $t_1 = 4℃$ 时，某自来水厂混合池的平均速度梯度 $G_1 = 700\,s^{-1}$，此时水的密度 $\rho_1 = 1\,000\,kg/m^3$，水的动力黏度 $u_1 = 1.5 \times 9.8 \times 10^{-5}\,Pa \cdot s$。请据此计算，当水温上升至 20℃后，混合池的平均速度梯度比值 G_2/G_1。（注：假定水温变化对水头损失的影响忽略不计，水温上升 20℃后，$\rho_2 = 997\,kg/m^3$，水的动力黏度 $\mu_2 = 90.6 \times 9.8 \times 10^{-6}\,Pa \cdot s$）

7. 搅拌机功率计算公式可简化为 $P = A\omega_1^3 r^4$（A 为一常数；ω_1 为搅拌机桨板相对水流旋转角速度；r 为搅拌桨的旋转半径）。若混合池容积为 194 m^3，安装的机械搅拌机桨板叶轮中心点旋转半径 $r = 1.25\,m$，搅拌机桨板相对水流旋转角速度 $\omega_1 = 0.333\,rad/s$，搅拌机功率 $P_1 = 150\,W$。请问 A 为多少？求当机械搅拌机桨板相对水流旋转角速度 ω_2 为 0.48 m/s 时，搅拌机的相对功率。

8. 设计流量 70 000 m^3/d 的网格絮凝池，分 3 段串联，絮凝池有效容积为前段 150 m^3、中段 200 m^3、后段 350 m^3，计算得水头损失前段 0.15 m、中段 0.10 m、后段 0.08 m，已知，对于 3 个串联絮凝池，其平均速度梯度表达式为

$$G = \sqrt{\frac{\rho g(h_1 + h_2 + h_3)}{\mu(T_1 + T_2 + T_3)}}$$

求该絮凝池平均速度梯度。（水的密度为 1 000 kg/m³，动力学黏度系数为 1.03× 10^{-3} Pa·s）

9. 确定在容量为 3 000 m³ 的反应池中需要达到 G 为 50 s⁻¹ 的理论功率需求。（假设环境最低水温为 15℃时，$\mu = 1.139 \times 10^{-3} \text{N} \cdot \text{s/m}^2$）

10. 已知某污水处理厂处理规模为 10 000 m³/d，现在设计同波折板絮凝池，分为 4 格，每格的水头损失分别为 125 mm、50 mm、25 mm、10 mm，并已知絮凝池的容积 V=400 m³，请计算该絮凝池的平均速度梯度。（假设环境最低水温为 15℃）

11. 某纺织废水处理工程的处理量为 10 000 m³/d，其二级出水的总碱度为 0.1 mmol/L（以 CaO 计），根据经验要求投加石灰（纯度为 50%）以保证铁盐混凝剂（$FeSO_4 \cdot 7H_2O$）得以顺利水解。参照烧杯试验结果，发现选择铁盐混凝剂（含 $FeSO_4 \cdot 7H_2O$ 7%），其最佳投加量为 70 mg/L，且为保证混凝效果，需要保证残留碱度为 50 mg/L（以 CaO 计）。问该污水处理厂按 2 d 库存计算，需要建造的铁盐贮存池的体积是多少？（设 $FeSO_4 \cdot 7H_2O$ 的密度为 1.9 kg/L，CaO 的密度为 2.3 kg/L）

第 6 章　重力分离

　　废水处理中的分离主要是指利用废水中各污染物在物理、化学性质上的差异，通过适当装置和方法使污染物与水分离，从而达到去除污染物或回收有价物质的目的。基于污染物的不同性质，分离过程可分为机械分离和传质分离。前者如沉降或气浮等，后者如吸收、吸附和膜分离等。

　　重力分离是废水处理过程中最常用的工艺之一，其中沉降分离是利用重力作用，使颗粒物与水发生相对位移，最终颗粒物沉积在容器内壁、底部或沉积物表面，从而实现颗粒物与水的分离。除沉降外，重力分离还包括气浮，气浮是向待处理水体中通入气泡，使气泡和絮凝颗粒物发生碰撞、黏附，形成比重较小的气泡-颗粒聚集体或者是夹气絮体，夹气絮体在浮力作用下，上浮至水面形成浮渣，通过浮渣去除实现从水中分离。

6.1　重力沉淀的类型

　　重力沉淀是一种利用非均相混合物中待分离颗粒与水之间的密度差，通过重力差将颗粒物从水中分离的方法。在水污染控制工程中，重力沉淀一般用于以下场合。

　　①沉砂池：废水预处理中去除大尺寸无机颗粒；

　　②初沉池：去除废水中部分悬浮状有机物；

　　③二沉池：二级生物处理后去除活性污泥絮体；

　　④物化沉淀池：主要用于物化污泥等的沉降；

　　⑤重力浓缩池：初沉池污泥、剩余污泥的浓缩。

　　根据水中悬浮颗粒的黏性和浓度，重力沉淀可分为自由沉淀、絮凝沉淀、区域沉淀和压缩沉淀。基于这 4 类重力沉淀在水处理中的重要性，本节着重分析这 4 类重力沉淀的过程。其他诸如高速澄清、加速重力沉淀和浅层气浮过程，将在后续章节介绍。表 6.1-1 为废水处理中的 4 种典型重力沉淀过程。

表 6.1-1 污水处理中的沉降类型

类型	图示	沉降特征	应用场景
自由沉淀（Ⅰ）		在沉降过程中，颗粒不会相互影响，而是保持特性稳定。因此，颗粒的形状、大小和密度等物理特性保持不变	沉砂池
絮凝沉淀（Ⅱ）		悬浮颗粒浓度不高，颗粒下沉过程中互相聚集增大形成絮凝团而加快沉降，沉降速度随着沉降过程不断增加	初沉池二沉池上部化学混凝沉淀
区域沉淀（Ⅲ）		悬浮颗粒浓度较高时，在下沉过程中将彼此干扰，在清水与悬浮物之间形成明显的泥水界面，并逐渐向下沉降移动	二沉池下部污泥重力浓缩池上部
压缩沉淀（Ⅳ）		当固体颗粒浓度更高时，上层颗粒会压缩下层颗粒，下层颗粒间的水在上层颗粒的重力下挤出，泥水界面仍然存在但下降速度很小	二沉池底部污泥重力浓缩池下部

6.1.1 自由沉淀

6.1.1.1 自由沉淀理论

离散颗粒在静水中的自由沉淀可以通过牛顿和斯托克斯提出的经典沉降定律进行描述。在重力作用下，颗粒物不受容器壁和其他颗粒的影响，经过短时间后，颗粒物的重力与水对其产生的阻力达到平衡，颗粒物便开始以相同的速度下沉。如图 6.1-1 所示，静水中的颗粒受到引力：

$$F_G = G - A = \left(\rho_p - \rho_w\right)gV_p \tag{6.1-1}$$

式中，F_G 为颗粒受到引力的合力，即重力 G 与浮力 A 之差，N；ρ_p 为颗粒密度，kg/m³；ρ_w 为液体密度，kg/m³；g 为重力加速度，9.81 m/s²；V_p 为颗粒体积，m³。

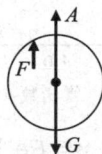

图 6.1-1 水中颗粒物沉降所受的力

静水中颗粒受到的阻力（F）取决于颗粒速度、流体密度、流体黏度、颗粒直径和阻力系数，由式（6.1-2）给出

$$F = \frac{\eta A_p \rho_w v_p^2}{2} \tag{6.1-2}$$

式中，F 为颗粒在静水中受到的摩擦阻力，$kg \cdot m/s^2$；η 为阻力系数，量纲一；A_p 为颗粒在运动方向上的投影面积，m^2；v_p 为颗粒的沉降速度，m/s。

对于规则的球形颗粒，当引力合力与摩擦阻力相等时为匀速运动，$F_G = F$，将式（6.1-1）与式（6.1-2）合并可知，颗粒沉降速度为

$$v_p = \sqrt{\frac{4g}{3\eta} \frac{\rho_p - \rho_w}{\rho_w} d_p} = \sqrt{\frac{4g}{3\eta} \left(\frac{\rho_p}{\rho_w} - 1 \right) d_p} \tag{6.1-3}$$

式中，v_p 为颗粒匀速沉降速度，m/s；d_p 为颗粒直径，m。

试验证明，阻力系数 η 的大小取决于颗粒周围的流体是层流还是湍流。图 6.1-2 为 η 随雷诺数 Re 的变化曲线，曲线可分为层流区（$Re < 1$）、过渡流（$Re \leqslant 2\ 000$）及湍流区（$Re > 2000$）。对于近似球形的颗粒，η 与 Re 满足下列关系式：

$$\eta = \frac{24}{Re} + \frac{3}{\sqrt{Re}} + 0.34 \tag{6.1-4}$$

对球形颗粒，Re 可由下式确定：

$$Re = \frac{v_p d_p \rho_w}{\mu} = \frac{v_p d_p}{\nu} \tag{6.1-5}$$

式中，ν 为动力黏度，m^2/s；μ 为运动黏度，$N \cdot s/m^2$。

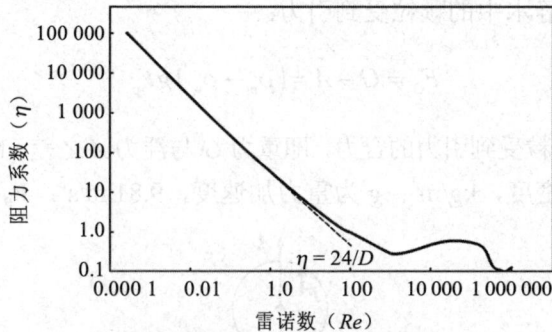

图 6.1-2　η 与 Re 关系曲线

注：当 $Re \leqslant 1$ 时，其关系可表达为 $\eta = 24/Re$。

由于废水中绝大多数颗粒是非球形的，对非球形颗粒，引入一个球形系数ψ来计算Re。

$$Re = \frac{v_p d_p \rho_w \psi}{\mu} = \frac{v_p d_p \psi}{\nu} \tag{6.1-6}$$

式中，ψ为球形系数，量纲一，为与给定颗粒具有相同体积的球体表面积与颗粒表面积之比，取值范围为$1\sim0.7$。

另一种计算非球形颗粒所受阻力的方法是将阻力系数乘以形状系数φ。对典型颗粒杂质如沙子和无烟煤，φ可分别取值2和2.25，对絮状颗粒φ可达$15\sim25$。

此外，阻力与颗粒所在区域水流的流态具有很大的相关性，可以分为以下3种情况：

①层流区沉淀：对于$Re<1$的层流，流体黏度在颗粒沉降中起主要作用，阻力系数可以表达为式（6.1-7）：

$$v_p = \frac{g(\rho_p - \rho_w)d_p^2}{18\mu} \approx \frac{g(\rho_p / \rho_w - 1)d_p^2}{18\nu} \tag{6.1-7}$$

式（6.1-7）也就是斯托克斯定律。因此，对于层流流体中的颗粒沉降，可推导出阻力公式为

$$F = 3\pi\mu v_p d_p \tag{6.1-8}$$

②过渡区域沉淀：需将式（6.1-4）代入式（6.1-3）得到沉降速度。根据迭代求解结果，获得如图6.1-3所示的颗粒沉速与颗粒粒径、Re、颗粒比重以及球形系数的关系曲线，在工程应用中可直接读出特定范围的颗粒沉速。

③湍流区沉淀：在颗粒沉降过程中，惯性力占主导，因此，阻力系数式（6.1-4）不再适用。一般根据经验常数，选取阻力系数为0.4来计算颗粒沉速，计算可以得到公式

$$v_p = \sqrt{3.33g\left(\frac{\rho_p - \rho_w}{\rho_w}\right)d_p} \approx \sqrt{3.33g(\rho_p / \rho_w - 1)d_p} \tag{6.1-9}$$

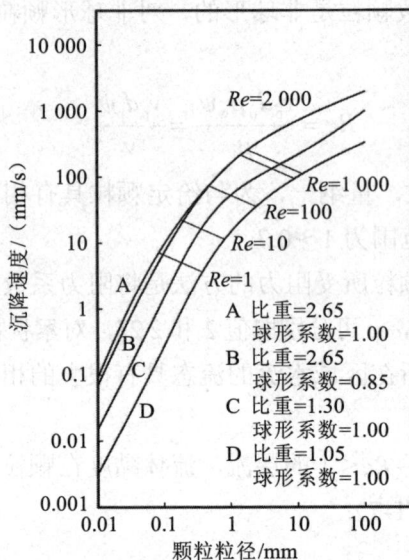

图 6.1-3　不同大小、不同形状的颗粒在不同雷诺数下沉降速度曲线

【**例 6-1**】已知砂粒的粒径 d=0.1 mm，密度 ρ_s=1 650 kg/m³；液体密度 ρ_l=1 000 kg/m³，温度 T=25℃。使用以上数据计算砂粒的沉降速度。

解：当温度为 25℃时，水的运动黏度 μ =0.90×10⁻³ Pa·s。砂粒直径为 0.7×10⁻³ m。

假设在层流状态，根据斯托克斯公式计算沉降速度如下：

$$u_t = \frac{d^2(\rho_s - \rho_l)g}{18\mu} = \frac{(0.1\times10^{-3})^2 \times (1\,650-1\,000)\times 9.81}{18\times 0.9\times 10^{-3}} = 3.94\times10^{-3} \text{（m/s）}$$

核算雷诺数：

$$Re = \frac{\rho_l d_p u_t}{\mu} = \frac{1\,000\times 0.1\times 10^{-3}\times 3.94\times 10^{-3}}{0.9\times 10^{-3}} = 0.438 < 1$$

所以原假设正确，沉降速度为 3.94 × 10⁻³ m/s。

6.1.1.2　理想沉淀池中的自由沉淀

颗粒的自由沉淀可以发生在无水平方向水流流动的柱形池中，其沉降轨迹为延续的垂线，如图 6.1-4（a）所示；也可以发生在具有水平速度流动的矩形水池中，其运行轨迹为向下倾斜的直线，如图 6.1-4（b）所示。

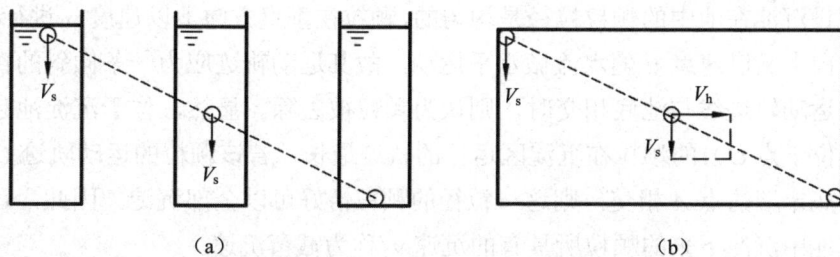

图 6.1-4　颗粒在柱形池（a）和矩形池（b）中的自由沉降过程

以具有水平速度流动的矩形，即理想的平流沉淀池为例进行分析，一般理想平流沉淀池的自由沉淀满足以下 4 个条件：

①进出水在沉淀区过流断面均匀分布；

②悬浮颗粒均匀分布于沉淀区始端，并在沉淀区等速自由沉降；

③悬浮颗粒在沉淀中的水平分速等于水推流速度，推流流速保持恒定；

④悬浮颗粒落到池底污泥区，即认为已被除去，不出现再悬浮。

如图 6.1-5 所示，已知理想沉淀区的深度、长度和宽度分别为 H、L 和 B，进入沉淀区的水流量为 Q，则沉淀池的水平水流流速：

$$u = \frac{Q}{H \cdot B} \tag{6.1-10}$$

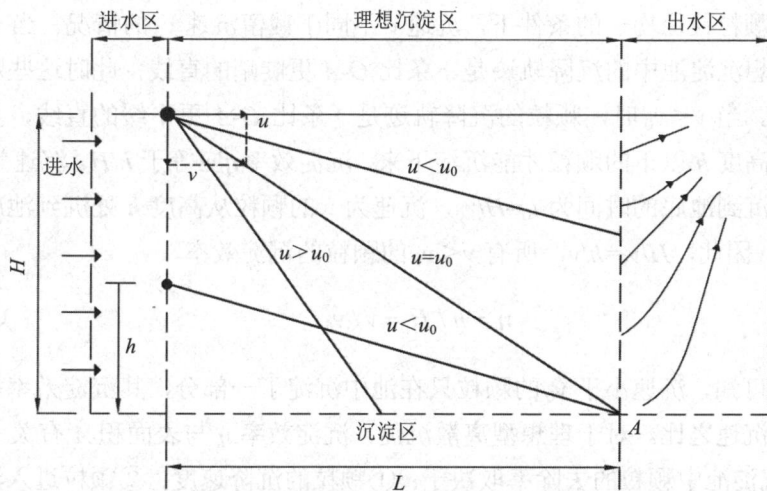

图 6.1-5　颗粒在理想沉淀区的沉淀

假设沉淀在池中的颗粒粒径是均匀的,颗粒在垂直方向上以速度 v_0 进行沉降,水平方向上又以速度 u 随水流做水平运动,故其运动轨迹应为一条倾斜的直线。当颗粒运动轨迹线与池底相交时,则认为颗粒被去除。显然,位于沉淀池起始水面处(位于点 O)的颗粒在沉淀区运行的轨迹最长,若该颗粒的运动轨迹 O-A 恰好与池底末端的点 A 相交,则这一粒径的颗粒恰好可以全部沉淀。因此,这一恰好能在池中沉淀下来的颗粒所具有的沉速 v_0 称为截留沉速。

表面负荷是沉淀池设计的重要工艺参数,是指单位沉淀面积上所能处理的水流量,即

$$q = \frac{Q}{BL} \tag{6.1-11}$$

如图 6.1-5 所示,O 点处颗粒具有的速度三角形与其运动轨迹 O-A 构成的沉淀区几何三角形相似,因此:

$$\frac{v_0}{u} = \frac{H}{L} \tag{6.1-12}$$

将式(6.1-12)代入式(6.1-11)得

$$q = \frac{u \cdot HB}{BL} = u \cdot \frac{H}{L} = u \cdot \frac{v_0}{u} = v_0 \tag{6.1-13}$$

由式(6.1-13)可知,对于理想沉淀池,表面负荷与截留沉速在数值上相等。

考查颗粒粒径均一的条件下,沉速 v 不同于截留沉速 v_0 的情况。当 $v > v_0$ 时,颗粒在理想沉淀池中的沉降轨迹是一条比 O-A 更陡峭的直线,此时这些颗粒都能沉淀下来。当 $v < v_0$ 时,颗粒的沉降轨迹是一条比 O-A 更平缓的直线,显然,只有在水池高度 h 以下的颗粒才能沉淀下来,沉淀效率 η 应等于 h/H。沉速为 v_0 的颗粒从水面沉到池底的时间为 $t_0 = H/v_0$,沉速为 v 的颗粒从高度 h 处沉到池底的时间为 $t_0 = h/v$,因此,$H/v_0 = h/v$,所有 $v < v_0$ 的颗粒的沉淀效率

$$\eta = h/H = v/v_0 \tag{6.1-14}$$

综上可知,沉速小于 v_0 的颗粒只在池中沉淀了一部分,其沉淀效率等于其沉速与截留沉速之比。对于理想型离散沉淀,沉淀效率 η 与表面积 A 有关,与 H 和 t 无关。沉淀池中颗粒的去除率取决于:①颗粒的沉降速度;②颗粒进入沉降区的高度。

6.1.1.3　离散颗粒的沉淀试验

事实上，废水中的悬浮颗粒无论是尺寸还是化学组分一般都是不均一的。悬浮颗粒粒径分布和比重不均一，导致即使在理想沉淀池中的沉淀效率也不同。因此，只有基于实际废水中颗粒粒径的组成情况，才能对理想沉淀池中的沉淀效率进行准确计算，通常这种离散颗粒的沉淀效率可以用量筒进行沉淀试验得到。

离散颗粒的沉淀试验，一般用圆管状沉降筒进行。沉降筒底部有一取样口，取样口到水面的高度为 H。在试验开始时（$t=0$），悬浮颗粒在水中均匀分布，即整个水深保持悬浮物浓度 C_0。然后分别在 t_1、t_2⋯t_*⋯t_n 时刻从深度为 h 的取样口取样，分别测量浓度 C_1、C_2⋯C_*⋯C_n。假设水面位置在整个取样过程中基本不变，则在 t_1、t_2⋯t_*⋯t_n 等时刻的沉降速度分别为 $v_1=H/t_1$，$v_2=H/t_2$⋯$v_*=H/t_*$⋯$v_n=H/t_n$ 的颗粒恰好从水面沉到水底，相应地，这些颗粒在整个 H 高度内均会被去除。如果 P_1、P_2⋯P_*⋯P_n 等分别代表取样口水样中剩余悬浮物的浓度百分数，即 $100C_1/C_0$、$100C_2/C_0$⋯$100C_*/C_0$⋯$100C_n/C_0$ 等，那么 $100-P_1$、$100-P_2$⋯$100-P_*$⋯$100-P_n$ 等分别代表取样口水样中去除的悬浮物百分数，这样就可以作出一条 P-v 曲线，如图 6.1-6 所示。

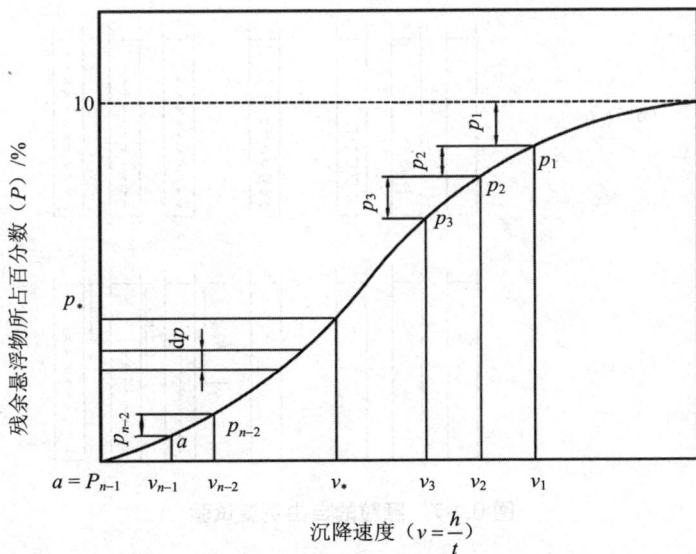

图 6.1-6　沉淀试验的 *P*-*v* 曲线

图 6.1-6 所示的是取样口水样的残留悬浮物浓度的曲线。由该曲线可以得出，当颗粒沉降速度为 v 时，整个水深中去除的悬浮物百分数为

$$P = 100 - P_* + \frac{1}{v_0} \int_0^{P_*} u \mathrm{d}P \qquad (6.1\text{-}15)$$

式中，决定 P 的只有 v_* 及 P_*，不涉及沉淀时间和水深。也就是说，只要 v_* 确定，P 即可确定。由此可得出，关于沉淀试验的两个重要结论：①沉淀试验的高度 h 可以选用任意值，h 对沉淀去除率没有影响；②当沉淀筒的高度 H 与沉淀池深度相等时，t_* 等于活塞流沉淀池的停留时间，能 100%去除水面处颗粒的最小沉降速度为 v_*。

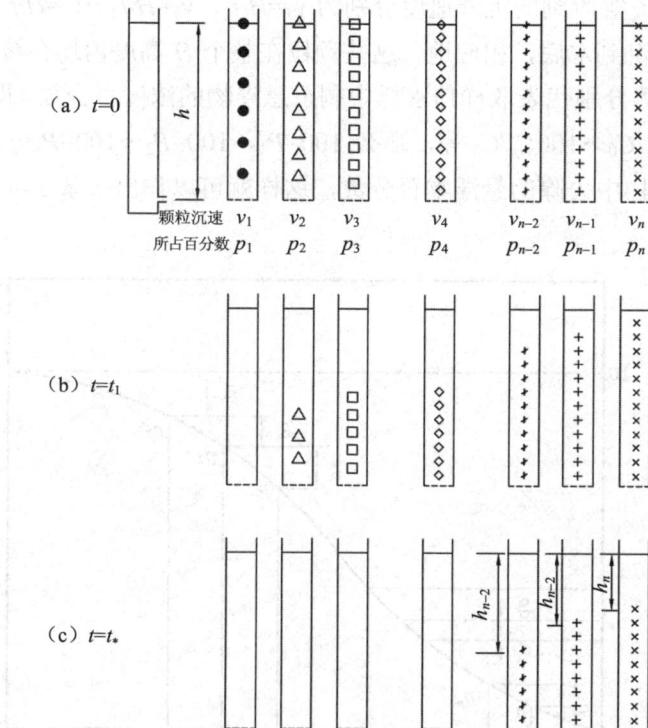

图 6.1-7　颗粒的自由沉淀试验

如果根据斯托克斯公式，颗粒粒径与沉降速度呈相关性，那么图 6.1-6 的 $P\text{-}v$ 曲线实质上是不同粒径悬浮物的沉降分布曲线。为了更加形象说明这一点，图 6.1-7

表示不同颗粒的沉降过程。假定沉降速度为 v_1、$v_2\cdots v_*\cdots v_n$ 的颗粒，它们在整个悬浮物中所占的百分数分别为 p_1、$p_2\cdots p_*\cdots p_n$。由于这些颗粒在沉淀开始时（$t=0$），沿整个沉淀高度 H 中的分布是均匀的，所以可把它们以不同形状分开表示出来，以便理解，如图 6.1-7（a）所示。图中分别画出了 v_1、v_2、$v_3\cdots v_n$ 等各种颗粒的均匀分布情形，把这些颗粒分布图叠加起来，就是所有悬浮颗粒的分布状态。图 6.1-7（b）表示在沉淀时间为 t_1 时的各种颗粒分布情况。由于沉速最大的颗粒 v_1 在 t_1 时恰好下沉到 H 的高度，在水面处的这类颗粒恰好沉到取样口，水面下的这类颗粒必然全部沉到取样口下方，因此在整个水深 H 中这类颗粒全部沉淀。而 v_2、v_3 等颗粒则未能全部沉淀，在水面处颗粒在 t_1 时间只下沉 $v_2 t_1$、$v_3 t_1$ 等距离。水面以下的颗粒则以队列的形式下移，故在水深 $v_2 t_1$、$v_3 t_1$ 等下面它们仍然保持原来的分布情况，如图 6.1-7（b）所示。因此，在 t_1 时刻从取样口所取的水样中，除 v_1 颗粒被完全去除外，水中其他颗粒的浓度完全没有变化，也就是说，$100-P_1$ 代表 v_1 颗粒所占的百分数 p_1。同理可知，$P_1-P_2=p_2$、$P_2-P_3=p_3\cdots P_{n-1}-P_{n-2}=p_{n-2}$ 等分别代表 v_2、$v_3\cdots v_{n-2}$ 等颗粒在悬浮物中所占的百分数，如图 6.1-6 所示。

在沉淀时间 t_* 取水样，由图 6.1-7 可知，沉速大于 v_* 的颗粒 v_1、$v_2\cdots v_*$ 等在整个水深 H 中是 100%地被去除掉了。这些颗粒的百分数之和 $p_1+p_2+p_3+\cdots+p_*=100-P_*$，故在全部悬浮物中，它们被去除的百分数为 $100-P_*$。对于沉速小于 v_* 的颗粒，它们在整个水深中还剩余一部分没有被完全去除，可用 v_{n-2} 颗粒为例来说明。如果沉速为 v_{n-2} 的颗粒在沉淀时间 t_* 的下沉距离为 $h_{n-2}=v_{n-2}t_*$，那么，在时间 t_*、水深 H 中有 h_{n-2} 这段内不再有 v_{n-2} 颗粒，如图 6.1-7（c）所示，因此 v_{n-2} 颗粒的去除百分数为

$$\frac{h_{n-2}}{h_n}p_{n-2}=\frac{v_{n-2}t_*}{v_* t_*}p_{n-2}=\frac{v_{n-2}}{v_*}p_{n-2}=\frac{v_{n-2}}{v_*}\left(P_{n-1}-P_{n-2}\right) \tag{6.1-16}$$

对全部小于 v_* 沉速的颗粒来说，即得去除的百分数为 $\sum\dfrac{v}{v_*}p=\sum\dfrac{v}{v_*}\Delta P$，写成积分形式得

$$\int_0^P\frac{v}{v_*}\mathrm{d}P=\frac{1}{v_*}\int_0^P v\mathrm{d}P \tag{6.1-17}$$

把上面百分数与大于 v_* 颗粒的去除百分数 $100-P_*$ 加起来即得总的去除百分数 P，即为式（6.1-15）。

图 6.1-8 使用推流模型来表示平流沉淀池中悬浮颗粒下沉的轨迹。

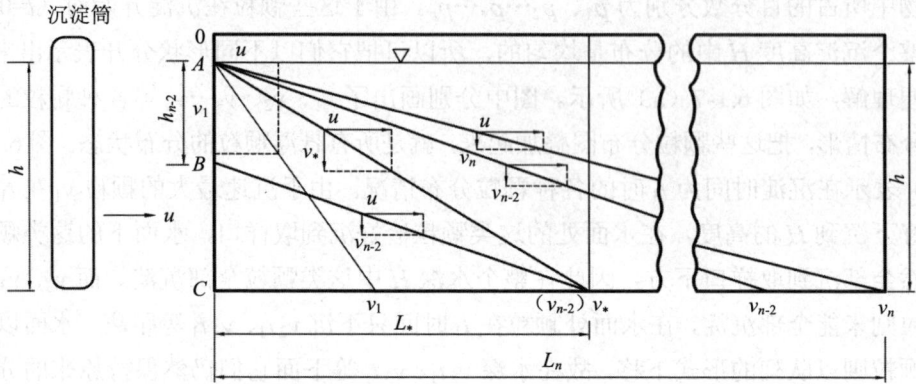

图 6.1-8　平流沉淀池模型

假定沉淀筒水深 H，沉淀筒的水平流速 u 随着前进。这样，沉淀筒中各种颗粒的下沉过程必然也和沉淀池中各种颗粒的下沉过程完全一样。沉速为 v_1、v_2 ··· v_* ··· v_n 的颗粒分别沿着 v_1、v_2 ··· v_* ··· v_n 与 u 的合成速度方向前进，最终到达沉淀筒底部，相应的池长为 L_1、L_2 ··· L_* ··· L_n。由图 6.1-8 可以看出，沉速大于 v_* 的颗粒，在沉淀时间为 t_* 时均完全沉淀到底部，被 100%地去除。沉速小于 v_* 的颗粒，在 t_* 时间未能沉淀到底部，有一定比例的颗粒被去除。以沉降速度为 v_{n-2} 的颗粒为例分析，在 v_* 点作一条与 u-v_{n-2} 平行的直线，交 OC 线于 B 点，可知 Bv_* 代表位于 B 点的 v_{n-2} 颗粒的下沉轨迹，这些颗粒是能够被去除的，因此，只要位于 BC 一段入口高度内的沉降速度为 v_{n-2} 颗粒必然 100%被去除。由于 v_{n-2} 颗粒在整个 AC 高度内是均匀分布的，所以去除比例为 BC/AC，即

$$\frac{BC}{AC} = \frac{v_{n-2}}{v_*} \qquad (6.1\text{-}18)$$

占悬浮物总量的去除百分数为（v_{n-2}/v_*）p_{n-2}，与式（6.1-15）一致。

在图 6.1-8 中，从进水口水面开始，每一条颗粒下沉轨迹线都可以看作均质颗粒以及沉降速度大于该类被去除颗粒的累计去除率线。在图 6.1-8 中，Ov_1 线为 v_1 颗粒的下沉轨迹线，v_1 颗粒在悬浮物中占 p_1%，被 100%去除，故可认为 Ov_1 代表 p_1%的悬浮颗粒被去除的线，可表示为 p'_1 线。Av_2 为 v_2 颗粒的下沉轨迹线，v_2 颗粒占悬浮物的 p_2%，也是被 100%去除，因为 v_1 颗粒已经被 100%去除，故 Av_2

线可视作 v_1 及 v_2 颗粒被 100% 去除的累计百分数线，可表示为 $p'_2\%=(p_1+p_2)\%$。同理，最后的 Av_* 线代表悬浮物被去除 $(p_1+p_2+\cdots+p_*)\%=P'_*\%$ 的线。假设比 v_* 颗粒小一个数量级的颗粒为 $v_{(n-k)}$，而 $v_{(n-k)}$ 颗粒占 $p_{n-k}\%$，那么，$v_{(n-k)}$ 被去除的百分数占悬浮物总量的 $(v_{(n-k)}/v_*)\,p_{(n-k)}\%$，而 $Av_{(n-k)}$ 线为代表悬浮物被去除百分数 $(p_1+p_2+\cdots+p_*+\dfrac{v_{(n-k)}}{v_*}p_{(n-k)})\%$ 的线。由于这些去除百分数线都是直线，可以通过试验的沉淀时间直接作图，如图 6.1-9 所示，以水深为纵坐标，以时间为横坐标，Ot_1、Ot_2…直线即为 P'_1、P'_2…去除百分数线，t_1、t_2…分别代表沉淀的时间。Ot_1、Ot_2…Ot_*…一组线即代表图 6.1-8 中的 Av_1、Av_2…Av_*…。

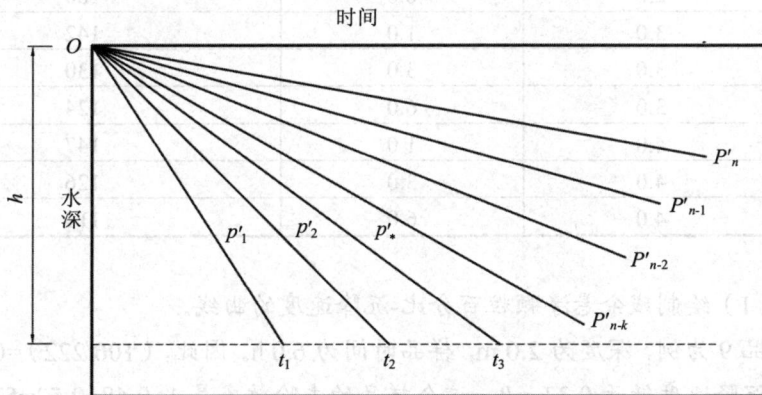

图 6.1-9　离散颗粒的去除百分数

由图 6.1-9 可得出，当取沉淀时间为 t_* 时，去除悬浮物的百分数可用式（6.1-19）表示：

$$P = P'_* + \frac{v_{n-k}}{v_*}\left(P'_{n-k} - P'_*\right) + \ldots + \frac{v_{n-2}}{v_*}\left(P'_{n-2} - P'_{n-3}\right) + \frac{v_{n-1}}{v_*}\left(P'_{n-1} - P'_{n-2}\right) + \frac{v_n}{v_*}\left(100 - P'_{n-1}\right)$$

$$\text{（6.1-19）}$$

式（6.1-19）为式（6.1-15）的另一种表示形式。

从上述概念可知，反过来说 P'_1、P'_2…P'_*…直线也可视作代表颗粒下沉的轨迹线，而沉淀管的深度与这些直线的绘制无关。

【例 6-2】在含有悬浮颗粒废水中进行了自由沉降试验，结果如下表所示。绘制沉降速度的累计曲线，并计算 $v_0=1.0$ m/h 时去除的颗粒的比例。

样品	样品深度/m	样品时间/h	样品中 SS 浓度/（mg/L）
1	0.0	0.0	
2	0.0	0.0	222（平均值）
3	0.0	0.0	
4	1.0	1.0	140
5	1.0	3.0	108
6	1.0	6.0	80
7	2.0	1.0	142
8	2.0	3.0	110
9	2.0	6.0	106
10	3.0	1.0	142
11	3.0	3.0	130
12	3.0	6.0	124
13	4.0	1.0	147
14	4.0	3.0	126
15	4.0	6.0	114

解：（1）绘制残余悬浮颗粒百分比-沉降速度的曲线。

以样品 9 为例，深度为 2.0 m，样品时间为 6.0 h。因此，（106/222）=0.48=48% 的颗粒的沉降速度低于 0.33 m/h。这个样品的去除效率是 1−0.48=0.52=52%。有了这个推理，可以构建下面的表格。

样品	速度/（m/h）	残余 SS 的比例
4	1.00	0.63
5	0.33	0.49
6	0.17	0.36
7	2.00	0.64
8	0.67	0.50
9	0.33	0.48
10	3.00	0.64
11	1.00	0.59
12	0.50	0.56
13	4.00	0.66
14	1.33	0.57
15	0.67	0.51

根据上述表中的值，可以绘制残余悬浮颗粒百分比-沉降速度的曲线。

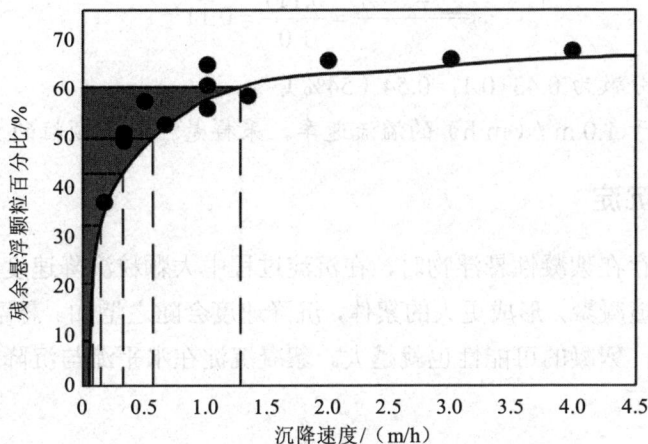

（2）去除颗粒比例的确定。

由上图可以看出，57%的颗粒沉降速度低于 1.0 m/h。因此，如果这些粒子开始从柱的顶部沉降，那么它们的去除分数将为 1-0.57=0.43，即 43%。

还有另一部分颗粒被去除，其对应的是沉降速度小于 v_0 的粒子，且没有从柱的顶部（或水平槽的顶部）开始沉降。这些粒子的去除分数由 Y 轴和曲线之间的面积给出，直到 x=3.0 m/h。这可以从下表中获得，其中显示了基于按条带划分的面积计算，包括宽度（dx_i）和条带中的平均速度（vx_i）。

dx_i 区间（y 轴）	区间（dx_i）宽度（y 轴）	区间平均速度（vx_i）/（m/h）（x 轴）	$dx_i \cdot vx_i$
0.50～0.57	0.07	0.80（y=0.54）	0.056
0.40～0.50	0.10	0.36（y=0.45）	0.036
0.30～0.40	0.10	0.14（y=0.35）	0.014
0.20～0.30	0.10	0.05（y=0.25）	0.005
0.10～0.20	0.10	≈0（y=0.15）	—
0.00～0.10	0.10	≈0（y=0.05）	—
总计	—	—	0.111

另一部分颗粒（$v<v_0$）去除的分数为

$$\frac{\sum \mathrm{d}x_i \cdot vx_i}{v_0}=\frac{0.111}{1.0}=0.11$$

去除的总分数为 0.43+0.11=0.54（54%）。

因此，对于 1.0 m³/（m·h）的溢流速率，采样悬浮液中颗粒的 54% 被去除。

6.1.2 絮凝沉淀

当原水中存在絮凝性悬浮物时，在沉淀过程中大颗粒沉降速度大于小颗粒，会出现相互碰撞凝聚，形成更大的絮体，沉降速度会随之增加。悬浮物浓度越高，碰撞概率越大，絮凝的可能性也就越大。絮凝沉淀在水平流与沉降筒中沉降过程如图 6.1-10 所示。

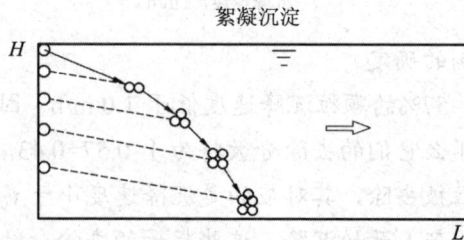

图 6.1-10　絮凝沉淀在平流沉淀池中的沉降过程

絮凝颗粒沉降特性可以通过沉降筒试验获得。絮凝颗粒沉淀试验要求必须考虑絮凝颗粒的特性，絮凝颗粒在下沉过程中会不断与其他颗粒相互碰撞并黏结在一起，导致粒径不断增大，沉降速度也随之增大，其下沉的轨迹线，即去除百分数线 P'_1、P'_2 等，必然是一条曲线而不是直线。因此，要反映颗粒絮凝沉降的全过程，沉淀试验的水深须与实际沉淀池一致，如图 6.1-11 所示。另外，为了绘制 P'_1、P'_2 等曲线，必须在每次取样时，在水深 h 范围内的几个不同高度同时取水样，先求各水样的悬浮物去除百分数，由这些去除百分数与相应的沉淀时间通过内插法作图才能得出 P'_1、$P'_2\cdots P'_*\cdots P'_n$ 等去除百分数的等值线，如图 6.1-11 所示。

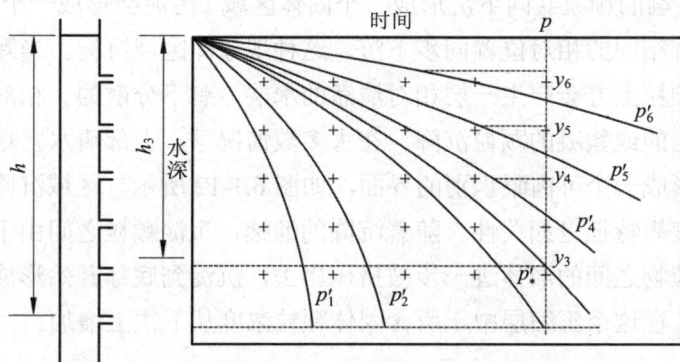

图 6.1-11　絮凝颗粒沉淀试验的去除百分数等值线

根据图 6.1-11 即可参照式（6.1-17）求出当停留时间为 t_* 时，沉淀池去除悬浮物的百分数。现以占（$P_4' - P_*'$）百分数颗粒的去除百分数为例来说明。考虑到颗粒是不断变大的，$P_4' - P_*'$ 一般也较大，不能用（PP_4'/t_*）来计算其沉降速度。因此，在图中另取 $P_4'P_*$ 的中点 y_3，水深 h_3，以 h_3/t_* 代表占悬浮物含量（$P_4' - P_*$）% 的颗粒沉降速度，其去除百分数可表示为

$$\frac{h_3/t_*}{v_*}\left(P_4' - P_*'\right) \qquad (6.1\text{-}20)$$

式中，$v_*=h/t_*$，表示沉淀时间 t_* 在水面处经过絮凝增大过程恰好沉淀到底部的颗粒。同样，分别求 $P_4'P_5'$、$P_5'P_6'$ 及 $P_6'P$ 的中点 y_4、y_5 及 y_6，并令 Py_4、Py_5 及 Py_6 水深分别为 h_4、h_5 及 h_6，则可将去除的总百分数表示为

$$P_{\mathrm{R}} = P_*' + \frac{h_3/t_*}{v_*}\cdot\left(P_4' - P_*\right) + \frac{h_4/t_*}{v_*}\cdot\left(P_5' - P_4'\right) +$$
$$\frac{h_5/t_*}{v_*}\cdot\left(P_6' - P_5'\right) + \frac{h_6/t}{v_*}\left(100 - P_6'\right) \qquad (6.1\text{-}21)$$

6.1.3　区域沉淀

自由沉淀和絮凝沉淀一般发生在悬浮颗粒含量相对较低的沉淀过程中，含有高浓度悬浮固体的沉淀过程中发生的沉淀现象称为区域沉淀，也叫作成层沉淀或者受阻沉淀。如图 6.1-12 所示，在初始浓度均匀的浓缩悬浮液中，由于悬浮颗粒浓度高开始产生接触，颗粒之间的液体通过悬浮颗粒之间的间隙向上流动，形成

上清液，而接触的颗粒共同下沉形成一个固体区域（污泥会形成一个泥层），颗粒之间彼此保持相同的相对位置同步下沉，这种现象即区域沉淀。当颗粒沉降时，在沉降区的颗粒上方会产生一层相对清澈的水层，剩下分散的、相对较轻的颗粒通常作为自由的或絮凝的颗粒沉降。在大多数情况下，上部清水区域和沉降固体区域之间会形成一个可肉眼识别的界面，如图 6.1-12 所示。区域沉降区的沉降速度与固体浓度等特征呈相关性。随着沉降的继续，沉淀颗粒之间由于重力作用继续压缩，颗粒物之间的液体进一步被挤压出去，沉淀到底部开始形成一层被压缩的悬浮物层，在这个压缩层中，所含固体颗粒浓度从下往上增加。

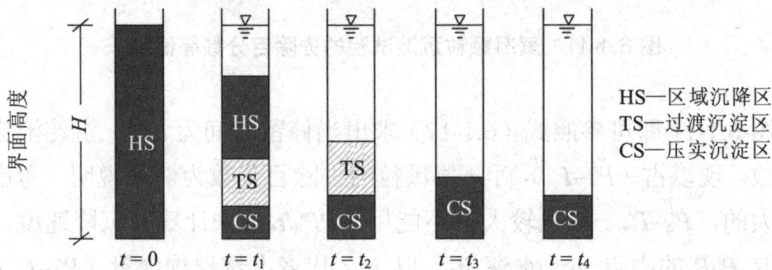

图 6.1-12　区域沉降曲线

6.1.4　压缩沉淀

区域沉淀继续下沉的过程中，上部颗粒在重力作用下挤压下部颗粒的空隙水，沉淀的颗粒层得到进一步浓缩。压缩区污泥量也可由沉降试验确定，一般来说，污泥压实速率与时间 t 处和污泥经长时间沉降后的高度差成正比，压实过程可用如下一阶衰减函数描述：

$$H_t - H_0 = \left(H_2 - H_\infty \right) e^{-i(t-t_2)} \qquad (6.1\text{-}22)$$

式中，H_t 为时间 t 处的污泥高度，m；H_0 为长期沉淀后污泥高度，m；H_2 为时间 t_2 处的污泥高度，m；i 为颗粒悬浮液的固有常数。

6.1.5　固体通量在设计中的应用

在废水处理工艺中，污泥沉降过程可能同时存在多种沉淀类型。在高浓度污泥沉淀或浓缩设施的设计过程中，可以通过沉降试验来确定悬浮液的沉淀特性，重点观察污泥的成层和压缩过程，然后根据沉降实验得到的数据，计算污泥沉降或浓缩设施所需的面积。此外，可以采用固体通量法进行设计计算。

固体通量理论描述了在污泥二沉池和重力浓缩池中发生的成层沉降现象。在污水处理厂二沉池与重力浓缩池中，固体通量可以理解为设施的单位面积的固体负荷，单位一般为 kg SS/（m² · h）。在一个间歇式无底部排泥的沉淀池中，固体颗粒物沉向池底部的过程主要是由重力引起的，只有一个重力通量 G_g，如图 6.1-13（a）所示。在一个连续流动的沉淀池中，底部的压缩固体颗粒不断被排出，固体颗粒物沉向池底部的过程中，一般同时受到两种通量作用：重力通量 G_g，由污泥自身的重力沉降引起；底流通量 G_u，由池底部污泥清除导致污泥向下运动引起。

实际沉淀的总通量 G_t 是以上两个通量之和，可以表示为

$$G_t = G_g + G_u \tag{6.1-23}$$

其中，重力通量和底流通量分别为

$$G_g = C \cdot v \tag{6.1-24}$$

$$G_u = C \cdot \frac{Q_u}{A} \tag{6.1-25}$$

式中，C 为悬浮物浓度，kg/m³；v 为浓度 C 时的界面沉降速度，m/h；Q_u 为底部排泥速率，m³/h；A 为沉淀池的表面积，m²。

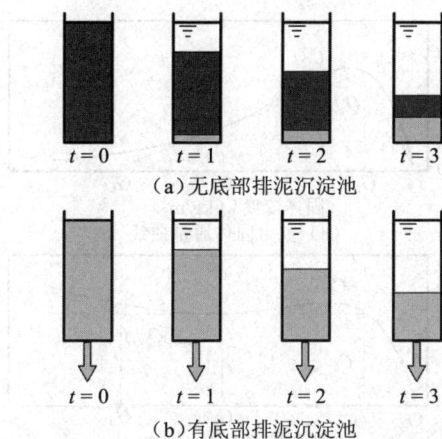

（a）无底部排泥沉淀池

（b）有底部排泥沉淀池

图 6.1-13 固体颗粒沉降过程中通量示意图

由前述的区域沉淀理论可知,固体层液面的沉降速度 v 随着 C 的增大而减小,可以表示为浓度 C 的函数, 通常为

$$v = v_0 \cdot e^{-K \cdot C} \tag{6.1-26}$$

式中, v_0 为初始时刻界面沉降速度, m/h; K 为沉降系数, m^3/kg。该公式可以看出固体通量取决于浓度 C, 具体情况如下:

①低浓度。C 越低,污泥界面 v 的沉降速度越高,但 $C \cdot v$ 的值低,这导致固体重力通量值较低。

②中等浓度。当 C 增加时,即使 v 减小, $C \cdot v$ 值仍增大,即重力通量增加。

③高浓度。当 C 达到一定值后,沉降速度 v 降低, $C \cdot v$ 的值开始下降,即重力通量降低。

根据式 (6.1-24) 和式 (6.1-26),重力固体通量曲线可以表示为图 6.1-14 (a) 中的曲线,与通量曲线下降段相切的斜率为 Q_u/A,直线与 Y 轴的截距表征了极限通量 (G_L),该值可以理解为在该状态下的沉降特性、污泥浓度和底流条件下,能够沉淀到池底部的最大通量。图 6.1-14 (b) 表示为总通量 ($G_t = G_g + G_u$),是在重力固体通量的基础上叠加了底流通量。一般排泥的流量恒定,底流通量随着污泥浓度的增加而增加,因此,底流通量是以 Q_u/A 为斜率的直线。但在这种情况下,极限通量在总通量曲线的最小值处获得。这个最小值表明,沉淀池中固体浓度从进口到底部不断增加,在这个过程中会产生一个极限浓度 (C_L) 和极限通量 (G_L)。在这个位置池子的沉降通道受到限制,无法向底部输送高于极限值的固体通量。

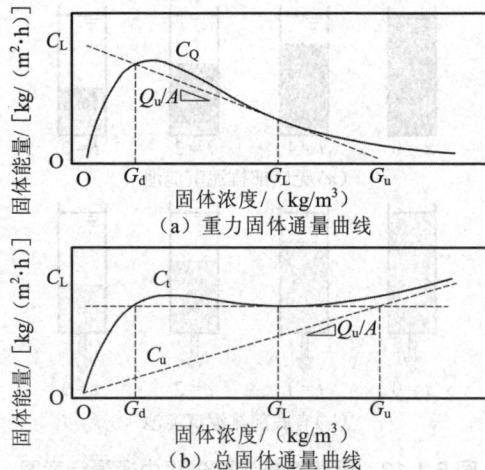

(a) 重力固体通量曲线

(b) 总固体通量曲线

图 6.1-14 固体通量曲线

　　以二沉池的设计和使用为例，计算运行通量与极限通量之间的关系。图 6.1-15 为辐流式二沉池污泥的运行情况，运行固体通量可以表示为悬浮颗粒在单位面积上的负荷。

$$G_a = \frac{Q_i + Q_r}{A} \cdot C_0 \qquad (6.1-27)$$

　　式中，G_a 为运行固体通量，$kg/(m^2 \cdot h)$；Q_i 为沉淀设施的废水流量，m^3/h；Q_r 为回流污泥量，m^3/h；C_0 为污泥浓度，kg/m^3。

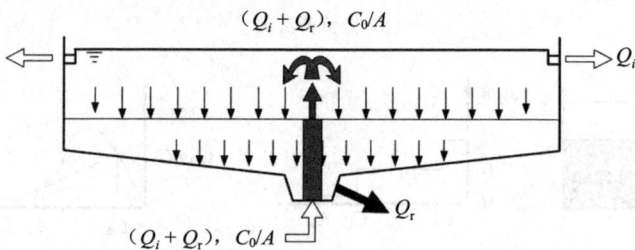

图 6.1-15　辐流式二沉池上的固体通量示意图

　　在实际运行中，可以认为 $Q_r = Q_u$，因为在二沉池污泥质量平衡计算中，剩余污泥通量（$Q_u - Q_r$）可以忽略不计。运行通量必须小于等于极限通量（$G_a \leqslant G_L$），否则沉淀池会出现污泥淤积，悬浮固体最终达到一定数量，导致固体悬浮颗粒在沉淀池的上清液中流失，从而导致出水质量恶化。在重力通量曲线 [图 6.1-14（a）] 上，可以作出运行通量的直线。这条线从 Y 轴（在 G_a 值处）开始向下延伸，与极限通量线（斜率等于 Q_u/A）平行。图 6.1-16 中的 4 种沉淀过程分别代表以下 4 种不同的情况。

　　①低负荷沉淀。当实际运行通量小于极限通量时，沉淀池将出现固体负荷不足。在这种情况下，在垂直高度方向会形成一个具有低浓度（C_d）的悬浮固体层，由于池底支撑，在沉淀池底部形成一层厚度较薄的、浓度为 C_u 的污泥层。

　　②临界负荷沉淀。当实际运行流量等于极限通量时，沉淀池将处于临界负荷状态。在这种情况下，会形成厚度较大、浓度为 C_L 的污泥层。

　　③超负荷沉淀。当应用的污泥通量大于极限污泥通量时，沉淀池会因污泥的浓缩而超负荷。在这种情况下，由于污泥层的浓度不会超过 C_L，污泥层的厚度增加并引起污泥界面向上延伸，最终污泥界面达到水面，固体悬浮物最终随着水流排出。

④过负荷沉淀。当沉淀池的进水流量大于极限通量，也就是溢流速率（Q_i/A）大于污泥沉降速度 v 时，污泥浓缩时就会超过沉淀池所能承受的负荷。在这种情况下，稀浓度层和浓缩的污泥层都会向上延伸，出水质量的恶化会更快。

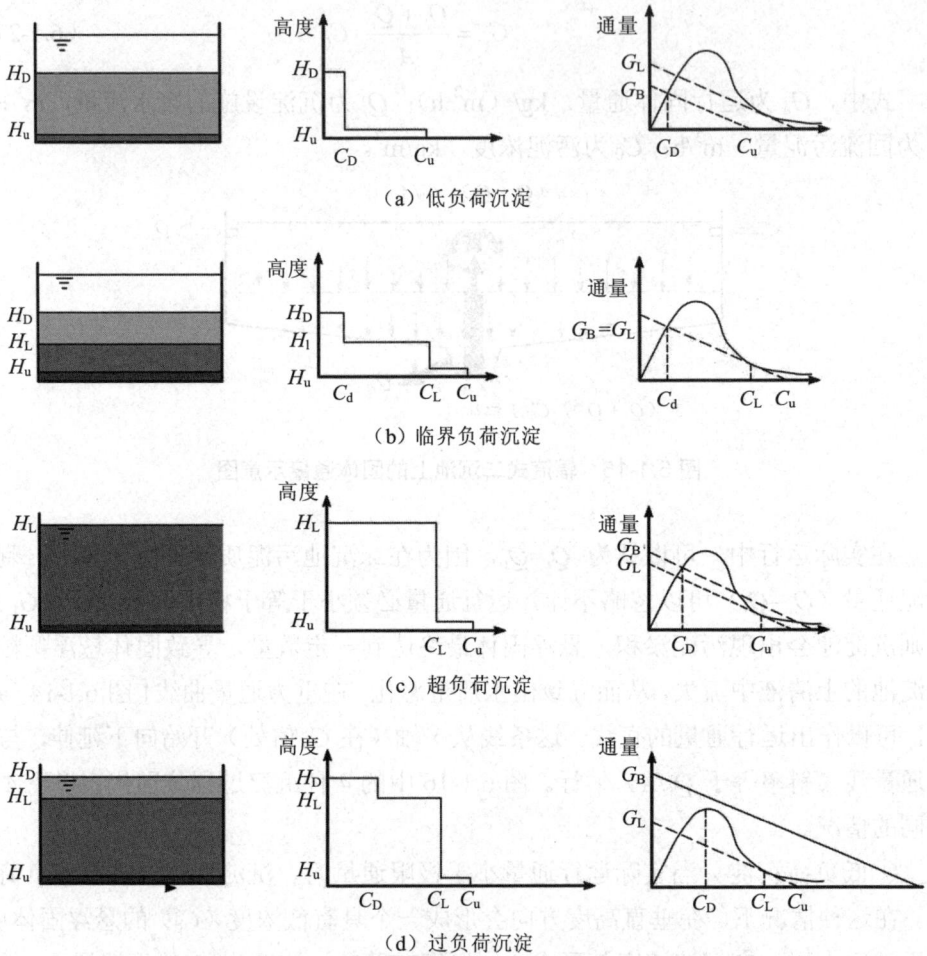

（a）低负荷沉淀

（b）临界负荷沉淀

（c）超负荷沉淀

（d）过负荷沉淀

图6.1-16　典型二沉池中固体通量和悬浮固体浓度的曲线

6.2 重力分离工艺设计与运行

6.2.1 沉砂池

废水处理工艺中的沉砂池旨在将比重较大的砂砾等颗粒与比重较小的有机固体进行物理分离。沉砂池通常设在初沉池之前，起到降低沉淀负荷和改善水处理条件的作用。常见的沉砂池有平流式沉砂池、曝气沉砂池和旋流沉砂池 3 类。

6.2.1.1 平流式沉砂池

（1）构筑物形式

平流式沉砂池是早期常用的速度控制型沉砂池，通过一定的水力停留时间以确保砂砾颗粒有足够时间沉降到池子底部，但绝大部分有机物颗粒不能沉淀到沉砂池。矩形水平流沉砂池的设计要确保能去除粒径 0.15 mm 以上的砂砾。池长度由沉降速度和控制面所需的深度来确定，横截面积由流速和池子宽度决定。《室外排水设计规范》（GB 50014）中规定平流式沉砂池设计应满足以下条件：①最大流速应为 0.3 m/s，最小流速应为 0.15 m/s；②最高流量的停留时间不应小于 30 s；③有效水深应不大于 1.2 m，每格宽度不宜小于 0.6 m。

图 6.2-1 为平流式沉砂池示意图，该池由进水渠、出水渠、闸板、流动段和砂斗构成。进水通过挡板或闸门将其分布在沉淀池的横截面上，废水沿水平反方向流过渠道，在最大流量时对粒径 0.15 mm 以上的颗粒物有 95%的去除率。固体砂砾收集到池底的砂斗中，这部分固体砂砾通过往复式耙或螺旋运输机排出。

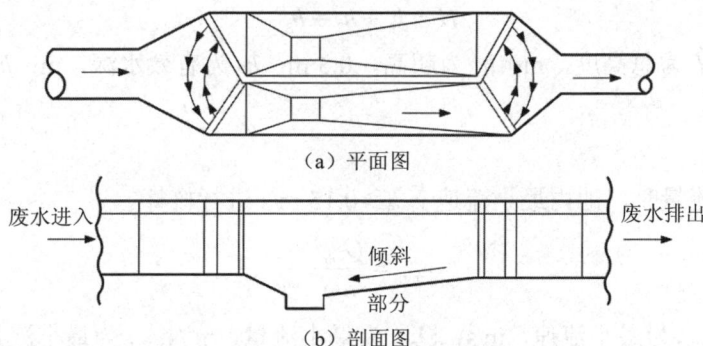

（a）平面图

（b）剖面图

图 6.2-1 平流式沉砂池示意图

（2）平流式沉砂池的池形设计

平流式沉砂池主要设计参数有设计流量、设计流量时水平流速、最大流量下的停留时间（30～60 s）、有效水深（≤1.2 m）、沉砂量、沉砂池超高（≥0.3 m）。

①沉砂池水流部分长度为沉砂池两闸板之间的长度

$$L = vt \tag{6.2-1}$$

式中，L 为水流部分长度，m；v 为最大流速，m/s；t 为最大设计流量时的停留时间，s。

②水流断面积

$$A = \frac{Q_{max}}{v} \tag{6.2-2}$$

式中，A 为水流断面积，m^2；Q_{max} 为最大设计流量，m^3/s。

③池宽度

$$B = \frac{A}{h_2} \tag{6.2-3}$$

式中，B 为池总宽度，m；h_2 为设计有效水深，m。

④沉砂斗容积

$$V = \frac{86\,400 Q_{max} t \cdot x_1}{10^5 K_{总}} / V = N x_2 t' \tag{6.2-4}$$

式中，V 为沉砂斗容积，m^3；x_1 为城市污水沉砂量，取 $x_1 = 3\ m^3/10^5\ m^3$；x_2 为生活污水沉砂量，L/（人·d）；t' 为清除沉砂的时间间隔，d；$K_{总}$ 为流量总变化系数；N 为沉砂池服务人口数。

⑤沉砂池总高度

$$H = h_1 + h_2 + h_3 \tag{6.2-5}$$

式中，H 为总高度，m；h_1 为超高，0.3 m；h_2 为有效水深，m；h_3 为贮砂斗高度，m。

⑥核算

按最小流量时，池内最小流速 $v_{min} \geq 0.15$ m/s 进行核算。

$$v_{min} = \frac{Q_{min}}{n\omega} \tag{6.2-6}$$

式中，v_{min} 为最小流速，m/s；Q_{min} 为最小流量，m^3/s；n 为最小流量时，运行的沉砂池个数，个；ω 为运行沉砂池的水流断面面积，m^2。

6.2.1.2　曝气沉砂池

　　一般生活污水的沉砂中掺杂一定比例的有机物，这些有机物对砂砾有包覆作用，会导致砂砾沉淀和截留效果不佳，容易腐化发臭。相比传统平流式沉砂池，曝气沉砂池则可以在一定程度上克服这些缺点。首先，曝气沉砂池通过曝气来实现对水流流速的调节，平流式沉砂池的流速是由结构尺寸和水量确定的，在实际运行中无法调节。其次，由于曝气以及水流的旋流作用，污水中悬浮颗粒相互碰撞、摩擦，并受到水汽混合的冲刷作用，可通过摩擦去除黏附在砂砾上的有机物，提高污水中的碳氮比。螺旋水流还会将相对密度较小的有机物颗粒形成悬浮物随出水排掉，使沉淀在池底的砂砾更加纯净，便于后续的沉砂处置。

　　(1) 池形构造

　　在曝气沉砂池中，空气沿矩形池的一侧引入，形成垂直于池体的螺旋流动，见图 6.2-2。废水以螺旋状路径通过池体，并以最大流量通过池底 2～3 次。曝气装置位于底部平面上 0.45～0.6 m 处，在曝气装置下方沿池一侧设置有深约 0.9 m 的带有斜边的沉砂斗。进水和出水挡板可以用于液压控制以提高颗粒去除率。在计算曝气沉砂池水头损失时，需考虑空气引起的体积膨胀。沉砂斗中的砂砾可配备链条输送机，将砂砾运输并提升到池的一侧。

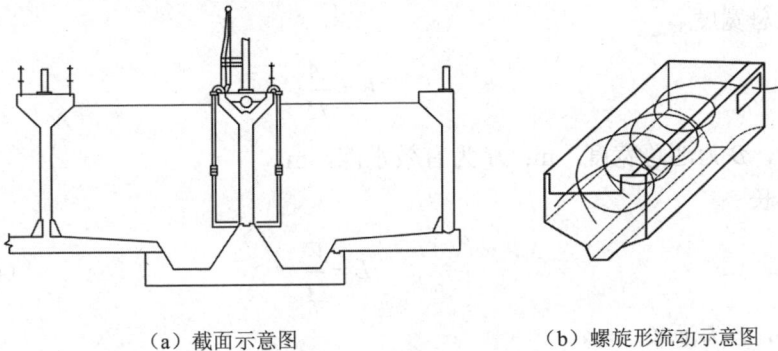

(a) 截面示意图　　　　　　　　(b) 螺旋形流动示意图

图 6.2-2　曝气沉砂池

曝气沉砂池基本设计参数见表 6.2-1。

表 6.2-1 曝气沉砂池的设计参数

参数	取值范围
最大流量水力停留时间/min	2~5
水平流速/（m/s）	0.08~0.12
长宽比	3:1~5:1
宽深比	1:1~1.5:1
空气供应量/[m³/（m·min）]	0.1~0.2
沉砂量/（m³/10³ m³）	0.004~0.20

（2）曝气沉淀池设计

①总有效容积

$$V = 60Q_{max}t \qquad (6.2\text{-}7)$$

式中，V 为总有效容积，m^3；Q_{max} 为最大设计流量，m^3/s；t 为最大流量时的停留时间，min。

②池断面积

$$A = \frac{Q_{max}}{v} \qquad (6.2\text{-}8)$$

式中，A 为池断面积，m^2；v 为水平流速，m/s。

③池总宽度

$$B = \frac{A}{H} \qquad (6.2\text{-}9)$$

式中，B 为池总宽度，m；H 为有效水深，m。

④池长

$$L = \frac{V}{A} \qquad (6.2\text{-}10)$$

式中，L 为池长，m。

⑤曝气量

$$q = 3\,600DQ_{max} \qquad (6.2\text{-}11)$$

式中，q 为所需曝气量，m^3/h；D 为每立方米污水所需曝气量，m^3/m^2。

⑥砂斗容积

砂斗容积应不大于 2 d 的沉砂量，采用重力排砂时，砂斗斗壁与水平面的倾角应不小于 55°。

【例 6-3】已知某城市污水处理厂平均流量为 0.5 m³/s，峰值因子为 2.75，请设计处理的曝气沉砂池。

解：①确定设计中的最大流量。峰值流量为

$$Q=0.5 \text{ m}^3/\text{s}×2.75=1.38 \text{ m}^3/\text{s}$$

②确定沉砂池的容积。

因为在日常维护中有必要定期把水排干，一般设计两个平行水渠。峰值流量下的平均滞留时间取值为 3 min。每个沉砂池容积

$$V=（1/2）×（1.38 \text{ m}^3/\text{s}×3 \text{ min}×60 \text{ s/min}）=124.2 \text{ m}^3$$

③确定每个沉砂池的尺寸。

宽深比为 1.2∶1，假设深度为 3 m。宽度 $B=1.2×3 \text{ m}=3.6 \text{ m}$

$$L=\frac{体积}{宽×深}=\frac{124.2 \text{ m}^3}{3 \text{ m}×3.6 \text{ m}}=11.5 \text{ m}$$

④确定平均流量下的平均水力停留时间。

$$\text{HRT}=\frac{124.2 \text{ m}^3}{0.25 \text{ m}^3/\text{s}}=496.8 \text{ s}×\frac{1 \text{ min}}{60 \text{ s}}=8.28 \text{ min}$$

⑤确定供气需求。

每个沉砂池所需空气

$$Q_{\text{air}}=11.5 \text{ m}×0.3 \text{ m}^3/（\text{min·m}）=3.45 \text{ m}^3/\text{min}$$

$$Q_{\text{T-air}}=3.45 \text{ m}^3/\text{min}×2=6.9 \text{ m}^3/\text{min}$$

⑥估计每日的砂砾量。

$$V_{\text{s}}=0.5 \text{ m}^3/\text{s}×86\ 400 \text{ s/d}×0.05 \text{ m}^3/10^3 \text{ m}^3=2.16 \text{ m}^3/\text{d}$$

6.2.1.3 旋流沉砂池

离心方法在工业中广泛用于分离不同密度的液体或去除悬浮固体，该工艺同样适用于废水处理工艺。若将废水置于离心力场中，两种密度不同的物质会出现不同的运动轨迹，旋流沉砂池正是利用这一原理来进行砂粒的去除。如图 6.2-3 所示，质量为 m、密度为 ρ_1、粒径为 d 的颗粒处于距中心轴 r 处，在离心力作用下，颗粒与流体一起以角速度 ω 绕中心轴旋转，其受力分析如下：

$$F_c = mr\omega^2 = \frac{1}{6}\pi d^3 \rho_p r\omega^2 \qquad (6.2\text{-}12)$$

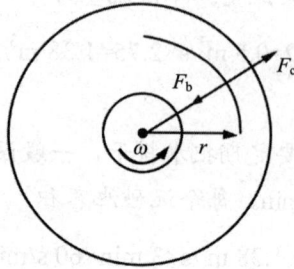

图 6.2-3　离心力场中颗粒的沉降分析

此外，颗粒受到来自周围流体的浮力 F_b，计算见式（6.2-13）：

$$F_b = \frac{1}{6}\pi d^3 \rho_w r\omega^2 \qquad (6.2\text{-}13)$$

若颗粒密度大于流体密度，则颗粒所受合力（F_c–F_b）指向径向向外，颗粒将远离中心轴运动，反之，则其运动方向靠近中心轴。将颗粒物受到流体阻力 F_d 的作用考虑在内。设颗粒所受合外力为 F，产生加速度为 $\dfrac{\mathrm{d}u}{\mathrm{d}t}$，则

$$F = F_c - F_b - F_d = \frac{1}{6}\pi d^3 \left(\rho_p - \rho_w\right)r\omega^2 - \eta \frac{\pi}{4}d^2 \frac{\rho u^2}{2} = m\frac{\mathrm{d}u}{\mathrm{d}t} \qquad (6.2\text{-}14)$$

η 为阻力系数，若 3 项力达到平衡，则在平衡时颗粒在径向相对于流体的速度 u_{tc} 为颗粒的离心沉降速率，即

$$u_{tc} = \sqrt{\frac{4(\rho_1 - \rho_w)dr\omega^2}{3\rho\eta}} \qquad (6.2\text{-}15)$$

离心沉降有如下特征：沉降方向远离旋转中心；与重力沉降不同，由于离心力随旋转半径而变化，离心沉降速率也随颗粒所处位置而变化，所以离心沉降速率是可变的；对于分离细小颗粒和密度与流体密度接近的颗粒，利用离心沉降要比重力沉降更有效。离心沉降速率的增加倍数取决于离心加速度与重力加速度之比 K_c，即

$$K_c = \frac{r\omega^2}{g} \qquad (6.2\text{-}16)$$

废水中砂砾也可以采用图 6.2-4 的旋流沉砂池去除，可分为机械旋流、水力旋流和多盘涡旋。在图 6.2-4（a）的机械旋流装置中，废水通过一个长而直的入口通道进入旋流装置，装置内旋转涡轮叶轮引起废水环形流动，砂砾则沿着池底向中心移动，砂砾从池底中心进入集砂斗，比重较轻的有机颗粒上升至水面，进而通过切向出口离开沉砂池。在轴向旋转桨或射流作用下，集砂斗中砂砾保持流态化，最终砂砾可由砂浆或气升泵去除。旋流沉砂装置的设计数据见表 6.2-2，如果需安装 2 个以上的沉砂装置，则需要特殊的分流装置。

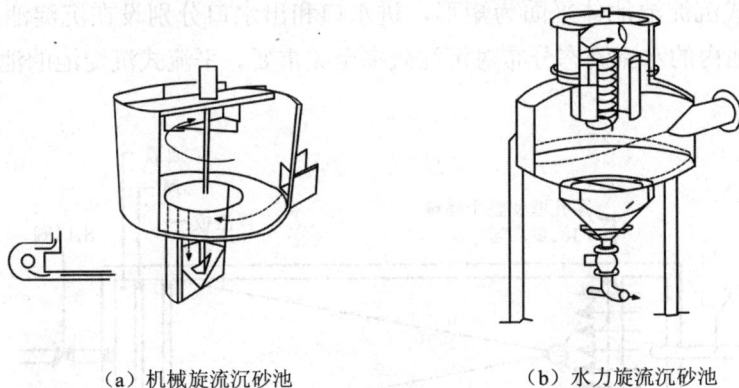

（a）机械旋流沉砂池　　　　　　　　（b）水力旋流沉砂池

图 6.2-4　旋流沉砂池

表 6.2-2　旋流沉砂池设计参数

参数	取值范围
最大流量水力停留时间/min	＞0.5
水力表面负荷/ [m^3/ ($m^2 \cdot h$)]	150～200
有效水深/m	1.0～2.0
径深比	2.0～2.5

图 6.2-4（b）为水力旋流沉砂池，装置内旋流由进入池内的废水自动产生。废水通过入口通道沿切向进入装置，废水围绕垂直轴缓慢旋转，砂砾在此过程中缓慢沉淀。装置内折板使澄清的水流沿中心轴向上流出沉砂设备，比重较大的砂砾沿螺旋路径向下移动到中心集砂斗中。该装置水头损失是待去除颗粒大小的函数，且砂砾尺寸越小水头损失也越严重。旋流除砂单元可处理的峰值流量达 0.3 m^3/s，集砂斗中砂砾通过带夹板的皮带输送机从装置中脱除。

6.2.2 沉淀池

沉淀池主要去除废水中悬浮性有机固体，通过保证足够的水力停留时间，沉淀池可去除 50%～70%悬浮颗粒物。沉淀池按池内的水流方向可以将其分为平流式、辐流式和竖流式。

6.2.2.1 平流式沉淀池

平流式沉淀池池体平面为矩形，进水口和出水口分别设在沉淀池长度的两端。矩形池内的水流流态分布对沉淀效率至关重要。平流式沉淀池的池形构造见图 6.2-5。

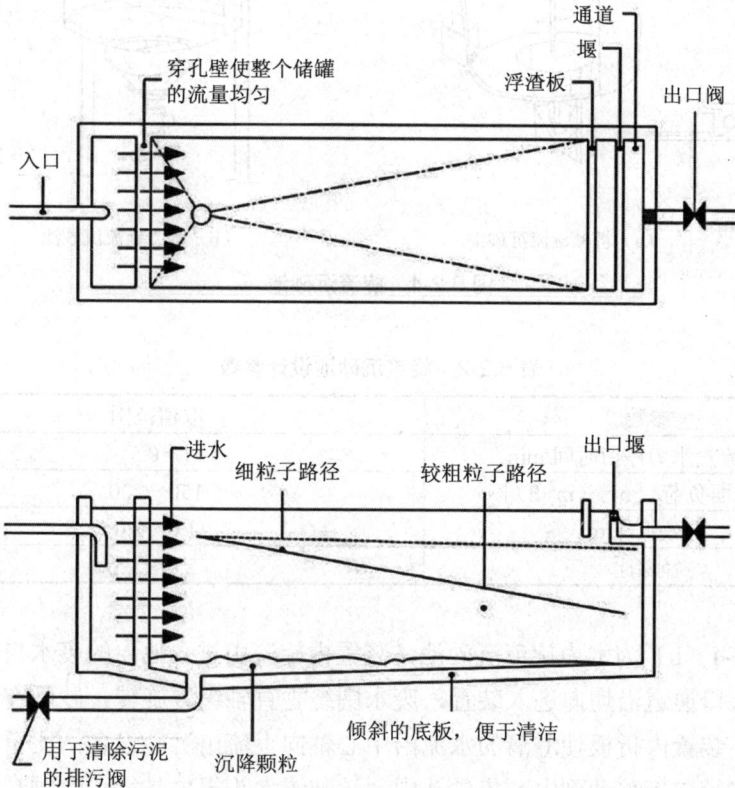

图 6.2-5 平流式沉淀池构造

平流式沉淀池设计参数见表 6.2-3。

表 6.2-3　平流式沉淀池设计参数

参数	取值范围
长度/m	＜60
缓冲层高度/m	0.5（非机械排泥）
	0.3（机械排泥）
长宽比	＞4：1
长深比	＞8：1
底部纵坡	＞0.01

　　平流式沉淀池的优点是占地面积少、成本低，易于覆盖和控制异味，水流短路风险低，水头口损失小，但缺点是可能出现死区，对流量波动较敏感，排水堰设置较多，设备维护成本高。为提高平流式沉淀池的沉淀效率，需要注意以下几点。

　　（1）进水区

　　在理想的平流式沉淀池中，进水应分布均匀，在池内运行轨迹完整，如图 6.2-6（a）所示。在冬季或夏季，由于池子的上下部分存在显著的温差，温差可能会形成死区，见图 6.2-6（b）和图 6.2-6（c）。当池面的风速较大时，风力带动池子上部水体循环引起死区，见图 6.2-6（d）。如果设计不合理，导致进水混合和出水分散不足，同样也会导致形成死区。

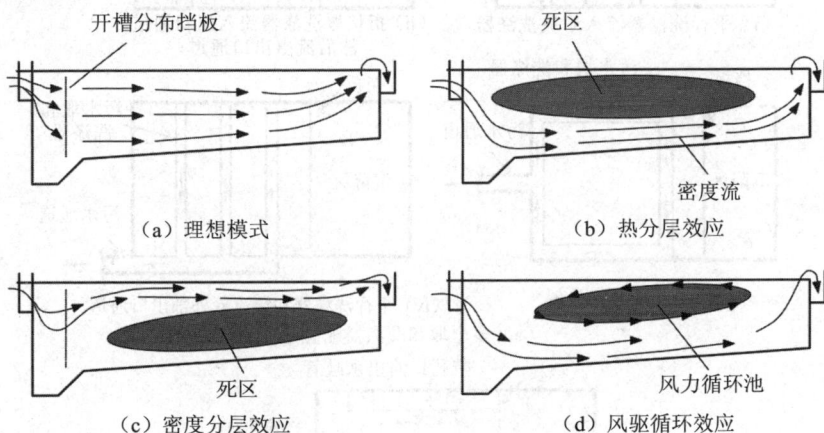

图 6.2-6　平流式沉淀池水流流态

　　进水区域一般通过挡板消解进水的能量，以免对池子水体造成扰动；使水流沿水槽宽度均匀分布；通过干扰热分层或密度分层效应防止水流短路；降低水头损失。进水水流通常通过进水挡板下端的入口通道或溢流堰进入沉淀区域，或通过进水挡板的横向孔道进入。在不满足设计流量的 50% 时，进口通道和进水槽内的最小流速应保持在 0.3 m/s 以上，以防止固体颗粒在进水区就沉淀。挡板顶部保持在平均水面以下，以允许浮渣通过顶部。

（2）出水槽

沉淀池最终出水水质很大程度上取决于出水槽的设计。出水槽在水平高度上应均匀排列，防止局部跌落和短路。进水槽和出水槽之间的最小距离应为 3 m。如果出水槽出水的速度过快，沉淀颗粒容易被带出。排水槽结构可以为溢流堰式或浸没式。堰式出水结构包括溢流堰前的挡板、出水槽和出水井。挡板防止漂浮的物质流入出水槽。溢流堰通常采用"V"形槽口的堰板。另外，出水堰是采用浸没式或部分浸没式的孔口，通过孔口汇入出水槽。出水槽收集来自堰的自由落体水流，最终汇入出水井。

矩形池中的污水堰和洗涤器如图 6.2-7 所示。

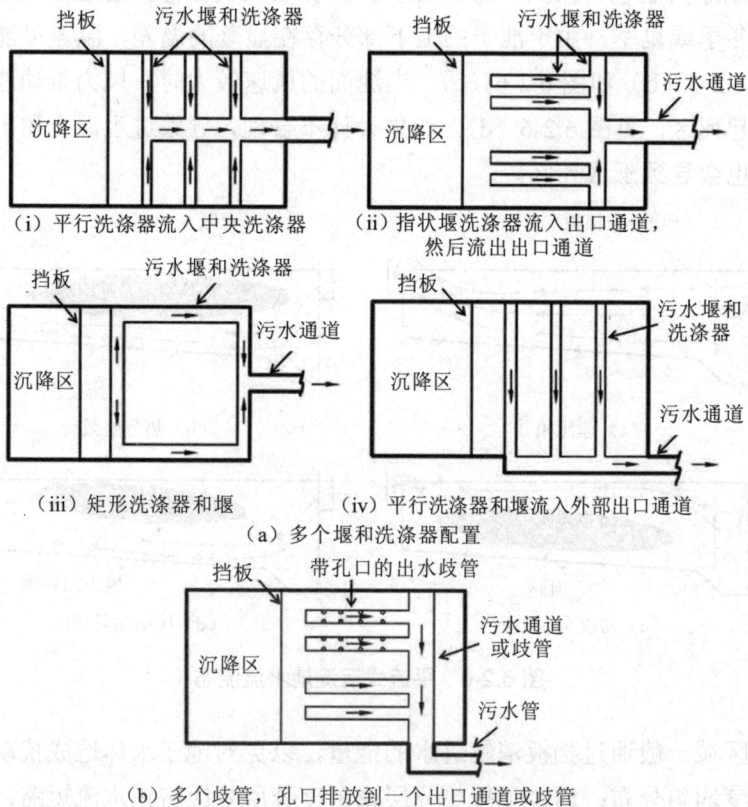

（i）平行洗涤器流入中央洗涤器　（ii）指状堰洗涤器流入出口通道，然后流出出口通道

（iii）矩形洗涤器和堰　（iv）平行洗涤器和堰流入外部出口通道

（a）多个堰和洗涤器配置

（b）多个歧管，孔口排放到一个出口通道或歧管

图 6.2-7　矩形池中的污水堰和洗涤器

（3）浮渣收集

浮渣通常在平流式沉淀池出口处收集，可通过手动方式将浮渣刮到倾斜挡板，或通过水力和机械等方式予以清除。对于小型沉淀池，常见的浮渣清除器是一个水平的开口槽，一般情况下，槽口高于正常池面水位，当需要排渣时旋转槽口，开口浸没在水位下时浮渣汇集入槽内。对于大型的沉淀池，除浮渣的方法是通过旋转螺旋刮水器，将浮渣从水面刮到一个倾斜挡板，扫入收集浮渣槽内，槽内浮渣冲入浮渣斗。

【例6-4】某污水处理厂的平均流量为 10 000 m^3/d，表面溢流率 ≤40 $m^3/(m^2 \cdot d)$，水深为 4 m，池体长宽比为 3：1。若设计一个平流式初沉池，计算池体长度和宽度。

解：计算所需的池体表面积

$$A' = \frac{10\ 000\ m^3/d}{40\ m^3/m^2 \cdot d} = 250\ m^2$$

由池体长宽比为 3：1 计算池体所需的宽度

$$L' = 3W',\ A' = L'W' = (3W')W' = 3W'^2$$

所需的池体宽度 $W' = \sqrt{A'/3} = \sqrt{250\ m^2/3} \approx 9.1\ m$

取池体宽度 W=9 m 计算所需的池体长度

$$L' = \frac{A'}{W} = \frac{250\ m^2}{9\ m} = 27.8\ m$$

以池体长度 L=28 m 计算所需的池体表面积

$$A = LW = 28\ m \times 9\ m = 252\ m^2$$

6.2.2.2 辐流式沉淀池

辐流式沉淀池的池体多为平面圆形，少数也可以设计成方形，内部水流具有辐射形的流态。多个池通常排列成 2 个或 4 个一组，通过配水井进行流量分配。辐流式沉淀池设计参数见表 6.2-4。从土建结构上讲，圆形的水池壁起到环形张力的作用，池壁可以比矩形池更薄，单位基建成本比矩形池低，但是圆形池比矩形池需要更多的管道。辐流式沉淀池还有维护成本低、易于设计和施工等优点，缺点是容易形成短路、浮渣控制难和污泥易流失等。

表 6.2-4　辐流式沉淀池设计参数

参数	取值范围
直径/m	3～60
池深/m	3～5
底部坡度/（m/m）	＞0.05
中心井直径	15%～20%（池体直径）
中心井深度	25%～50%（池体直径）
中心井流速/（m/s）	≤0.75
排泥机转速/（r/h）	1～3
排泥机外缘线速度/（m/min）	≤3

为提高辐流式沉淀池的沉淀效率，需要注意以下几点。

（1）进水

辐流式沉淀池可以是中心进水，也可以是周边进水。中心进水的方式是进水在中心井，出口在外缘周边的出水槽，中心的挡板在辐射方向上均匀分配流量。周边进水的沉淀池，水流沿着周围进入。中心进水、周边出水的类型常用于初沉池，周边进水、中心出水通常用于二沉池。还有一种是周边进水、周边出水的方式，相对较少使用。具体如图 6.2-8 所示。

（2）浮渣清除

在辐流式沉淀池中的浮渣通过一条径向的排渣管移动进行收集去除。排渣管在池体表面随污泥清除设备一起旋转，径向排渣管将浮渣推向一个倾斜的渣斗，然后进入收集池。圆形池的设备细节如图 6.2-8 所示。

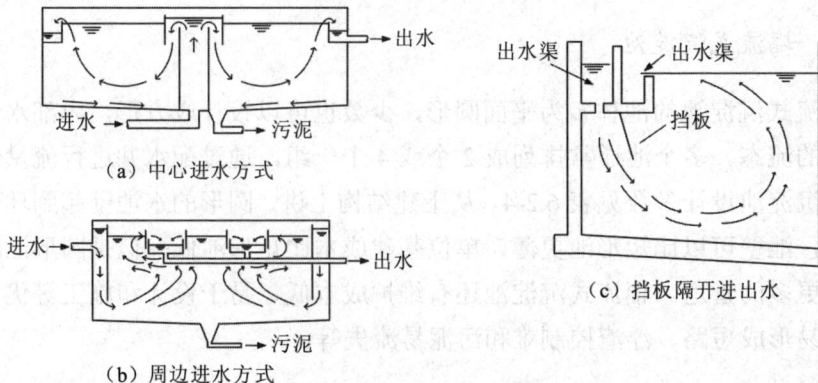

（a）中心进水方式

（b）周边进水方式

（c）挡板隔开进出水

图 6.2-8　辐流式沉淀池

6.2.2.3 竖流式沉淀池

竖流式沉淀池，顾名思义池内水流呈垂直方向流动，有圆形和正方形两种构型。图 6.2-9 是圆形竖流式沉淀池示意图，沉淀区呈柱形，污泥斗一般呈倒锥体。值得注意的是，竖流式沉淀池水流速度 v 是向上的，颗粒沉速 u 是向下的，颗粒实际沉速是 v 与 u 的矢量和，因此，只有 $u \geqslant v$ 时颗粒才能被沉淀去除。与平流式和辐流式沉淀池相比，竖流式沉淀池去除率较低（$\frac{100}{u_0}\int_0^{P_0} u \mathrm{d}P$），若颗粒具有絮凝性能，在水流上升过程中，颗粒相互碰撞，促进絮凝使颗粒变大，被去除的可能性增大。竖流式沉淀池池深一般较深，适用于中小型污水处理厂。

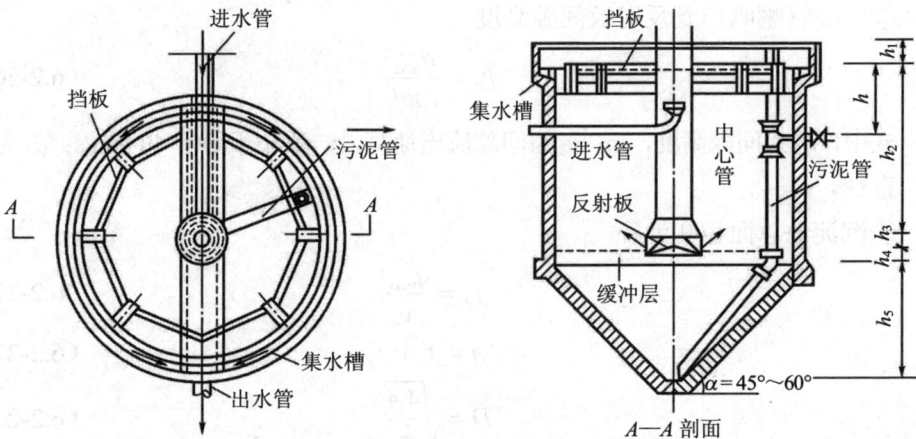

图 6.2-9 竖流式沉淀池示意图

竖流式沉淀池设计要求如下。废水自进水管流入，通过中心管自上而下，经反射板向上折流，出水通过设在池周边的溢流堰进入出水槽。水池直径（或正方形的一边）与有效水深之比不宜大于 3；中心管内流速不宜大于 30 mm/s；中心管下口应设有喇叭口和反射板，板底面距泥面不宜小于 0.3 m。若水池直径大于 7 m，为减轻溢流堰的出水负荷，可在径向方向增设出水槽。出水槽前设有挡板用于隔除浮渣。污泥斗倾角为 55°～60°，污泥依靠静水压力从污泥斗中流出。

①中心管面积与直径计算

$$f_1 = \frac{q_{max}}{v_0}$$ （6.2-17）

$$d_0 = \sqrt{\frac{4f_1}{\pi}}$$ （6.2-18）

式中，f_1 为中心管截面积，m^2；d_0 为中心管直径，m；q_{max} 为每一个池的最大设计流量，m^3/s；v_0 为中心管内的流速，m/s。

②沉淀池有效沉淀高度

$$h_2 = 3\,600\,vt$$ （6.2-19）

式中，h_2 为有效沉淀高度，m；v 为污水在沉淀区的上升流速，mm/s，如有沉淀试验资料，v 等于拟去除的最小颗粒的沉速 u，如无则 v 宜为 0.5～1.0 mm/s，即 0.000 5～0.001 m/s；t 为沉淀时间，对初沉池一般为 1.0～2.0 h；二沉池选 1.5～2.5 h。

③中心管喇叭口到反射板间隙高度

$$h_3 = \frac{q_{max}}{v_1 \pi d_1}$$ （6.2-20）

式中，h_3 为间隙高度，m；v_1 为间隙流出速度，一般小于等于 40 mm/s；d_1 为喇叭口直径，m。

④沉淀池总面积和池径

$$f_2 = \frac{q_{max}}{v}$$ （6.2-21）

$$A = f_1 + f_2$$ （6.2-22）

$$D = \sqrt{\frac{4A}{\pi}}$$ （6.2-23）

式中，f_2 为沉淀区面积，m^2；A 为沉淀池总面积（含中心管面积），m^2；D 为沉淀池直径，m。缓冲层高度 h_4 选 0.3 m。

⑤沉淀池总高度

$$H = h_1 + h_2 + h_3 + h_4 + h_5$$ （6.2-24）

式中，H 为池总高度，m；h_1 为超高，选 0.3 m；h_2、h_3、h_4、h_5 为污泥区深度，见图 6.2-9。

6.2.2.4 斜板/斜管沉淀

20 世纪初，哈真（Hazen）提出了浅池沉降理论，设斜管沉淀池池长为 L，

池内水平流速为 v，颗粒沉速为 u_0，在理想状态下，$L/H=v/u_0$。可见，L 和 v 的值不变时，池身越浅，可去除的悬浮物颗粒速度越小，即颗粒越小。若用水平隔板将 H 均分为 3 层，则每层深度为 $H/3$，在 u_0 与 v 不变的条件下，只需 $L/3$，就可以去除 u_0 颗粒，即总体积可减小到原来的 1/3。如果池长不变，池深为 $H/3$，则水平流速可增加至 $3v$，仍能将沉速为 u_0 的颗粒去除，即处理能力提高了 3 倍。同时，将沉淀池分成 n 层就可以把处理能力提高 n 倍。这意味着，在沉淀池有效容积一定的条件下，可以增加沉淀面积来提高颗粒去除率。但是根据这一理论，平流式沉淀池也无法采用多层的方式建造，因为即使增加了沉淀面积，也无法解决排泥问题，因此不能推广。为了解决排泥问题，斜板和斜管沉淀池发展起来，浅池沉降理论才能得到实际应用。

斜管沉淀的核心基于沉降效率取决于沉降区域而不是停留时间的理论，采用堆叠的倾斜薄板或各种几何形状的倾斜管构成的浅层沉降装置（图 6.2-10）。斜管沉淀利用了层流原理，提高了沉淀池的处理能力，减小了颗粒沉降距离从而缩短了沉淀时间。这种沉淀池的表面溢流率可达 $36\,\mathrm{m^3/(m^2\cdot h)}$，处理能力上比一般沉淀池高出 7～10 倍，在废水处理工程中已经得到了广泛应用。

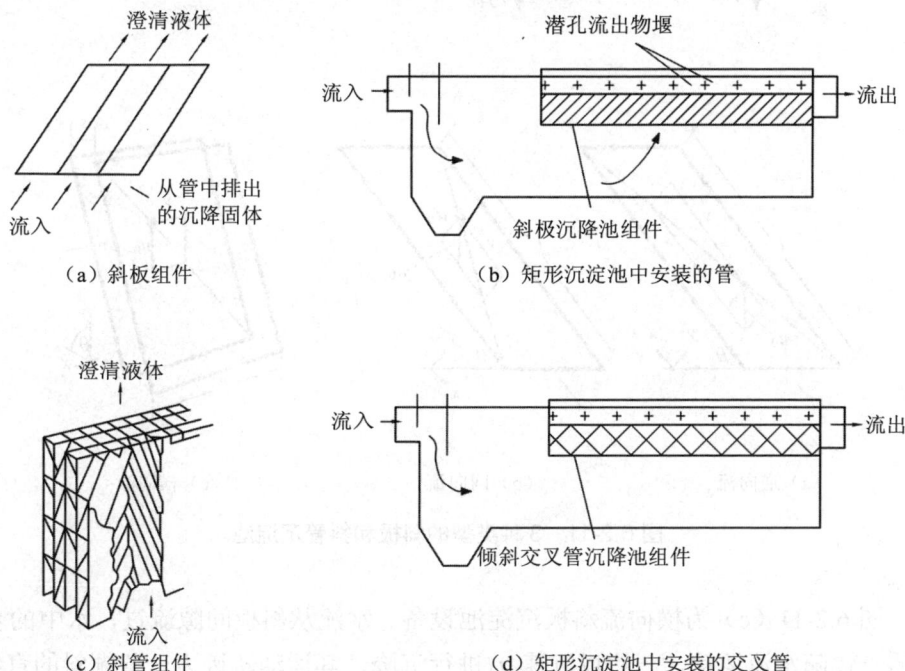

（a）斜板组件　　　　　　　（b）矩形沉淀池中安装的管

（c）斜管组件　　　　　　（d）矩形沉淀池中安装的交叉管

图 6.2-10　斜板和斜管沉淀池

为了达到自清洁效果,池内薄板/斜管通常设置在与水平方向成 45°～60°的倾角。当倾角高于 60°时,沉淀效率会下降,而当倾角小于 45°时,悬浮颗粒物倾向于在薄板或管内积聚造成堵塞。倾斜长度常选用 1～2 m,板间间距设置 50 mm 为宜。该类沉淀池在实际应用中面临的主要问题是微生物生长,为缓解这个问题,必须使用高压水枪定期冲洗积聚在斜板或管内的微生物。

斜板和斜管沉淀池设计必须注意为每个斜板或斜管提供均匀的流量分布,同时及时收集沉降颗粒物以防止其重新悬浮。根据来水方向与颗粒沉降相对位置不同,斜板和斜管沉淀池常分为逆向流、同向流和横向流 3 种形式(图 6.2-11)。

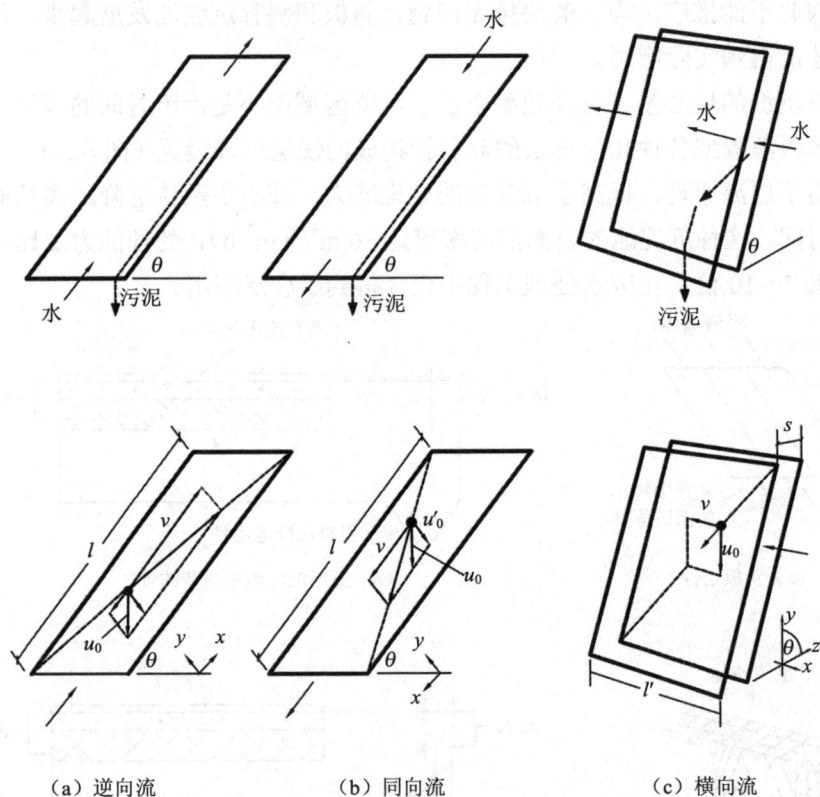

| (a) 逆向流 | (b) 同向流 | (c) 横向流 |

图 6.2-11 3 种类型的斜板和斜管沉淀池

图 6.2-11 (c) 为横向流斜板沉淀池设备。水流从斜板间隙流过,水中的颗粒杂质一边随水流运动,一边以沉速 u_0 进行沉降,其运动轨迹为一条倾斜的直线,当颗粒下沉到斜板表面便沉淀下来,澄清后的水则沿斜板间隙流出,沉淀在斜板

上的泥渣沿表面滑落而自动排出。若已知斜板长度为 l，斜板倾角为 θ，则颗粒在斜板间隙的沉降距离为

$$h = l\sin\theta \qquad (6.2\text{-}25)$$

水在斜板间隙沉淀过程可看成在深度为 h 的平流式沉淀池的沉淀过程。按理想沉淀池理论，斜板水平长度为

$$l' = \frac{v}{u_0} \cdot h \qquad (6.2\text{-}26)$$

水在斜板中沉淀时间为

$$t = \frac{h}{u_0} = \frac{l'}{v} \qquad (6.2\text{-}27)$$

一般斜板的间距为数十毫米，水在斜板中沉淀时间只有几分钟。斜板间每一间隙都是一单元斜板沉淀池，沉淀面积应为斜板在平面的投影面积：

$$A_0 = l \cdot l' \cdot \cos\theta \qquad (6.2\text{-}28)$$

式中，A_0 为单元斜板沉淀池的沉淀面积，m^2；l 为斜板的长度，m。

单元斜板沉淀池宽度为 $s/\sin\theta$，忽略斜板厚度，若池内所需斜板总宽度为 B，则池内斜板总数为

$$N = \frac{B}{s} \cdot \sin\theta \qquad (6.2\text{-}29)$$

池内斜板总沉淀面积为

$$A = NA_0 = \frac{Bll'}{s} \cdot \sin\theta\cos\theta \qquad (6.2\text{-}30)$$

设池内水流量为 Q，斜板沉淀面积上表面负荷为

$$q_0 = u_0 = \frac{Q}{A} = \frac{Q}{Bl'} \cdot \frac{s}{l\sin\theta\cos\theta} = q \cdot \frac{1}{N_l} \qquad (6.2\text{-}31)$$

式中，Bl' 为斜板沉淀设备所占池平面面积；q 为池平面面积上的表面负荷：

$$q = \frac{Q}{Bl'} \qquad (6.2\text{-}32)$$

$l\cos\theta$ 是斜板长度在平面上的投影，除以单元斜板沉淀池所占宽度 $s/\sin\theta$，便得到排列在斜板投影长度上的斜板单元数，可认为是多层沉淀池的层数：

$$N_l = \frac{l\sin\theta\cos\theta}{s} = \frac{l\cos\theta}{s / \sin\theta} \qquad (6.2\text{-}33)$$

斜板沉淀池运行方式除上述横向流外，还包括上向流和下向流两种方式，在上向流斜板沉淀中，水沿斜板自下而上流动，水中颗粒杂质随水流一同以流速 v 流动，同时以沉速 u_0 下沉。颗粒运动轨迹与斜板表面相交而沉于斜板上，澄清水则从斜板上部流出，沉泥沿斜板下部自动排出。根据颗粒沉降速度三角形和斜板几何三角形，得出如下关系式：

$$\frac{l + \Delta l}{h} = \frac{v}{u_0} \qquad (6.2\text{-}34)$$

式中，

$$\Delta l = \frac{h}{\sin\theta} = \frac{s}{\sin\theta\cos\theta} \qquad (6.2\text{-}35)$$

继而可得到斜板长度 l 的计算式：

$$l = \left(\frac{v}{u_0} - \frac{1}{\sin\theta} \right) \frac{s}{\cos\theta} \qquad (6.2\text{-}36)$$

一个单元斜板沉淀池的沉淀面积是其在平面上的投影面积：

$$A_0 = (l + \Delta l) B\cos\theta \qquad (6.2\text{-}37)$$

式中，B 为斜板宽度，若池长为 L，可设置的斜板数为

$$N = \frac{L}{s / \sin\theta} \qquad (6.2\text{-}38)$$

池中斜板总沉淀面积：

$$A = NA_0 = LB \cdot \frac{(l + \Delta l)\sin\theta\cos\theta}{s} \qquad (6.2\text{-}39)$$

斜板沉淀面积上的表面负荷为

$$q_0 = u_0 = \frac{Q}{A} = \frac{Q}{LB} \cdot \frac{s}{(l + \Delta l)\sin\theta\cos\theta} = q \cdot \frac{1}{N_l} \qquad (6.2\text{-}40)$$

式中，N_l 为斜板投影长度上排列的斜板单元数，计算式为

$$N_l = \frac{(l + \Delta l)\sin\theta\cos\theta}{s} \qquad (6.2\text{-}41)$$

综上所述，上向流斜板沉淀设备的表面负荷，是平流式沉淀池表面负荷 q_0 的 N_l 倍，与平向流斜板沉淀设备一样，它也是一种高效沉淀技术。

【例 6-5】原水浊度最高为 800 NTU，采用斜板/斜管沉淀进行处理，试计算斜板/斜管流体和尺寸。

解：原水浊度较高，采用向上流斜管沉淀。斜管断面内切圆直径选取 $s=40$ mm，斜管倾角 $\theta=60°$。颗粒沉速取 $u_0=0.5$ mm/s，斜管水流速取 $v=4$ mm/s，计算管长（l）为

$$l=\left(\frac{v}{u_0}-\frac{1}{\sin\rho}\right)\cdot\frac{s}{\cos\rho}=\left(\frac{4}{0.5}-\frac{1}{\sin60°}\right)\times\frac{40}{\cos60°}=547.6\ （mm）$$

斜管水力学半径 $R=s/4=40/4=10$ mm，取水的动力黏滞系数 $\mu=1\times10^{-3}$，密度 $\rho=1\,000$ kg/m³，雷诺数（Re）为

$$Re=\frac{\rho vR}{\mu}=\frac{1\,000\times4\times10^{-3}\times10\times10^{-3}}{1\times10^{-3}}=40$$

管中水流的弗罗德数（F_r）为

$$F_r=\frac{v^2}{gR}=\frac{\left(4\times10^{-3}\right)^2}{9.81\times10\times10^{-3}}=1.63\times10^{-5}$$

6.2.3　污泥浓缩池

污泥浓缩池工作原理如图 6.2-12 所示。高浓度泥水混合物由水池中心进入沉淀池内进行沉淀，在此过程中形成清水区、沉淀区和浓缩区 3 个区域。由于进入池内的泥水密度大于沉淀后的清水密度，在密度流的作用下，进入池内的泥水潜入沉淀区，沉淀后的清水从四周溢流堰流出，经渠道收集后排到池外。沉淀后的污泥在浓缩区进行浓缩脱水，然后从池底排出。假设进池浑水流量为 Q_0、浓度为 C_0，出流清水流量为 Q_{ef}、浓度为 C_{ef}，排泥流量为 Q_u、浓度为 C_u，由水量平衡关系，得

$$Q_0=Q_{ef}+Q_u \tag{6.2-42}$$

按照泥量平衡关系，得

$$Q_0C_0=Q_{ef}C_{ef}+Q_uC_u \tag{6.2-43}$$

C_{ef} 很小可忽略不计，式（6.2-43）可改写为

$$Q_0C_0=Q_uC_u \tag{6.2-44}$$

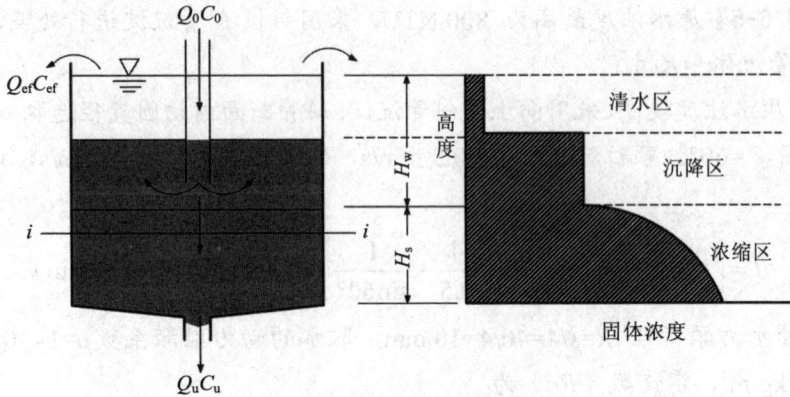

图 6.2-12　重力浓缩原理

根据极限固体理论，在浓缩池纵深存在一个断面，其固体通量 G_L 是最小的，其他断面的固体通量均大于 G_L，固体通量大于 G_L 必然不能通过这一断面，因此浓度为 C_L 的断面称为控制断面，G_L 称为极限固体通量。故浓缩池断面面积应按此控制断面设计，即

$$A \geqslant \frac{Q_0 C_0}{G_L} \qquad (6.2\text{-}45)$$

式中，A 为浓缩池设计表面积；Q_0 为进入池的水流量；C_0 为进入池的固体浓度。

若池面积小于式（6.2-45）计算值，浓缩池为超负荷运行，悬浮物固体在该控制浓度（C_L）下累积，引起该浓度层膨胀，如此浓缩池无法正常工作。

浓缩池作为初步降低废水污泥含水率的废水处理单元，一般不进行加药处理。污泥含水率从 99.2%～99.5%降至 96%～98%。浓缩的目的是减小污泥体积，以便后续处理。按工作模式可分为连续式和间歇式。污泥浓缩池设计参数取值如表 6.2-5 所示。

表 6.2-5　污泥浓缩池设计参数

参数	取值范围
固体负荷/[kg/（m²·d）]	30～60
浓缩时间/h	＞12
坡度/（m/m）	＜0.05
栅条排泥机外缘线速度/（m/min）	1～2

污泥浓缩池的设计主要注意以下 3 个方面。

①连续式浓缩池（图 6.2-13）从中心筒连续配入污泥，竖向或径向流向周边集水槽，污泥浓缩在池底，并连续排出；清水从集水槽连续排出。竖流式浓缩池采用重力排泥法，适用于污泥量较少的场所。辐流式浓缩池采用机械排泥法，并安装了转动栅条以加强泥水分离过程，适用于污泥量较大的场所。浓缩池的水力停留时间为 12~24 h。

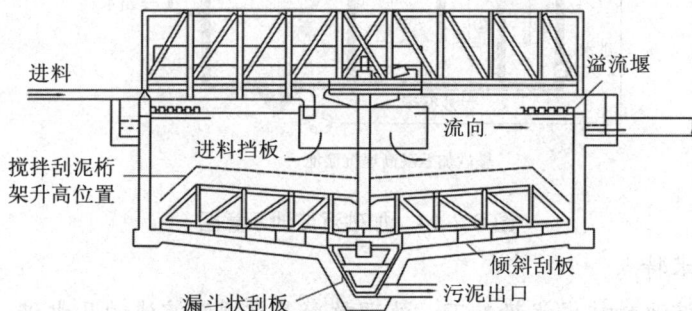

图 6.2-13　连续式重力浓缩池

②间歇式浓缩池呈圆形或方形。污泥从一侧进入，待充满池子后，通过静态沉降进行浓缩。经过 5~10 h，在不同高度处排出上清液，然后浓缩污泥从池底排出，污泥排放采用重力排泥法。

③除重力浓缩池外，还有气浮式浓缩池。将溶解空气的水送入池内，依靠污泥产生的微小气泡将污泥固体浮在池面上，形成泡沫层，用刮板刮出，用于浓缩污泥，清水从池底排出。气浮法浓缩的污泥含水率较低，为 95%~97%。

专栏 6-1　加砂沉淀池

（1）工作原理

加砂沉淀池遵循与传统高密度沉淀池相同的原理，利用微砂颗粒和化学药剂的连续循环来强化絮凝作用，从而提高水中悬浮物的沉降性能。先在废水中投加混凝剂，使水中悬浮物及胶体颗粒脱稳，随后投加高分子聚合物助凝剂和密度较大的微砂载体颗粒。脱稳后的颗粒物以微砂为絮核，通过高分子的架桥-吸附作用和微砂载体的网捕作用，迅速形成密度较大的矾花，经过斜板/斜管沉淀池高效分离，大幅缩短了沉降时间，提高了处理效率。底部泥沙回流并通过旋流分离器分离，微砂返回至系统重复利用。实际使用中，通过添加不同粒径的微砂以满足不同水力负荷下的处理效率和处理流量（图 6.2-14）。

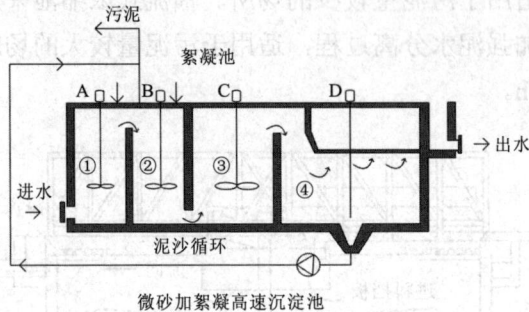

图 6.2-14　加砂沉淀池示意图

（2）技术特点

加砂沉淀池的技术优势如下：处理效率是常规沉淀池的几十倍，加砂沉淀池沉淀区域的上升流速为 40～80 m/h，最高流速可达 120 m/h，而常规斜板沉淀池上升流速仅为 2～4 m/h；体积小、占地小，加砂沉淀池占地面积仅为普通沉淀池的 1/20～1/10，适用于用地紧张工况和多种进水水质，鲁棒性好；加砂沉淀池在处理流量、浊度、温度等变化较大的原水时，仍可保持良好出水水质。与传统高密度沉淀池相比，加砂沉淀池也具有众多优势，见表 6.2-6。

表 6.2-6　加砂沉淀池与传统高密度沉淀池对比

项目	加砂高密度沉淀池	传统高密度沉淀池
工艺特点	投加混凝剂、絮凝剂、微砂，可形成密度更大、稳定性更高的絮团，从而提高沉淀速度，使上升流速更高	投加混凝剂、絮凝剂，形成絮体进行沉淀
表面负荷	30～60 m³/m²	10～15 m³/（m²·h）
出水水质	通过加药，出水 TP＜0.2 mg/L，其余指标稳定达到 GB 18918 一级 A 标准，出水更稳定	出水 TP＜0.5 mg/L
占地面积	较小	较大
设备投资	较高	一般
运行费用	较高	一般

（3）加砂沉淀池设计

药剂投加量：PAC 混凝池最大投加量为 185 mg/L，PAM 投加量为 0.8～1.2 mg/L，微砂为 2 mg/L。

加砂沉淀池分为进水区、混凝区、沉淀区、出水区和微砂循环区 5 个区域。为了实现均匀配水，进水区设置多道配水渠，配水渠水头损失较小，配水过程中不落水、不置换气体，同时在配水死角处增加二次混凝，避免死角对水力条件造成的影响。混凝区设置进水导流板、出水挡板等设施，进出水流量均控制在反应区表层。延长水流径流，提高混凝效果。絮凝区设置独立的液压调节系统，由浸没式导流桶、漏斗状整流器、机械搅拌装置和整流系统组成。在导流桶和池体之间设置导流板，以防止絮凝区形成旋流。导流桶将絮凝区分为导流桶中心区和导流桶周边区，两个区域在机械搅拌作用下形成不同的流态。絮体在机械搅拌下迅速形成，并在导流桶周边区域进一步生长，从而增强了絮凝效果。经絮凝后的进水进入沉淀区，水流从斜管底部向上流动流经斜管，颗粒和絮体在斜管上沉淀至污泥斗。微砂循环包括微砂和污泥分离，污泥斗中的污泥通过污泥循环泵排入水力分离器，在离心力作用下，微砂和污泥实现分离，微砂从下流循环进入絮凝池，污泥则从上流溢出。

6.3 气浮分离

6.3.1 气浮原理

气浮是水处理中常用的一种方法。由于气泡密度比水小得多，因此气泡可以漂浮在水面上，若水中的杂质颗粒粒径很小，不管下沉还是上浮的速度都很慢；若水中杂质密度与水接近，无论下沉还是上浮的速度也很慢；若能将杂质黏附在气泡上，便能在较短时间内实现固液分离。气浮与沉淀是遵循相同规律的两个相反过程，因此气浮颗粒上浮速度也可用颗粒沉降速度公式进行计算。

水中颗粒黏附气泡的能力主要受其表面性质的影响，即水、空气和固体三者的表面张力。如图 6.3-1 所示，若在固体表面滴一滴水，水会在固体表面形成弧形，若以 1 表示水、2 表示空气、3 表示固体，则两相间界面张力可表示为：σ_{12} 为水与空气之间的界面张力，方向为由 A 沿液面切线的方向；σ_{23} 为空气与固体之间的界面张力，方向为由 A 沿固体表面（图中向左）；σ_{31} 为水与固体之间的界面张力，其方向为由 A 沿固体表面（图中向右）；σ_{12} 和 σ_{31} 之间夹角称为润湿角，以 θ 表示。当 $\theta<90°$ 时，水滴在固体表面形状平坦，称为亲水；当 $\theta>90°$ 时，水滴与固体表面接触较少，称为疏水。

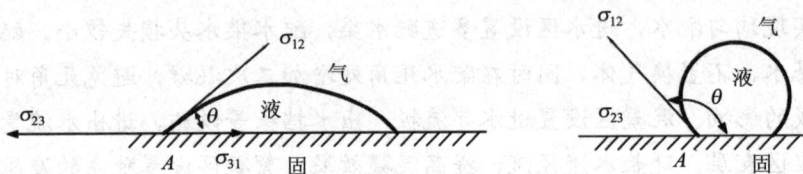

图 6.3-1 润湿角

3 种力在 A 点处于平衡状态，关系式见式（6.3-1）和式（6.3-2）。

$$\sigma_{23} = \sigma_{12}\cos\theta + \sigma_{31} \tag{6.3-1}$$

$$\cos\theta = \frac{\sigma_{23} - \sigma_{31}}{\sigma_{12}} \tag{6.3-2}$$

由于表面张力的存在，洁净气泡本身具有自动降低表面自由能的趋势，因此在表面张力较大的结晶水中，气泡粒径往往无法达到气浮操作所需的极细分散度。如果水中缺乏表面活性物质，气泡壁表面由于缺乏表面活性剂两亲分子的包裹，气泡上升到水面后，很快便会破裂，无法得到稳定的气浮泡沫层。这样，浮到水面的气粒结合体由于所形成的泡沫不稳定，浮在水面的污染物就会重新落入水中。为了防止这类现象发生，需向水中投加发泡剂，以保证气浮操作中泡沫的稳定性。表面活性剂一端为极性基，伸入水中；另一端为非极性基，伸入气泡。同号电荷的排斥作用可防止气泡合并和破裂，并提高气泡的稳定性。

固体疏水性越强，越难润湿，则越容易与气泡黏附；相反，固体亲水性越强，越容易润湿，就越难与气泡黏附。天然水源中泥沙较多，亲水性较强，一般难以吸附在气泡上。对水进行混凝可降低两者表面的负电性，使气泡和泥沙易于黏附，提高气浮效果。

6.3.2　气浮池设计

气浮是用于从液相中分离固体颗粒的单元操作，通过向液相中引入细小气体（空气）气泡来实现分离。气泡黏附在颗粒上，两者结合的浮力足以使颗粒上升到液面，从而实现固液分离。气浮不仅能使密度高于液体的颗粒上升，还能促进密度低于液体的颗粒上升。与沉降相比,气浮的优点是可在更短时间内更完全地去除沉速较慢的颗粒。

图 6.3-2 显示了浮选装置的工作流程。回收的废水在空气饱和罐内用空气加压。加压后的废水被释放到浮选池中,在那里形成微小的气泡。污泥中的固体随后附着在上升的气泡上,从而使污泥集中在到达表面并未破裂的气泡上。浓缩污泥被撇去。从浮选车间排出的污水通常被循环利用。

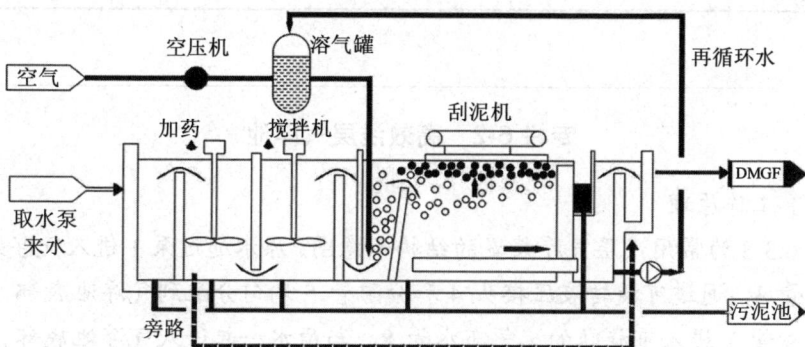

图 6.3-2 气浮装置的结构示意图

气浮池设计中需考虑的因素包括颗粒物浓度、使用的空气量、颗粒上升速度和固体负荷率。以溶气气浮为例,该气浮系统的性能主要受达到指定澄清度时空气体积与固体量之比(A/S)的影响,该比值随悬浮液种类改变而改变,且必须预先通过实验用浮选装置进行确定。对污水处理厂中有机固体和生物固体增稠浓缩,A/S 的选取范围为 0.005~0.060 mL/mg。

加压溶气气浮系统中,A/S 与空气溶解度、操作压力和固体浓度之间的关系可由式(6.3-3)得出:

$$\frac{A}{S} = \frac{1.3 s_a (fP-1)}{S_a} \tag{6.3-3}$$

式中,A/S 为气固比,mL/mg;s_a 为空气溶解度,mL/L,空气溶解度与温度的关系见表 6.3-1;f 为压强 P 下气体分数,取 0.5;P 为压强,atm[1];S_a 为进料液悬浮颗粒物浓度,g/m³ 或 mg/L。

---

[1] 1 atm=101 325 Pa。

式（6.3-3）中，分子代表空气质量，分母则代表固体质量。分子系数 1.3 指 1 mL 空气的质量（mg），分子项括号内 1 代表该系统在常压下运行。

表 6.3-1　空气溶解度与温度的关系

温度/℃	0	10	20	30
s_a/（mL/L）	29.2	22.8	18.7	15.7

专栏 6-2　高效浅层气浮池

（1）工作原理

图 6.3-3 为常用浅层气浮装置的结构示意图。原水通过泵 1 进入气浮装置 2 的中心管 3，通过可旋转液压接头 4 和分配管 5 均匀分配到气浮池底部，溶气水经中心管 7 进入可旋转的溶气布水管 8，与原水一起进入气浮池底部。充满微气泡的溶气水与原水在气浮装置底部充分碰撞、黏附，使原水中微粒形成比重小于 1 的浮渣上升至水面而被去除。原水分配管 5 和溶气布水管 8 固定在旋转装置 10 上。浅层气浮装置利用"零速度"原理，使进水与原水互不干扰，从而在静态下进行固液分离。水流表面形成的浮渣由螺旋撇渣装置 11 收集，后经排渣管 12 将其排到池外。澄清的水由旋转集水管 13 收集后排到池外，旋转集水管 13 与中央旋转区 14 相连，原水在气浮池的停留时间与中央旋转部分的旋转周期一致。浅层气浮装置由一对并联运行的溶气管 20（又称 ADT'S）和一个在 202.6 kPa 下运行的进水泵 17 组成。进水首先通过与 ADT'S 连接的三通阀 18，压缩空气（707.8 kPa）也经过三通阀 19，与加压水一起进入 ADT'S。正常运行时，一个 ADT 进水口、出水口均打开释放溶气水，而关闭进气口，同时，另一个 ADT 进水口和出水口关闭，压缩空气通过 20~40 μm 微孔进入 ADT，空气在压力作用下溶于水中。水沿切线方向高速进入 ADT 中，流速可达 10 m/s，加压水在 ADT 中呈螺旋状前进，可通过调节进水口来控制流量和流速。

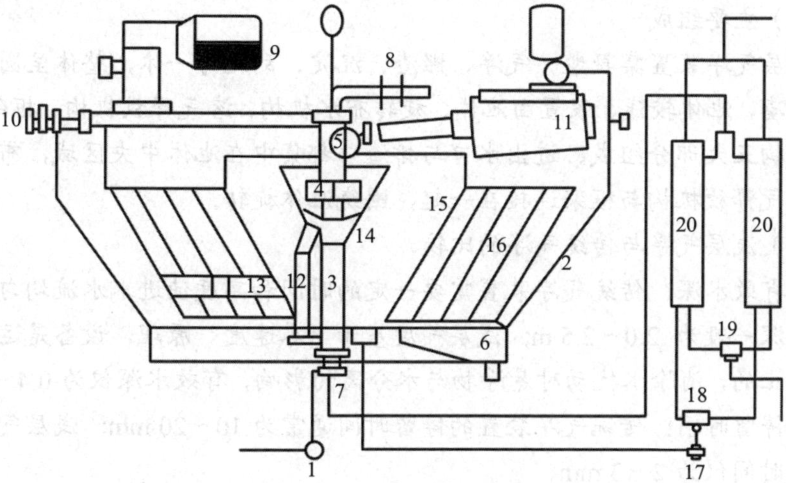

图 6.3-3　浅层气浮装置

（2）技术特点

浅层气浮技术的主要优势有：①浅层气浮在进水、集水和除渣过程中，最大限度地克服了运动水体引起的湍流和扰动，使池水保持"静止"状态，为渣水分离提供了最佳条件，有利于微气泡和絮体黏附，使水中颗粒以静态上浮或沉降，净化程度高；②浅层气浮可对一次浮选未上浮至水面而又无法沉淀，或因浮渣层被撇除过程中因扰动又重新落入水中的絮体进行多次浮选，尽可能减少出水中含有的细小絮体，提高处理效果；③浅层气浮采用连续旋转除渣系统，使上层堆积的浮渣瞬间被清除排出，对水体扰动小，避免漂浮物再次下沉，减少气浮池的复合，保证浮渣的含固率；④浅层气浮深度只有 0.6 m，HRT 为 3～5 min，浅层气浮池不仅水深小、体积小，而且采用圆形设计，旋转布水、集水，使池内不留死区，保证浮选高效和稳定；⑤浅层气浮池池体轻巧，安装架设方便，合理利用池体下部空间进行各管道的布设以及其他所需设备的安装。

（3）应用范围

浅层气浮设备广泛应用于给排水处理工程。固液分离技术及设备是水处理工艺中的关键项目之一，浅层气浮可以有效去除比重接近于水的微小悬浮颗粒。

应用场景主要有：①应用于以湖泊水为水源的自来水除藻降浊；②应用于石油化工、纺织印染、电镀、制革、食品等工业废水处理；③应用于污水中有用物质（如造纸、浆水中纤维）的回收。

（4）主要组成

浅层气浮装置集凝聚、气浮、撇渣、沉淀、刮泥为一体，整体呈圆柱形，结构紧凑，池体较浅。装置由池体、旋转布水机构、溶气释放机构、框架机构、集水机构五大部分组成。进出水口与排渣口都集中在池体中央区域，布水、集水、溶气释放机构与框架连接在一起，围绕池体旋转。

（5）浅层气浮与传统气浮的比较

①有效水深：传统气浮装置需要一定的时间和高度使进水水流均匀向上流动，池深一般为 2.0～2.5 m；浅层气度基于"零速度"原理，设备是运动的、水是静止的，消除水扰动对悬浮物与水分离的影响，有效水深仅为 0.4～0.5 m。

②停留时间：传统气浮装置的停留时间通常为 10～20 min；浅层气浮装置的停留时间仅为 2～3 min。

③溶气系统：传统气浮装置的溶气系统采用溶气罐，其水力停留时间为 2～4 min；浅层气浮装置中采用的是溶气管，容积利用率达 100%，水力停留时间仅为 10～15 s。

④悬浮物清除效果：传统气浮装置刮渣器定时对浮渣清除，无法根据浮起时间进行选择性清理，不但对水体有扰动，而且浮渣含水率较大；浅层气浮装置中清除的浮渣总是上浮时间最长，分离最彻底、含水率最小的浮渣。

（6）浅层气浮池设计计算

释放空气量的计算，根据设计资料数据，Q=4 900 m³/d，S_a=1 500 g/m³，a=0.006，具体计算公式为

$$a = \frac{A}{S} \tag{6.3-4}$$

$$S = QS_a \tag{6.3-5}$$

$$A = as = aQS_a \tag{6.3-6}$$

式中，S 为悬浮物固体干重，g/d；Q 为气浮处理的废水量，m³/d；S_a 为废水中悬浮固体浓度，g/m³；A 为减压至 101.325 kPa 释放的空气量，g/d；a 为气固比，一般取 0.005～0.006。

加压溶气水流量计算，取平均温度 T=12 ℃，空气密度 ρ=1.200 g/L，Q=204.17 m³/h，P=0.5 MPa，f=0.85，C_s=22.5 mL/（L·atm）

$$A = \rho C_s \left(fp / p^{\ominus} - 1 \right) Q_r \qquad (6.3\text{-}7)$$

$$Q_r = \frac{A}{\rho C_s \left(fp / p^{\ominus} - 1 \right)} \qquad (6.3\text{-}8)$$

式中，ρ 为空气密度，g/L；C_s 为一定温度下，一个大气压时的空气溶解度，mL/（L·atm）；P 为溶气压力，绝对压力，atm；f 为加压溶气系统的溶气效率；$p^{\ominus}$ 为标准压强，101.325 kPa。

气浮池本体计算参考如下公式：

$$A_c = \frac{Q + Q_r}{3\,600 v_c} \qquad (6.3\text{-}9)$$

$$L = \frac{A_c}{B_c} \qquad (6.3\text{-}10)$$

$$H_2 = B_c \qquad (6.3\text{-}11)$$

$$t_c = \frac{H_1 - H_2}{v_c} \qquad (6.3\text{-}12)$$

式中，A_c 为接触室外表面积，m^2；v_c 为水流平均速度，10～20 mm/s；L 为接触室长度，m；B_c 为接触室宽度，m；H_2 为接触室堰上水深，m；t_c 为接触室气水接触时间，s；H_1 为气浮池分离室水深，m。

气浮分离室计算参考如下公式：

$$A_s = \frac{Q + Q_r}{3\,600 v_s} \qquad (6.3\text{-}13)$$

$$L_s = \frac{A_s}{B_s} \qquad (6.3\text{-}14)$$

$$H = v_s t \qquad (6.3\text{-}15)$$

$$W = \left(A_c + A_s \right) H \qquad (6.3\text{-}16)$$

$$T = \frac{60 \times W}{Q + Q_r} \qquad (6.3\text{-}17)$$

式中，A_s 为分离室外表面积，m^2；v_s 为分离室水流向下平均速度，mm/s；L_s 为分离室长度，m；B_s 为分离室宽度，m；H 为气浮池水深，m；W 为气浮池容积，m^3；T 为总停留时间，min。

习题

1. 水的沉淀法处理的基本原理是什么？试分析球形颗粒的静水自由沉降（或上浮）的基本规律，影响沉淀或上浮的因素有哪些？

2. 聚对苯二甲酸乙二醇酯（PET）微塑料颗粒粒径为 0.15 mm，试计算颗粒在 25℃的水中的沉降速度。已知 PET 密度为 1 390 kg/m³。

3. 如何理解沉速 $u < u_0$ 的颗粒部分被去除？去除比例为 u/u_0。试借助图表分析。

4. 设置沉砂池的目的和作用是什么？与平流式沉砂池相比，曝气沉砂池的优点有哪些？

5. 已知某城镇污水处理厂设计平均流量 Q=20 000 m³/d，服务人口 100 000 人，初沉污泥量按 25 g/（人·d）、污泥含水率按 97%计算，表面负荷取值 1 m³/（m²·h），试为该处理厂设计平流式沉淀池。

6. 一工艺采用混凝沉淀处理，若采用斜板/斜管沉淀装置，选用上向流斜管沉淀装置，采用常用的蜂窝斜管，蜂窝斜管断面内切圆直径选 s=60 mm，斜管倾角 Θ=60°，管长 L 为 1 000 mm，若絮凝颗粒沉速 u_0=0.15 mm/s，试计算斜管内水流流速以及水流在斜管内的停留时间。斜管净沉淀面积的表面负荷 q=4 m³/（h·m²），沉淀池有效系数 φ 为 0.95。

7. 微气泡与悬浮颗粒相黏附的基本条件是什么？有哪些影响因素？如何改善微气泡与颗粒的黏附性能？

8. 加压溶气气浮的基本原理是什么？有哪几种基本流程与溶气方式？各有何特点？

9. 某工业废水，处理水量 q_v=1 200 m³/d，S_a=800 mg/L。采用回流加压溶气气浮法处理，选用经验气固比 A/S=0.005，在最不利水温下，测得如下参数值，f=0.98，ρ=1.092 g/L，C_s=14.2 mL/L，计算溶气所需的最大回流量。

10. 请查阅相关资料，简述高效浅层气浮的技术原理和优点。相较于传统气浮，它的设计参数有何不同？

第 7 章　常规过滤

　　过滤常被定义为从流体中分离固体的单元操作，污水处理工艺中的过滤就是把悬浮颗粒物从污水中筛分出来的过程。广义的筛分是指将不同尺寸物料进行分离的单元操作，而过滤是筛分的一种形式，主要针对固体悬浮颗粒物与液体的分离。在工程实践中，常规过滤应用于市政排水、工业废水处理以及污泥脱水等过程中，也经常应用于市政给水、工业生产工艺用水。用于常规过滤的过滤介质有各种形式，如颗粒滤料、纤维滤网和穿孔网板等，因此，过滤器根据使用的过滤介质不同可分为颗粒滤料过滤器、纤维过滤器和网板过滤器。

　　根据过滤过程的分离机理不同，常规过滤又可分为表面过滤和深床过滤（图 7.1-1）。顾名思义，表面过滤主要通过孔径筛分的物理作用力将流体中的悬浮颗粒截留在过滤介质的表面，随着过滤过程的延长会在介质的表面形成滤饼，过滤介质的厚度通常较小。膜分离也是表面过滤的一种形式，但分离尺度更小，因此，本书将常规过滤与膜分离分开论述。在深床过滤中，流体流动方向上所有的介质可视为一个滤床，都起到了过滤作用，作用机理也复杂得多，包括拦截、吸附、扩散等作用。深床过滤是传统的污水处理工艺中常用的过滤技术，但随着先进过滤材料的发展，表面过滤技术，如滤布滤池等工艺，在污水处理领域应用越来越广泛。

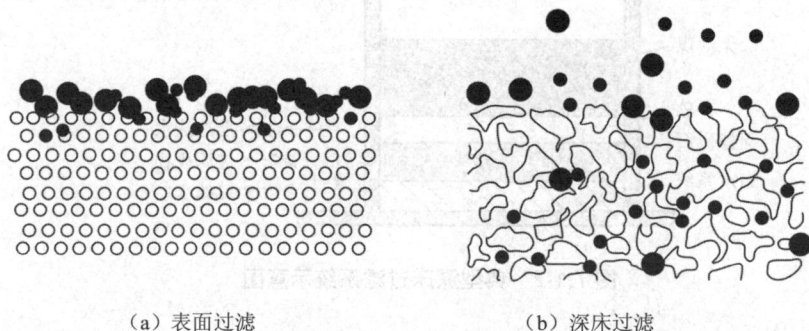

(a) 表面过滤　　　　　　　　　　(b) 深床过滤

图 7.1-1　表面过滤与深床过滤

7.1   深床过滤

7.1.1   工艺介绍

在污水处理中,深床过滤一般应用于深度处理阶段,如净化二级出水、满足对特定污染物的排放限值需求。深床过滤一般用于固体悬浮颗粒的去除,为后续处理工艺(如消毒、高级氧化、活性炭吸附、离子交换、膜分离等)提供预处理。当前,随着氮、磷污染物去除标准不断提高,深床过滤与生物技术结合开发成曝气生物滤池、硝化生物滤池和反硝化生物滤池等深度处理工艺,滤料不仅可用做过滤介质,还可用做供微生物附着繁殖的填料等,通过过滤和生物降解两者的结合实现水质净化。本书中关于深床过滤的部分,仅对过滤的相关原理和应用开展论述。

就过滤而言,深床过滤一般采用颗粒介质的滤料,颗粒介质过滤是污水通过滤床或过滤介质从而分离固体悬浮颗粒的过程。滤床可由如细砂、无烟煤、硅藻土以及混合介质组成。随着固体悬浮颗粒在滤床中积聚,水头损失增加而流量减少,减少至某种程度需要通过反冲洗才能进入下一个循环周期。反冲洗是通过向污水流向相反的方向周期性压力输送净水,使滤床的介质层膨胀并冲洗掉积累的固体悬浮颗粒的操作过程。典型深床过滤系统如图 7.1-2 所示。

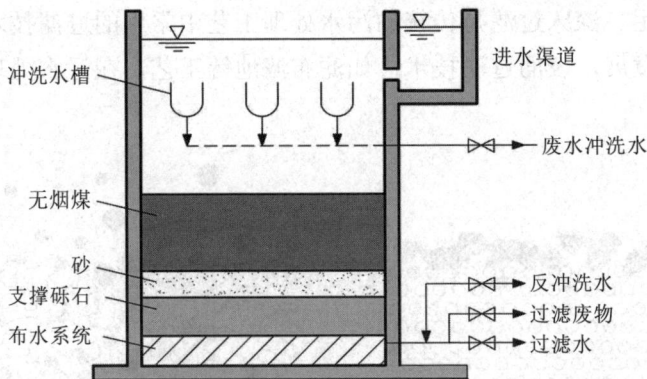

图 7.1-2   典型深床过滤系统示意图

　　过滤器可根据介质、水流方向、驱动力、过滤速率和过滤器操作方式等进行分类。

　　根据介质的不同，过滤器可分为单介质、双介质和多介质过滤器。单介质过滤器只使用一种介质，如石英砂或无烟煤。介质可以是均匀的或不均匀的，分层的或不分层的，反洗后均匀的介质床不分层，而不均匀的介质床会分层。此外，介质可放置在浅层、中层或深层。

　　根据水流流向的不同，过滤器可分为下流式、上流式和中心进水式。

　　根据进水压力的来源不同，过滤器可分为重力式和机械力式。

　　根据过滤速率的不同，过滤器可分为恒速过滤式和减速过滤式。

　　根据过滤器操作方式的不同，过滤器可分为固定水头恒速过滤、可变水头恒速过滤、可变水头减速过滤等操作方式。

7.1.2　过滤周期

　　大型污水处理厂使用的过滤器一般采用重力作用，一些特殊的过滤装置或单元，如上流式连续反冲洗深床过滤器、脉冲式过滤器、移动桥式过滤器等需提供额外的水流或气流的驱动。过滤床可由细砂、无烟煤、混合介质或硅藻土等过滤介质组成。在传统的下流式深床过滤过程中，悬浮颗粒物通过吸附、扩散、沉降等机制被去除，过滤的净水由滤床的底部排出。随着时间的推移，悬浮颗粒在滤层中逐渐积累，导致处理效率下降，水头损失增加。当水头损失达到预先设定的限值时，反冲洗系统开始清洗过滤层，此时污水停止向下流动，清洁水反方向由布水系统经过滤层去除积累的悬浮颗粒。因此，一个完整的过滤器周期有两个运行阶段：过滤阶段和反冲洗阶段。过滤阶段持续时间通常根据过滤水质、滤床特性而定，可以持续数个小时甚至数天，而反洗仅需 5～20 min。过滤运行也可分为 3 个不同的阶段，即成熟期、有效过滤期和泄漏点。过滤器运行的浊度和水头损失变化如图 7.1-3 所示。

7.1.3　分离机理

　　以颗粒介质为滤料的深床过滤分离机制可分为迁移和附着两部分。首先，悬浮颗粒通过迁移运动到滤料的附近或者表面，才有可能被滤料介质所"捕获"；其次，悬浮颗粒完成在滤料表面的附着而被去除。

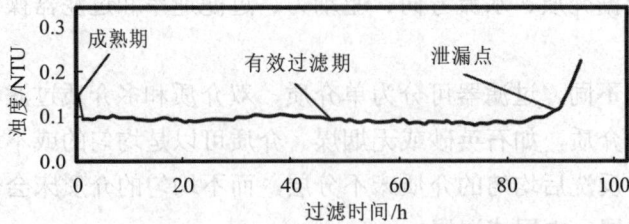

（a）3 个运行阶段的出水浊度

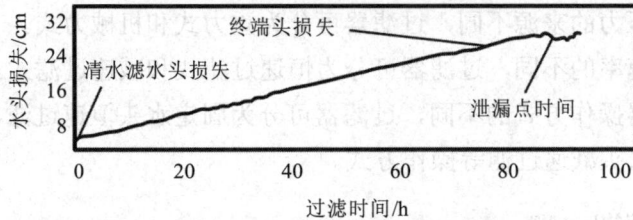

（b）过滤器从开始到堵塞的水头损失变化

图 7.1-3 典型滤池运行周期内的性能曲线

7.1.3.1 迁移机制

深床过滤中悬浮颗粒迁移机制包括拦截、惯性碰撞、重力沉降、布朗运动等多种，这些迁移机制的具体作用机理如图 7.1-4 和表 7.1-1 所示，悬浮颗粒的迁移一般是由其中的一种或几种作用协同发生的。除以上作用机理之外，还有其他几个作用也会影响悬浮颗粒的迁移，如介质间隙的堵截作用、水力学效应、絮凝等。当悬浮颗粒尺寸大于滤料间隙时，悬浮颗粒堵塞滤料之间的间隙；这种堵截作用一般在深床过滤中起到的作用很有限，如果堵截作用较为严重时，滤床的水头损失发生很快。在过滤刚开始时，悬浮颗粒由于孔隙截留和正面拦截作用被"捕获"去除，并不断积累在滤床的上部。由于滤料间隙面积不断减少，部分悬浮物絮体被切碎进入滤床的内部，滤床中起到分离作用的区域不断下移。滤床内部滤料间隙之间水流呈紊流状态，加剧了悬浮颗粒之间凝结作用而形成大颗粒被去除。此外，当悬浮颗粒形状不规则并受非均匀流场的剪切力作用时，悬浮颗粒的运行轨迹会发生偏移并与介质发生碰撞。

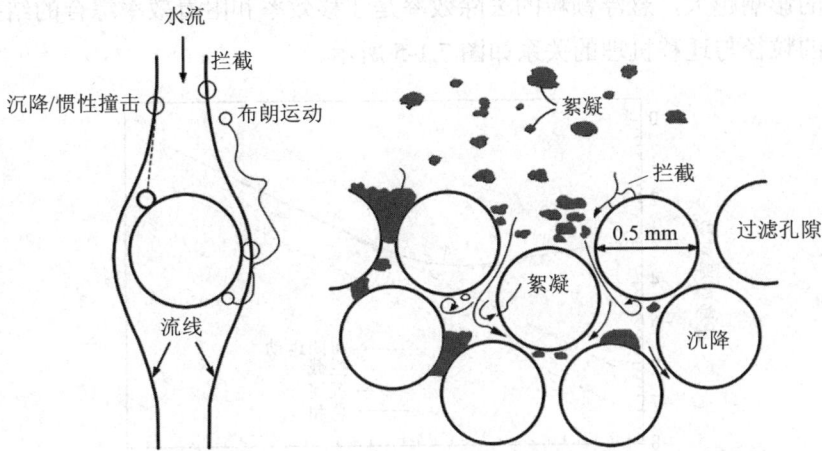

图 7.1-4 过滤器内悬浮物的去除方式

表 7.1-1 颗粒介质深床过滤器内悬浮颗粒分离的主要机理

机理		作用机制
迁移	拦截	拦截作用主要由悬浮颗粒的尺寸效应导致。悬浮颗粒在滤床的流场中沿着既定的流线运动，当颗粒与滤料表面的距离在其半径范围之内时将被滤料"捕获"
	惯性碰撞	当流场中的水流靠近滤料介质时，水流会出现转向绕开滤料。但质量较大的悬浮颗粒由于其惯性作用，不按既定的流线运动，因惯性作用直接与过滤介质发生碰撞而被"捕获"
	沉淀	当悬浮颗粒的密度较大时，由于重力沉降会不按既定的流线运动，直接沉降在过滤介质表面而被"捕获"
	布朗运动	小尺寸悬浮颗粒在滤床中不受流场控制做随机的布朗运动时，这种无规则的热运动导致悬浮颗粒靠近介质的表面时有一定的概率被"捕获"
附着	物理吸附	由介质悬浮颗粒的静电力、范德华力作用发生的附着
	化学吸附	由介质与悬浮颗粒之间发生化学反应或键合而发生的附着
	生物捕捉	在生物滤池等形式的滤池中，微生物在介质的表面附着生长，并填充滤料之间的间隙，对悬浮颗粒的迁移机制产生影响，一些微生物和悬浮颗粒也会发生附着

悬浮颗粒的粒径对其迁移有着显著的影响。悬浮颗粒粒径越大，拦截和沉淀的效率更高，而布朗运动对其迁移的影响很小；悬浮颗粒粒径越小，布朗运动对

其迁移的影响越大，悬浮颗粒的去除效率是迁移效率和附着效率综合的结果。悬浮颗粒的粒径与迁移机理的关系如图 7.1-5 所示。

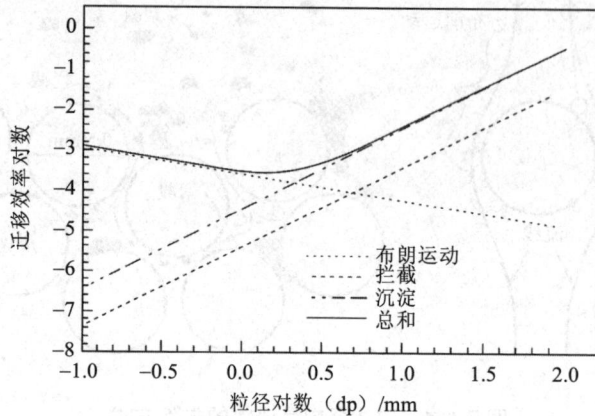

图 7.1-5 悬浮颗粒的粒径与迁移机理的关系

7.1.3.2 附着机制

悬浮颗粒对滤料介质的附着机理分为 3 类，即物理吸附、化学吸附和生物捕捉等，具体见表 7.1-1。

7.1.4 颗粒介质

7.1.4.1 颗粒介质尺寸

尺寸是颗粒过滤介质的主要特性之一，显著影响固体悬浮颗粒的去除、水头损失等过程。如果颗粒介质的尺寸太小，则大部分水头损失在克服滤床的阻力上；如果颗粒介质尺寸过大，则进水中许多细小的悬浮固体将无法截留。一般而言，颗粒介质尺寸应具备以下 3 个特性：

①颗粒之间具有一定的间隙空间以留存大量固体颗粒物；

②颗粒尺寸相对细小均匀以防止固体颗粒物通过；

③颗粒尺寸分级明显便于滤床反冲洗。

这些特性在同一个滤池中不一定能同时满足。例如，选择细小的介质（如砂粒），能够得到相对较高的悬浮固体去除率，但同时也会缩短滤池的运行周期。因此，对于过滤介质尺寸的选择必须考虑出水水质与水头损失两者的平衡，滤料的粒度和滤层厚度对过滤性能起决定性作用。

滤料颗粒粒度评价包括尺寸和尺寸分散程度两方面，可以用一系列孔径大小不同的筛子测定滤料的尺寸分布情况，称为筛分分析，分析结果曲线称为筛分曲线或级配曲线。筛分分析方法是：取滤料约 200 g，置于 105℃的恒温箱中烘干，从中称取 100 g，用筛孔大小不同的一系列筛子过筛，测得其通过各种筛孔的滤料量，并将这些量对相应筛孔孔径画成曲线，就是该滤料的筛分曲线（图 7.1-6）。

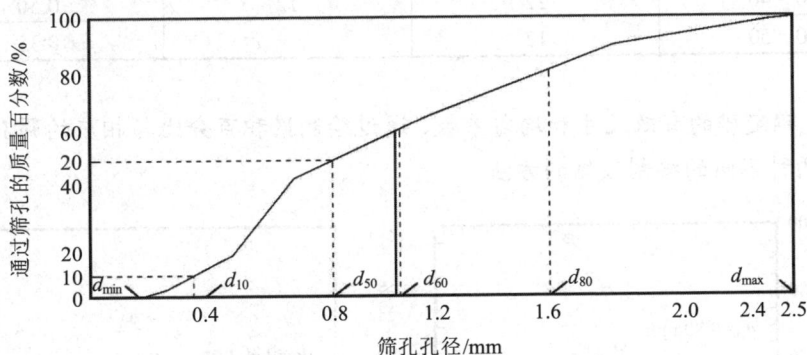

图 7.1-6　某滤料的筛分曲线

图 7.1-6 的纵坐标表示小于某一粒径的滤料所占的质量百分比，横坐标表示筛孔孔径。在实际应用中，常用的表示方法是从筛分曲线上选取几个代表点来描述滤料，这些代表点是有效粒径、平均粒径、最大粒径和最小粒径。有效粒径（d_{10}）表示 10%质量的滤料能通过的筛孔孔径，平均粒径（d_{50}）表示 50%质量的滤料能通过的筛孔孔径，最大粒径（d_{max}）和最小粒径（d_{min}）表示滤料大小的界限，表示所有滤料粒径均处在这一范围内。

颗粒滤料另外一个重要参数是均匀性系数。均匀性系数 K_{60} 是指通过 60%介质的标准筛孔孔径与其有效尺寸的比值（d_{60}/d_{10}），即 $K_{60} = d_{60}/d_{10}$，K_{60} 越大，滤料大小差别就越大。

【例 7-1】确定由 0.75 m 的均匀砂层组成的滤床中的有效尺寸和均匀性系数，其尺寸分布如下表所示。其中过滤速率 160 L/（$m^2 \cdot min$）；水温为 20℃，砂层的孔隙度为 0.40、砂砾球形系数取值 0.85。

不同筛孔尺寸对应参数

筛孔尺寸/mm	留砂率	累积百分比/%	几何平均数/mm
6～8	0	100	—
8～10	1	99	2.18
10～12	3	96	1.83
12～18	16	80	1.30
18～20	16	64	0.92
20～30	30	34	0.71
30～40	22	12	0.50
40～50	12	—	0.35

解：确定砂的有效尺寸和均匀系数，通过绘制累积百分比与相应的筛孔尺寸，下图为两种不同的绘制数据的方法。

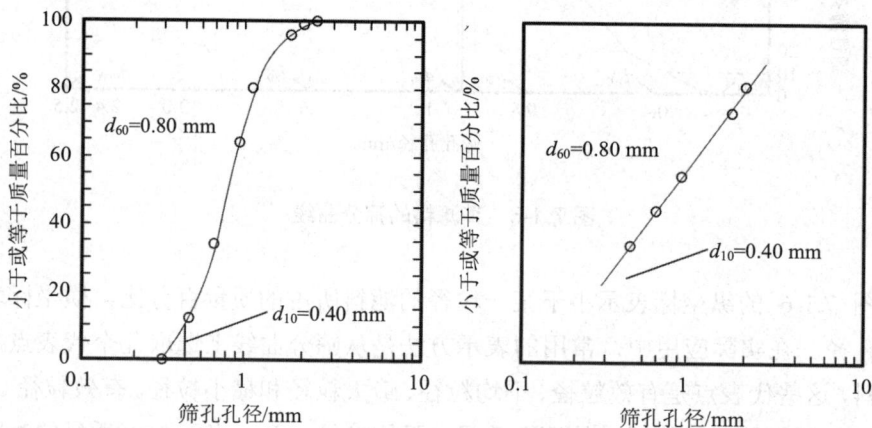

筛孔直径与累积百分比关系

（1）从图中读取的有效粒径（d_{10}）为 0.40 mm；

（2）均匀系数 UC = d_{60}/d_{10} = 0.80/0.40 = 2.0。

7.1.4.2　颗粒介质材料

目前污水处理常用的过滤器包括传统的单介质、双介质以及多介质过滤器（图 7.1-7），目的是使悬浮固体可以穿透到滤床内部并提高滤床的纳污容量。对于单介质过滤器，过滤的过程中水中的悬浮颗粒被截留在上层滤料中，尤其是经过反冲洗之后，大颗粒介质因为沉速快而积于滤床底部，小颗粒在滤床的表层。在过滤阶段，上部的介质间隙变小会使堵截作用非常明显，大部分悬浮固体去除发生在滤床上部几毫米处，中下层滤料起不到应有的作用。若使用双介质或多介质的过滤器就能够克服单层滤料的缺点。如图 7.1-7 所示，使用三层滤料，上层放置粒径大的轻质滤料，中层放置中等粒度的滤料，下层放置粒径小的重质滤料，上部粗滤料层的孔隙大，纳污容量大，能够截留水中的大部分尺寸较大的悬浮颗粒。而下部细滤料的间隙尺寸小且比表面积大，能够进一步去除水中细小颗粒以及受水力切割的细小絮体，运行周期也进一步延长，比单层滤料过滤的效果更具优越性。

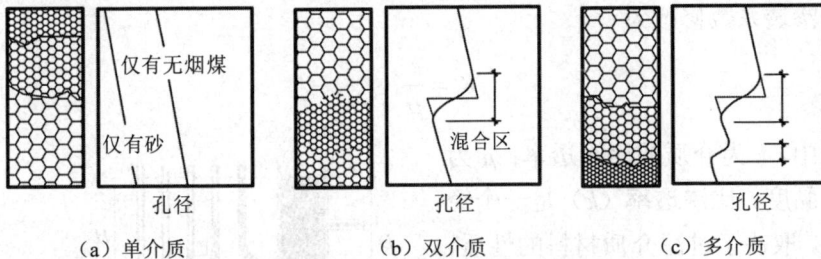

（a）单介质　　　　　　　（b）双介质　　　　　　　（c）多介质

图 7.1-7　典型过滤器滤床示意图

目前，多介质过滤器内部除含有无烟煤、石英砂作为过滤介质外，经常采用石榴石砂在底层作为第三层过滤介质。这种含石榴石砂的多介质过滤器成本较高，但其悬浮物去除率也较理想，特别是针对尺寸较小的悬浮颗粒的去除。石榴石砂与其他两种介质相比比重较大，有效粒径较小。无烟煤层、石英砂层和石榴石砂层的深度比通常为 5：5：1 或 6：5：1。表 7.1-2 为 4 种常用介质的一些物理特征参数。

表 7.1-2　常用深床过滤材料的特征

特征	无烟煤	石英砂	石榴石砂	钛铁矿石
密度/（t/m³）	1.40～1.75	2.55～2.65	3.60～4.30	3.80～4.50
孔隙率	0.55～0.60	0.40～0.45	0.42～0.55	0.40～0.50
有效尺寸/mm	1.0～2.0	0.4～0.8	0.2～0.6	—
均匀性系数	1.4～1.8	1.3～1.8	1.5～1.8	—
形状系数	0.4～0.6	0.7～0.8	0.6～0.8	—

7.1.5　过滤过程水力学

对于污水处理的滤池运行过程，滤速相对较慢。根据达西定律，对于清洁滤料层、水流通过稳定层流的均匀尺寸颗粒介质，流速与压力梯度线性相关：

$$Q = KA\left(\frac{\Delta p}{\Delta l}\right) \tag{7.1-1}$$

式中，Q 为体积流量；A 为横截面积；$\Delta p/\Delta l$ 为压力梯度；K 为渗透系数，其值取决于多孔介质的结构和液体黏度。为了将液体的性质与介质材料的性质分开，随后将渗透系数修改为

$$K = \frac{k}{\mu} \tag{7.1-2}$$

式中，k 为介质的比渗透率；μ 为液体的黏度。比渗透率（k）是一个经验常数，取决于过滤介质材料的性质、填充方式、孔隙率和其他物理性质。

当滤床为清洁滤床时，水经过滤床由于阻力会产生水头损失。如图 7.1-8 所示，在滤层中沿着水流方向，在 Δl 长度上产生 Δh 的水头损失。水在清洁滤床中流动可以看作在微细毛细管中的流动，根据 Hagen-Poiseuille 方程：

$$\frac{\Delta h}{\Delta l} = 32\frac{\mu}{\rho} \cdot \frac{V_c}{g} \cdot \frac{1}{d_c^2} \tag{7.1-3}$$

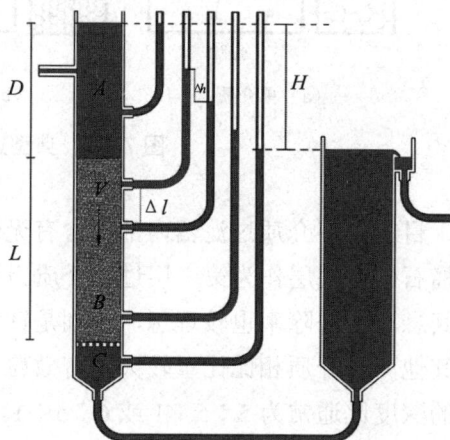

图 7.1-8　水在滤池中的水头损失

式中，V_c 为平均速度；d_c 为管直径。用水力半径 $R_h = d_c/4$ 表示 d_c，则式（7.1-3）可改写为

$$\frac{\Delta h}{\Delta l} = 2\frac{\mu}{\rho} \cdot \frac{V_c}{g} \cdot \frac{1}{R_h^2} \tag{7.1-4}$$

另外，通过砂层流动的水力半径与孔隙体积/颗粒表面积存在以下关系：

$$R_h = \frac{\text{孔隙率}}{\text{颗粒表面积}} = \frac{\varepsilon}{(1-\varepsilon)\dfrac{A}{V}} \tag{7.1-5}$$

式中，ε 为孔隙率；V 为单个颗粒的体积；A 为单个颗粒表面积。因此，式（7.1-4）可变形为

$$\frac{\Delta h}{\Delta l} = C \frac{\mu}{\rho} \cdot \frac{v_c}{g} \cdot \frac{(1-\varepsilon)^2}{\varepsilon^2} \left(\frac{A}{V}\right)^2 \qquad (7.1-6)$$

如用表观流速（v）替代毛细流速（v_c），根据两者的相关性 $v_c = v/\varepsilon$，最终得出 Kozeny 方程：

$$\frac{\Delta h}{\Delta l} = C \frac{\mu}{\rho} \cdot \frac{v}{g} \cdot \frac{(1-\varepsilon)^2}{\varepsilon^3} \left(\frac{A}{V}\right)^2 \qquad (7.1-7)$$

其中经验系数 C 约为 5。

对于直径为 d_s 的球形砂粒，A/V 的值为 $6/d_s$。对于通过尺寸为 d_s 筛孔的非球形砂粒而言，$A/V = 6/(\psi d_s)$，其中 ψ 是形状系数，为等效体积球的表面积与实际表面积之比。表 7.1-3 给出了各种砂粒形状的形状系数和孔隙率值。

表 7.1-3 典型滤砂的孔隙率和形状系数

粒度描述	形状系数（ψ）	孔隙率（ε）
球体	1.00	0.38
圆粒形	0.98	0.38
磨损圆粒形	0.94	0.39
棱角形	0.81	0.40
尖锐形	0.78	0.43
粉末形	0.70	0.48

假设系数 C 为 5，且砂层是直径为 d_s 的均匀尺寸球形砂粒，则 Kozeny 方程可写成如下 Carman-Kozeny 方程：

$$\frac{h}{l} = 180 \frac{v}{g} \frac{(1-\varepsilon)^2}{\varepsilon^3} \frac{v}{(\psi d_s)^2} \qquad (7.1-8)$$

式中，运动黏度 $v = \mu/\rho$。当水力条件保持层流状态，即 $Re < 10$ 时，式（7.1-8）有效，其中 $Re = vd_s/v$。例如，在过滤速率为 12 m/h、砂粒尺寸为 1 mm、水温为 20℃ 的情况下，计算出的过滤 Re 为 3.33。由于这组数据与实际过滤上限区域的条件有关，因此在砂床过滤中，流量超出层流范围并不常见。

由式（7.1-8）可知，随着过滤的进行，滤床的孔隙不断被固体颗粒物填充，

导致孔隙率不断下降，水头的沿程损失随之增加。如图 7.1-9 所示，由于滤床的上部首先累积固体颗粒物，阻力也累积在上部，随着过滤的进行，滤床中压力曲线向左侧变化。当部分滤层压力低于大气压，即负压，导致水中的溶解性气体析出，扰动整个滤床，阻碍水流向下流动，水头急剧增加，需要中断过滤通过反冲洗才能正常运行。

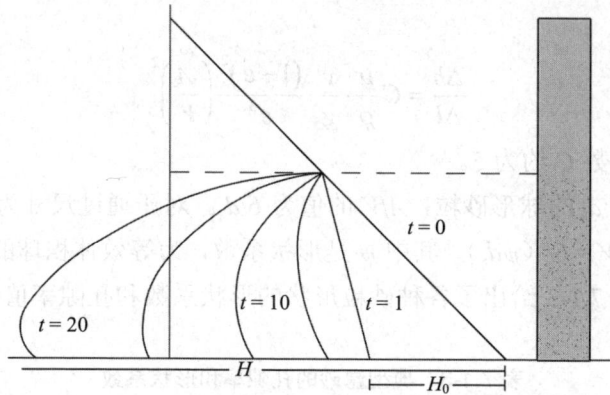

图 7.1-9　滤床中的压力变化过程

在滤床的反冲洗过程中，流速比较大，并且流速越大，滤床的孔隙率也越大，如图 7.1-10 所示。滤床的膨胀率是滤池反冲洗过程中的一个重要参数，可以定义为

$$E = \frac{L_e - L_0}{L_0} \qquad (7.1-9)$$

式中，E 为膨胀率，量纲一；L_0 为滤床初始高度，m；L_e 为反冲膨胀的滤床高度，m。

在实际操作过程中，膨胀率与滤料介质的尺寸直接相关。当滤料平均直径为 0.8 mm 时，膨胀率为 15%～20%，而当直径为 1.2 mm 时，膨胀率为 10% 左右。

在反冲洗过程中，水流流速远高于

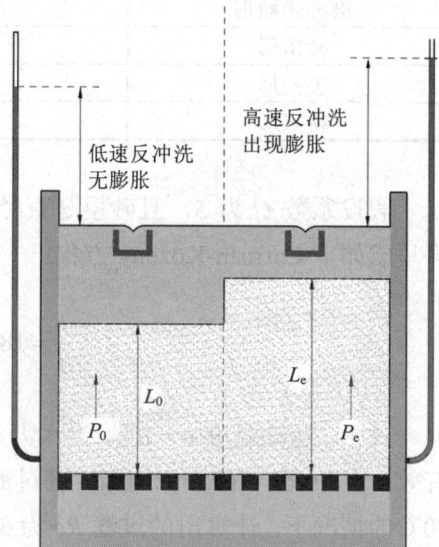

图 7.1-10　滤床反冲洗过程中的膨胀

过滤过程，通过砂床的水流速度可能在层流范围之外。当 $10 < Re < 60$ 时，沿程损失可以使用以下经验式：

$$\frac{h}{l} = 130 \frac{v^{0.8}}{g} \frac{(1-\varepsilon)^{1.8}}{\varepsilon^3} \frac{v^{1.2}}{(\psi d_s)^{1.8}} \qquad (7.1\text{-}10)$$

反冲洗中的最大水头损失等于水下砂床的承重质量，在初始流化状态时：

$$\left(\frac{h}{l}\right)_f = (1-\varepsilon)\left(\frac{\rho_s}{\rho} - 1\right) \qquad (7.1\text{-}11)$$

例如，对于 $\varepsilon = 0.4$ 和 $\rho_s/\rho = 2.6$ 的典型值，$(h/l)_f$ 的值为 0.96，表明通过典型砂层水流中的最大水头损失近似等于砂层深度。式（7.1-10）可与式（7.1-8）或式（7.1-9）组合，以计算发生流化状态的最小水流速度 V_{mf}。流速超过该值不会引起水头损失增加，但会导致砂层膨胀，增加其孔隙率。相关学者根据雷诺数和伽利略数，提出了膨胀床孔隙率的经验方程：

$$\varepsilon^{4.7} Ga = 18Re + 2.7Re^{1.687} \qquad (7.1\text{-}12)$$

式中，Ga 为伽利略数

$$Ga = \frac{d_s^3 \rho (\rho_s - \rho) g}{\mu^2} \qquad (7.1\text{-}13)$$

①在多尺寸颗粒系统中，平均直径可由式（7.1-14）定义：

$$\frac{1}{d_{ave}} = \sum_{i=1}^{n} \frac{X_i}{d_i} \qquad (7.1\text{-}14)$$

②在混合尺寸的砂层中，如果滤料颗粒粒径尺寸比小于 1.3 : 1，则发生混合；如果大于 3 : 1，则发生分层。

7.2　滤池的设计与运行

7.2.1　滤池主要参数的选择

过滤已成为活性炭吸附、离子交换和膜工艺之前的主流预处理工艺，过滤系统的正确设计和操作非常重要。过滤介质类型的选择和过滤深度是重要的设计参数，为了获得良好的过滤效果，应使多层滤料滤层的厚径比保持稳定。多层滤料滤层的厚径比，等于各滤料层厚径比之和：

$$\left(\frac{L}{d}\right)_m = \sum_{i=1}^{n} \frac{L_i}{d_i} \tag{7.2-1}$$

式中，$\left(\dfrac{L}{d}\right)_m$ 为多层滤料滤层的厚径比；L_i 为各滤料层的厚度，mm；d_i 为各滤料层的粒径，mm。

例如，普通滤池中使用的煤、砂双层滤料层，无烟煤滤料的粒径为 0.8～1.8 mm（当量粒径为 1.24 mm），石英砂滤料的粒径为 0.5～1.2 mm（当量粒径为 0.8 mm），滤层厚度皆为 400 mm，这种双层滤料滤层的厚径比为

$$\left(\frac{L}{d}\right)_m = \frac{400}{1.24} + \frac{400}{0.8} = 823 \tag{7.2-2}$$

过滤器深度（l）与双介质/多介质过滤床的有效粒径（d_e）的组合加权平均值之间的关系 l/d_e 为 830～1 000。图 7.2-1 显示了双介质/多介质过滤床中过滤介质深度与介质平均有效粒径的关系。介质过滤器的典型设计参数如表 7.2-1 所示。

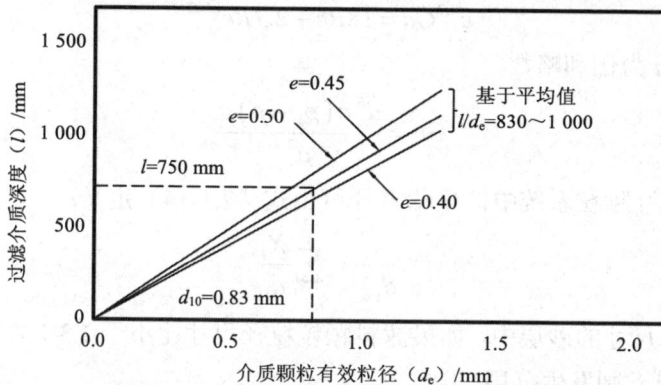

图 7.2-1　双介质/多介质过滤床中过滤介质深度与介质平均有效粒径的关系

表 7.2-1　介质过滤器的典型设计参数

滤床类型		设计值范围			
		总深度/cm	过滤速率/[m³/ (m²·h)]	有效粒径（d_{10}）/mm	均匀性系数
单介质（分层）	浅层砂	25～35	5～15	0.45～0.65	1.2～1.6
	浅层无烟煤	30～50	5～15	0.8～1.5	1.3～1.8
	中层砂	50～75	5～15	0.4～0.8	1.2～1.6
	中层无烟煤	60～90	5～24	0.8～2.0	1.3～1.8

滤床类型		设计值范围			
		总深度/cm	过滤速率/[m³/（m²·h）]	有效粒径（d_{10}）/mm	均匀性系数
单介质（不分层）	深层砂	90～180	5～24	2～3	1.2～1.6
	深层无烟煤	90～200	5～24	2～4	1.3～1.8
双介质	无烟煤	35～90	5～24	0.8～2.0	1.3～1.8
	砂	20～40	—	0.4～0.8	1.2～1.6
多介质	无烟煤	40～120	5～15	1～2	1.3～1.8
	砂	25～45	—	0.4～0.8	1.3～1.8
	石榴石砂	5～15	—	0.2～0.6	1.5～1.8

7.2.2 过滤介质的选择

有效粒径（d_{10}）、均匀系数（UC）、比重、溶解度、硬度、滤床深度是选择介质的重要参数。砂和无烟煤的典型粒径分布范围如图 7.2-2 所示，图中对应通过90%百分比的粒度（d_{90}）通常用于确定深层过滤器所需的反冲洗速率。

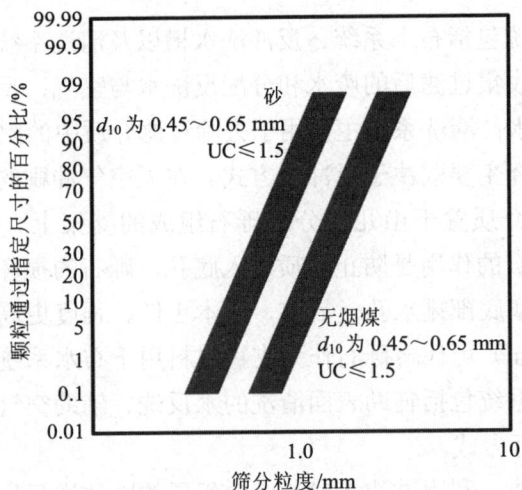

图 7.2-2 双介质深度过滤器中砂和无烟煤的典型粒度分布范围

深层过滤器中使用的过滤介质的物理特性如表 7.2-2 所示。双介质/多介质过滤器中过滤介质的沉降速率必须基本相同，以避免介质之间的混合。但是在运行

过程中介质的混合是不可避免的,其混合程度取决于各种介质的密度和尺寸差异,以下关系可用于确定合适的尺寸:

$$\frac{d_1}{d_2} = \left(\frac{\rho_2 - \rho_W}{\rho_1 - \rho_W}\right)^{0.667} \tag{7.2-3}$$

式中,d_1、d_2 为过滤介质有效粒径;ρ_1、ρ_2 为过滤介质密度;ρ_W 为水的密度。

表 7.2-2　典型过滤介质的基本参数

过滤介质	比重	孔隙率	球形系数
无烟煤	1.40~1.75	0.56~0.60	—
石英砂	2.55~2.65	0.40~0.45	0.75~0.85
石榴石砂	3.60~4.30	0.42~0.55	0.75~0.85
钛铁矿	3.80~4.50	0.40~0.50	—

7.2.3　滤池的配套系统

滤池的配套系统包括布水系统、反冲洗水槽以及清洗系统。布水系统主要用于支撑过滤材料、收集过滤后的废水和分配反洗水与空气;反冲洗水槽主要用于收集过滤器中反洗水;清洗系统主要用于去除过滤介质中的附着物质。

布水系统的选择主要取决于反冲洗方式。在无空气冲刷的常规水反冲洗过滤器中,通常将过滤介质置于由几层分级砾石组成的支架上。典型的布水系统如图 7.2-3 所示,砾石的作用是防止介质进入底孔,砾石的损坏将导致介质进入底部排水孔或介质堵塞底部排水孔。目前,成本更低、强度更高的高密度聚乙烯截留板(厚度约 25 mm)可代替砾石作为支撑材料用于布水系统。

常用的反冲洗系统包括辅助表面清洗的水反洗、辅助空气冲刷的水反洗、气水联合反冲洗等运行方式。

①仅用水反冲洗:利用过滤水对滤床中积累的固体进行反冲洗。大量实验数据发现,当滤床的孔隙率在 0.65~0.70 时,过滤效果最佳。不同过滤介质所需的反冲洗速度如表 7.2-3 所示。为了减少泥球形成的可能性、增强对积累颗粒物的清除作用,可联合辅助表面的反冲洗或空气冲刷等其他反冲洗方式使用。

（a）砾石或多孔塑料支撑的布水系统

（i）布水系统（水反洗过程）　（ii）布水系统（气-水反洗过程）

（b）配备气-水喷嘴的布水系统（无砾石支撑）

（c）以塑料材料作为支撑板的布水系统

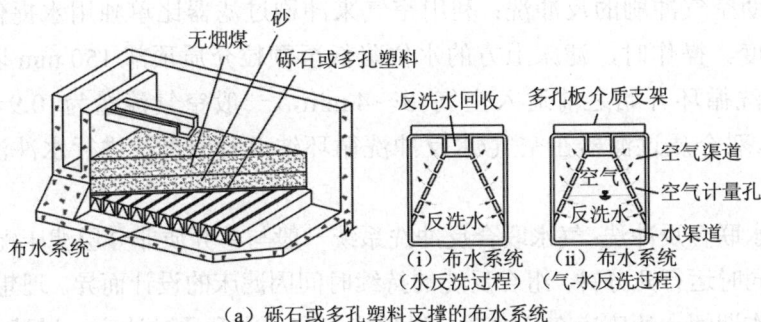

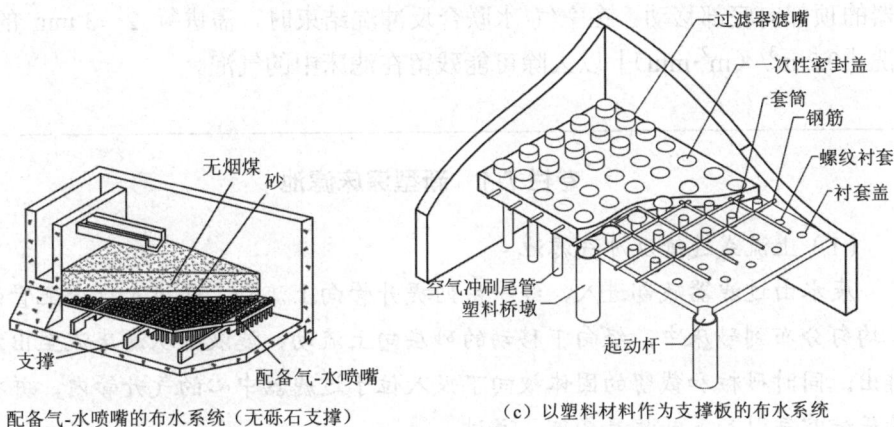

图 7.2-3　用于介质过滤器的典型布水系统

表 7.2-3　各种过滤床膨胀所需的反冲洗速度

过滤介质	有效尺寸/mm	过滤床膨胀所需的最小反冲洗速度/［m³/（m²·min）］
砂	1	1.0～1.2
砂	2	1.8～2.0
无烟煤	1.7	0.9～1.0
无烟煤和砂	1.5 和 0.65	0.8～1.2
无烟煤、砂和石榴石砂	1.4、0.5 和 0.35	0.6～1.2

②辅助表面清洗的反冲洗：表面清洗机可与水反冲洗结合来清洗过滤介质，其清洗垫圈可以固定在旋转轴上，其中旋转扫掠式垫圈效率最高。在操作上，表面清洗循环比水反冲洗循环提前 12 min 开始，两者持续约 2 min。

③辅助空气冲刷的反冲洗：利用空气来冲刷过滤器比单独用水提供了更强的冲洗力度。操作时，滤床上方的水位降低至颗粒介质顶部 150 mm 以内，并在水反冲洗循环开始之前通入空气 3～4 min，一般空气流量为 0.9～1.6 m³/(m²·min)。双介质过滤器在空气/水反冲洗循环结束时应再次进行水冲洗以清除残留空气。

④气水联合反冲洗：气水联合反冲洗系统一般与单介质非分层滤床配合使用，空气和水同时运行几分钟，组合反洗的持续时间因滤床的设计而异。理想情况下，在反洗操作期间，滤床应充分搅动，以便空气和水上升通过滤床，过滤介质从过滤器的顶部向底部移动。在空气-水联合反冲洗结束时，需进行 2～3 min 的低速反洗 [0.2 m³/(m²·min)] 以去除可能残留在滤床中的气泡。

专栏 7-1 新型深床滤池

（1）上流式连续反冲洗滤池

废水由过滤器底部进入，经一系列提升管向上流动，通过入口分配管的开口均匀分布到砂床中，经向下移动的砂层向上流动，滤液则从滤床流至出水堰排出。同时砂粒和截留的固体被向下吸入位于过滤器中心的气升管内，并将少量压缩空气引入气升装置底部，通过产生密度小于 1 000 kg/m³ 的流体将砂、截留固体和水向上吸入管道。

在向上流动期间，杂质被砂层截留，到达气升装置顶部时杂质溢出至中央排污室。而滤液则稳定向上流动通过洗砂区域，其与砂层的运动方向相反。向上流动的液体会带走固体并排出水；由于砂的沉降速度比截留固体高，砂不会被带出过滤器。当砂向下移动通过洗砂机时会被进一步清洁，清洁后的砂被重新分配到砂床顶部，从而使滤液和废水连续不间断地流动（图 7.2-4）。

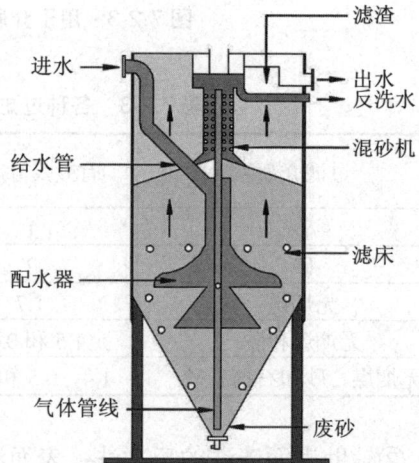

图 7.2-4 上流式连续反冲洗滤池示意图

（2）移动桥式过滤器

移动桥式过滤器是一种连续下流式自动反冲洗颗粒过滤器，其水头损失较低，滤床被水平地分成独立的长过滤单元，每个单元介质高度约为 280 mm。废水因重力作用下流经过介质，然后通过多孔板、聚乙烯底漏排出。每个过滤单元都是由一个架空的、移动的桥组件单独反冲洗。反冲洗水直接从底部抽至反冲洗槽中，表面冲洗泵是重要的反冲洗组件（图 7.2-5）。

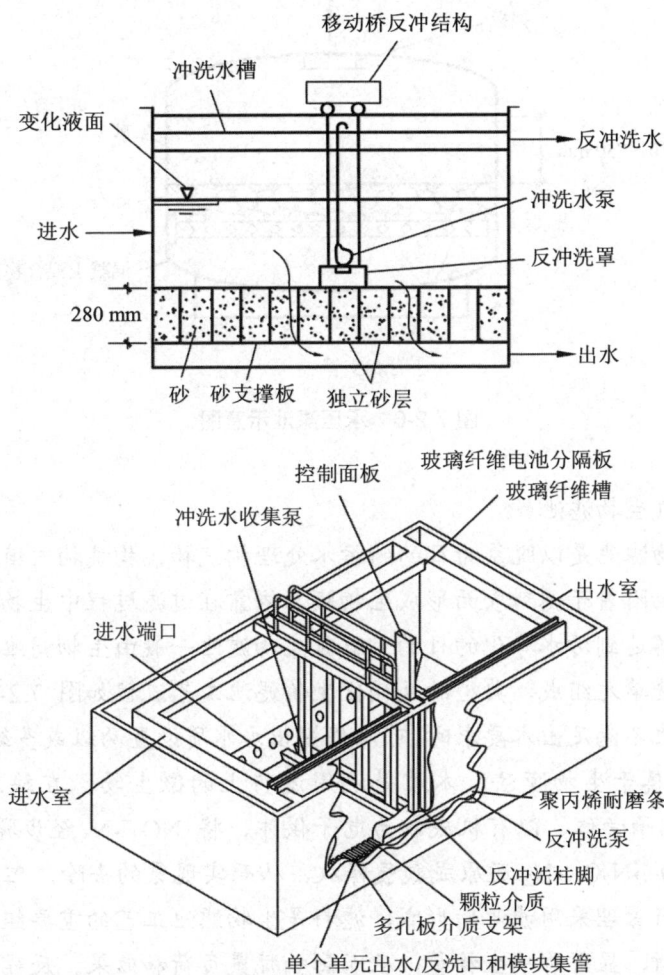

图 7.2-5　移动桥式过滤器示意图

（3）承压滤池

承压滤池主要用于小型水厂，其工作方式与重力过滤器相同，唯一区别为承压滤池的操作驱动力来自泵压。承压滤池通常在较高的水头压力下运行，从而延长过滤器运行时间并减少反冲洗要求，但如果没有定期对其进行反冲洗，易导致滤渣积累（图 7.2-6）。

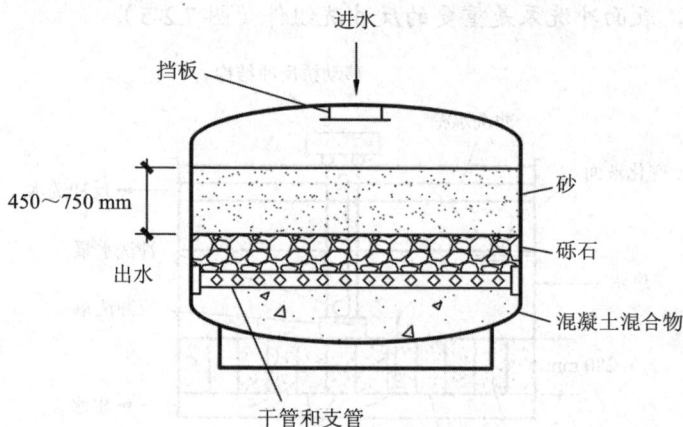

进水

挡板

450～750 mm

出水

砂

砾石

混凝土混合物

干管和支管

图 7.2-6 承压滤池示意图

（4）脱氮生物滤池

脱氮生物滤池是以脱氮为目的的污水处理构筑物，构筑物内填装滤料作为载体，微生物附着于滤料表面形成生物膜，依靠在过滤过程中生物膜对污染物的吸附和降解达到污水净化的目的。脱氮生物滤池一般由生物滤池单元、混合单元、反冲洗单元组成，典型的反硝化生物滤池工艺流程如图 7.2-7 所示。当脱氮生物滤池不满足出水要求时，可以根据出水水质设置两级或多级生物滤池。反硝化滤池属于生物膜法，本质是利用滤料上的微生物，在缺氧条件下以 NO_3^--N 为电子受体，以有机底物为电子供体，将 NO_3^--N 经步骤 $NO_3^--N \rightarrow NO_2^--N \rightarrow NO \rightarrow N_2O \rightarrow N_2$ 还原成氮气释放，从而实现氮的去除。但反硝化滤池的设计和运行管理采用滤池的形式，滤料是生物滤池工艺的重要组成，是生物膜的附着场所，显著影响生物量，从而影响脱氮负荷和效果。反硝化生物滤池滤料多采用陶粒和石英砂。

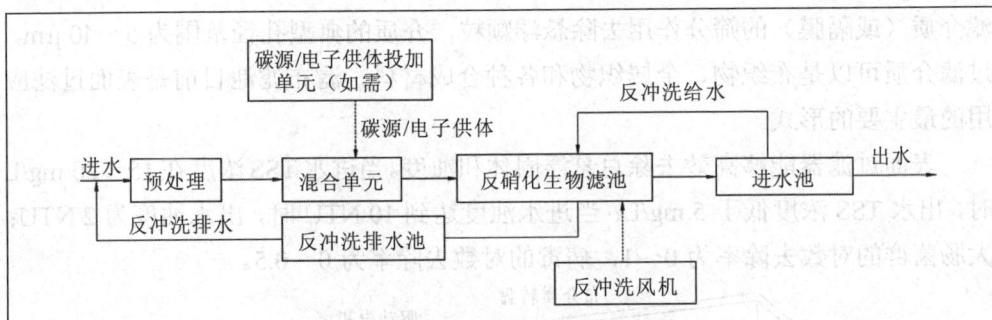

图 7.2-7 反硝化生物滤池工艺流程

表 7.2-4 标准规范中反硝化滤池主要设计参数

滤池类型	用途	滤池种类	滤池粒径/mm	滤料高度/m	滤速/(m/h)	反硝化负荷/[kg NO$_3^-$-N/(m^3·d)]	停留时间/min
反硝化生物滤池	二级处理，前置	陶粒/火山岩	4～6或6～9	2.5～4.5	8.0～12.0	0.5～1.5	20～30
		聚苯乙烯	4～6或6～9	2.0～4.0	—	—	—
	深度处理，后置	陶粒/火山岩	3～5	2.5～4.5	8.0～15.0	0.5～3.0	15～25
		聚苯乙烯	3～5	2.0～4.0	—	—	—
反硝化深床滤池	深度处理	石英砂	1.8～3.5	1.2～1.8	2.5～5.0	0.8～1.8	20～30

7.3 表面过滤

7.3.1 滤布滤池工艺

（1）滤池形式

表面过滤主要为深度处理二级出水、去除稳定塘出水中的藻类以及为紫外线消毒、微滤或超滤等提供预处理。表面过滤器（图 7.3-1）的主要优点是出水水质高、占地面积小、反洗流速低、反洗水量小、维护要求低。表面过滤通过较薄过滤介质（或隔膜）的筛分作用去除悬浮颗粒，介质的典型孔径范围为 5～40 μm，过滤介质可以是布织物、金属织物和各种合成材料。滤布滤池目前是表面过滤应用的最主要的形式。

表面过滤器能够高效去除总悬浮固体和浊度。当进水 TSS 浓度在 15～20 mg/L 时，出水 TSS 浓度低于 5 mg/L；当进水浊度达到 10 NTU 时，出水浊度为 2 NTU；大肠菌群的对数去除率为 0～1，病毒的对数去除率为 0～0.5。

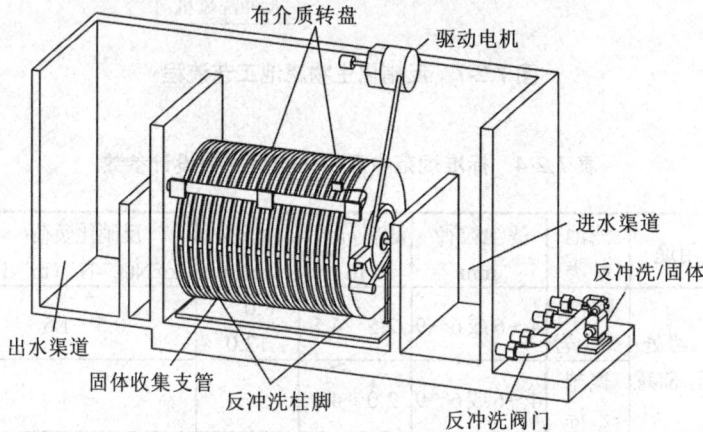

图 7.3-1 表面过滤器基本构造

（2）滤布滤池的特点

①出水水质优良且稳定。滤布孔径小，可截留粒径为微米级的小颗粒，出水稳定性优于深床滤池。

②耐负荷程度高。进水中颗粒大的污泥直接沉淀到斗形池底，不会堵塞滤布，不是所有的悬浮物都必须经过滤料。因此，过滤周期长、清洗间隔长，可承受的水力负荷及污泥负荷也远大于常规砂滤池，因此，滤布转盘过滤器更耐高悬浮物浓度和大颗粒悬浮物的冲击。

③结构简单、操作方便。滤布转盘过滤器采用小型水泵负压抽吸过滤水自动清洗，省去许多传统滤池的反冲洗水池、水塔等。反冲洗时，清洗滤盘的面积只相当于整个滤盘面积的一小部分，清洗历时短，平均 2～4 次/h，1～3 min/次，总体的清洗水量也较少。

④水头损失小、能耗和成本低。滤布转盘过滤组件的水头损失较低，能量损失相对较小；占地面积小，减少了池容、材料及土方量。

7.3.2　滤布滤池分类

滤布滤池可根据穿过过滤介质的流动方向进行分类，过滤介质可为外进内出式和内进外出式，相关运行参数见表 7.3-1。

表 7.3-1　典型滤布滤池的运行参数

参数		分类	
		外入式表面过滤器	内入式表面过滤器
过滤速率/［m³/（m²·h）］	平均速率	5～12	5～20
	最高速率	14	14～40
总悬浮固体浓度/（mg/L）		5～20	5～20
圆盘过滤器直径/m		0.9～1.8	1.6～3
平均孔径/μm		5～10	10～40
浸水面积占圆盘总面积的百分比/%		100	45～70
水头损失/mm		50～100	75～650
反洗水用量百分比/%		2～5	2～4

7.3.2.1　外入式表面过滤器

外入式表面过滤器最常见的称为布基过滤器（CMF）。这些过滤器中的过滤介质在内部储罐中，且被完全浸没。过滤器进水至水箱中，并利用压力差通过织物介质进行过滤。滤液从过滤器内部收集，通过固定或移动真空吸头从介质外部清除堵塞的固体。目前，CMF 有 3 种基本设计，即圆盘形、金刚石形和鼓状。过滤介质可以选择丙烯酸桩、尼龙桩、聚酰胺或针毡织物。

（1）转盘滤布滤池

该种滤池由安装在水平轴上的几个圆盘组成。在正常过滤模式下，圆盘保持静止；滤液通过每个圆盘两侧的滤布进入中央收集管最终由出水堰排放（图 7.3-2）。当介质上的固体积累达到预定水头损失时，开始反冲洗操作：浸没在水中的圆盘开始以 1 r/min 左右的转速旋转；集管的反向滤液通过圆盘两侧的固定式真空吸头时，堆积的固体被清除并随反冲洗流带走。在长期使用后，固体会滞留在布介质中，正常的反冲洗无法将其清除，可能需要从外部进行高压喷淋清洗。圆盘布介质过滤器系统可用于再生水利用的三级处理。

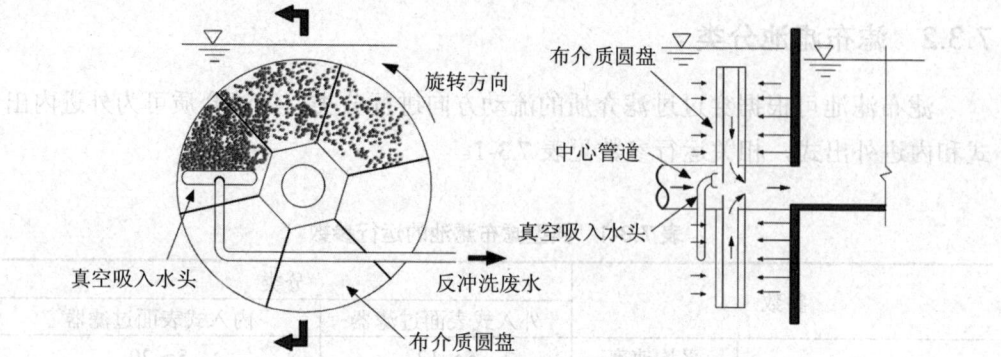

图 7.3-2 转盘过滤组件和过滤反冲洗过程

（2）布介质菱形过滤组件

该种过滤器由布过滤器元件组成。布过滤器元件沿过滤器的长轴方向安装在水池底板上，每个滤芯都有一个菱形横截面，滤液收集在每个元件内，从一端释放并通过出水堰排放（图 7.3-3）。当检测到预定的水头损失时，真空吸头可通过来回移动清洗布介质。菱形布介质过滤器系统因其细长的形状适合大规模应用，也是替代现有移动桥过滤器的理想选择。

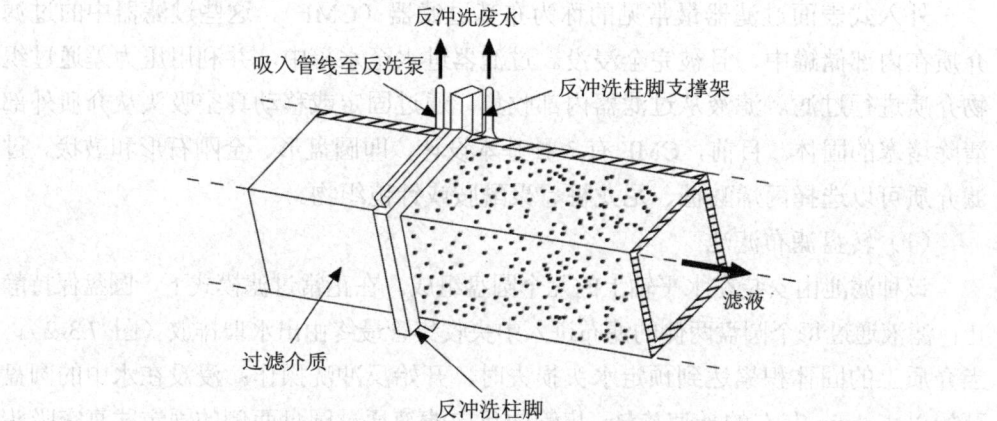

图 7.3-3 菱形滤布过滤组件和过滤反冲洗过程

7.3.2.2 内入式表面过滤器

内入式表面过滤器由一个或多个过滤介质元件组成，滤芯可以是圆盘或桶，介质通常为聚酯织物或不锈钢网，通常安装在水平轴上，部分浸入混凝土水池或预制不锈钢罐中。进水通过中央管道进入滤芯，当滤液从内部流向外部时，固体被过滤介质拦截；过滤后的废水收集在水池中，水池中设有废水堰，以保证过滤器元件适当浸没。当滤芯以 1～8.5 r/min 的转速缓慢旋转时，过滤和反冲洗可同时或间歇进行。未浸没的圆盘从外部通过喷嘴时，可实现反洗；高压喷雾穿透介质并从内侧分离固体，最终反冲洗废物在内部槽中收集。内入式表面过滤器过滤和反冲洗机制如图 7.3-4 所示。

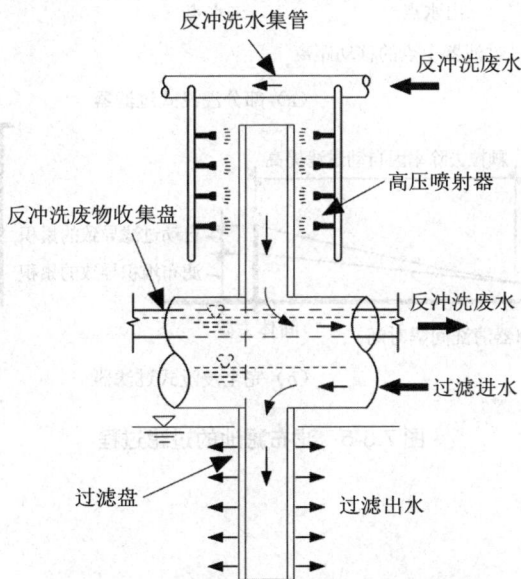

图 7.3-4 盘式过滤器过滤和反洗过程

7.3.3 滤布滤池的运行

7.3.3.1 过滤

滤布滤池的过滤过程如图 7.3-5 所示，对于部分浸没式过滤器，固体在过滤介质上的积累发生在点"1"（过滤器与污水接触的位置），而点"2"即滤液离开过滤器的位置。对于完全浸没式过滤器，截留固体会随着时间的推移而累积，直到达到反洗水头损失临界值时过滤器会被清洗。过滤器表面的积累固体在运行初始阶段起到二次过滤的作用，称为自动过滤，是孔径比过滤介质小的物料被过滤去除的主要原因。对于这两种类型的表面过滤器，自动过滤所获得额外去除率将取决于过滤介质的孔径大小、污水的特性和过滤速率。

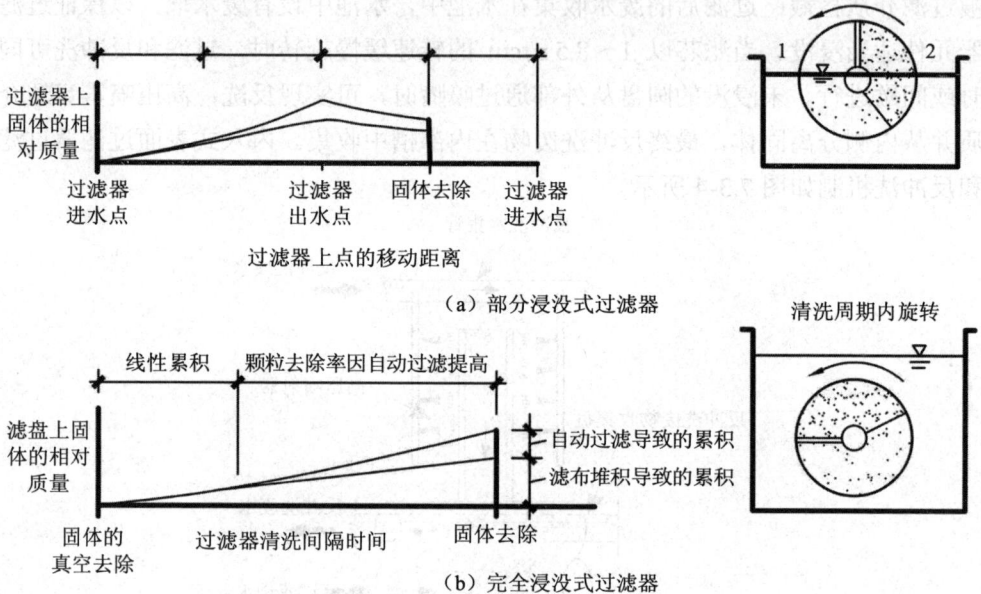

（a）部分浸没式过滤器

（b）完全浸没式过滤器

图 7.3-5　滤布滤池的过滤过程

7.3.3.2　清洗

过滤中部分悬浮物附于滤布表面，逐渐积聚形成泥层，滤布过滤阻力随之增加，滤池水位逐渐升高。通过测压装置可监测滤池水位，当水位到达清洗设定值时，可启动反冲洗泵开始清洗过程。清洗过程中滤池可连续工作，过滤和反冲洗可以同时进行。过滤期间滤盘基本静止不动，有助于污泥向池底沉积。冲洗泵负压抽吸滤布表面，导致过滤转盘内的水被同时抽吸，水自里向外对滤布起清洗作用。反冲洗时，冲洗泵连接的管道上，每个自控阀控制若干个过滤转盘为一组，滤布滤池在一个完整的清洗过程中各组的清洗交替进行，其间冲洗泵保持连续工作。

7.3.3.3 排泥

滤布滤池的过滤转盘下设有斗形池底，有利于池底污泥的收集。污泥池底沉积减少了滤布上的污泥量，可延长过滤时间，减少清洗水量。

习题

1. 简述典型单介质过滤池的构造组成。
2. 什么是滤料的级配曲线与不均匀系数？
3. 滤池的压力周期与哪些影响因素有关？作用水头和滤层厚度如何影响压力周期？
4. 理想的滤层滤料构造应该是什么形式？并说明理由。
5. 详述滤池过滤去除悬浮物的机理。大颗粒和小颗粒在过滤去除过程中的机理有何不同？

第 8 章 化学结晶/沉积法与化学沉淀法

化学结晶法以及化学沉淀法（chemical cystalization/deposition and precipitation）是持续稳定提升出水水质，甚至是废水资源循环利用的重要保障技术。其中，结晶法是一种重要的形成高附加值产品的造粒与分离技术；而化学沉淀法则主要与下述工艺联合使用：①中和，通过加入碱性化学试剂（如氢氧化钙、氢氧化钠等）调节废水 pH，并初步去除部分金属；②去除重金属，通过使用沉淀剂去除污水中溶解性重金属；③混凝，为了强化混凝效果，在混凝过程中通常加入一些沉淀剂以加速沉淀。在工程实践中，通常使用化学沉淀法处理含有铜、锌、镍、银、镉、铬等重金属的废水；使用化学结晶法可以用于回收废水中有工程应用价值的材料与资源，如通过磷酸镁铵结晶法可回收污水中的氮、磷、钾等资源。

8.1 结晶的理论基础

晶体是原子、离子、分子在金属键、离子键以及分子间作用力的作用下形成的具有周期性三维空间结构的一类物质总称。例如，石榴石晶体的分子组成为 $A_3B_2[SiO_4]_3$，其中，$A=Mg^{2+}$、Fe^{2+}、Mn^{2+}、Ca^{2+}，$B =Al^{3+}$、Cr^{3+}、V^{3+}，属于方晶系。结晶是通过控制环境条件，使得溶质自发性从过饱和溶液中析出，形成新相的过程。从均一溶液中析出固相晶体的过程，通常包含 3 个步骤，即过饱和溶液的形成、晶核的生成与晶体的成长。形核是获得晶体结晶核心，是结晶的关键步骤；晶体生长是一种表面控制型过程，溶质分子在这一过程通过扩散、表面反应结合到晶格位置，形成长程有序的大块晶体材料。形核与晶体生长共同决定了晶体特性，如晶体的结构、尺寸分布与形态等。初始晶核可以由母相液体中的离子、原子或分子（等单体）自发聚集形成，而晶体的生长则取决于单体的扩散及表面反应。在实际反应过程中，晶体成核和生长会出现时间上的重合，特别是在结晶的初始阶段。了解形核和晶体生长机制对于调控理想的、重现性强的晶体生成至关重要。

晶核的形核方式有两种：一种是均匀形核，即在过冷液相中，依靠液态溶质自身的能量变化（形核体系温度下降、搅拌速度降低过程）为驱动力，晶核在液相中自发与均匀地形成；另一种是非均匀形核，即在体系能量下降过程中，微晶胚附着于其他物质表面形成晶核与晶体的过程。在实际结晶过程中，结晶体系不可避免地存在杂质和外来表面，因而晶核形成方式主要为非均匀形核，本节重点描述均匀形核过程涉及的能量变化。

8.1.1 均匀形核的能量

8.1.1.1 晶胚形成时的能量变化

当过冷熔体中出现晶胚时，一方面，由于在这个区域中原子由液态转化为固态，使体系内的自由能降低（$\Delta G_v < 0$），这是相变的驱动力；另一方面，由于晶胚的产生，构成新的"固液"表面，将引起表面自由能的增加，形成相变阻力。19 世纪末，吉布斯提出了经典成核过程的热力学描述，团簇体形成时所需的自由能变化（ΔG）是相变的自由能变化（ΔG_v）和表面形成的自由能变化（ΔG_s）之和。

$$\Delta G = \Delta G_v + \Delta G_S = \Delta G_B V + S\sigma \tag{8.1-1}$$

式中，ΔG_B 为单位体积相变的自由能之差；σ 为晶胚的单位面积表面能（表面张力）；V 和 S 分别为晶胚的体积和表面积。

假定晶胚为球形，半径为 r，当过冷熔体中出现一个晶胚时，总的自由能变化 ΔG 表示为

$$\Delta G = \frac{4}{3}\pi r^3 \cdot \Delta G_B + 4\pi r^2 \cdot \sigma \tag{8.1-2}$$

在低于溶质熔点的某温度下，ΔG_B 和 σ 是确定值，并且 ΔG_B 为负值，而 σ 为正值，因此 ΔG 是 r 的函数。图 8.1-1 为 ΔG 随 r 的变化曲线，由图可知，随着晶胚半径 r 的增加，体积自由能逐渐降低，而表面能逐渐增大。当晶胚半径为 r_k 时，体系自由能差 ΔG 达到最大值，此时的晶胚处于临界状态。当晶胚半径 $r < r_k$ 时，随着晶胚半径的增加，体系自由能差增加，这时的晶胚能量并不稳定，倾向于再溶，此时的晶胚无法持续长大。当晶胚半径 $r > r_k$（r_k 为晶核的临界半径）时，晶胚半径的增加使得体系自由能降低，这些晶胚能自发长大成为真正的晶核（半径大于 r_k 的晶胚）。半径为 r_k 的晶核为临界晶核。

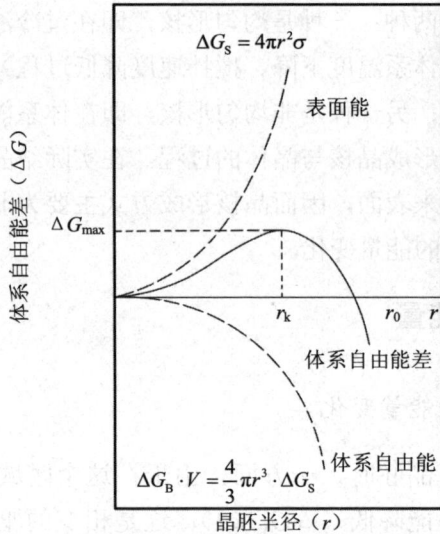

图 8.1-1　ΔG 随 r 的变化曲线

8.1.1.2　临界晶核半径

$$\Delta G = \frac{4}{3}\pi r^3 \cdot \Delta G_B + 4\pi r^2 \cdot \sigma \tag{8.1-3}$$

$$\frac{\mathrm{d}G}{\mathrm{d}r} = 4\pi r^2 \cdot \Delta G_B + 8\pi r \cdot \sigma \tag{8.1-4}$$

令 $\dfrac{\mathrm{d}G}{\mathrm{d}r} = 0$，可求得晶核临界半径 r_k：

$$r_k = -\frac{2\sigma}{\Delta G_B} \tag{8.1-5}$$

由

$$\Delta G_B = -\Delta T \frac{L_m}{T_m} \tag{8.1-6}$$

即

$$r_k = \frac{2T_m \sigma}{L_m} \cdot \frac{1}{\Delta T} \tag{8.1-7}$$

式中，L_m 为熔化潜热，指当物质加热到熔点后，从固态变为液态吸收的热量，此处，结晶由于是熔体熔化的逆过程（由液态变为固态），即释放热量 L_m；ΔT 为过冷度，指在一定压力下溶液的温度与相应压力下（饱和溶液）溶质熔解所需温度的差值。

由此可知，随着过冷度 ΔT 的增大，临界晶核半径 r_k 逐渐减小。

8.1.1.3 形核能量

$$A = \Delta G_{max} = \frac{4}{3}\pi r_k^3 \Delta G_B + 4\pi r_k^2 \sigma \qquad (8.1\text{-}8)$$

因为：

$$r_k = -\frac{2\sigma}{\Delta G_B} \qquad (8.1\text{-}9)$$

所以：

$$\Delta G_B = -\frac{2\sigma}{r_k} \qquad (8.1\text{-}10)$$

$$A = \Delta G_{max} = -\frac{8}{3}\pi r_k^2 \sigma + 4\pi r_k^2 \sigma = \frac{1}{3}\left(4\pi r_k^2 \sigma\right) \qquad (8.1\text{-}11)$$

即

$$A_{临界} = \frac{1}{3}\Delta G_S \qquad (8.1\text{-}12)$$

代入

$$\Delta G_B = -\Delta T \frac{L_m}{T_m} \text{ 和 } r_k = \frac{2T_m \sigma}{L_m} \cdot \frac{1}{\Delta T} \qquad (8.1\text{-}13)$$

得

$$A = \frac{16}{3} \cdot \frac{\pi \sigma^3 T_m^2}{L_m^2} \cdot \frac{1}{\Delta T^2} \qquad (8.1\text{-}14)$$

A 是形成临界晶核（形核或成核）所需要的功，简称形核能量（或形核功）。由上述推导过程可见，临界晶核形成时的形核功是表面能的 1/3，即形成临界晶核时系统的吉布斯自由能仍然是增加的，是正值。这意味着固、液两相间的吉布斯自由能变化可以补偿临界晶核形成时所需表面能的 2/3，余下的 1/3 则需要依靠液相中动能的变化来补足。

因此，形核过程理论上的总能耗（形核功）主要取决于以下两个因素：①溶液过冷度 ΔT，过冷度越大，临界半径 r_k 越小，所需形核功越小，相应的形核概率增大，晶核数目增多；当过冷度为 0 时，意味着任何晶胚都不能成为晶核，结晶不可能发生；②液体内的输入动能。当输入动能无法满足晶核形成时所需能量差异，形核仍然无法完成。

8.1.2 过饱和度

结晶反应的另一个重要因素就是过饱和度（Ω），它描述溶液中晶体形成潜能的参数，是表征结晶驱动力的重要参数。例如，采用磷酸镁铵（MAP）回收磷的过程就是一个化学结晶法回收磷的过程，其驱动力是 MAP 各组分在过饱和溶液中的化学势与平衡溶液中的平均化学势的差值 $\Delta\mu$。与通过降温、蒸发的物理结晶过程不同，常温下，结晶反应 MAP 各离子组分电离平衡浓度积远远高于其溶度积常数（K_{sp}），溶液具有一定的过饱和度（Ω），其计算公式如下：

$$\Omega = \frac{\text{IAP}}{K_{sp}} \qquad (8.1\text{-}15)$$

式中，K_{sp} 为 MAP 的溶度积常数；IAP 为所研究溶液的离子活度积。MAP 各组分在充分搅拌的条件下，通过化学键结合后生成不易溶解的磷酸盐物质（结晶产物），从而达到磷回收的目的。

8.1.3 结晶诱导时间

假设将所有反应物在实验起始的时刻全部加入溶液中，并开始计时，直至晶核出现时所消耗的时间称作结晶"诱导时间"。这个结晶的初始过程受到所涉及的各种过程的动力学影响，即混合动力学、形成晶核的速度、晶粒的生长速度以及化学反应动力学。

通常试剂的混合及反应速度非常快，诱导时间由两部分组成：形核所用的时间、晶体充分生长所用的时间。但当试剂的混合及反应速度比较慢时，则在宏观和微观的层面上，混合时间和反应时间会影响结晶反应的初始状态。一般来说，当溶液的过饱和度远超出亚稳区域时，会使诱导时间变得很短且不明显。因此，只有溶液浓度超过临界过饱和形成浓度但超出值不高，才能观察到明显的诱导时间。

8.1.4 成核速度

成核速度即在单位时间内，单位体积中所形成结晶核的数目。成核速度是由气相或液相物质的过饱和度，或气相/液相内熔体的过冷度所决定的。过饱和度与过冷度越高，成核的速度越快。不过成核速度还与介质的黏度有关，如果过饱和度和过冷度增大，介质的黏度也相应增加，这会阻碍结晶组分的扩散，从而影响成核的速度，特别当介质的过饱和度和过冷度增大到临界值以上时，反而会导致成核速度的下降。

8.1.5 晶体的成长

晶体成长是指在过饱和溶液中生成晶核后，溶质分子或离子继续一层一层地沉积在已有晶核表面有序排列形成更大晶体的过程。晶核形成之后溶液内的构晶离子扩散到晶核的表面，随即沉积在晶核上，使晶核慢慢变大，该过程称为微粒沉积。这种沉积后微粒容易进一步通过聚集形成更大的聚集体。

Ω 值越高的结晶体系中晶核聚集速度越快，若聚集速度增加，构晶离子会按照一定的晶格排列成长为更大的晶粒（定向过程）。此时，可以通过化学方法（如使用溶剂、添加剂、pH 调节）和物理方法（如循环变温）来改变晶体的形状，晶体晶面的定向速度通常受到溶质、溶剂的特性影响，一般极性较强的盐类会有比较大的定向速度。

当晶体形成过程主要表现出来的是非均相成核时，由于反应器中已有晶种作为晶核提供了较大的表面积，结晶溶液所需的过饱和度（Ω）可适当降低。晶体生长是一个复杂的过程，影响因素非常多，描述晶体生长过程的模型也很多，此处只是从宏观的角度解释晶体的形成过程、形成可沉的聚集物大概的过程，详见图 8.1-2。

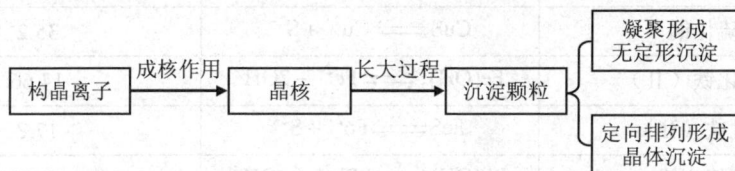

图 8.1-2 结晶与沉积/沉淀物的形成过程

总之，晶体形成的过程一般分为两个阶段：第一阶段为溶质扩散过程，即结晶的溶质通过扩散作用，到达晶体表面并穿过晶体表面的滞留液体层，在晶体表面积聚；第二阶段为表面沉积过程，即到达晶体表面的溶质定向排列嵌入晶面，与晶体融合在一起，使晶体长大。整体结晶动力学依赖于每个阶段的反应动力学。因此，如果传质动力学低于结合动力学，晶体生长就由扩散过程控制；反之，晶体的生长就由晶面结合动力学控制。

8.2 化学沉淀法去除重金属离子

应用于去除废水中重金属的技术包括化学沉淀、（生物诱导型）絮凝沉淀、光催化、浮选、离子交换、电化学处理、吸附、膜技术。而在这些技术中，化学沉淀法是去除大多数金属最常用的方法，常见的沉淀剂包括氢氧化物（OH^-）和硫化物（S^{2-}）。此外，铁盐混凝剂与碳酸盐（CO_3^{2-}）、磷酸盐金属共沉淀法也应用于一些特殊场合。而在工程实践中，重金属的去除往往采用"两步法"：第一步，氢氧化物沉淀；第二步，硫化物沉淀。通过添加石灰或苛性钠调节废水 pH，使重金属转化为金属氢氧化物沉淀，然后加入硫化物（常用的硫化剂有 Na_2S、$NaHS$、H_2S 等），使其形成溶解度更低的难溶物分离后去除。表 8.2-1 汇总了常见的氢氧化物和硫化物沉淀达到平衡时，残留的溶解性重金属物种、溶度积常数等信息。

表 8.2-1 与氢氧化物和硫化物沉淀平衡的溶解性金属离子及氢氧根

金属种类	半反应	pK_{sp}
氢氧化镉	$Cd(OH)_2 \rightleftharpoons Cd^{2+} + 2OH^-$	13.93
硫化镉	$CdS \rightleftharpoons Cd^{2+} + S^{2-}$	28
氢氧化铬	$Cr(OH)_3 \rightleftharpoons Cr^{3+} + 3OH^-$	30.2
氢氧化铜	$Cu(OH)_2 \rightleftharpoons Cu^{2+} + 2OH^-$	19.66
硫化铜	$CuS \rightleftharpoons Cu^{2+} + S^{2-}$	35.2
氢氧化铁（Ⅱ）	$Fe(OH)_2 \rightleftharpoons Fe^{2+} + 2OH^-$	14.66
硫化铁（Ⅱ）	$FeS \rightleftharpoons Fe^{2+} + S^{2-}$	17.2
氢氧化铅	$Pb(OH)_2 \rightleftharpoons Pb^{2+} + 2OH^-$	14.93
硫化铅	$PbS \rightleftharpoons Pb^{2+} + S^{2-}$	28.15
氢氧化汞	$Hg(OH)_2 \rightleftharpoons Hg^{2+} + 2OH^-$	23
硫化汞	$HgS \rightleftharpoons Hg^{2+} + S^{2-}$	52
氢氧化镍	$Ni(OH)_2 \rightleftharpoons Ni^{2+} + 2OH^-$	15
硫化镍	$NiS \rightleftharpoons Ni^{2+} + S^{2-}$	24
氢氧化银	$AgOH \rightleftharpoons Ag^+ + OH^-$	14.93
硫化银	$Ag_2S \rightleftharpoons 2Ag^+ + S^{2-}$	28.15
氢氧化锌	$Zn(OH)_2 \rightleftharpoons Zn^{2+} + 2OH^-$	16.7
硫化锌	$ZnS \rightleftharpoons Zn^{2+} + S^{2-}$	22.8

如图 8.2-1 所示，由于大部分重金属的氢氧化物都是两性的（可接受或提供

质子），因此，将 pH 精准控制在出现最低重金属浓度的范围内非常关键。图 8.2-1
中实线表明溶液中的溶解性金属离子平衡浓度（以及相应的金属氢氧化物固体浓
度）随 pH 的变化趋势。根据该曲线可初步推测理论上采用化学沉淀法将重金属
浓度可能降低的最小值，以及其沉淀所需的最佳 pH 范围。

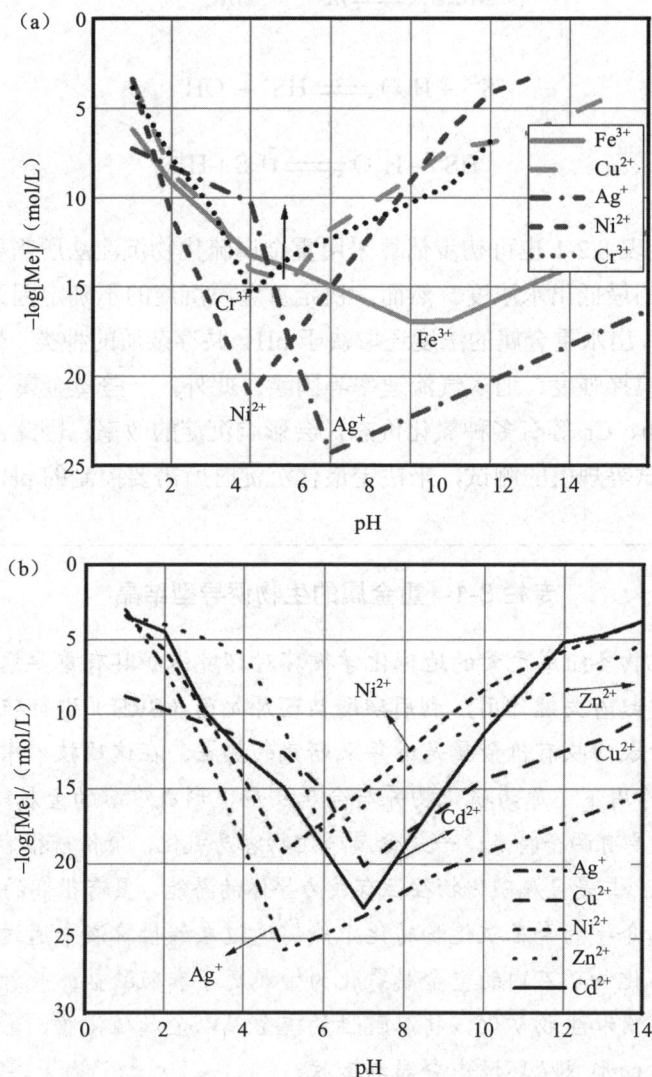

图 8.2-1　氢氧化物沉淀法中残留的可溶性金属离子浓度与 pH 的关系图（a）；氢氧化物-硫化
物沉淀法中部分重金属残留浓度与 pH 关系图（b）

采用两步法去除重金属时，其通用化学反应方程为

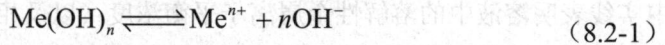

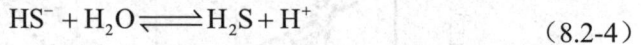

$$Me(OH)_n \rightleftharpoons Me^{n+} + nOH^- \tag{8.2-1}$$

$$Me_2S_n \rightleftharpoons nS^{2-} + 2Me^{n+} \tag{8.2-2}$$

$$S^{2-} + H_2O \rightleftharpoons HS^- + OH^- \tag{8.2-3}$$

$$HS^- + H_2O \rightleftharpoons H_2S + H^+ \tag{8.2-4}$$

因此，通过表 8.2-1 也可初步估算采用重金属硫化物沉淀法所需要的最佳 pH，以及所能达到的最低出水浓度。然而，决定重金属沉淀的不确定因素还有很多，在工程实践中，出水重金属的浓度还取决于 pH、共存杂质的种类、性质、浓度以及运行水温、搅拌强度、通入气流速率等因素。此外，一些重金属（或类金属），如 Hg、As、Sb、Cr 等有多种氧化价态，会影响沉淀的效率。因此，需进一步进行实验室、中试等规模的测试，来决定最佳沉淀时所需要控制的 pH、沉淀效率。

专栏 8-1 重金属的生物诱导型结晶

金属硫化物各组成元素的地球化学循环对环境保护具有重要意义，微生物在这一过程中起着关键作用。利用硫酸盐还原细菌（SRB）进行硫酸盐的生物还原，以去除或回收有价金属是近年来研究的热点。在这项技术中，硫酸盐首先在 SRB 的作用下还原为硫化物并与金属反应，形成难溶的金属硫化沉积物。金属硫化物主要有两个特点：一是金属硫化物容易氧化，低价硫很容易被氧化剂氧化为高价硫；二是金属硫化物往往有成为导体的潜能，具有很高的经济价值。

在微生物介导的金属硫化物转化中能够通过在酸性溶液中通过氧化剂（生物浸出）将硫化物矿石内的重金属氧化为金属离子和硫酸盐；此外，微生物也可通过生物吸附和生物矿化，将溶解性的重金属以金属硫化物、氢氧化物、金属络合磷酸盐的形式从环境中分离与回收。

微生物合成金属硫化物包括吸附与生物矿化两个过程。

生物矿化合成晶体是微生物自我保护和生存的过程。微生物（如多糖、蛋白质、多肽、氨基酸、DNA 等）带负电荷，能够诱导带正电的无机重金属相的

异相成核，有利于含重金属的晶体在其表面成核和生长。由于金属离子可以激活微生物的保护机制，促使它们利用胞外多聚物（EPS）作为抵御重金属入侵的防御工具。EPS 是由微生物在代谢过程中分泌的物质（包括蛋白质、多糖、核酸、酯类等大分子物质和部分低分子物质），EPS 包裹在细菌菌体表面，通过桥连作用将微生物细胞或絮体连接成聚集体。此外，EPS 对重金属离子的吸附是微生物合成金属硫化物晶体的关键步骤。

金属硫化物在不同环境中的生物矿化：重金属离子被胞外多糖吸附后与 S^{2-} 结合。以硫酸盐为硫源时，微生物对硫酸盐的还原可分为同化还原和异化还原。对于同化还原，硫酸盐最终以巯基的形式固定在蛋白质和细胞质内的其他成分中。对于异化还原，硫酸盐被转化为金属硫化物。例如，在厌氧环境下，硫酸盐还原菌通过氧化易降解有机化合物，消耗 SO_4^{2-} 生成硫化物，硫化物与废水中溶解的金属反应生成不溶的金属硫化物沉淀。该过程如式（8.2-5）和式（8.2-6）所示，废水 pH 因在该过程中产生的碱度而增加，如式（8.2-7）所示：

$$2CH_2O + SO_4^{2-} \longrightarrow H_2S + 2HCO_3^- \tag{8.2-5}$$

其中，CH_2O 为有机物（电子供体）。

$$H_2S + M^{2+} \longrightarrow MS(S) + 2H^+ \tag{8.2-6}$$

其中，M^{2+} 为金属，如 Cd^{2+}、Mn^{2+}、Pb^{2+}、Cu^{2+} 等。

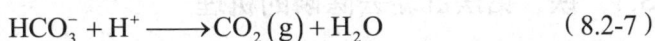

$$HCO_3^- + H^+ \longrightarrow CO_2(g) + H_2O \tag{8.2-7}$$

因此，从上述反应式能够发现，pH、有机物浓度、金属离子浓度都会影响反应的进程。

①pH 是影响生物诱导型金属硫化物沉淀形成的一个重要因素。因为，在酸性条件下，重金属倾向于形成自由离子，而微生物会在这种条件下，利用形成硫化物释放更多的 OH^- 来饱和金属结合位点。在碱性条件下，金属离子将取代质子并形成新的物种，如羟基金属络合物。研究已经表明，酸性条件（pH≤5）有利于 SRB 形成方硫镍矿和辉镍矿。在酸性的微环境中，所形成生物诱导型硫化金属沉淀物的尺寸更大。因为随着微生物生长环境的 pH 下降，金属盐类的溶解度增加，导致金属硫化物的过饱和度降低，使得溶解性的重金属浓度增加，这能够加快生物诱导性金属硫化物的反应与生长速度。例如，在脱硫弧菌合成硫化铁的研究中，发现较低的 pH 增加了无定形 FeS 颗粒的溶解，从而加速了

较大 Mackinawite（硫铁矿）的形成。事实上，较低的初始 pH 有利于生物诱导型 Mackinawite 结晶生长。

②有机物（电子供体）的类型对硫酸盐还原速率有着深刻的影响。因为，硫酸盐还原速率决定了 SRB 的细菌生物量产量。例如，研究表明，比起甲醇与甲烷，当 SRB 的硫酸盐还原菌以甲酸和乙酸为电子供体时，其活性显著提高。

③离子浓度显著影响生物金属硫化物晶体的形态和类型。生物诱导性金属硫化物晶体的形态与有机物和 SO_4^{2-} 的浓度密切相关。高浓度有机酸和 SO_4^{2-} 能促进金属硫化物的快速形成，形成的晶体形状为较大的颗粒物（快速形成直径约 100 nm、长度约 1 μm 的 MeS 纳米晶体），反之，则易形成针尖直径 10~20 nm、长度 5~10 μm 的针状 MeS 纳米棒，且形成速率较低。此外，生物诱导性金属硫化物的晶体的厚度和类型与起始硫酸盐浓度密切相关。在相同的 SO_4^{2-} 浓度下，当有机物浓度较高时，生物诱导型结晶合成的 FeS 晶体厚度较大，并伴有黄铁矿的生成，这主要是由于 SO_4^{2-} 在微生物作用下快速形成 S^{2-}，促进了生物诱导型 FeS 的快速生成。

8.3 化学沉淀法除磷

8.3.1 铁、铝法沉淀去除磷的机理

化学沉淀法与吸附法除磷是污、废水除磷的重要方式，特别是化学沉淀法，是目前污水处理厂首选的除磷以及回收磷的方式。在工程实践中，除磷所需的主要化学药剂包括铝 [Al（III）] 盐、铁 [Fe（III）] 盐、亚铁 [Fe（II）] 盐和钙 [Ca（II）] 盐。聚合物（PAM）等作絮凝剂往往与铝盐、铁盐和石灰一起使用。而沉淀磷所使用的铝 [Al（III）] 盐、铁 [Fe（III）] 盐会水解，而溶液 pH 对它们的水解产物的数量和溶解性有较大的影响。例如，可以用三价铁的水解反应过程方程式来描述这些具体的影响：

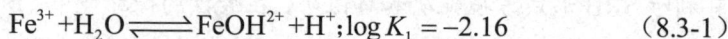

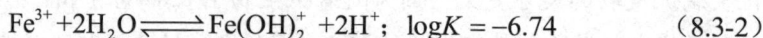

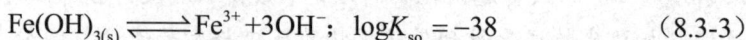

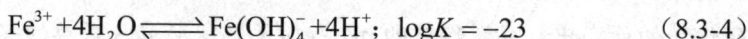

$$Fe^{3+}+H_2O \rightleftharpoons FeOH^{2+}+H^+; \log K_1 = -2.16 \qquad (8.3-1)$$

$$Fe^{3+}+2H_2O \rightleftharpoons Fe(OH)_2^+ +2H^+; \log K = -6.74 \qquad (8.3-2)$$

$$Fe(OH)_{3(s)} \rightleftharpoons Fe^{3+}+3OH^-; \log K_{so} = -38 \qquad (8.3-3)$$

$$Fe^{3+}+4H_2O \rightleftharpoons Fe(OH)_4^- +4H^+; \log K = -23 \qquad (8.3-4)$$

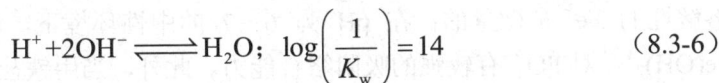

$$2Fe^{3+} + 2H_2O \rightleftharpoons Fe_2(OH)_2^{4+} + 2H^+; \quad \log K = -2.85 \qquad (8.3-5)$$

$$H^+ + 2OH^- \rightleftharpoons H_2O; \quad \log\left(\frac{1}{K_w}\right) = 14 \qquad (8.3-6)$$

可改变上述等式中各组分的位置，让它们都成为三价铁与 $Fe(OH)_3$ 之间的平衡关系式，且假设固态 $Fe(OH)_3$ 的活度系数相同，这样，反应平衡常数是三价铁与 H^+ 之间的平衡关系常数，可得固态 $Fe(OH)_3$ 与 $Fe(OH)^{2+}$、$Fe(OH)_2^+$、$Fe(OH)_4^-$、$Fe_2(OH)_2^{4+}$ 之间的关系等式：

$$Fe(OH)_{3(s)} \rightleftharpoons Fe(OH)^{2+} + 2OH^-; \quad \log K_{s1} = -26.16 \qquad (8.3-7)$$

$$Fe(OH)_{3(s)} \rightleftharpoons Fe(OH)_2^+ + OH^-; \quad \log K_{s2} = -16.74 \qquad (8.3-8)$$

$$Fe(OH)_{3(s)} + OH^- \rightleftharpoons Fe(OH)_4^-; \quad \log K_{s3} = -5 \qquad (8.3-9)$$

$$2Fe(OH)_{3(s)} \rightleftharpoons Fe_2(OH)_2^{4+} + 4OH^-; \quad \log K = -50.8 \qquad (8.3-10)$$

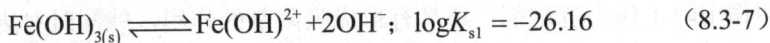

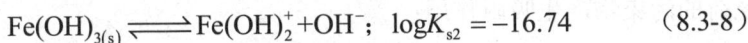

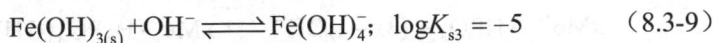

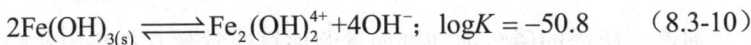

上述等式仅反映了纯水中 Fe^{3+} 的行为，可用 pC-pH 关系图来简述铁盐的这些水解过程，pH 对 Fe 的水解产物组成及其溶解度的影响如图 8.3-1 所示。例如，物种 $[Fe(OH)^{2+}、Fe(OH)_2^+、Fe(OH)_4^-、Fe_2(OH)_2^{4+}]$ 在某一 pH 条件下是 Fe 优势物种，那么该物种的平衡浓度将会与主产物 $Fe(OH)_3$ 固体的边界线重合（图中淡灰色斜线所示区域）。例如，当 pH＞9 时，由于 $Fe(OH)_3$ 是两性化合物，其固体浓度随着溶液 pH 的升高而迅速减小，而溶液内的铁盐将主要以 $Fe(OH)_4^-$ 的形式存在。

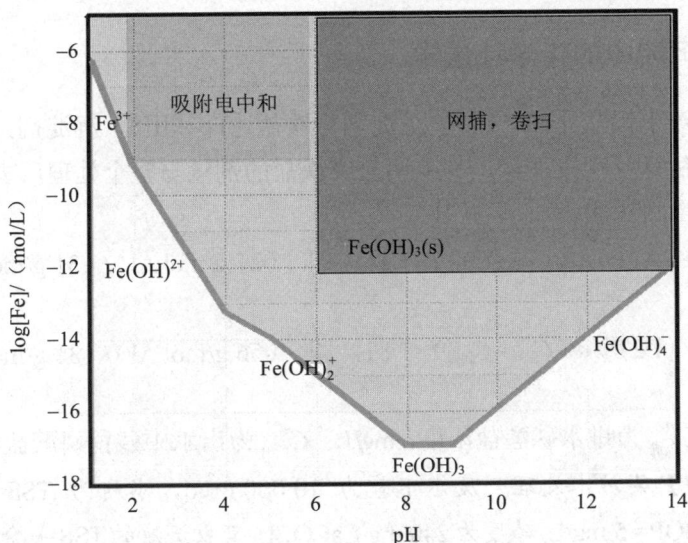

图 8.3-1 Fe^{3+}、$Fe(OH)_2^+$、$Fe(OH)_4^-$ 的浓度随 pH 的变化

由图 8.3-1 可知，当 pH＞3 时，铁盐便开始以 $Fe(OH)_3(s)$ 胶体的形式存在，而溶解性的 Fe^{3+} 是微量的；在 pH 为 6～7 的中性环境下，溶解性的 Fe^{3+} 转化为 $Fe(OH)_2^+$，对 PO_4^{3-} 有较强的吸附络合能力。此外，当用铁盐沉淀磷时，需要同时加入大量的 $Ca(OH)_2$，以便控制 pH 在 7～8，既能保证出水 pH 时正常的 pH 范围，又能形成大量的 $Fe(OH)_3(s)$。由于刚刚生成的 $Fe(OH)_3(s)$ 是胶体颗粒，粒径较小，表面积大，吸附能力强，很容易与水中的经过水解后的磷酸根形成 $Fe_x \cdot H_2PO_4(OH)_{3x-1}(s)$ 的混合物，其反应方程式如式（8.3-11）所示。此时，铁盐的作用除了作为沉淀剂，还具有形成吸附剂的作用，能同时对废水中的其他带负电荷的污染物产生吸附作用：

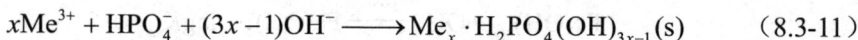

$$xMe^{3+} + HPO_4^- + (3x-1)OH^- \longrightarrow Me_x \cdot H_2PO_4(OH)_{3x-1}(s) \qquad (8.3-11)$$

通常，所需的磷沉淀剂投加量的估算通常建立在采用实际废水进行试验的基础上，或是来自其他工程项目的经验数据。此外，式（8.3-11）中的 x 取值范围会受废水的温度、碱度、pH、共存阴、阳离子浓度等因素的影响。实际废水中由于共存阳离子的存在，对于铁盐［Fe（III）］沉淀剂，所需的 x 的参考值可适当降低（如取 1.5～3.2）。对于铝盐［Al（III）］沉淀剂，x 的推荐范围为 0.7～1.4。然而，当废水中存在大量有机物，共存杂质可能消耗混凝剂，此时，不能直接用式（8.3-11）来估计所需的化学剂量。

8.3.2 磷沉淀中的化学计量学

工程上对于铝盐［Al（III）］沉淀剂与铁盐［Fe（III）］沉淀剂，可采用下列经验公式来估算药剂投加量，其中铝盐或铁盐的剂量与整个处理厂去除正磷酸盐时所需的数量相对应。

Al $_{投加量}$＝（Al/P）×（$C_{P,进}-C_{P,出}$）×1.15，即 ［（27 g/mol Al）/（31 g/mol TP）］

$$(8.3-12)$$

Fe $_{投加量}$＝（Fe/P）×（$C_{P,进}-C_{P,出}$）×1.81，即 ［（56 g/mol Al）/（31 g/mol TP）］

$$(8.3-13)$$

式中，$C_{P,进}$ 为进水磷酸盐浓度，mg/L；$C_{P,出}$ 为出水中残留磷酸盐浓度，mg/L。

【例 8-1】某污水处理厂废水水量为 10 000 m^3/d，水质为 TSS=220 mg/L，TP=7 mg/L，SOP= 5 mg/L，碱度为 240 mg $CaCO_3$/L，其初沉池的 TSS 去除效率为 60%，经试验发现，采用 30%的 $AlCl_3$、比重 1.5 kg/L 作为沉淀剂，可将初沉池的 TSS 去除

效率提升 15%，且出水 SOP= 0.1 mg/L，请据此计算采用 AlCl₃ 除磷时，其药剂投加量。

解：（1）确定去除正磷酸盐所需［Al（Ⅲ）］质量：

根据经验，在出水 PO_4^{3-} 浓度为 0.1 mg/L 时，所需的（Al/P）摩尔比约为 3.5。

根据式（8.3-12），所需的铝盐剂量

$$Al_{投量} = 3.5 \times (5-0.1) \times [(27\,g/mol\ Al)/(31\,g/mol\ P)] = 15\ (mg/L)$$

（2）确定出水 TP 浓度：7–（5–0.1）=2.1（mg/L）

（3）确定每天所需的［Al（Ⅲ）］的投加量

$$Al（Ⅲ）_{投量} = 10\,000 \times 14.9 \times 1/10^3 = 149.0\ (kg/d)$$

由于该经验公式需要获得在不同浓度的残留正磷酸盐条件下，所需要采用的铝/铁与磷的摩尔比。通常情况下，如果二级出水的残余磷浓度在 0.5 mg/L 左右，铝盐和铁盐的摩尔比通常为 1.5～8。而确切的投加比例需要采用实际废水经现场测试后确定，同时需要考虑废水中的磷含量随水温、季节等变化特点，确定投加量变化系数。

8.3.3 铁、铝法沉淀去除磷的工艺

如前所述，磷是通过沉淀、吸附、交换和凝聚后从废水中去除的，通常这些化学沉泥与工艺污泥一起收集和去除。如图 8.3-2 所示，沉淀剂可以在废水的处理流程中的不同点添加，通常多聚磷酸盐和有机磷难以去除，但因在生物处理中大部分有机磷和多聚磷已经转化为正磷，因此在二级处理后添加铝盐或铁盐是彻底去除残余磷的重要条件。沉淀剂可以是由聚合氯化铝（PAC）、三氯化铝、硫酸铝等组成的铝盐，也可以是由聚合硫酸铁（PFS）、硫酸亚铁、三氯化铁等组成的铁盐，一般石灰作为助沉剂，因其产泥量较高而不单独投加。在工艺流程中，可在以下位置添加沉淀剂（图 8.3-2 中灰色区域皆为磷沉淀点）：

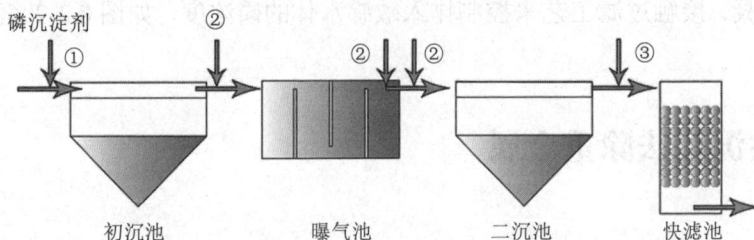

图 8.3-2　在废水处理流程中可同时在不同位置多点投加沉淀剂

注：①初沉池之前投加；②生物处理过程中的几个投加点；③生物处理后投加。

8.3.3.1 预沉淀

如图 8.3-2①所示，用预沉淀方式，可以对进水中可能产生毒性的金属离子、非溶解性磷以及大量的有机物一起作为总悬浮固体，从初沉中去除。当铝盐或铁盐被添加到初沉池进水端时，它们会与可溶性的正磷酸盐反应，产生沉淀，此外，进水中的有机磷和聚磷酸盐也会通过吸附、化合以及络合等复杂反应，与沉淀剂一起形成絮状物颗粒被部分去除。有研究表明在低碱度进水情况下需要添加碱，以保持 pH 在 5～7，也可采用助凝剂来提升处理效率，且采用预沉淀除磷方式，能够大幅提升初沉池效率。

8.3.3.2 同步沉淀

如图 8.3-2 所示投加点②的各个位置。在二级生物处理过程中，可以将金属盐投加至活性污泥中（投加点可设在曝气池进、出水口）或在二沉池的进水槽中。由于 pH 在 6.5～7.0，投加铁盐 [Fe（III）] 与铝盐 [Al（III）] 均能很好地去除磷；对于曝气池内低碱度区域，采用铝酸钠或 Fe（III）+CaO，在除磷的同时维持 pH 高于 5.5。在曝气池内采用化学除磷，特别是在延时曝气工艺中，可显著改善由于泥龄长造成的污泥絮体颗粒小、沉淀性能差的情况。此外，也可以在二沉池进水端投加聚合物，能显著降低出水 SS、TP 以及 BOD。

8.3.3.3 后沉淀

根据处理后的二级出水水质的不同，可采用化学投加的方法来改善深度处理构筑物（如深床滤池）出水的性能。此刻，混凝与化学沉淀（积）相结合，可进一步降低尾水内残留的磷、金属离子以及低浓度腐殖质等残留有机物。此时，可以采用混凝、接触过滤工艺来控制排入敏感水体的磷浓度，如图 8.3-2③沉淀剂投加点所示。

8.4 共沉淀法除重金属

8.4.1 与金属硫化物共沉淀

与碱沉淀法相比，硫化物沉淀法的优点：重金属硫化物溶解度比其氢氧化物的溶解度更低；反应时最佳 pH 范围为 7～9，处理后的废水不用中和。硫化物沉淀法的缺点：硫化物沉淀物颗粒小，易形成胶体；硫化物沉淀剂本身在水中残留，遇酸生成硫化氢气体，产生二次污染。

为了防止二次污染问题，英国学者研究出了改进的硫化物沉淀法，即在需处理的废水中有选择性地加入硫化物离子和另一重金属离子（该重金属的硫化物离子平衡浓度比需要除去的重金属污染物质的硫化物的平衡浓度高）。由于加进去的重金属的硫化物比废水中的重金属的硫化物更易溶解，这样废水中原有的重金属离子就比添加进去的重金属离子优先分离出来，同时能够有效地避免硫化氢的生成以及硫化物离子残留的问题。

8.4.2 与磷共沉淀

废水中磷通常是通过添加沉淀剂（如铝盐、铁或钙）进行沉淀去除的。在加入这些药剂去除磷的同时，也会发生共沉淀去除各种无机阳离子（重金属）。溶解的重金属很可能被吸附在氢氧化合物上，这些胶体以及颗粒物可以通过共沉淀的方式去除。例如，在生活污水中混入工业废水处理特别是在发现现场预处理措施无效的情况下，可在初级沉淀池内中加入化学磷沉淀剂。然而，当使用化学沉淀时，由于产生的沉淀物内含有毒的重金属，所产生的初沉污泥无法采用厌氧消化来稳定污泥。此外，化学沉淀的缺点之一是它通常会导致废水中总的含盐量（溶解固体）的增加。

专栏 8-2　鸟粪石沉淀的形成和预防

（1）鸟粪石沉淀的形成

污水处理厂长期运行的污泥消化池出水结构、污泥设施的连接管段内，高浓度的污泥在厌氧环境下，由于细胞水解，会释放氮、磷以及胞内的金属离子（如 Ca^{2+}、Mg^{2+}）类，如表 8.4-1 所示。而在特定 pH 下，若可溶性镁、铵和正磷酸盐的离子活度乘积超过了磷酸铵镁（俗称鸟粪石）的饱和溶解度，就会自发形成鸟粪石晶体。

如式（8.4-1）所示：

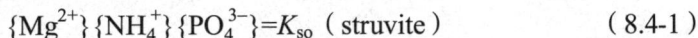

$$\{Mg^{2+}\}\{NH_4^+\}\{PO_4^{3-}\}=K_{so}\ (\text{struvite}) \tag{8.4-1}$$

在污泥消化池以及污泥管内鸟粪石沉淀过程中涉及的主要副反应包括细胞释放的氨氮、磷酸盐（多元磷酸盐）在不同 pH 下的水解，以及与污泥中的优势阳离子（如 Fe、Ca、Al）形成的沉淀，这些过程涉及的化学反应，如表 8.4-1 所示。

表 8.4-1　MAP 反应过程方程式

细胞释放的氨氮、磷酸盐的水解平衡	$NH_{3(aq)}+H^+ \rightleftharpoons NH_4^+$	$\log K=9.3$	(8.4-2)
	$PO_4^{3-}+H^+ \rightleftharpoons HPO_4^{2-}$	$\log K=-12.3$	(8.4-3)
	$HPO_4^{2-}+H^+ \rightleftharpoons H_2PO_4^-$	$\log K=-7.2$	(8.4-4)
	$H_2PO_4^-+H^+ \rightleftharpoons H_3PO_4$	$\log K=-2.1$	(8.4-5)
pH 升高过程中水镁石与镁磷沉淀物的形成	$H_2PO_4^-+Mg^{2+}+OH^- \rightleftharpoons MgH_2PO_4^+$	$\log K=-0.45$	(8.4-6)
	$H_2PO_4^{2-}+Mg^{2+} \rightleftharpoons MgHPO_4^-$	$\log K=-2.91$	(8.4-7)
	$PO_4^{3-}+Mg^{2+} \rightleftharpoons MgPO_4^-$	$\log K=-4.8$	(8.4-8)
	$Mg^{2+}+OH^- \rightleftharpoons MgOH^+$	$\log K=2.7$	(8.4-9)
鸟粪石的形成	$Mg^{2+}+NH_4^++PO_4^{3-}+6H_2O \rightleftharpoons MgNH_4PO_4 \cdot 6H_2O$	$\log K=-13.6$	(8.4-10)
	$C_{T,Mg}=[Mg^{2+}]+[MgOH^+]+[MgHPO_4]+[MgPO_4^-]$		(8.4-11)

式（8.4-2）～式（8.4-11）给出了生物反应器内鸟粪石组分可能发生的水解以及生物诱导性结晶所涉及的化学过程、相对应的各组分间的反应平衡，以及各化学过程所相应的 $\log K$ 值。将不同 pH 下的离子强度以及对应鸟粪石的溶解度边界线变化绘制出来，结果如图 8.4-1 所示。可以看出，从理论上讲，容易形成鸟粪石的沉淀的 pH 范围为 9.2～10.5。如果溶液中各组分的离子活度乘积在如图 8.4-1 所示的范围，则意味着产生鸟粪石沉淀的可能性较大，即溶液内铵根离子、磷酸根离子以及镁离子发生等摩尔的反应，形成了鸟粪石结晶 [式（8.4-10）]。而在其他的 pH 范围，则更易发生镁磷酸盐、氢氧根反应产生的沉淀，如式（8.4-6）～式（8.4-9）所示。

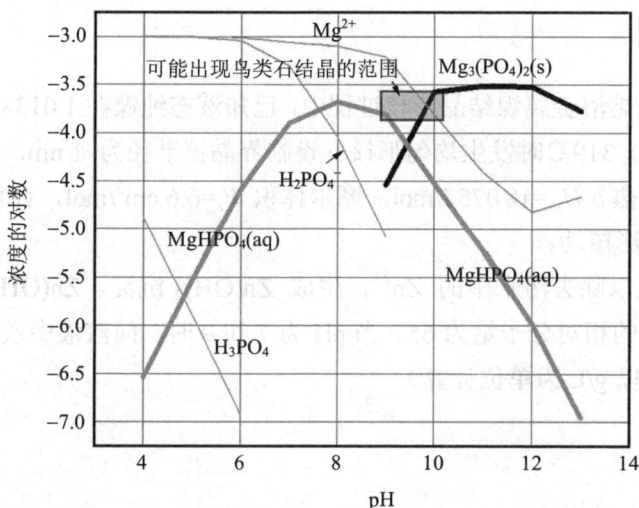

图 8.4-1　磷酸镁氨形成的鸟粪石结晶 pH 范围分析

（2）缓解鸟粪石形成的措施

在部分污水厂通过添加化学药剂来控制反应器内鸟粪石结晶自发形成，即采用药剂沉淀法（如使用明矾和铁盐、石灰将一种或多种鸟粪石前驱物浓度降低，以便限制鸟粪石结晶的形成）；其他化学手段则包括降低 pH 来限制鸟粪石的形成等，以减轻污水处理厂管道或构筑物内形成磷沉淀对工艺的影响。

鸟粪石结晶形成技术已经比较成熟，并开始用于污水处理厂，从污泥消化液或脱水液等氮、磷等营养物浓度较高的设施，实施回收磷。此外，现阶段德国等发达国家已经以立法形式强制所有的污水处理厂以鸟粪石结晶等方式回收污水内的磷，形成具有足够纯度和物理特性的结晶产品，使其作为肥料重复使用。鉴于磷资源的短缺及其不可再生的事实，目前，我国也正加紧制定污水处理厂磷回收的相关政策。

习题

1. 理论上熔溶金属镍结晶形核过程中，已知液态纯镍在 $1.013 \times 10^5 \, \text{Pa}$（1 大气压）、过冷度为 $319 \, ℃$时发生均匀形核。设临界晶核半径为 1 nm，纯镍的熔点为 1 726 K，熔化热 $\Delta H_{\text{m}} = 18\,075 \, \text{J/mol}$，摩尔体积 $V_{\text{s}} = 6.6 \, \text{cm}^3/\text{mol}$，计算纯镍的液-固界面能和临界形核功。

2. 投石灰以除去污水中的 Zn^{2+}，生成 $Zn(OH)_2$ 沉淀。$Zn(OH)_2$ 的溶度积为 1.2×10^{-17}，Zn 的相对分子量为 65。当 pH 为 7 和 9 时，问溶液中残留的 Zn^{2+} 浓度各有多少？（以 g/L 为单位计算）

第 9 章　吸附工艺

9.1　吸附现象

　　吸附（adsorption）是指在固相-气相、固相-液相、固相-固相、液相-气相、液相-液相等两相体系中，某相中的物质密度或溶于该相中的物质浓度在界面上发生改变（不同于本相）的现象。在界面上被吸附的物质称为吸附质（adsorbate），能有效从气相或液相中吸附某些组分的固体物质称为吸附剂（adsorbent）。一般而言，吸附剂具有较大的比表面积，一定的表面结构，适宜的孔隙结构，对吸附质具有选择性吸附能力，以及不易与介质发生化学反应等特点。针对发生在废水处理过程中的吸附现象，本章重点关注了固相-液相界面之间的吸附，但大部分理论方面的内容也适用于固相-气相界面和液相-气相界面上的吸附。吸附是发生在表面或界面的现象，不同于吸收（absorption）这一概念。吸收是指组分从一相迁移至另一相，引起本体相成分、性质发生变化的行为。例如，水吸收溶解气体、浓硫酸吸收水、钯金属吸收氢、橡胶吸收油等，这些现象都是一个相中的物质或者其中的溶质穿过界面溶解于另一个相中。根据发生吸附作用时吸附质与吸附剂表面作用力性质的不同，在固体表面上的吸附可分为物理吸附和化学吸附两大类，两者间的区别如表 9.1-1 所示。当相界面上存在不平衡的物理力时为物理吸附，当相邻的原子或分子在界面形成化学键时为化学吸附。物理吸附通常由范德华力引起，因此具有吸附热小、吸附速度快、吸附可逆、无选择性且可以发生多层吸附等特点。发生化学吸附时，吸附质与吸附剂表面的原子或分子间存在电子的转移、交换或共用，从而形成化学键，因此具有吸附热（或化学反应热）大、吸附速度慢、吸附一般不可逆、有选择性且吸附只能发生单层吸附等特点。大多数情况下，吸附质分子与吸附剂表面发生的物理或化学作用界限并不明显。

表 9.1-1　物理吸附和化学吸附的主要区别

	物理吸附	化学吸附
作用力	由范德华力引起，无电子转移	由共价键或静电力引起
吸附热/（kJ/mol）	10～30	50～960
选择性	无选择性	有选择性
作用层	低于临界温度时发生多层吸附	单层
吸附温度	仅在其临界温度时明显发生	通常在较高温度时发生
吸附速率	吸附速率很快，瞬间发生	吸附速率可快可慢，有时需要活化能
吸附质状态	整个分子吸附	解离成原子、离子或自由基
吸附剂影响	无明显影响	影响强烈，形成表面化合物

吸附量是指在固液界面上进行吸附时，在一定温度和浓度下，一定量吸附剂所吸附的吸附质的量，实际应用中大多以 1 g 或 1 m² 吸附剂上所吸附的质量表示吸附量，对于了解和比较吸附剂与吸附质之间的作用、吸附剂的优劣、吸附条件等有重要意义。一般情况下，单位质量吸附剂上的吸附量用 q 表示，单位面积吸附剂上的吸附量用 Γ 表示，常用单位有 g/g、g/m²、mol/g、mol/m² 等。q 与 Γ 的换算如式（9.1-1）所示，式中，SSA 为比表面积（specific surface area）的缩写，指单位质量吸附剂所具有的总面积。

$$q_i = \Gamma (\text{SSA}) \tag{9.1-1}$$

吸附质脱离界面引起吸附量减少的现象叫作脱附（desorption）。从动力学观点来看，吸附质分子或离子在界面上不断地发生吸附和脱附，当吸附的量和脱附的量在数值上相等时称达到吸附平衡。在发生吸附的相同物理或化学条件下，使得吸附质发生脱附，脱附量与吸附量相等就是可逆吸附。而即使升高温度（但不超过吸附剂性质发生变化的温度），吸附质也不脱附的情况称不可逆吸附。

9.2　吸附机理与模型

9.2.1　吸附机理

在任何两相的边界附近都存在一个微观区域，称为微观界面区域，此处的物理化学环境与任一体相中的物理化学环境都不同。吸附分子停留固液两相的区域，可以通俗地认为"一半在溶液中，一半在溶液外"。目前描述吸附质与本体溶液中的物质之间的平衡的主流机理有两类，一类机理是将吸附的分子视为溶解性物质，但这些物质恰好附着在固体上，而另一类机理将吸附的分子视为已从溶液中去除并形成一个独立的相，它与固体或气体的溶解相不同。以下进行详细说明。

9.2.1.1 表面配位反应吸附机理

在吸附质被视为溶解性物质的吸附机理中，吸附质与吸附剂的结合可类似看作两种可溶性物质结合形成新的可溶性物质，例如，$H^+ + HCO_3^- \longleftrightarrow H_2CO_3$ 或 $Zn^{2+} + EDTA^{4-} \longleftrightarrow ZnEDTA^{2-}$。这个过程类似于金属离子与溶解的配体结合形成金属-配体复合物。假定配体表面对应于吸附剂表面上的特定位点，吸附剂被认为是表面配体的集合，吸附反应被认为是离子反应中表面复合物的形成，如图 9.2-1 所示，因此该机理有时又被称为位点结合机理，主要特点是吸附剂表面上的吸附位点总数是有限的，这就意味着吸附量有上限。

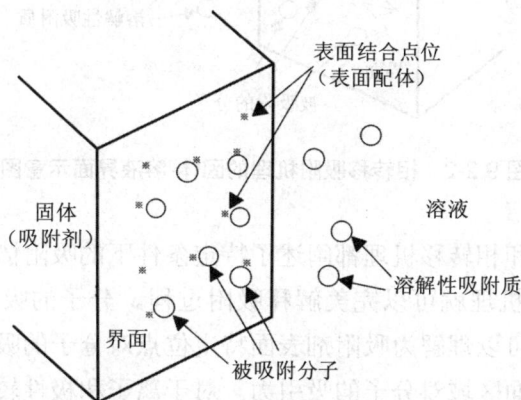

图 9.2-1 表面配位反应（位点结合）吸附机理的固体-溶液界面示意图

9.2.1.2 相转移反应吸附机理

界面吸附的第二种机理是假设吸附分子不与固体表面上的特定位点结合，而是停留在吸附剂表面或表面附近，但又不是吸附剂的一部分。假设吸附分子在吸附剂表面可以二维自由运动，若吸附质占据了吸附剂表面所有可用的表面积，可以认为吸附剂表面被全部占据。即使只有少量的吸附质被吸附，因为自由运动，也可认为吸附分子占据了整个吸附剂表面，如图 9.2-2 所示。因此，该机理与位点结合机理相反，吸附量没有绝对上限。理论上，当吸附驱动力足够大时，足够多的吸附质可以进入吸附剂的表面。相转移吸附机理被广泛用于描述废水中悬浮吸附剂对有机污染物的吸附，如活性污泥等。

相转移吸附机理的另一个假设是颗粒在吸附剂的孔中发生真正的相变，认为吸附质在孔隙中发生集聚，凝结成液相或固相，吸附质可被看作微小凝聚相，并且大多数吸附质不与吸附剂表面直接接触，该机理可用于表征环境工程领域中疏水性吸附质在活性炭上的吸附。

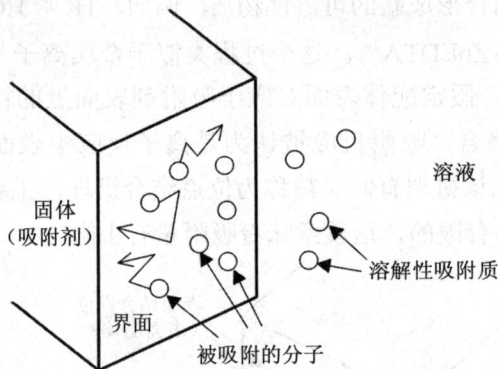

图 9.2-2 相转移吸附机理的固体-溶液界面示意图

位点结合机理和相转移机理都阐述了特定条件下的吸附情况，因此，实际不太可能单独用一个机理就可以完美解释吸附过程。分子的吸附在吸附驱动力方向，位点结合机理可以理解为吸附剂表面特定位点对分子的吸引力，而相转移机理则表示吸附剂表面区域对分子的吸引力。对于离子和极性较大的吸附质，通常认为吸附驱动力主要来源于吸附剂表面与吸附质间的键合，且优先考虑位点结合机理。例如，$Fe(OH)_3$、$Al(OH)_3$ 或 $CaCO_3$ 等矿物表面的金属阳离子对含氧阴离子（如镉、锌、铬酸盐和砷酸盐等）的吸附，以及离子交换树脂都属于这一类吸附。相反，吸附非离子和非极性吸附质的驱动力一般认为是来源于吸附质与吸附剂表面之间的范德华力，以及疏水吸附质离开主体溶液时系统的熵增。在这些系统中，即使吸附质与吸附剂表面位点的结合较弱，也可以发生吸附，如在微生物表面或活性炭对杀虫剂或有机溶剂的吸附。

9.2.2 吸附平衡常数

吸附平衡常数可描述吸附反应向平衡状态的趋势，类似描述化学反应，其表达式取决于所采用的吸附机理。

位点结合机理的反应式和平衡常数分别如式（9.2-1）和式（9.2-2）所示。

反应式：

$$\equiv S + A(aq) \longleftrightarrow \equiv SA \tag{9.2-1}$$

平衡常数：

$$K_1 = \frac{a_{\equiv SA}}{a_{\equiv S} a_{A(aq)}} \tag{9.2-2}$$

式中，$\equiv S$ 和 $\equiv SA$ 分别表示未被占用的位点和已被占用的位点。在位点结合机理中，明确定义了表面位点的参与，平衡常数（K_1）表达式中包含位点活度参数（a）。

相转移机理的反应式和平衡常数分别如式（9.2-3）式（9.2-4）所示：

$$A(aq) \longleftrightarrow A(ads) \tag{9.2-3}$$

$$K_2 = \frac{a_{A(ads)}}{a_{A(aq)}} \tag{9.2-4}$$

式中，平衡常数（K_2）表达式只包含两个参数，分别是吸附剂在它所处的两个相中的活度。

在这两种情况下，平衡常数（K）实质上均表示吸附质与吸附剂的结合强度。

9.2.3 吸附热力学

9.2.3.1 吸附等温线的分类

在恒定温度下，吸附量与溶液平衡浓度的关系曲线称为吸附等温线（adsorption isotherm）。吸附等温线的形状和变化规律可以表示吸附质与吸附剂的作用强弱，以及界面上吸附分子的状态和吸附层的结构。根据低浓度时的斜率，吸附等温线大致可分为四大类，如图 9.2-3 所示，分别为 S 形、L（langmuir）形、H（high affinity）形和 C（constant partition）形，每个大类又包括若干小类。

（1）S 形等温线

S 形等温线的特点是，在低浓度时，吸附的吸附质分子越多，就越容易吸附，说明吸附剂表面的吸附质分子促进了吸附。一般认为需要满足下述条件才出现 S 形等温线：①吸附质分子只有一个官能团；②分子间作用力适中，吸附层内的分子呈垂直排列，紧密填充；③溶剂分子对吸附位具有很强的竞争力。如氧化铝等极性吸附剂吸附水中的苯酚时，水分子对吸附位的竞争很强，这时符合 S 形等温线。但当溶剂是苯等非极性溶剂时，溶剂分子在氧化铝上的吸附力不太强，此时不符合 S 形等温线。

（2）L 形等温线

L 形等温线是最常见的等温线。随着吸附剂中的吸附位点被覆盖，吸附质分子越来越难接触到吸附位点，即吸附质分子在吸附剂表面不是呈垂直排列或者与吸附剂表面的溶剂分子没有发生强烈的竞争。满足在下列任一条件下都表现出 L 形等温线：①已吸附的吸附质呈水平排列，如氧化铝吸附间苯二酚或对苯二甲醛；②已吸附的吸附质分子呈垂直排列，但吸附质分子几乎不与溶剂发生竞争吸附，如二氧化硅从无水的苯中吸附对硝基苯酚。

（3）H 形等温线

H 形等温线是 L 形等温线的一个特例。吸附质对吸附剂的亲和力非常大，即使吸附剂浓度极低，吸附质也几乎完全被吸附，溶液中的残余量极少，几乎检测不出。因此，吸附等温线的开始部分就近似垂直。例如，极性吸附剂对离子形表面活性剂的吸附，或金属粉末对苯中硬脂酸的吸附。

（4）C 形等温线

C 形等温线表示在低浓度时的吸附和分配。如图 9.2-3 中曲线 C-2 所示，吸附质在溶液中和吸附剂表面达到饱和之前，进行恒定分配。直线说明吸附位数是一定的，也就是吸附位点被吸附质占领后，又产生新的相同数量的吸附位点。如二氧化硅粉末从水中吸附氨基酸和肽，或合成多肽从水中吸附苯酚等。

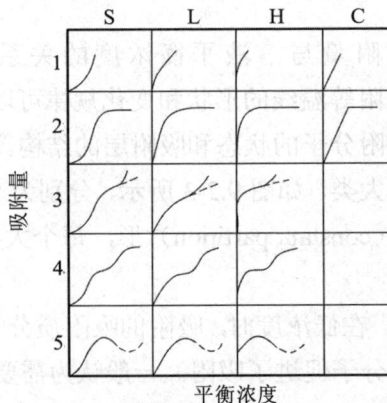

图 9.2-3 典型吸附等温线类型

9.2.3.2 吸附等温方程

单层吸附是在平衡压力 p/p_0 下，发生在均匀表面上的吸附（图 9.2-4）。第一层的吸附热比第二层以及所有后续层的吸附热要高得多，因此可认为是一种典型的化学吸附。

多层吸附是在平衡压力 p/p_0 下，发生在均匀表面上的吸附（图 9.2-5）。第一层（图中黑色）的吸附热与后续层（图中灰色）的冷凝热相当，多发生在物理吸附过程中。

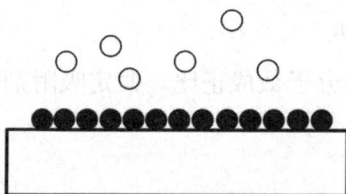

图 9.2-4　单层吸附示意图	图 9.2-5　多层吸附示意图

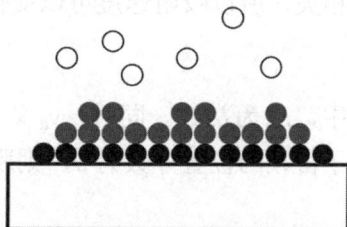

吸附等温式是描述吸附等温线的方程式，成熟的吸附理论大多是根据一定的理论假设和模型，经过数学推导，得到能描述某种或几种类型吸附等温线的方程式，并且通过对实验数据的处理，求得等温式中的某些常数，这些常数通常与吸附机制、吸附层结构、吸附剂宏观的表面结构相关。环境工程领域中最常用的吸附等温式有线性、Langmuir、Freundlich、BET 模型等。

（1）线性等温式

线性等温式［式（9.2-5）］表示平衡吸附量与溶液中吸附质的平衡浓度成正比，常见的为过量吸附剂对痕量物质的吸附，如对农药等污染物的吸附等。线性等温式的定义与亨利定律类似，分别描述了吸附质在固-液和气-液界面的平衡情况。

$$q_e = K_{lin}c \tag{9.2-5}$$

（2）Langmuir 等温式

Langmuir 在 1918 年根据动力学理论推导出单分子层吸附等温式，他认为在固体表面存在能够吸附分子或原子的吸附位（adsorption site），吸附质分子并不是吸附在整个表面，而只是吸附在表面的特定位点。吸附平衡时，在单位时间内进入吸附位点的分子数和离开吸附位点的分子数相等，即吸附速度（v_a）和脱附速度（v_d）相等。根据气体分子运动理论，假定绝对温度为 T、气体压力为 p、气体相对分子质量为 M、气体常数为 R，在每秒时间内碰撞到 1 cm^2 表面上的气体分子物质的量 μ 为

$$\mu = \frac{p}{\left(2\pi MRT\right)^{1/2}} \tag{9.2-6}$$

事实上，并不是所有碰撞到吸附剂表面上的分子都被吸附，只是其中的部分被吸附剂表面吸附，这个比值可以用 α 表示，通常 α 接近 1。因此，v_a 与 $\alpha\mu$ 呈正相关。此外，v_a 也与表面的空吸附位（还没有被吸附质分子占领的位置）的分数 θ_0 呈正相关，所以吸附速度可以变化为

$$v_a = K_a\alpha\theta_0\mu \tag{9.2-7}$$

式中，K_a 为常数。同时，v_d 又与被吸附的分子数成正比。假定吸附剂表面被吸附分子占领的位置分数为 θ，则脱附速度

$$v_d = K_d\theta \tag{9.2-8}$$

吸附平衡时，吸附速度（v_a）与脱附速度（v_d）相等，由式（9.2-7）和式（9.2-8）得：

$$K_a\alpha\theta_0\mu = K_d\theta \tag{9.2-9}$$

因为 $\theta_0 + \theta = 1$，式（9.2-9）可以变为

$$\theta = \frac{K_a\alpha\mu}{K_d + K_a\alpha\mu} \tag{9.2-10}$$

假设 1 cm^2 吸附剂表面的总吸附位数为 N_0，因为只是单分子层吸附，不可能发生两层及更多层吸附，被吸附的分子数不会超过总吸附位点数 N_0。假设在 1 cm^2 吸附剂表面上吸附的分子数为 N，则 $\theta = N/N_0$，结合式（9.2-8）和式（9.2-10）得：

$$\theta = \frac{N}{N_0} = \frac{K_a\alpha p}{K_d\left(2\pi MRT\right)^{1/2} + K_a\alpha p} \tag{9.2-11}$$

令 $K_a\alpha / K_d\left(2\pi MRT\right)^{1/2} = K_L$，则式（9.2-11）就变为 Langmuir 单分子层吸附等温式（9.2-12）：

$$N = \frac{N_0K_Lp}{1 + K_Lp} \tag{9.2-12}$$

Langmuir 认为这个方程仅适用于具有均匀表面的简单晶体物质，如云母和铂

对气体分子的吸附。根据这个理论，这些简单的吸附剂只有一种基本类型，具有单一吸附势的吸附位置。由于大多数吸附剂的表面实际不是这样均匀的，Langmuir 指出气体分子吸附到有一种以上基本类型的吸附位置的固体上应遵循一种与此有联系但更为复杂的函数关系。尽管有这些限制，简单的 Langmuir 方程仍常用于描述不均匀的固体从溶液中进行的吸附作用，以被吸附物的平衡浓度（c）代替气体的平衡压力（p），吸附的分子数（N）以平衡吸附量（q_e）代替，总吸附位点数量（N_0）以最大吸附量（q_{max}）代替，即给出：

$$q_e = \frac{q_{max} K_L c}{1 + K_L c} \tag{9.2-13}$$

当 $K_L c \ll 1$ 时，等温线接近线性；当 $K_L c \gg 1$ 时，此时吸附量接近恒定的最大值（q_{max}），无论吸附质的浓度增大到多少，吸附量都不会超过该最大值。当吸附质、吸附剂以及溶液组成确定时，K_L 是一个恒定值，因此等温线的 3 个区域是通常只与吸附质的平衡浓度相关，在低平衡浓度处是线性的，在中等平衡浓度处为曲线，在平衡高浓度处与浓度无关。通常 Langmuir 等温式适用于描述吸附位点几乎均匀的吸附过程。

使非线性函数拟合于实验数据的数学过程是复杂而又费时的，并且这些数学处理往往要借助计算机等。通过转换，可用比较简单的作图法对 K_L 和 q_{max} 进行估算。

式（9.2-13）两边都取倒数，可得到一个 $y = ax + b$ 形式的方程：

$$\frac{1}{q_e} = \frac{1}{K_L q_{max}} (1/c) + \frac{1}{q_{max}} \tag{9.2-14}$$

式（9.2-14）两边乘以 c，并加以整理，就得到第二个线性关系式：

$$\frac{c}{q_e} = \frac{1}{q_{max}} (c) + \frac{1}{K_L q_{max}} \tag{9.2-15}$$

方程式经过变换还可以获得其他形式，通过作图法或线性最小二乘法可以对实验数据进行分析，估算出 K_L 和 q_{max} 的值。

（3）Freundlich 等温式

Freundlich 等温式为经验公式，在低平衡浓度下为曲线，在高平衡浓度下没有极限值。

$$q_e = K_f c^{1/n} \tag{9.2-16}$$

式中，q_e 为平衡吸附容量，单位为吸附质的质量/吸附剂质量，mg/g，或吸附质摩尔数/吸附剂质量（mmol/g）等；c 为溶液平衡浓度，单位为吸附质质量/体积，

mg/L，或吸附质摩尔数/体积（mmol/L）等；常数 K_f 可近似地看作与吸附剂容量有关的参数，K_f 的单位由 q_e 和 c 的单位确定；n 表示吸附质与吸附剂表面作用强度，量纲一。

当在有限的浓度范围内实验数据符合 Freundlich 等温式，说明吸附剂表面可能是不均匀的。Freundlich 等温式通常适用于描述活性炭及金属氧化物对一些污染物的吸附，尤其是吸附质的浓度范围很大时，如两个或以上数量级浓度。

Freundlich 等温式作为一个经验公式，它能较准确地描述大多数吸附情况。对式（9.2-16）两边取对数，可将等温式线性化为

$$\ln q_e = \ln K_f + \frac{1}{n}\ln c \qquad (9.2\text{-}17)$$

尽管 Freundlich 等温式是一个经验公式，但后来 Halsey 和 Taylor 两位学者研究的吸附理论可以推导出 Freundlich 等温式。参数 K_f 主要与吸附容量有关，而 $1/n$ 是吸附力的函数。对于确定的 c 和 $1/n$，K_f 越大吸附容量 q_e 越大。对于确定的 K_f 和 c，$1/n$ 越小吸附作用越强。当 $1/n$ 很小时，吸附容量几乎与 c 无关，吸附等温线几乎为水平，这时 q_e 几乎为常数。如果 $1/n$ 大，则吸附作用力弱，q_e 随着 c 的微小改变而产生明显的改变。尽管 Freundlich 等温式能够有效适用于大部分吸附数据，但仍有一些不适用的情况。

（4）BET 模型

BET 模型是 1938 年 Brunauer、Emmett 和 Teller 3 位学者将 Langmuir 单分子层吸附理论加以发展而建立起来的。BET 理论认为，固体对气体的物理吸附是由范德华力引起的。因为分子之间存在范德华力，所以分子碰撞在已被吸附的分子上时也有被吸附的可能，也就是说，吸附可以形成多分子层。该理论适合于化学性质均匀的吸附剂表面，表面吸附相互作用比吸附分子间的相互作用力强，但比 Langmuir 理论中的活性吸附位的相互作用弱得多。

BET 模型保留了 Langmuir 模型中吸附热是常数的假设，并补充了以下 3 条假设：①吸附可以是多分子层的，并且不一定完全铺满单层后再铺第二层；②第一层的吸附热是常数，但与以后各层的吸附热不同，第二层以上的吸附热为相同的定值，即为吸附质的液化热；③吸附质的吸附与脱附（凝聚与蒸发）只发生在直接暴露于气相的表面上。

图 9.2-6 是多分子层吸附模型。表面上存在能吸附分子的吸附位。吸附了 0、1、2…i 层分子的吸附位数分别为 S_0、S_1、S_2…S_i。

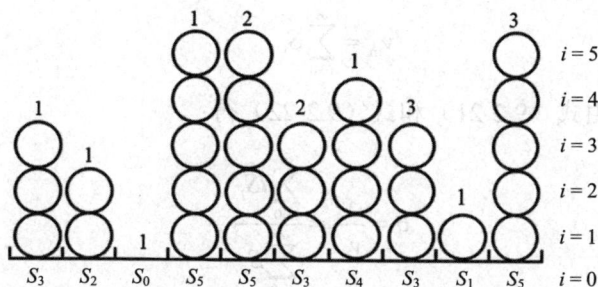

图 9.2-6　多分子层吸附模型

其中，吸附 0 层分子的吸附位数为 1，故 S_0=1；吸附 1 层分子的吸附位数为 1，故 S_1=1；依此类推，S_2=1、S_3=3、S_4=1、S_5=3。因此，所吸附的分子数量总计为

$$\sum_{i=0}^{\infty} iS_i = 0 \times 1 + 1 \times 1 + 2 \times 1 + 3 \times 3 + 4 \times 1 + 5 \times 3 = 31$$

在第一层，与 Langmuir 理论相同，达到吸附平衡时，吸附空位上的吸附速度等于第一层的脱附速度：

$$a_1 p S_0 = b_1 S_1 \mathrm{e}^{-E_1/RT} \qquad (9.2\text{-}18)$$

式中，p 为气体平衡压力；E_1 为第一层吸附热；a_1 和 b_1 为常数。吸附热 E_1 和常数 a_1、b_1 与第一层吸附分子的数量无关，即假定吸附剂表面吸附位点的能量都相同。

对第二层吸附平衡，在第一层吸附分子上的吸附速度等于第二层的脱附速度：

$$a_2 p S_1 = b_2 S_2 \mathrm{e}^{-E_2/RT} \qquad (9.2\text{-}19)$$

式中，E_2 是在第一层吸附分子上的吸附热，也就是吸附质分子间的相互作用能，它与吸附质的凝聚能即液化热接近，$E_2 < E_1$。

对第 i 层，同样有

$$a_i p S_{(i-1)} = b_i S_i \mathrm{e}^{-E_i/RT} \qquad (9.2\text{-}20)$$

总吸附量 v 是全部 iS_i 的加和：

$$v = \sum_{i=0}^{\infty} iS_i \qquad (9.2\text{-}21)$$

S_i 的加和就是总吸附位数，即单分子层吸附量，记作 v_{m}。

$$v_{\mathrm{m}} = \sum_{i=0}^{\infty} S_i \qquad (9.2\text{-}22)$$

取 $v/v_{\mathrm{m}} = \theta$，由式（9.2-21）和式（9.2-22）得：

$$\theta = \frac{v}{v_{\mathrm{m}}} = \frac{\displaystyle\sum_{i=0}^{\infty} i S_i}{\displaystyle\sum_{i=0}^{\infty} S_i} \qquad (9.2\text{-}23)$$

当 $\theta < 1$ 时，与 Langmuir 等温式相同，称为表面覆盖率；当 $\theta > 1$ 时，则表示平均吸附层数。

根据式（9.2-23）中的 $\sum_{i=0}^{\infty} i S_i / \sum_{i=0}^{\infty} S_i$ 可求得吸附等温式。为了简化计算，假定从第二层开始，吸附热（吸附能）E_2、$E_3 \cdots E_i$ 等于液体的蒸发热或凝聚热（E_{L}）。

$$E_2 = E_3 = \cdots = E_i = E_{\mathrm{L}} \qquad (9.2\text{-}24)$$

从第二层开始，吸附分子与固体表面的相互作用小于第一层，吸附主要由吸附质分子与已吸附分子之间的相互作用引起，这时常数 a_i、b_i（$i \geqslant 2$）的比值不变，用 g 表示。

$$\frac{b_2}{a_2} = \frac{b_3}{a_3} = \cdots = \frac{b_i}{a_i} = g = 常数 \qquad (9.2\text{-}25)$$

假设

$$\frac{p}{g} \mathrm{e}^{E_{\mathrm{L}}/RT} = x \qquad (9.2\text{-}26)$$

$$\frac{a_1 g}{b_1} \mathrm{e}^{(E_1 - E_{\mathrm{L}})/RT} = c \qquad (9.2\text{-}27)$$

根据以上假定，求得 $\sum_{i=0}^{\infty} i S_i / \sum_{i=0}^{\infty} S_i$ 并代入式（9.2-23）中，得到：

$$\frac{v}{v_{\mathrm{m}}} = \frac{cx}{(1-x)(1-x-cx)} \qquad (9.2\text{-}28)$$

当吸附质的饱和蒸气压为 p_0 时，吸附剂表面的吸附层数为无限大，则吸附量就无限大。由式（9.2-28）可知，为使吸附量无限大（$v = \infty$），必须假定 $x = 1$。因为这时的气体压力（p）等于饱和压力（p_0），将 $p = p_0$ 和 $x = 1$ 代入式（9.2-26）中，得：

$$\frac{p_0}{g}e^{E_{\mathrm{L}}/RT}=1 \tag{9.2-29}$$

比较式（9.2-29）和式（9.2-26），得：

$$x=\frac{p}{p_0} \tag{9.2-30}$$

将式（9.2-30）代入式（9.2-28），即得到 BET 等温式：

$$v=\frac{v_{\mathrm{m}}cp}{(p-p_0)[1+(c-1)(p-p_0)]} \tag{9.2-31}$$

当相对压力很小时（$p \ll p_0$），等温式（9.2-31）可简化为式（9.2-32）。式（9.2-32）与 Langmuir 等温式（9.2-13）相同。

$$v=\frac{v_{\mathrm{m}}cp}{p_0+cp} \tag{9.2-32}$$

对吸附层数不超过 n 的情况，如固体中的细孔和毛细管上的吸附，吸附层数只能是有限的 n 层，式（9.2-23）中的 i 不是无限大，只能取有限值 n，这时吸附等温式为

$$v=\frac{v_{\mathrm{m}}cx}{1-x}\left[\frac{1-(n+1)x^n+nx^{n+1}}{1+(c-1)x-cx^{n+1}}\right] \tag{9.2-33}$$

式（9.2-33）常称为 BET 三常数公式，该式适用于有限层的吸附，在 p/p_0 为 0.6～0.7 时仍可使用。

当吸附层数不受限制，即 $n=\infty$ 时，$n \approx n+1$，式（9.2-33）可以简化式（9.2-28），此式记为 BET 二常数公式，是最常用的 BET 公式形式之一。

当 $n=1$ 就变成 Langmuir 等温式，$n=\infty$ 就是非孔表面的等温式（9.2-31）。

用非孔性的或非微孔的多种吸附剂（如石墨、炭黑、硅胶等）从水或有机溶剂中吸附有限溶解的物质，当溶质的浓度接近饱和时吸附量快速增加，等温线为 S 型，表现出多层吸附的特征。如硅胶从庚烷溶液中吸附水，硅胶从庚烷中吸附甲醇，硅胶从四氯化碳中吸附苯甲酸，粗孔活性炭从水中吸附丁醇，石墨和炭黑从水中吸附多种有限溶解有机物等，都有此类等温线。

描述此类等温线可应用 BET 二常数公式和 BET 三常数公式，只需将式中的 p/p_0 替换为 c/c_0 即可。c 为吸附平衡时的溶液浓度，c_0 为实验温度下溶质的饱和溶液浓度。经改进的 BET 二常数公式用于溶液吸附可写作：

$$\frac{K_{\mathrm{BET}}\dfrac{c}{c_0}}{n_2^s\left(1-K_{\mathrm{BET}}\dfrac{c}{c_0}\right)}=\frac{1}{n_{\mathrm{m}}^s b}+\frac{b-1}{n_{\mathrm{m}}^s b}\times\frac{K_{\mathrm{BET}}c}{c_0} \tag{9.2-34}$$

式中，b 为气相吸附 BET 二常数公式中的常数 c，以区别平衡浓度；K_{BET} 为与吸附剂有关的常数。

【例 9-1】某废水为经过二次过滤的出水，其中含有 40 μg/L 的氯苯。废水样品被放置在 9 个标准的 2 L 测试罐中。每个容器中投加不同剂量的聚合氯化铝（PAC）。经过 5 h 的缓慢搅拌然后沉淀。对上清液进行离心分析，以确定氯苯的平衡浓度，结果如下表所示。

试验结果

炭投加量（m）/（mg/L）	0	0.05	0.5	1	2	4	10	20	30
氯苯平衡浓度（c）/（mg/L）	40	35.10	15.85	9.50	4.91	2.41	0.95	0.45	0.34

（1）请分别确定 Freundlich 等温线的经验常数 k 和 n，Langmuir 等温线的常数 a 和 b；

（2）当进水氯浓度为 50 μg/L 时，投加多少 PAC 可以使氯苯浓度降到 0.5 μg/L？

解：（1）绘制 Freundlich 等温式和 Langmuir 等温式的线性方程来计算变量：

Freundlich：$\ln q_{\mathrm{e}}=\ln K_{\mathrm{f}}+\dfrac{1}{n}\ln c$

Langmuir：$\dfrac{1}{q_{\mathrm{e}}}=\dfrac{1}{K_{\mathrm{L}}q_{\max}}(1/c)+\dfrac{1}{q_{\max}}$ 或 $\dfrac{c}{q_{\mathrm{e}}}=\dfrac{1}{q_{\max}}(c)+\dfrac{1}{K_{\mathrm{L}}q_{\max}}$

首先，分别求得 $\ln q_{\mathrm{e}}$、$\ln c$、$\dfrac{1}{q_{\mathrm{e}}}$、$\dfrac{1}{c}$ 及 $\dfrac{c}{q_{\mathrm{e}}}$ 等数值，见下表。

Freundlich 线性等温式和 Langmuir 线性等温式中主要数值的计算结果

m/ (mg/L)	c_0/ (μg/L)	c/ (μg/L)	$x=c_0-c$/ (μg/L)	q_e (x/m) / (μg/mg)	Freundlich		Langmuir		
					$\ln q_e$	$\ln c$	$(1/q_e)$ / (mg/μg)	$(1/c)$ / (L/μg)	(c/q_e) / (mg/L)
0.05	40	35.10	4.90	98.0	4.58	3.56	0.010	0.028	0.36
0.5	40	15.85	24.15	48.3	3.88	2.76	0.021	0.063	0.33
1	40	9.50	30.50	30.5	3.42	2.25	0.033	0.11	0.31
2	40	4.91	35.09	17.5	2.86	1.59	0.057	0.20	0.28
4	40	2.41	37.59	9.4	2.24	0.88	0.11	0.41	0.26
10	40	0.95	39.05	3.91	1.36	−0.05	0.26	1.05	0.24
20	40	0.45	39.55	1.98	0.68	−0.8	0.51	2.22	0.23
30	40	0.34	39.66	1.32	0.28	−1.08	0.76	2.94	0.26

注: 1 μg/mg = 1 mg/g。

然后，根据以上数据绘制等温线，如下图所示。

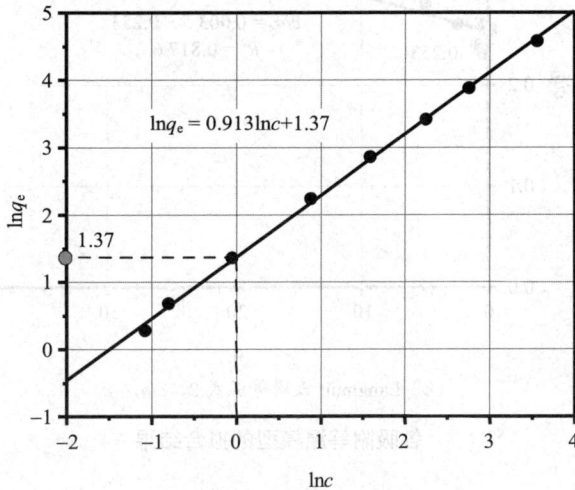

（a）Freundlich 吸附等温式，$\ln q_e - \ln c$

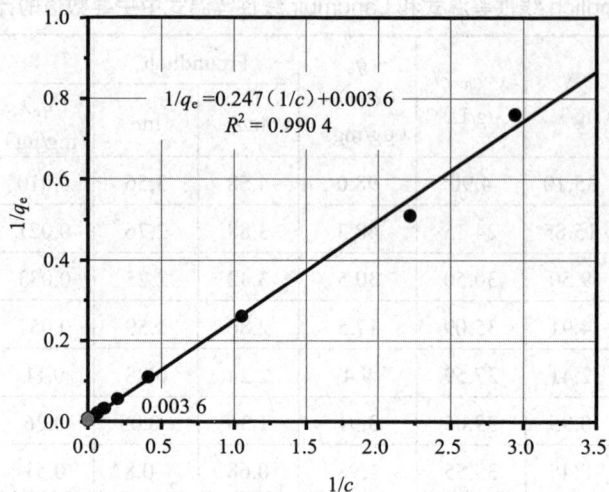

（b）Langmuir 吸附等温式 1，$1/q_e - 1/c$

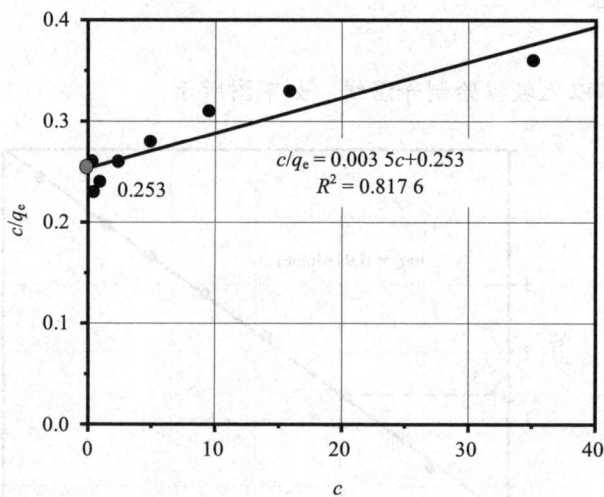

（c）Langmuir 吸附等温式 2，$c/q_e - c$

各吸附等温模型的拟合结果

可以得出，Freundlich 吸附等温式拟合结果中 [图（a）]，$\ln q_e$ 与 $\ln c$ 呈线性关系。y 轴截距表示 $\ln K_f$，等于 1.37，斜率表示 $1/n$，等于 0.913。从而可以计算得到，$K_f = e^{1.37} = 3.94$，$n = 1/0.913 = 1.10$。

Langmuir 吸附等温模型拟合结果中，c/q_e 与 c 的线性关系一般 [图（c）]，但可

得 y 轴截距即 $1/(K_Lq_{max})$=0.253，斜率即 $1/q_{max}$=0.003 5。求解得，K_Lq_{max}=1/0.253=3.95，q_{max}=1/0.003 5=286，K_L=1/（0.253q_{max}）=1/（0.253×286）=0.013 8。但是，根据图（b）中，$1/q_e$ 与 $1/c$ 较好的线性关系可以得到更为准确的常数 q_{max} 值和 K_L 值。y 轴截距 $1/q_{max}$=0.003 6，斜率 $1/K_Lq_{max}$=0.247。求解得 q_{max}=1/0.036=278，K_Lq_{max}=1/0.247=4.045，K_L=1/（0.247q_{max}）=1/（0.247×278）=0.014 6。

　　注：很多时候，由于其他化合物的干扰、测量的不准确、不可控变量以及其他原因，所绘制的等温线线性关系不明确，此时需要对结果进行相应的解释。

　　因此，根据计算得到的常数确定 Freundlich 和 Langmuir 等温线公式：

Freundlich: $q_e = 3.94c^{1/1.10}$ 或 $q_e = 3.94c^{0.913}$

Langmuir: $q_e = \dfrac{4.05c}{1+0.014\,6c}$

（2）计算 PAC 投加量：

如果 c_0=50 μg/L、c=0.5 μg/L，则 $x = c_0-c =$（50–0.5）μg/L = 49.5 μg/L。

代入 Freundlich 式中，

$\dfrac{49.5\,\mu g/L}{m} = 3.94\times(0.5\,\mu g/L)^{0.913} = 2.09$，则投加量 m=23.7 mg/L。

代入 Langmuir 式中，

$\dfrac{49.5\,\mu g/L}{m} = \dfrac{4.05\times0.5\,\mu g/L}{1+0.014\,6\times0.5\,\mu g/L} = 2.01$，则投加量 m=24.6 mg/L。

由于两类等温线计算所得到的 PAC 投加量非常接近，最终 PAC 投加量可以定为 25 mg/L。

9.3　吸附反应器设计与应用

9.3.1　吸附剂的应用

9.3.1.1　活性炭

　　活性炭是废水处理中使用最广泛的吸附剂，利用吸附作用可以去除水中多种污染物，包括天然的和合成的有机化合物。在一定剂量下，活性炭可以将溶解性有机物的浓度降低到微克/升的水平。活性炭吸附挥发性物质后的再生比较容易，可以通过加热处理进行污染物的脱附。对于难挥发有机物吸附饱和后的活性炭，需要采用与活性炭制造相同的方法进行再生，且活化时间相对较短。此外，随着活化时间增加，活性炭的机械强度会显著削弱。

首先，普通活性炭通常呈粉末状或颗粒状。粉状活性炭适用于流动床吸附装置，粉末活性炭颗粒尺寸通常为几微米到几百微米，容易在水流或气流的作用下流动，同时具有磨耗较小的特点，适用于流动床吸附装置的填充。其次，粉末活性炭单位质量的比表面积大，污染物扩散至内部的孔隙路径短，系统达到吸附平衡的速度相对较快。相较之下，颗粒活性炭通常适用于固定床吸附装置的填充，根据需求作为单层或多层的活性炭填充床。颗粒活性炭大部分吸附表面位于颗粒内部，分子扩散到孔隙中后才能被有效吸附，吸附平衡需要一个较长的过程，因此其更换周期也相对更长（图 9.3-1）。

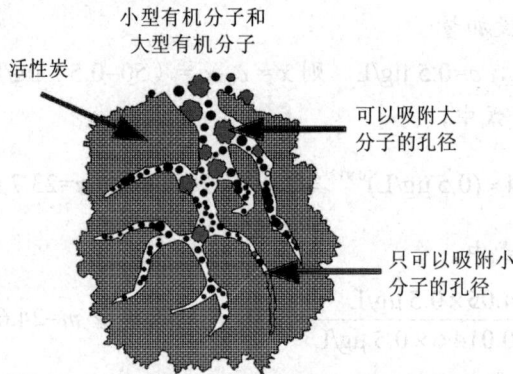

图 9.3-1　活性炭对污染物的吸附示意图

活性炭的元素分析结果表明，其化学组成 90% 以上为碳，其他主要有氧、氢、氮和灰分等，次要组分的含量因原料、制备方法、后处理条件不同而异。活性炭的物理性质一般为密度、比表面、孔径及孔径分布、比孔容和机械强度等，这些性质常与制备活性炭的原料、方法，后处理的条件，活性炭的形状、粒度等因素有关。活性炭的孔隙分类如表 9.3-1 所示，通常，活性炭的比表面积为 500～1 500 m^2/g，内部孔体积为 0.5～1.0 cm^3/g。大多数情况下，比表面积的大小至少 80% 与初级微孔（直径小于 0.8 nm）和次级微孔（直径 0.8～2 nm）相关，其余几乎都归因于介孔（直径 2～50 nm）。当以石油焦炭为原料，使用氢氧化钾作为活化剂，在惰性气体中高温煅烧（600～800℃），钾离子插入碳层之间使层间距增加从而可形成微孔，可制得 BET 比表面积大于 3 000 m^2/g 的高表面积活性炭。

表 9.3-1　活性炭孔隙分类

孔隙分类	尺寸分布/nm
微孔	<1~2
中孔	>1~2，<25
大孔	>25

除比表面、孔体积、孔径分布等因素外，活性炭的吸附性能受其表面的疏水性和表面基团制约。活性炭在制备过程中有些非碳元素（如氧、氢、硫等）可与碳形成化学键，其中特别是氧与碳可形成多种类型的表面基团，包括酸性型、碱性型和两者混合型（中性型）3 种类型。活性炭表面这些不同类型的基团，可使其具有不同亲水性（或疏水性）、酸（或碱）性等，有时在不同 pH 的介质中还可有不同的表面电性，可明显影响活性炭的吸附性质。常见的容易和不易被活性炭吸附的有机物如表 9.3-2 所示。

表 9.3-2　活性炭容易吸附和不易吸附的有机物

容易吸附的有机物	不易吸附的有机物
芳香族溶剂（如苯、甲苯、硝基苯等）	低分子有机物（如酮、酸、醛）
氯代芳香化合物（如氯仿）	糖类、淀粉
多环芳香烃化合物	大分子有机物或者胶体
杀虫剂及除草剂（如莠去津）	
氯化物（如四氯化碳、三氯乙烯、氯仿、溴仿等）	低分子脂肪化合物
高分子烃类（如染料、汽油、胺类、腐殖质）	

宏观来说，决定活性炭吸附能力的主要是其比表面、孔结构、表面性质和吸附质的性质等。微观来说，活性炭的吸附主要取决于范德华力引起的物理吸附、化学吸附、微孔填充和毛细凝结作用。活性炭在极小区域内具有与石墨类似的微晶结构，排列成六角形的碳原子平行层面，对吸附质具有强烈的范德华力作用，这种作用会引发物理吸附，这也是为什么研究者通常将活性炭归于非极性吸附剂的原因。同时，在范德华力作用中也包括吸附质与活性炭表面某些基团形成的氢键作用力。另外，活性炭与石墨类似的微晶中有大量的不饱和键，较大的比表面积和丰富的孔隙结构也使活性炭表面有大量的处于边、棱上的高能量碳原子，都可能与污染物发生化学作用而将其吸附。此外，活性炭的微孔容积占总孔容积的

比例很大，进入微孔中的吸附质分子会受到四方孔壁的叠加作用，当溶液平衡浓度较低时，微孔可以被吸附质完全填满。

活性炭的吸附性能常用的表征方法有碘吸附值法、亚甲基蓝吸附值法、四氯化碳吸附值法以及 BET 值法。

（1）碘吸附值

碘吸附值是指活性炭与碘液充分振荡吸附后，活性炭吸附碘的质量（以 mg 计）。碘的相对分子质量为 253.81，分子直径小，一般认为碘吸附值的高低反映了活性炭微孔数量的多少。其测定原理是将定量的活性炭与碘标准溶液充分振荡吸附后，用滴定法测定溶液中剩余的碘量，当碘的剩余浓度达到 0.02 mol/L 时，求出每组活性炭吸附碘的质量，绘制吸附等温线，计算出 1 g 活性炭样吸附碘的质量（以 mg 计）。

（2）亚甲基蓝吸附值

亚甲基蓝吸附值是指活性炭充分吸附亚甲基蓝溶液后，亚甲基蓝溶液剩余浓度达到规定范围时，每克活性炭吸附亚甲基蓝的质量（以 mg 计）。亚甲基蓝相对分子质量为 319.85，分子直径较大，一般认为活性炭对其主要吸附发生在孔径相对较大的中孔内，亚甲基蓝吸附值的高低主要反映活性炭的中孔数量的多少。

（3）四氯化碳吸附值

四氯化碳吸附值是指活性炭对四氯化碳的吸附比例。在特定的温度条件下，将四氯化碳蒸气通过活性炭，经过一段时间后，称量，不断重复此步骤，直到活性炭达到吸附饱和，质量不再变化时，活性炭吸附的四氯化碳总量即为活性炭的四氯化碳吸附值。

（4）BET 比表面积

BET 比表面积是一个理论参数，其物理意义是当活性炭表面吸附饱和一层氮气分子时氮气分子所占据活性炭的比表面积。假定活性炭表面覆盖一层氮分子并已知单位数量氮气分子所占表面积，可以根据氮气吸附量来确定 BET 比表面积。BET 比表面积是针对氮气分子而言的，在水处理中，许多吸附质的分子尺度远大于氮气分子，因此，并不是所有 BET 比表面积都可以在水处理过程中得到应用。

（5）其他活性炭类物质

其他活性炭类物质还有活性炭纤维、炭分子筛、骨炭、碳纳米材料等。活性炭纤维主要以纤维素纤维、聚丙烯腈纤维、酚醛树脂纤维及沥青类纤维等为原料，经过预处理、炭化、活化等一系列工艺制成。由于活性炭纤维是纤维在炭化过程中形成的一种中间相，因此具有很高的抗拉强度和弹性，相较于活性炭，其石墨化程度更高。除了具有纤维本身的性质外，与颗粒活性炭或粉末活性炭相比，还具有一些独特的优点：①孔径小而均匀，与污染物的相互作用更强，吸附脱附速度快；②石墨化特征，具有较好的导电性与耐热性；③强度高、弹性好，形态上具有很好的可塑性。但因活性炭纤维成本价格高限制了其在废水处理中的实际应用；碳分子筛因碳材料具备筛分分子的性质而得名，其与活性炭的化学组成基本相同，只是活性炭的孔径分布宽，大孔、中孔、微孔都占有一定的比例，而碳分子筛全部为微孔，孔径接近分子大小的 0.4～0.5 nm，对非极性小分子有较强的选择性吸附能力；骨炭是干燥牛骨经 600～900℃炭化所制成的吸附剂，磷酸钙含量为 70%～75%、碳含量为 8%～10%。其与活性炭不同，不仅具有良好的脱色作用，还具有离子交换作用，能够除去水中的重金属离子和氯离子。

9.3.1.2　金属氧化物

在水处理操作和自然系统中，金属氧化物吸附剂，通常是铁、铝、锰或钙等阳离子的氧化物、氢氧化物或碳酸盐能够很好地去除有机物和许多无机元素。当金属氧化物与水接触时，表面氧化物基团会与水反应，生成水合氧化物。

在许多废水处理系统中，会向水中投加含有 Al^{3+} 和 Fe^{3+} 离子的金属盐，生成水合氧化物固体，如 $Al(OH)_3$ 与 $Fe(OH)_3$。这些新生成的沉淀通常具有很大的比表面积，是一种非常有效的吸附剂。在接近中性的 pH 条件下，$Al(OH)_3$ 和 $Fe(OH)_3$ 颗粒的表面通常带有少许正电荷。当金属盐投加量较少，废水中阴离子污染物含量较高时，吸附阴离子后会导致颗粒表面带负电荷，不利于絮体之间发生碰撞来生成颗粒更大的絮体，这些现象在混凝技术部分详细讨论。

水合氧化物对金属离子的吸附与废水的 pH 关系很大，如图 9.3-2 中 4 种金属离子所示。对于给定的金属离子浓度，吸附效率通常只会在相对较窄的 pH 范围内随着 pH 的升高而增加。许多工业废水中通常含有溶解性的金属离子络合剂（配体），这些络合剂的添加不仅可以防止金属沉淀，还可能会降低对金属离子吸附的效率。一方面是溶解的络合剂会与金属离子在吸附剂表面发生竞争吸附，不利于对金属离子的吸附；另一方面，络合剂也可以充当吸附剂表面和金属离子之间的桥梁，从而加强对金属离子的吸附效率，如图 9.3-3 所示。游离 Cd^{2+} 与氯离子或硫酸根结合后，形成了 Cd-络合物，而吸附剂对这些络合物的吸附较弱或根本不吸附，从而降低了对 Cd^{2+} 的去除。但是 Cd^{2+} 和腐殖质形成的复合物则会增强对 Cd^{2+} 吸附，这是因为腐殖质中含有大量羧基，能够被金属氧化物吸附，在吸附剂表面和金属离子之间形成桥梁。

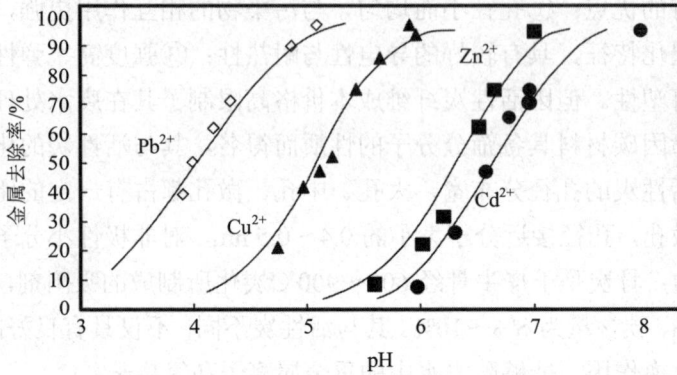

图 9.3-2　不同 pH 下 $Fe(OH)_3$ 固体对 Pb^{2+}、Cu^{2+}、Zn^{2+} 和 Cd^{2+} 的吸附效率

注：体系中 $Fe(OH)_3$ 的浓度为 $1×10^{-3}$ mol/L，金属离子的浓度为 $5×10^{-7}$ mol/L，离子强度为 0.1 mol/L $NaNO_3$。

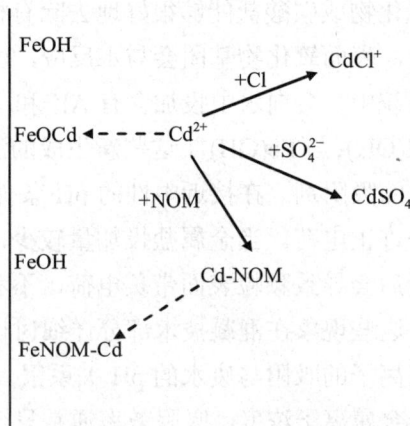

图 9.3-3　络合剂或配体对 Cd^{2+} 在 $Fe(OH)_3$ 颗粒上吸附的影响

在常规混凝过程中形成的 $Fe(OH)_3$ 和 $Al(OH)_3$ 是凝胶状固体，不适合在填充床系统中使用，因为在高浓度下它们会形成浓稠的污泥，不利于水流通过。颗粒形式的铁氧化物和铝氧化物可用于填料床，如活性氧化铝及氧化铁。氧化铝的活化通常是通过加热来实现的，使固体部分脱水并增加其可用表面积。类似地，颗

粒状氧化铁吸附剂也由部分脱水的纯氧化铁组成，并被造粒或涂覆于其他颗粒介质上。填充了氧化物吸附剂的填料床，相较于完全混合反应器，更节省空间，相较于混凝系统需要计算试剂剂量、调节 pH、混合和固/液分离等操作，其操作也更简便。

9.3.1.3 沸石分子筛

沸石分子筛是天然或人工合成的含碱金属或碱土金属氧化物的结晶硅铝酸盐。一般将天然的分子筛称为沸石（zeolite），人工合成的称为分子筛（molecular sieve），两者的化学组成和分子结构并无本质差别，故通常混称为沸石分子筛。

天然沸石是一种天然的黏土矿物，由火山喷发的岩浆发生水热反应形成，是火山灰的沉积物。天然沸石骨架中包含了大量结晶水，结晶水脱附后会形成微孔，能够选择性吸附分子尺寸比孔径小的非极性分子和极性分子。同时，晶体内的碱性离子能够与其他离子交换，常用作硬水软化剂。

沸石的系统化人工合成及应用始于 1940 年，至今已有百余种人工合成分子筛，并不断有新型分子筛问世。组成分子筛的化学物质有 Na_2O、Al_2O_3 和 SiO_2，其中 Na^+ 可被其他金属离子（如 K^+、Ca^+、Ba^{2+} 等）取代或部分取代，并含有一定量的结晶水，化学组成式可写作：

$$M_{2/n}O \cdot Al_2O_3 \cdot xSiO_2 \cdot yH_2O \tag{9.3-1}$$

式中，M 为金属阳离子；n 为这些阳离子的价数，x 和 y 为结合的 SiO_2 和 H_2O 的物质的量。分子筛的化学组成中 $M_{2/n}O$ 与 Al_2O_3 的摩尔比为 1:1，这样才可以平衡硅酸根离子的负电荷，使分子呈中性。分子筛中 SiO_2 与 Al_2O_3 的摩尔比称为硅铝比，不同类型的分子筛硅铝比可以不同。一般来说，分子筛的硅铝比越高，其热稳定性和化学稳定性越好。

分子筛的基本结构单元为硅氧四面体和铝氧四面体，在这两种四面体中硅或铝为中心原子，四面体的 4 个顶角处为氧原子，与Ⅲ族、Ⅳ族、Ⅴ族元素的氧化物构成的四面体、六面体和八面体构成了分子筛的骨架，这些多面体通过共用顶角、边和面组合形成各种新结构（图 9.3-4 和图 9.3-5），1 价和 2 价金属离子插在骨架中间使骨架的电荷平衡。

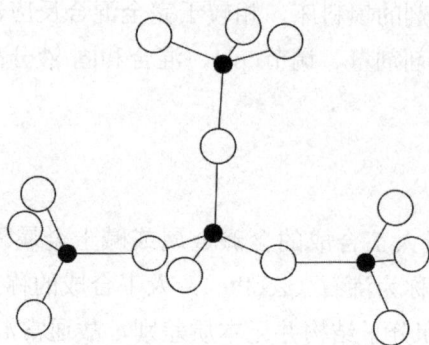

图 9.3-4　4 个硅氧四面体结合的立体图形

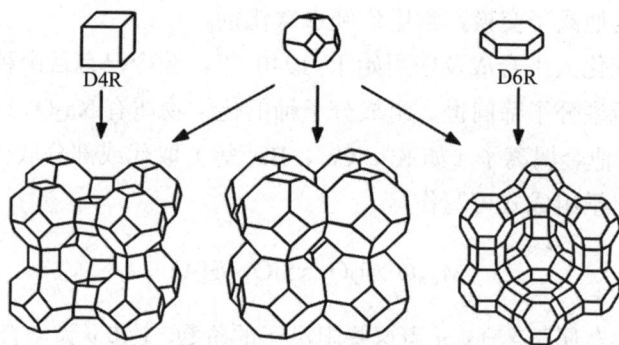

图 9.3-5　沸石的晶体结构

　　沸石分子筛结构中的硅氧键、铝氧键或由离子引起的电子过剩或电子不足，能够形成电子转移型络合物，是强路易斯酸（Lewis acid）位点或强路易斯碱（Lewis base）位点，可以参与吸附。水热处理、酸处理或水解等都会引起沸石分子筛分解形成的无定形的羟基，这是一种比较弱的布朗斯特酸（Brønsted acid）吸附位点，还能与吸附质形成氢键。沸石分子筛结构中的阳离子有不同的存在形态，如八面沸石有 3 种不同的阳离子存在形态，有些难交换，有些易交换。例如，丝光沸石中的 Na^+ 能被 NH_4^+ 迅速交换，价格便宜，适用于处理含氮化合物的废水。此外，沸石对高价离子的交换能力强，常用于放射性废弃物离子的吸附。总体来说，沸石分子筛的吸附优势主要归于以下几方面：①较大的比表面积和微孔体积；②分子筛孔径较均匀，只有小于或近似等于孔径大小的分子才可能被吸附；③分子筛孔穴内可交换的金属阳离子对某些分子的吸附有特殊的作用；④分子筛对少数分子有化学吸附作用；⑤对于临界直径、形状、极性、不饱和度等不同的分子有选择性吸附能力。

9.3.1.4 黏土

黏土（clay）是岩石经风化而形成的具有一定晶体结构的天然矿物质。黏土的成分和结构都十分复杂，其中有些有较大的比表面积和孔隙结构，可作为天然吸附剂和离子交换剂。黏土矿物没有统一的分类规则。在多种黏土吸附剂中，蒙脱土及其改性产品应用得最多。

蒙脱土为层状硅酸盐矿物，是由两层硅氧四面体中间夹一层铝氧四面体形成晶层单元，属 2∶1 型三层结构的黏土矿物。蒙脱土具有膨胀性晶格以及晶层间有可交换的阳离子，使其具有较好的吸附能力和离子交换能力，其交换容量约为人工合成阳离子交换剂的 1/4。

天然黏土矿物需进行活化来提高其吸附活性。最常用的化学活化方法是用无机酸处理，酸处理可除去部分或全部的 Ca、Mg、Fe、Al 等金属氧化物，同时可提高表面酸度。酸处理通常能增大比表面积和增加孔隙。蒙脱土用 28%～30%的盐酸加热处理后，晶体结构发生变化，层间可交换阳离子被 H^+ 取代。因交换了 H^+ 而形成的酸性中心，可化学吸附含氮、硫、氧的化合物。此外，为了提高黏土吸附有机物的能力，常采用表面活性剂对黏土进行有机改性。例如，用十六烷基三甲基溴化铵（CTAB）改性的膨润土自废水中吸附芳烃的能力可提高 10～20 倍。

9.3.2 吸附容器设计

吸附等温线相关知识对于吸附容器的有效设计至关重要。在处理系统接近吸附平衡的情况下，仅涉及吸附等温线的相关计算。在其他情况下，特别是在使用多孔吸附剂或颗粒状吸附剂的情况下，吸附不能很快达到平衡，还必须考虑吸附动力学。基于实际需求及篇幅限制，本书将重点介绍环境工程中最常用的吸附容器设计和简化情况下的质量平衡，分别以间歇式吸附系统和固定床吸附系统展开分析，吸附目标设定为单一污染物。

9.3.2.1 间歇式吸附系统

间歇式吸附系统是最为简单的吸附系统。在此系统中，吸附质既不会由化学反应生成，也不会被化学反应破坏，且任意时刻吸附质总质量等于初始质量。因此，系统中的总吸附质在任何时候的质量平衡可以看作系统中两个时间间隔的质量变化之间的关系，如下所示：

系统总吸附质的质量变化（吸附时间为 $0 \sim t$ 时）= 溶解的吸附质质量的变化 + 被吸附的吸附质质量变化

$$0 = V_L (c_0 - c_t) + W (q_0 - q_t) \tag{9.3-2}$$

式中，V_L 为反应器中本体溶液的体积；W 为反应器中吸附剂的质量；c 为溶解性吸附质的浓度；q 为吸附量（吸附质的质量/吸附剂的质量）。

将式（9.3-2）整理，可以得到：

$$V_L (c_0 - c_t) = -W (q_0 - q_t) \tag{9.3-3}$$

假定 c_t 和 q_t 分别表示系统中的平均浓度和平均吸附质量，则无论系统是否达到平衡，式（9.3-3）都适用。即使每一种吸附剂颗粒的吸附密度都不同，或者当溶液中溶解性的吸附质浓度随空间变化时，溶液中吸附质质量的减少与被吸附吸附质质量的增加是相同的。然而，如果我们只考虑达到平衡的系统，则 c_t 和 q_t 在整个系统中都是均匀的，并且一定与吸附等温线相关：

$$V_L (c_i - c_f) = -W (q_i - q_f) = -W (q_i - q_e|c_{fi}) \tag{9.3-4}$$

式中，下标 i 和 f 分别表示初始（非平衡）和最终（平衡）条件；$q_e|c_{fi}$ 为与 c_f 相关的平衡吸附密度。

如果用 Langmuir 等温线或 Freundlich 等温线表示吸附平衡，则式（9.3-4）可转化为

Langmuir：
$$V_L (c_i - c_f) = -W(q_i - q_{max} \frac{K_L c_f}{1 + K_L c_f}) \tag{9.3-5}$$

Freundlich：
$$V_L (c_i - c_f) = -W (q_i - k_f c_f^n) \tag{9.3-6}$$

一般已知初始的溶解性吸附质浓度、处理后的浓度以及待处理的溶液的体积。如果添加新吸附剂，q_i 将会是零。假设已经对等温线进行了表征，$q_e|c_{fi}$ 也为已知。因此可以通过式（9.3-4）计算得到所需的吸附剂量（W）。如果初始溶解性吸附质浓

度和吸附剂量是固定的，那么一旦达到平衡，就可以求出溶液中残留的吸附质浓度。

【例9-2】当 $0 < c < 5$ mmol/L 时，活性炭（AC）对苯酚的吸附符合 Freundlich 等温线 $q = 0.97c^{0.27}$，K_f 的单位为 $\dfrac{\text{mmol/g}}{(\text{mmol/L})^{0.27}}$，$c$ 的单位为 mmol/L。采用间歇式工艺进行处理，目标为将苯酚浓度由 1.0 mmol/L 降低到 0.05 mmol/L。如果系统中溶液与吸附剂达到平衡，需要的活性炭量为多少？

解：由于吸附反应符合 Freundlich 等温线，我们可以使用式（9.3-6）计算所需的吸附剂量，如下所示：

$$V_L(c_i - c_f) = -W(q_i - K_f c_{fi}^n)$$

$$\begin{aligned}\frac{W}{V_L} &= -\frac{c_i - c_f}{q_i - K_f c_f^n} \\ &= -\frac{1.0 - 0.05}{0 - 0.97 \times 0.05^{0.27}} \\ &= 2.2 \text{ gAC/L}\end{aligned}$$

考虑吸附剂的更换和再生成本相对较高，一般在工程应用会尽量充分利用吸附剂的吸附容量。通过单个反应器的串联运行方式，可以提高吸附剂的利用效率，见【例9-3】。

【例9-3】如果利用两个相同的串联间歇式反应器处理废水，假设每个反应器中加入一半的活性炭，并且当废水被转移到第 2 个反应器时，第 1 个反应器的吸附剂仍保留在其中，那么处理【例9-2】中的废水需要多少活性炭？

解：首先，两个反应器中的质量平衡是相互关联的，因为来自第 1 个反应器处理过的出水是第 2 个反应器的进水。其次，已知 W/V_L 在两个反应器中是相同的。因此，我们可以用式（9.3-3）得到每个反应器中 W/V_L 的表达式，这两个表达式是相等的，从而可以计算得出活性炭投加量和吸附密度。

将反应器 i 中苯酚在平衡时的浓度和吸附密度分别设为 c_i 和 q_i，使用等温线方程计算每个反应器中的 c 与 q（为了简单起见，省略了单位）：

反应器 1：

$$\left(\frac{W}{V_L}\right)_1 = -\frac{c_{i,1} - c_1}{q_{i,1} - 0.97c_1^{0.27}}$$

反应器 2:

$$\left(\frac{W}{V_L}\right)_2 = -\frac{c_{i,2} - c_2}{q_{i,2} - 0.97c_2^{0.27}}$$

吸附剂中一开始不含有吸附质，因此 $q_{i,1}=q_{i,2}=0$。进行代换并将这两个表达式等价 W/V_L，可以得到：

$$-\frac{c_{i,1} - c_1}{0 - 0.97c_1^{0.27}} = -\frac{c_1 - c_2}{0 - 0.97c_2^{0.27}}$$

$$c_2^{0.27}\left(c_{i,1} - c_1\right) = c_1^{0.27}\left(c_1 - c_2\right)$$

$c_{i,1}$ 和 c_2 的值分别为未处理和处理结束后废水中的苯酚浓度，对应于【例 9-2】中分析的单反应器系统中的 c_i 和 c_f。因此，c_1 是上述等式中唯一未知的。数值求解可得 $c_1 = 0.40$ mmol/L，将该值代入等温线中得出 $q_1 = 0.97 \times 0.40^{0.27}$，即 0.76 mmol/L。最后，将 c_1 代入 W/V_L 的表达式中，可以得出每个反应器中所需要的活性炭投加量为 0.80 g/L，所以总剂量为 1.60 g/L，为【例 9-2】计算所得的单个间歇式系统所需活性炭投加量的 73%。

9.3.2.2 固定床吸附系统

大量固定颗粒堆积在一起，便形成了一定高度的颗粒"床"。如果这个颗粒床是固定不移动的，那么可以成为固定床。废水以稳定的速率进入未使用吸附剂的固定床，刚开始，大部分吸附质吸附在柱顶附近，下游部分没有出现任何显著浓度的吸附质。在发生大量吸附反应的部位，固定床的每一层含有比紧邻上游层更低的吸附质浓度和更低的吸附质量。活性炭固定床吸附装置见图 9.3-6。

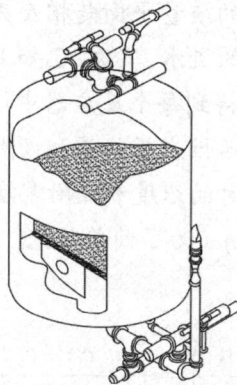

图 9.3-6 活性炭固定床吸附装置

吸附一定时间后，吸附剂在上游部分吸附了足够的吸附质达到了吸附平衡，此后吸附剂不再吸附额外的吸附质。当吸附质量达到与 c_{in}（进水中吸附质的浓度）平衡的 q 值时，就会达到这种情况，而不是当吸附剂与任意高的 c 值平衡时达到最大的 q 值。例如，如果系统被表征为 Langmuir 吸附等温线，柱中 q 的最大值将会达到 $q_{max}K_L c_{in}/(1+K_L c_{in})$，而不是 q_{max}，将此最大可达到的吸附密度定义为 q_{in}^*。

当最靠近入口的吸附剂与流入的废水达到平衡后，流入废水通过固定床时，直到到达 $q < q_{in}^*$ 的位置才会发生吸附。在该点的下游，在吸附吸附质达到饱和之前这些状况实际上与上游区段的状况相同，具体如图 9.3-7 所示。

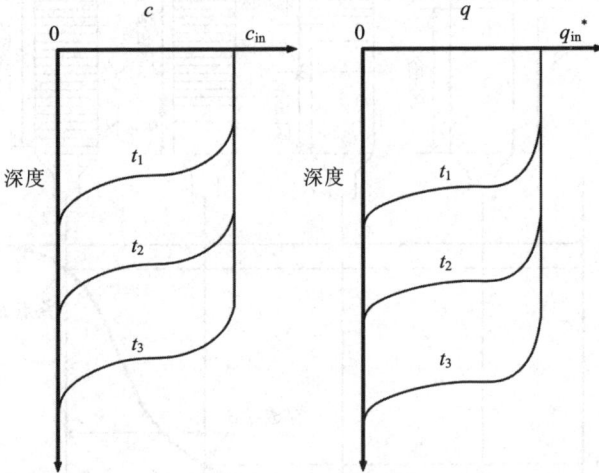

图 9.3-7　固定床吸附柱在 3 个不同时间点的吸附质浓度和吸附密度示意图

固定床层中溶解性吸附质浓度和吸附质量开始发生剧烈变化的部分通常称为反应器的活性区或传质区（mass transfer zone，MTZ）。MTZ 的形状由等温方程、吸附质在反应器中的轴向扩散以及吸附动力学决定，随着固定床的运行，MTZ 在床层中的移动保持一个近似不变的形状。

当吸附达到饱和时，MTZ 的前沿到达出口，出水中吸附质的浓度开始显著增加。当 MTZ 下端达到床层底部时，出口流体的浓度急剧升高，这时对应的点称为穿透点（break point）。然后，出口流体的浓度不断增大，当吸附区的上端通过床层底部时，出口流体的浓度等于初始浓度。此时，整个吸附塔都成为饱和区，失去了吸附能力，有待于解吸再生。

出水浓度上升的时期称为穿透期，出水浓度和处理废水的时间或体积的关系称为穿透曲线。穿透曲线以流出流体量或流出时间为横坐标，以出口流体浓度为纵坐标，如图9.3-8所示。当吸附区为无限薄层时，穿透曲线为一垂线，一般情况下为一条呈S形的曲线，不同情况下S形曲线的倾斜度各异。穿透点只有通过实验才能准确求得。图中取浓度急剧上升点为穿透点，此时吸附区下端移动至吸附塔出口；取接近初始浓度的S形曲线上端的拐点为穿透曲线的终点，此时吸附区上端移动至吸附塔出口。

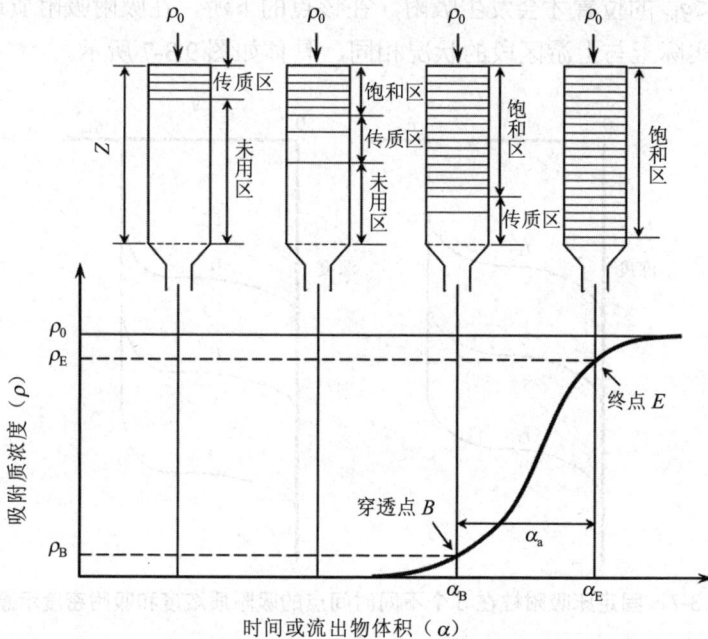

图9.3-8 固定床吸附器传质过程及穿透曲线示意图

吸附质浓度为ρ_0（kg/m³）的溶液以G[m³/（s·m²）]的速率流入填充高度为z（m）的固定床吸附塔，任意时间不含溶质的溶剂累计流量为α（m³/m²），ρ_B为穿透点浓度，ρ_E为穿透曲线的终点浓度，α_B为出口处溶质浓度达到ρ_B时的累计流量，α_a为吸附区移动到高度为z_a区间的累计流量。图9.3-8中穿透点（B）与吸附终点（E）间可被吸附的吸附质质量W（kg/m³）可以表示为

$$W = \int_{\alpha_B}^{\alpha_E} (\rho_0 - \rho)\mathrm{d}\alpha \tag{9.3-7}$$

吸附区中的吸附剂全部饱和时的吸附量为$\rho_0\alpha_a$，吸附区的吸附剂剩余吸附量

与饱和吸附量之比 f（未饱和率）可以表示为

$$f = \frac{W}{\rho_0 \alpha_a} = \frac{\int_{\alpha_B}^{\alpha_E} (\rho_0 - \rho) d\alpha}{\rho_0 \alpha_a} \tag{9.3-8}$$

设床层的填充密度为 ρ_b（kg/m³），与 ρ_0 平衡的吸附浓度为 x_0（kg 溶质/kg 吸附剂），则达到穿透点时，吸附区的吸附量为 $z_a \rho_b x_0$（kg/m²），吸附塔全部饱和时的吸附量为 $z \rho_b x_0$（kg/m²）。穿透点的吸附量 W_E（kg/m²）为

$$W_E = (z - z_a) \rho_b x_0 + z_a \rho_b x_0 (1-f) = (z - z_a f) \rho_b x_0 \tag{9.3-9}$$

穿透点吸附剂的饱和度为

$$饱和度 = \frac{(z - z_a) \rho_b x_0 + z_a \rho_b x_0 (1-f)}{z \rho_b x_0} = \frac{z - z_a f}{z} \tag{9.3-10}$$

9.3.3 吸附剂再生

当从吸附床排出的污染物浓度超过可接受的水平时，需停止使用吸附床，对吸附剂进行再生处理。以下介绍几种常见吸附剂的再生方式。

9.3.3.1 活性炭再生

普通活性炭通常以木材、椰子壳等果壳和煤等作为原料，经过炭化和活化制得。炭化也称热解，在隔绝空气的条件下对原料进加热，一般温度在 600℃以下。活化过程可分为化学活化及气体活化。常用的化学药品活化剂有氯化锌、磷酸、氢氧化钾等，气体活化剂有水蒸气、二氧化碳、空气等。

使用的活化手段取决于原材料的性质和类型。比如，对于泥炭和木质原料的活化，一般使用化学法，将原料浸泡在强脱水剂中，通常为五氧化二磷（P_2O_5）或氯化锌（$ZnCl_2$），混合成糊状，然后加热至 500～800℃来实现活化。由此得到的活性炭经过洗净、干燥，并研磨成所需的尺寸。通过化学活化得到的活性炭通常具有较大的孔隙结构，有利于吸附大分子。

蒸汽活化一般用于以煤和椰壳为原料的活性炭活化。活化过程是在 800～1 100℃的热蒸汽的气化作用下进行的。

$$C + H_2O \longrightarrow H_2 + CO + 175 \qquad 440 \text{ kJ/(kg·mol)} \tag{9.3-11}$$

这是一个吸热反应，温度是通过部分燃烧产生的 CO 和 H_2 来维持的。

$$2CO + O_2 \longrightarrow 2CO_2 \qquad -393\,790 \text{ kJ/(kg·mol)} \tag{9.3-12}$$

$$2H_2 + O_2 \longrightarrow 2H_2O \qquad -396\,650\ kJ/(kg \cdot mol) \qquad (9.3\text{-}13)$$

由此活化过程所生产的活性炭需再经过分级、筛选和除尘等处理。蒸汽活化的活性炭通常具有细小的孔隙结构，非常适合液态和气态化合物的吸附。

9.3.3.2 其他吸附剂再生

如果大部分吸附位点位于吸附剂的外表面，或者吸附质能够快速地传输到吸附剂的内部，则吸附剂可以在原位快速再生，无须从床层中去除吸附剂。以亲水性污染物为吸附目标的系统适用于这种再生方法，如金属离子或无机阴离子。在这种情况下，若吸附剂表面位点是弱酸性或弱碱性，吸附剂可以分别通过暴露于酸性或碱性溶液中再生。强酸性或强碱性吸附剂对 H^+ 或 OH^- 的亲和力较弱，需使用其他离子（如 Na^+ 或 Cl^-）进行再生。表 9.3-3 为再生过程的典型反应和条件。

表 9.3-3 用于去除离子吸附质的吸附剂的典型再生条件

吸附剂	再生反应	典型再生剂
粒状氢氧化铁	$\equiv FeO - Cu^+ + 2H^+ \longleftrightarrow \equiv FeO - H_2^+ + Cu^{2+}$	0.01 mol/L HCl
活性氧化铝	$\equiv Al - F + OH^- \longleftrightarrow \equiv AlO - H + F^-$	0.01 mol/L NaOH
强酸型离子交换树脂	$\equiv R - Ag + Na^+ \longleftrightarrow \equiv R - Na + Ag^+$	1.0 mol/L NaCl
强碱型离子交换树脂	$\equiv R_2 - HAsO_4 + 2Cl^- \longleftrightarrow \equiv R_2 - Cl_2 + HAsO_4^{2-}$	1.0 mol/L NaCl

离子交换树脂的再生效率通常较高（>95%），氧化物和其他矿物吸附剂的再生效率则较低（80%～90%）。再生过程中，未被洗脱回收的吸附质通常被认为是不可逆吸附，这表明它与颗粒内部的强吸附位点结合，从而不容易释放出来，会降低吸附剂的循环使用能力。然而，吸附剂颗粒内部不可逆，结合吸附质的积累通常对后续吸附循环中的吸附容量的影响非常小。在某些情况下，在多次循环处理之后，吸附剂中残留的吸附质累计量已经超过了初始循环中的总吸附量，但是吸附剂仍然有效地发挥作用。这说明，吸附质可能发生了某种转化，转变为另一种形式。例如，吸附质可能转化为沉淀物在吸附剂表面保留下来，不占据大量的表面吸附位点，甚至可能提供新的表面吸附位点。

再生过程中可能出现的另一个问题是吸附剂本身的化学转化，如吸附剂的部分溶解。一些吸附剂如果浸渍于酸性或碱性溶液中进行再生，部分溶解会导致吸附剂的吸附能力不断减弱。

与溶液相快速平衡和用于吸附亲水性物质的吸附剂相反，用于去除疏水性物质的吸附剂和微孔吸附剂通常不适合原位再生。首先，疏水性吸附质通常是能够被颗粒活性炭吸附的物质，其能够被吸附剂强烈地吸附住并且难以脱附回到水中，以至于调节洗脱剂都无法扭转吸附反应的驱动力将污染物洗脱。其次，即使驱动力可以被扭转，吸附质从孔隙结构深处迁移到洗脱液中也需要较长的时间，从而导致吸附剂停用时间过长，显著影响经济效益。

例如，颗粒活性炭的再生通常是从吸附床中取出后再进行活化，在此过程中可能会损失高达几个百分点的颗粒活性炭质量。当颗粒活性炭被干燥和加热时，吸附剂颗粒内部的物理变化，吸附质的不完全释放以及无机化合物在孔隙中的沉淀，都会减弱其吸附能力。但这些颗粒通常可以重复使用几次，增加吸附剂的有效使用寿命一直以来都是吸附剂再生技术努力改进的目标。

9.3.4 固定床的运行管理

9.3.4.1 吸附剂的再生频率

对于一个固定床吸附系统，每隔一段时间需要对吸附性能已经降低的吸附剂进行再生。为了最大限度地减少新吸附剂的补充，对于给定的进水水质，吸附剂应达到最大的污染物吸附量后进行再生。这个可实现的最大吸附量为 q_{in}^*，即与进水平衡的吸附质量。

首先进行吸附质质量平衡计算，以任意两次吸附剂再生的时刻点作为时间节点，时间节点之间可以有任意次数的吸附/再生循环。假设这两个时刻废水中的吸附质浓度和被吸附的吸附质质量大致相等，那么在再生步骤中，从吸附剂中释放的吸附质质量必须等于被吸附的吸附质质量。或者，将这两个量除以时长，该时段内吸附和再生的平均速率相等。

将 X 定义吸附剂被再生或从床层中去除且被新吸附剂替代的平均速率，将 X 的最小值（X_{min}）对应于旧吸附剂的最大吸附量 q_{in}^*，质量平衡为

废水中吸附质的除去速率=再生过程中吸附质的洗脱速率

即
$$Q(c_{in} - c_{out}) = X_{min}(q_{in}^* - q_{fresh}) \tag{9.3-14}$$

式中，c_{out} 为在指定时间段内出水的平均吸附质浓度。假设未使用的吸附剂或再生吸附剂上的吸附质量为零，可以计算出最小的再生率为

$$X_{\min} = \frac{Q(c_{in} - c_{out})}{q_{in}^*} \qquad (9.3-15)$$

式中，$X_{\min}$ 的计算值与吸附剂分布的填充床的数量、废水与吸附剂的接触方式、吸附剂的更换是连续的还是间歇的有关。

9.3.4.2 固定床吸附系统设计方案

（1）单床

吸附系统通常会设定一个绝对不可能超过的瞬时或短期的最大出水浓度，以及一个不能超过的长期平均浓度。分析 MTZ 的位置是非常重要的，需要确定吸附剂再生之前，MTZ 离开固定床并进入出水的限值。

如果 MTZ 非常薄，即穿透曲线剖面非常陡峭，并且易于监测，我们可以选择单个填充床的设计，该设计仅在出水口上游进行监测。该系统运行至吸附质开始穿透时，吸附剂需要进行再生或者替换，如图 9.3-9（a）所示。在实际工程中，一般会设计第 2 个床层，既可以作为一种应急措施，也在一个床层进行再生时用作废水的连续处理。

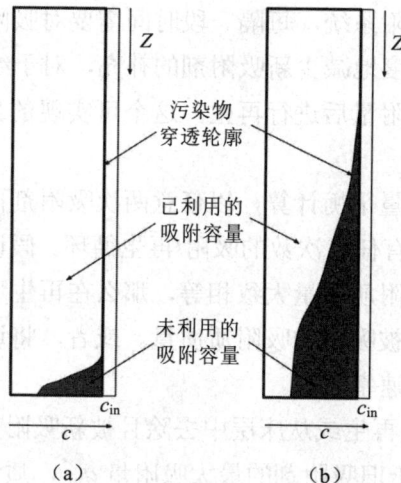

图 9.3-9 污染物穿透时两种填料床的污染物浓度分布及吸附容量比较

另外，如果目标污染物的 MTZ 相对较长，与进水浓度相比，最大可接受的出水浓度较低，那么使用单床进行吸附很难达到处理目标。当大部分吸附剂容量未被利用时，就需要再生或更换吸附剂［图 9.3-9（b）］。在这种情况下，将污染物的穿透与吸附剂再生频率的关系分开考虑更为合适。即出水中污染物始终未穿透，但再生介质的容量却得到了最大限度的利用，也就是 $q = q_{in}^*$，这可以通过一组串联的固定床对废水进行处理来实现。

（2）串联式固定床

当吸附剂能够在原位快速再生，如离子交换和一些氧化物吸附剂，几个串联的填充床可以实现废水的有效处理。反应器个数和容积的设计取决于很多因素，但所有情况下，关注的点都是在第 1 个床层（最上游）中达到 q_{in}^* 的吸附量，并且在最后一个床层（最下游）出水中污染物浓度恰好在出水限值内。这种布置如图 9.3-10 所示。

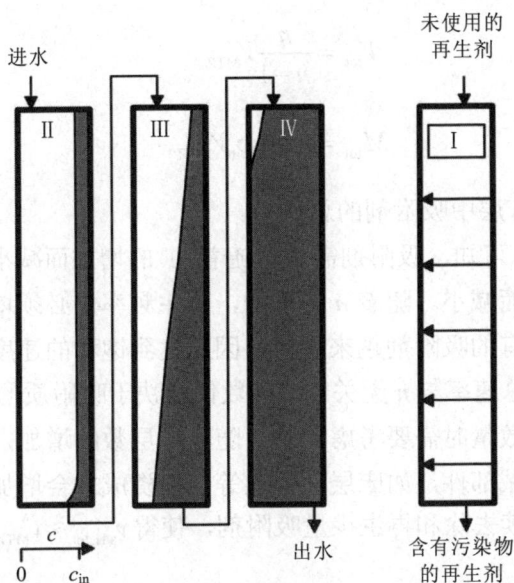

图 9.3-10　串联式固定床的再生过程示意图

图 9.3-10 中，床层 I 正在进行再生处理，床层 II、床层 III 和床层 IV 串联排列，构成正处运行状态的废水处理系统，床层 II 已经接近完全穿透，床层 III 包含了大部分 MTZ，床层 IV 正在净化废水以使出水中几乎不含污染物。在这之前，床层 I 处于最上游的位置，其次是床层 II 和床层 III，床层 IV 已经停止使用并处于再生状态中。在所示时间之后不久，床层 II 将停止运行并进入再生状态，床层 III 和床层 IV 将移至上游（以便进水流入床层 III），床层 I 将会位于床层 IV 下游的处理序列中。

由于吸附剂再生的最小速率与系统中床层数无关，因此串联式固定床层数可以设计成任意大于 1 的床层数量。工作时可以选择只使用两个床层，在这种情况下，当第 2 个床层进行再生时，整个 MTZ（或者至少是 MTZ 中污染物浓度大于最大允许浓度的部分）必须包含在一个床层中。或者，可以使用更多的床层来实现相同的处理目标，在这种情况下，当一个床层处于再生状态时，MTZ 可以分布在其他床层中。

将这些情况进行总结，对于具有 n 个床层的系统，每个床层（V_{bed}）中吸附剂的体积必须至少为 $V_{MTZ}/(n-1)$，其中 V_{MTZ} 是 MTZ 所占据的床层体积。相应地，整个系统中吸附剂总体积为 $V_{tot} = nV_{bed}$。因此串联固定床系统的最小总吸附剂需求量与 MTZ 占据的体积相关，关系如式（9.3-16）和式（9.3-17）所示：

$$V_{tot} = \frac{n}{n-1}V_{MTZ} \tag{9.3-16}$$

$$M_{tot} = \frac{n}{n-1}\rho_b V_{MTZ} \tag{9.3-17}$$

式中，M_{tot} 为床层中吸附剂的总质量。

由式（9.3-17）可知，吸附剂需求量随着 n 的增加而减小，但是床层的边际效益随着 n 的增加而减小。随着 n 的增加，再生频率也必须增加，因为随着 n 的增加，每个床层含有的吸附剂越来越少，因此达到饱和的速度将会越来越快。但是，吸附剂再生的总速率与 n 无关，该参数仅取决于吸附质的吸附速率和 q_{in}^*。因此，在确定床层的数量时需要考虑的是，随着床层数的增加，所需的吸附剂总量减少，但系统的机械部件，如床层、管道等，投资成本会增加。在极限情况下，可以设计系统以连续去除和再生少量吸附剂，使得 $v_{ads,tot} \approx v_{MTZ}$。图 9.3-11 为此种系统的设计示意图。

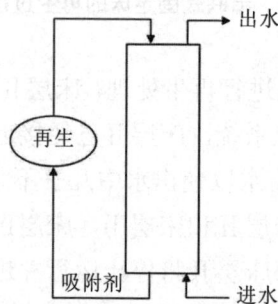

图 9.3-11 一种具有连续吸附剂再生的填料床吸附系统

习题

1．相较于染料、腐殖质，活性炭对糖类、淀粉的吸附性能比较差的原因是什么？试解释。

2．简述活性炭吸附的微观传质过程。分子量越大的有机物在传质动力学方面是否越快？请说明原因。

3．下表为粉末活性炭吸附染料污染物的试验数据，染料废水体积为 1 L，染料初始浓度为 50 mg/L。请分别使用 Freundlich 及 Langmuir 模型进行拟合，判断试验中的吸附过程更符合哪个吸附类型。

活性炭投加量（m）/g	污染物平衡浓度（C_e）/（mg/L）
0.0	3.37
0.001	3.27
0.010	2.77
0.100	1.86
0.500	1.33

4．某工业企业每天产生废水 4 000 m^3，废水中苯酚浓度为 0.12 mg/L。活性炭吸附实验得到 Freundlich 方程对苯酚的吸附常数 K_f 为 2.6（mg/g）（L/mg）$^{1/n}$，并且 $1/n = 0.73$。若需要使用活性炭吸附法处理废水中的苯酚，将苯酚浓度降低为 0.05 mg/L，每天需要使用多少活性炭？

5．分别简述活性炭热再生、酸碱再生、湿式氧化、电化学再生的再生机理。

第 10 章　膜分离技术

10.1　膜分离发展历程

　　膜分离的发展历程可以从膜分离的科学理论和应用技术两方面进行阐述。1748 年，法国物理学家让·安托万·诺莱（Jean-Antoine Nollet）在试验中不经意发现，水可以自发地扩散透过动物膀胱壁进入酒精中，由此提出了"渗透"概念。1887 年，荷兰化学家范特·霍夫（Van't Hoff）采用半透膜测量溶液渗透压并提出了 Van't Hoff 方程，以此解释了理想稀释溶液的行为。到 19 世纪中叶，科学家们已经开始利用天然或合成的聚合物制备微孔过滤膜，阿道夫·菲克（Adolf Fick）在 1855 年用硝酸纤维素制成了微滤膜。到 20 世纪早期，膜分离材料开始在物理和化学科学研究中被广泛使用，但受制于膜材料，无法实现大规模商业化生产，膜分离技术还没有被投入工业生产中。直至 20 世纪 60 年代，科学家们用乙酸纤维素制备出反渗透（reverse osmosis，RO）膜，RO 膜开始成为工业化的脱盐技术。同时，膜分离技术在化工、食品以及医疗等领域都开始得到了快速发展。经过几十年的发展，膜材料制备在最初的浸没沉淀法的基础上不断优化和改进，将界面聚合、层层复合和涂层等技术用于制造高性能的膜材料。80 年代以后，微过滤、超滤、反渗透和电渗析在污水处理领域开始广泛应用，迄今为止，膜分离技术已经成为环境工程领域中重要的组成，它不局限于废水处理，在有机溶剂纯化、气体分离、污泥脱水等方面均有应用。膜技术的快速发展离不开膜科学理论的支撑，在这个过程中膜过程的分离传质理论在争议中不断完善和发展。

10.2　膜的定义与分类

10.2.1　膜的定义

膜可以看作两相流体之间一个具有透过性的屏障，或看作两相流体之间的界面，是分离过程的核心部分。如图 10.2-1 所示，原料混合液中某一组分或几种组分可以比其他组分更快地通过膜而进入另一侧，该过程是膜分离过程。与其他分离技术相比，膜分离技术具有操作简单、分离效率高等特点。本章重点在于废水处理及回用方面的膜分离技术，其他领域的膜分离技术暂不详述。

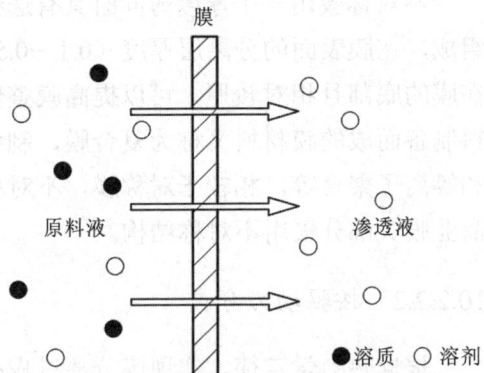

图 10.2-1　膜分离原理示意图

10.2.2　膜的分类

10.2.2.1　按结构分类

如果把膜看作一个两相流体之间离散的界面，这个界面可厚可薄，结构和化学组分可均匀、可不均匀的，因此可以按膜截面的结构的均匀度分为对称膜和不对称膜两种，如图 10.2-2 所示。

对称膜的截面沿中心线呈对称结构。对称的多孔膜具有高度孔隙率的结

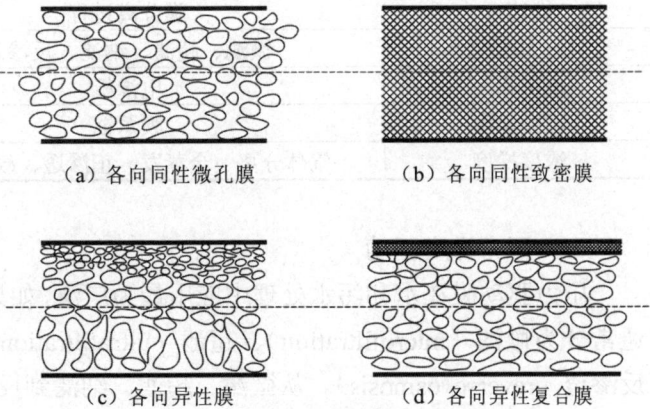

（a）各向同性微孔膜　　（b）各向同性致密膜
（c）各向异性膜　　（d）各向异性复合膜

图 10.2-2　对称膜和不对称膜的结构示意图

构，孔隙之间相互连通并且均匀分布。孔膜若呈柱状，则孔洞相对规则并贯穿整

个横截面。一般多孔对称膜的孔隙直径在 0.01～10.0 μm，根据孔径筛分原理，理论上所有大于最大孔隙的颗粒都能被膜截留。致密对称膜则由致密的膜材料组成，在压力、浓度或电势梯度的驱动力下，渗透液进入膜内部通过扩散传输。对称传质阻力与膜的厚度成正比，因此，一般情况下膜厚度越小，膜的渗透速率越高，但膜的机械强度也随之降低。不对称膜的出现可以弥补这一问题。

不对称膜由一个厚度薄同时具有选择性的表层和一个相对较厚的多孔支撑层组成，在膜表面的分离层厚度（0.1～0.5 μm）较小，起到分离的功能，而支撑层在膜的底部且相对较厚，可以提高膜整体的机械强度。一般由两层或多层不同材料制备而成的膜材料又称为复合膜，制备的方法包括涂层、界面聚合、原位聚合和等离子聚合等。相较于对称膜，不对称膜可以明显提高渗透速率，所以目前的商业膜大部分采用不对称结构。

10.2.2.2 按驱动力分类

根据热力学定律，实现膜分离过程必须在原料液侧施加一个推动力，因此，膜分离过程可以按推动力性质进行分类。在环境领域，膜分离过程的推动力包括压力梯度、浓度梯度、电位梯度和温度梯度，不同的膜分离过程相应的推动力见表 10.2-1。

表 10.2-1 环境领域膜分离过程及其推动力

推动力	膜分离过程	符号
压力梯度	微滤、超滤、纳滤、反渗透	ΔP
电位梯度	电渗析	ΔE
温度梯度	膜蒸馏	$\Delta T/\Delta P$
浓度梯度	气体分离、全蒸发、正渗透、载体介导	Δc

（1）压力梯度驱动

压力驱动膜在水和污水处理中应用最为广泛，如果按膜的分离孔径进行区分，通常分为微滤（microfiltration）、超滤（ultrafiltration）、纳滤（nanofiltration）和反渗透（reverse osmosis）。从微滤、超滤、纳滤到反渗透，膜分离过程中能够截留的溶质尺寸越来越小，但需要提供的驱动压力越来越大，原料液的回收率比例也出现递减，如表 10.2-2 所示。

表 10.2-2　典型的跨膜压力和压力驱动膜工艺的回收

膜过程	驱动压力/kPa	通量/ [L/ (m²·h·10⁵ Pa)]	回收率/%
微滤	10~100	>50	90~99
超滤	50~300	10~50	85~95
纳滤	200~1 500	1.4~12	75~90
反渗透	500~8 000	0.05~1.4	60~90

根据国际纯粹与应用化学联合会（IUPAC）的定义，孔径小于 0.5 nm 的膜为致密膜，大于 0.5 nm 的膜为多孔膜。因此，常规的微滤和超滤为多孔膜，纳滤和 RO 膜的表层分离层一般认为是致密膜。IUPAC 将微滤定义为截留粒径大于 0.1 μm 颗粒的膜分离过程，超滤和纳滤分别是截留粒径大于 2 nm 和小于 2 nm 的颗粒或溶质的膜分离过程。4 种膜和常规方法对应去除的污染物及其尺寸如图 10.2-3 所示，在后面的章节中将对压力驱动膜的分离机理进行详细解释。

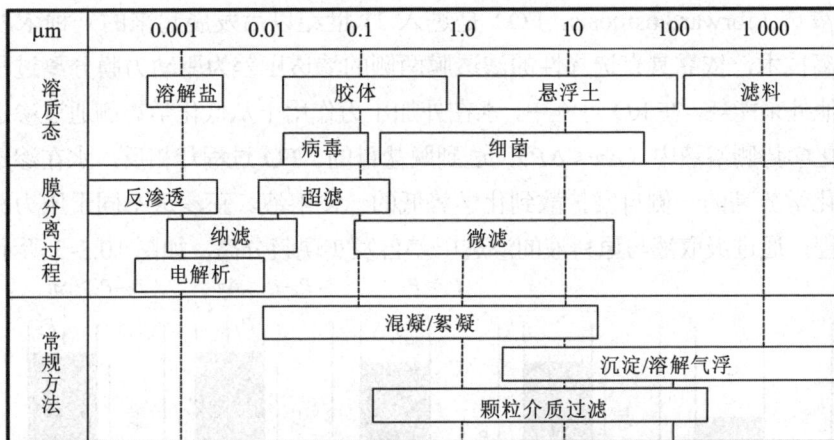

图 10.2-3　不同类型的膜对应可去除的典型尺寸的污染物

（2）电位梯度驱动

电渗析（electrodialysis）是利用外加电势差将盐的离子从一侧溶液中通过离子交换膜传输到另一侧溶液中的分离技术，其中电渗析过程所用的膜材料为离子交换膜。电渗析装置由一个淡室（进水）、一个浓室（浓缩液）和放置在两个电极之间的阴离子交换膜和阳离子交换膜组成。电渗析工艺在工业应用中一般含有多个电渗析池，如图 10.2-4 所示。电渗析可用于海水或苦盐水的脱盐，也可以用于工业废水的重金属回收。

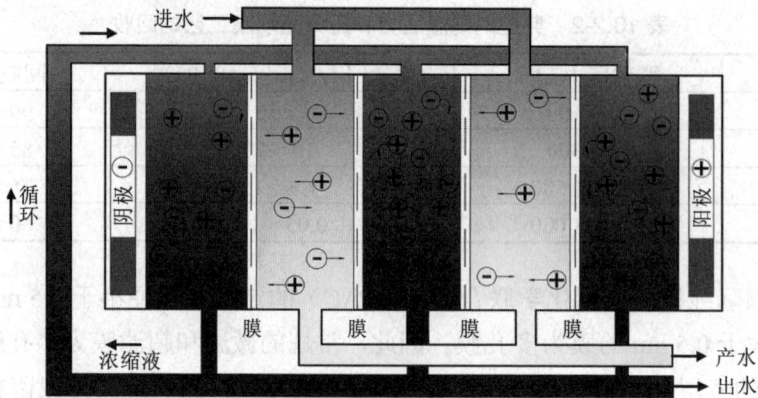

图 10.2-4　电渗析工作原理

（3）浓度梯度驱动

正渗透（forward osmosis，FO）是进入 21 世纪以后发展起来的一种浓度驱动的膜分离技术，依靠具有选择性的渗透膜两侧的渗透压差为驱动力膜分离过程，不需要其他外来能耗。在 RO 过程中，水在外加压力作用下从低化学势侧通过渗透膜扩散至高化学势侧溶液中（$\Delta\pi < \Delta P$），达到脱盐目的。FO 过程却相反，水在渗透压作用下从化学势高的一侧自发扩散到化学势低的一侧溶液。正渗透不同于压力驱动膜分离过程，通过汲取液与原料液的渗透压差自发实现膜分离，如图 10.2-5 所示。

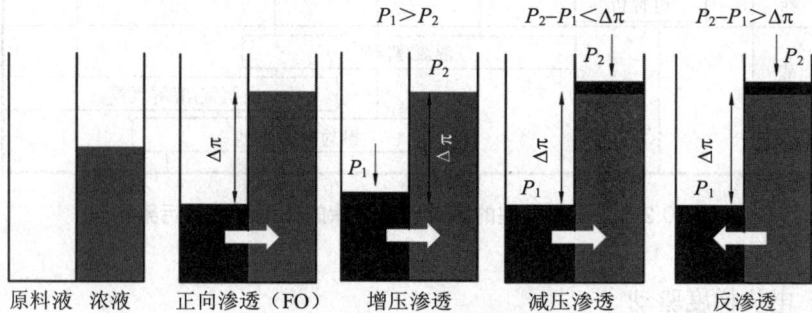

图 10.2-5　正渗透与反渗透过程的区别

（4）温度梯度驱动

膜蒸馏（membrane distillation，MD）是膜分离技术与蒸馏技术结合的利用疏水膜两侧的蒸汽压差为驱动力，仅使水蒸气透过膜孔的物理分离技术。处理的废水被加热后与膜表面接触，在膜表面水分子蒸发汽化，由于疏水膜表面能较低，阻挡了水中非挥发离子进入膜孔里，而水蒸气则能穿过膜孔，在膜的冷侧被液化收集，从而达到了分离、浓缩和提纯的效果。膜蒸馏原理如图 10.2-6 所示。膜蒸馏技术区别于其他膜分离过程的几个特点：①膜蒸馏所用的膜为微孔膜；②膜蒸馏所用的膜必须是疏水膜，过程中不能被处理的液体润湿；③在疏水膜的孔内，不发生毛细管冷凝的现象；④只有水蒸气能透过膜孔；⑤膜蒸馏用膜不能改变液体中组分在气相与液相之间的平衡；⑥蒸汽压差为膜蒸馏过程中唯一的驱动力；⑦膜蒸馏过程中膜至少有一面与处理液体直接接触。

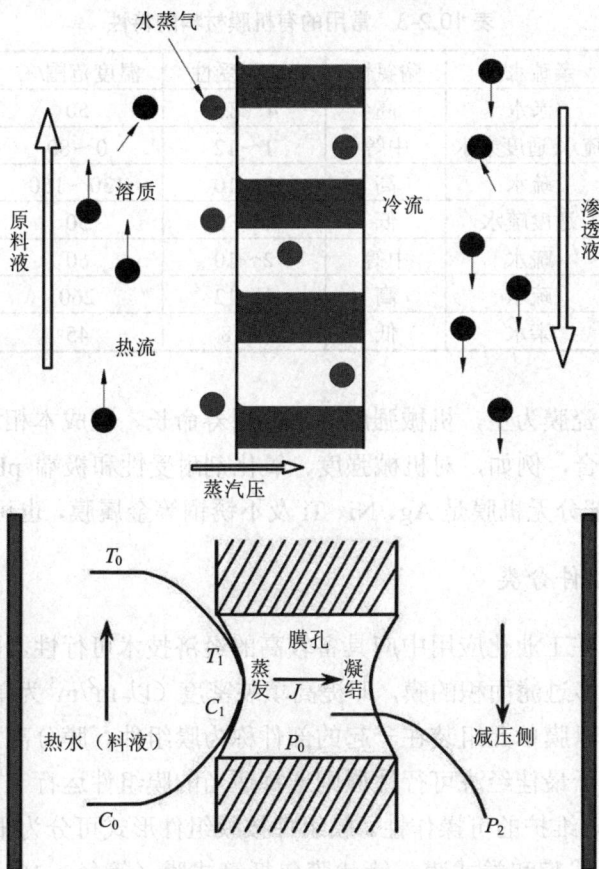

图 10.2-6　膜蒸馏过程原理

10.2.2.3　按材料分类

膜按材料可分为有机膜和无机膜，目前环境工程中膜分离应用较多的是有机膜，即聚合物或大分子材料。这类材料的特点是易加工成型、成本低，但在高温、高压、高酸碱性和高浓度溶剂的状态下性能不稳定，容易老化，使用寿命缩减。此外，有机膜材料的抗氧化和耐氯性也是性能重要指标。例如，在 RO 工艺前端，一般会用氯气或者次氯酸钠对进水进行杀菌消毒，以达到减小膜生物污染的目的，因而会引入活性氯，导致对聚酰胺膜结构产生较大破坏，使膜性能迅速下降和使用寿命缩短。环境工程中常用的有机膜材料的特征如表 10.2-3 所示。

表 10.2-3　常用的有机膜材料的特性

膜材料	亲疏水性	耐氯性	pH 耐受性	温度范围/℃	应用方向
纤维素	亲水	高	4～8.5	50	超滤/纳滤/RO
聚砜/聚醚砜	疏水/适度亲水	中等	1～12	0～80	超滤/RO 支撑层
聚偏二氟乙烯	疏水	高	2～10	130～150	微滤/超滤
聚丙烯	适度疏水	低	0.5～14	50	微滤
聚丙烯腈	疏水	中等	2～10	60	超滤
聚四氟乙烯	疏水	高	1～12	260	微滤
聚酰胺	亲水	低	2～8	45	纳滤/RO

无机膜以陶瓷膜为主，机械强度高、使用寿命长，但成本相对较高，一般用于特殊要求的场合，例如，对机械强度、氧化剂耐受性和极端 pH 与温度的耐受性。此外，还有部分无机膜是 Ag、Ni、Ti 及不锈钢等金属膜，也可以是分子筛膜。

10.2.2.4　按膜组件分类

膜分离技术在工业化应用中应具备较高的经济技术可行性，因此需要在一定的空间内安装更多过滤面积的膜，即提高填装密度（以 m^2/m^3 为单位）。单个膜材料称为膜单元，以膜单元组装在一起的部件称为膜组件。膜分离系统又由若干个膜组件构成，基于最佳经济可行性原则选择适当的膜组件运行工艺参数，同时要考虑运行、清洗、维护的可操作性。膜组件按膜组件形式可分为平板膜和管状膜，平板膜包括板框式膜和卷式膜，管状膜包括管式膜（管径＞10 mm）、毛细管膜（0.5 mm＜管径＜10 mm）和中空纤维膜（管径＜0.5 mm）。

（1）板框式膜

板框式膜组件构型是由两张膜一组构成夹层结构，两张膜的原料液侧相对，由此构成原料液腔室和渗透液腔室，如图 10.2-7 所示。在原料液腔室和渗透液腔室中安装适当的间隔器。采用密封环和两个端板将一系列这样的膜组安装在一起以满足一定的膜面积要求构成板框式膜组件。板框式膜组件的装填密度为 $100\sim400\ \text{m}^2/\text{m}^3$。

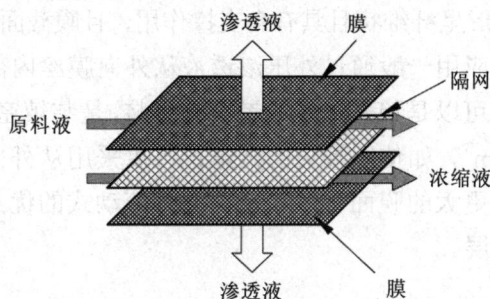

图 10.2-7　板框式膜组件示意图

（2）卷式膜

卷式膜组件是平板膜的另一种组装形式，采用类似三明治的方式将膜和间隔网卷在一个中心集合管上。膜及渗透液侧之间的间隔室的 3 个边被胶水封合，形成一个膜组件。原料液沿着平行于中心管的轴向流过圆柱状的组件，而渗透液沿径向流向组件的中心管，如图 10.2-8（a）所示。间隔网介于两张膜原料液侧之间，同时起到促进湍流、减缓膜污染的作用，如图 10.2-8（b）所示。这类组件的装填密度（$300\sim1\,000\ \text{m}^2/\text{m}^3$）高于板框式膜器。

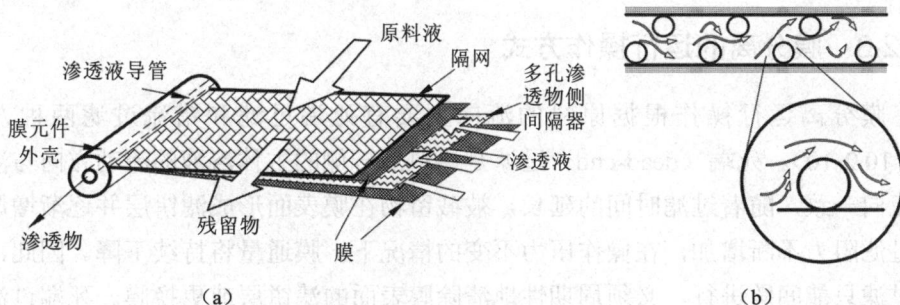

图 10.2-8　卷式膜组件（a）和隔网促进湍流（b）

（3）管式膜

管式膜的管径通常大于 10 mm，不锈钢、陶瓷或有机的管式多孔膜被放在容器内形成膜组件，每个膜组件中膜管数目一般为 4 根以上，如图 10.2-9（a）所示。内压式管式膜的原料一般通过膜管内部进行加压，渗透液也透过膜管进入容器内部。管状膜装填密度一般低于 300 m²/m³。

（4）中空纤维膜

中空纤维膜的外形呈纤维状且具有自支撑作用，且膜截面呈非对称性。环境工程领域中空纤维膜的应用一般通过外压渗透液从外向膜丝内部流动，见图 10.2-9（b）。中空纤维膜组件可以是箱式填装或者帘式填装，是装填密度最高的组件形式，可以达到 30 000 m²/m³。如使用较短的纤维也可以采用从外向内流动式，从外向内流动式则可以获得更大的膜面积，而从内向外流动式的优点是有利于保护很薄的具有选择性的分离层。

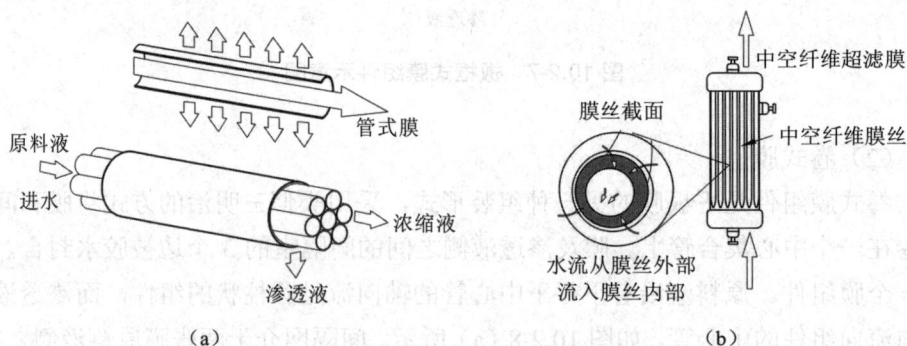

图 10.2-9 管式膜组件（a）和中空膜组件（b）

10.2.3 膜分离的运行操作方式

膜分离运行操作根据原料的流向主要有死端过滤和错流过滤两种方式（图 10.2-10）。死端（dead-end）过滤是原料液一侧的主体溶液的流动方向与渗透液流向一致，随着过滤时间的延长，被截留物在膜表面形成滤饼层并逐渐增厚，使过滤阻力不断增加，在操作压力不变的情况下，膜通量将持续下降。因此，死端过滤只能间歇进行，必须周期性地清除膜表面的滤饼层或更换膜。死端过滤的优点是原料液回收率高，可以在原料液浓度很高的状态下操作。错流（cross-flow）过滤运行时，原料液一侧的主体溶液的流动方向与渗透液流向垂直，水流平行于膜面的切向力能够把膜面截留物冲刷掉而不至于形成滤饼层。同时，错流过滤可以减缓滤膜表面的浓差极化现象和结垢问题，滤液透过率衰减较慢，又可以实现连续运行。

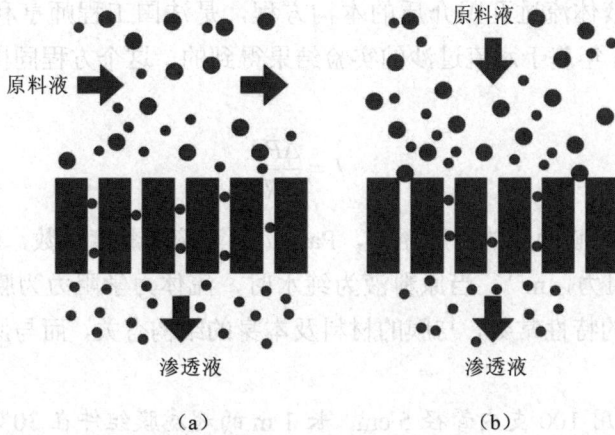

图 10.2-10 错流过滤形式（a）和死端过滤形式（b）

10.3 膜分离机理

10.3.1 膜分离过程的重要参数

膜分离过程中最重要的性能是渗透性和选择性，而这两个指标往往也存在"两难选择"（trade-off）的问题，即在渗透性提高的状态下选择性会降低，反之亦然。因此，在膜工艺应用中往往根据工程目标进行选择。

10.3.1.1 渗透性

膜通量是表征膜渗透性的主要参数，是指单位时间内通过单位膜面积上的渗透液的体积。在有些文献中，渗透性也可以用渗透速率（Permeance）表示。膜通量测试可以用式（10.3-1）进行：

$$J = \frac{V}{St}$$ （10.3-1）

式中，J 为膜通量，$m^3/(m^2 \cdot s)$ 或 $L/(m^2 \cdot h)$；V 为渗透液体系，m^3；S 为有效膜面积，m^2；t 为时间，s 或 h。

在压力驱动膜分离中，通量与驱动力之间存在线性关系，而线性比例的比例系数是整个分离系统固有的参数。达西定律是压力驱动膜中常用的数学方程。达西定律是描述液体流过孔隙介质的本构方程，是法国工程师亨利·达西（Henry Darcy）在 1856 年基于水流过沙的实验结果得到的，这个方程同样适用于微滤和超滤的多孔膜。

$$J = \frac{\Delta P}{\mu R} \tag{10.3-2}$$

式中，ΔP 为膜两侧的跨膜压差，Pa；μ 为溶液的黏度系数，Pa·s；R 为膜系统的流体力学阻力，m^{-1}。当原料液为纯水时，流体力学阻力为膜本身固有阻力（R_m），R_m 是膜的特性常数，与膜的材料及本身的结构有关，而与原料液组成或操作压力无关。

【例 10-1】 用 100 支内管径 5 cm、长 1 m 的超滤膜组件在 30℃的情况下采用内压式过滤纯水，在 0.5 bar[①] 的跨膜压力下 30 min 内膜出水 500 L。试问膜阻力多大？在 10℃、跨膜 1.2 bar 的情况下，8 h 内可得到多少出水？

解：首先，计算 30℃、0.5bar 下的膜通量。

$$J = \frac{V}{St} = \frac{0.5\,\text{m}^3}{(3.14 \times 0.025^2 \times 1)\,\text{m}^2 \times 100 \times 0.5 \times 3\,600\,\text{s}} = 1.41 \times 10^{-3}\,\text{m}^3/(\text{m}^2 \cdot \text{s})$$

30℃下，纯水的黏度为 $0.800\,7 \times 10^{-3}$ Pa·s，由达西定律计算膜阻力。

$$R_m = \frac{\Delta P}{\mu \cdot J} = \frac{0.5 \times 10^5\,\text{Pa}}{0.800\,7 \times 10^{-3}\,\text{Pa} \cdot \text{s} \times 1.41 \times 10^{-3}\,\text{m}^3/(\text{m}^2 \cdot \text{s})} = 4.42 \times 10^{10}\,\text{m}^{-1}$$

然后，在膜阻力恒定的条件下（10℃，纯水的黏度为 1.307×10^{-3} Pa·s）由下式计算膜通量。

$$\frac{\Delta P_1}{\mu_1 J_1} = \frac{\Delta P_2}{\mu_2 J_2}$$

$$\frac{\Delta P_1}{\mu_1 \dfrac{V_1}{St_1}} = \frac{\Delta P_2}{\mu_2 \dfrac{V_2}{St_2}}$$

$$V_2 = \frac{P_2}{P_1} \frac{t_2}{t_1} \frac{\mu_1}{\mu_{12}} V_1 = \frac{1.2 \times 8 \times 0.800\,7}{0.5 \times 0.5 \times 1.307} \times 500 = 12.94\,(\text{m}^3)$$

10.3.1.2 选择性

膜分离对于一个混合体系溶液的选择性可用截留率（R）或分离因子（α）表

---

① 1 bar = 10^5 Pa。

示。一般水分子可以自由地通过膜，溶质被部分或全部截留下来，水为溶剂的溶液以溶质截留率表示选择性比较方便。截留率定义如式（10.3-3）所示：

$$R = \frac{c_f - c_p}{c_f} = 1 - \frac{c_p}{c_f}$$ （10.3-3）

式中，c_f 为原料液溶质浓度；c_p 为渗透液中溶质浓度；R 量纲一。

表示对于含有 A 和 B 两组分的混合物，分离因子 $\alpha_{A/B}$ 定义为

$$\alpha_{A/B} = \frac{y_A / y_B}{x_A / x_B}$$ （10.3-4）

式中，y_A 和 y_B 分别为组分 A 和 B 在渗透液中的浓度，x_A 和 x_B 为在原料中的浓度。在选择分离因子时应使其值大于 1，那么如果 A 组分通过膜的速度大于 B 组分，则分离因子表示为 $\alpha_{A/B}$，反之则为 $\alpha_{B/A}$。

回收率则是膜分离工艺中一个与选择性相关的参数，在水或污水处理中指产水量与进水总量的百分比。

$$r = \frac{V_p}{V_f} \times 100\%$$ （10.3-5）

式中，r 为回收率；V_p 和 V_f 分别为产水总量与进水总量。

10.3.2 分离机理与相关的影响因素

10.3.2.1 多孔膜孔流模型

超滤和微滤两种多孔膜的分离可以理解为通过膜孔径进行筛分的溶质颗粒与溶液分离的行为。以多孔膜为过滤介质，在压力梯度的推动下，溶液、溶解性物质以及小颗粒穿透滤膜而相对较大体积的颗粒被膜介质截留，这个过程一般被称为孔径筛分过程。

多孔膜的孔径筛分形式一般分为两种：表面过滤和深床过滤。表面过滤通常出现在不对称膜的分离过程，不对称多孔膜的支撑体的孔径较大，而上方是孔径相对较小的表面层，主要依靠表面的细小微孔进行筛分，颗粒不会进入膜的内部，大多数超滤膜属于这种形式，如图 10.3-1（a）所示。而对称结构的微滤膜属于深床过滤形式，多孔膜的深床过滤机理其实与滤池过滤的机理一致，如图 10.3-1（b）所示，主要通过膜内部孔道的截留来去除悬浮颗粒。深床过滤中的平均膜孔径通常比渗透到膜介质内部的颗粒物直径大得多，这些颗粒在膜内孔道收缩处或转角

处被捕获形成截留。

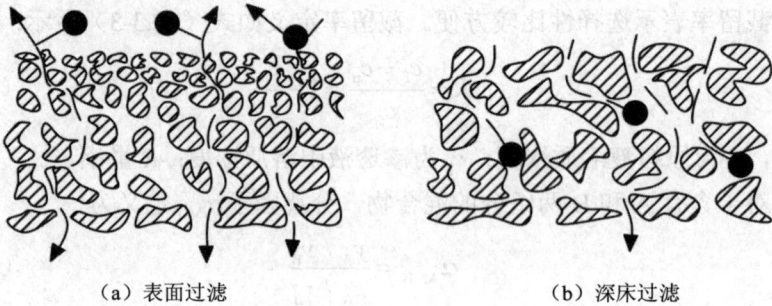

（a）表面过滤　　　　　　　　（b）深床过滤

图 10.3-1　孔径筛分机制

微滤和超滤多孔膜一般由高分子聚合物或无机材料构成，不同的膜基体材料、不同的制备方法使膜介质中孔道结构和形状不一，如图 10.3-2 所示。一般来说，微滤和超滤膜的内部孔径为 2 nm～10 μm。微滤膜制备成对称膜，整个膜内的膜孔结构比较均一，总的膜阻力与膜厚成正比。而超滤膜通常为不对称结构，表层是传递阻力主要来源，因此超滤膜的分离表层的厚度不能太厚，一般小于 1 μm。膜基体的结构参数对多孔膜的分离效率至关重要，包括膜弯曲度（τ）和膜孔隙率（ε）等。

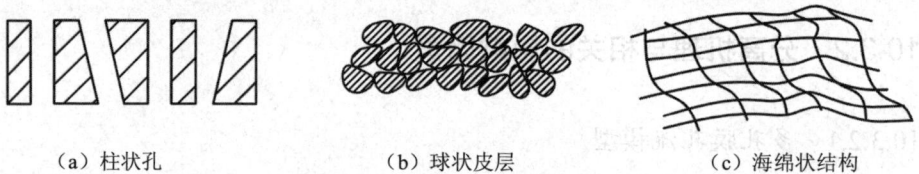

（a）柱状孔　　　　　　（b）球状皮层　　　　　　（c）海绵状结构

图 10.3-2　多孔膜的膜孔形式

不同的膜结构需要通过建立不同的模型来描述膜的分离与传质过程。最简单的方法是将膜孔看作一系列垂直贯穿斜交于膜表面的平行柱状孔，膜孔的长度与膜厚度的关系可以由弯曲度来表示，如图 10.3-2（a）所示。而膜孔隙率是指膜孔空腔体积占总膜体积的比例，一般的微滤膜的平均孔隙率为 0.3～0.7，采用相转化方法制备的不对称超滤膜，其支撑层的平均孔隙率通常为 0.7～0.8，而实际起到分离作用的表层的孔隙率小于 0.05。孔隙率的测定方法可以用称重法进行，将水或其他难挥发液体全部浸湿填充膜孔，通过前后膜的重量差和液体密度，计算得到膜孔的体积。Hagen-Poiseuille 方程可以描述通过这些孔的体积通量，首先假设所有孔径相同，则：

$$J = \frac{\varepsilon r^2}{8\mu\tau}\frac{\Delta P}{\Delta l} \tag{10.3-6}$$

式中，ΔP 为跨膜压力；Δl 为膜厚；r 为膜孔孔径，是表征微孔通道大小的参数。实际上，绝大多数的多孔膜的孔径是不均一的，其数值一般呈现一个正态分布的孔径范围。对于超滤膜，引用的孔径通常是一个平均值，但微滤中的孔径通常为能够穿透膜的最大颗粒的粒径。τ 为弯曲因子，当 $\tau=1$ 时，即对应为圆柱垂直孔。膜弯曲度其实反映了平均孔的长度与膜厚度的关系，与膜表面成直角的简单圆柱形孔的弯曲度为 1，即膜孔平均长度为膜厚度。一般情况下，膜孔较曲折，弯曲因子在 1.5～2.5 内。ε 为表面孔隙率，膜表面的膜孔面积分数，即等于 n 个膜孔的总面积与膜面积 S 之比：

$$\varepsilon = \frac{n\pi r^2}{S} \tag{10.3-7}$$

式（10.3-7）与达西定律相比可知，通量与驱动力压力差成正比，与黏度 μ 成反比，膜阻力与这些参数的关系如式（10.3-8）所示：

$$R_{\mathrm{m}} = \frac{8\pi\Delta d}{\varepsilon r^2} \tag{10.3-8}$$

Hagen-Poiseuille 方程表明了表面孔隙率、弯曲因子、膜孔孔径等膜结构对传递的影响，三者关系如图 10.3-3 所示。然而，实际上膜很少具有这样的规则结构。

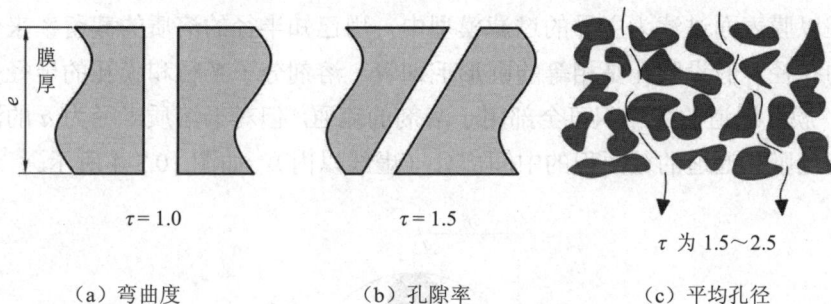

（a）弯曲度　　　　　　　（b）孔隙率　　　　　　　（c）平均孔径

图 10.3-3　多孔膜的弯曲度、孔隙率和平均孔径示意图

【例 10-2】有两种典型多孔膜的参数如表 10.3-1 所示，计算微滤和超滤膜在 1 bar 和 20℃下纯水的通量，弯曲因子为 1.8。

表 10.3-1 微滤和超滤膜的参数

	表面孔隙率	孔径	膜厚
微滤	0.5	0.4 μm	100 μm
超滤	0.03	3 nm	1 μm

解: 已知 20℃ 纯水的黏度为 1.02×10^{-3} Pa·s, 微滤通量:

$$J = \frac{\varepsilon r^2}{8\mu\tau}\frac{\Delta P}{\Delta d} = \frac{0.5 \times \left(0.2 \times 10^{-6}\right)^2}{8 \times 1.02 \times 10^{-3} \times 1.8} \times \frac{10^5}{10^{-4}} = 1.36 \times 10^{-3} \text{ m/s} = 4\,896 \text{ LMH}$$

超滤通量:

$$J = \frac{\varepsilon r^2}{8\mu\tau}\frac{\Delta P}{\Delta d} = \frac{0.03 \times \left(1.5 \times 10^{-9}\right)^2}{8 \times 1.02 \times 10^{-3} \times 1.8} \times \frac{10^5}{10^{-6}} = 0.46 \times 10^{-6} \text{ m/s} = 1.66 \text{ LMH}$$

对于有机和无机烧结膜, 或具有球状皮层结构的相转化法制备的膜, 一般具有由紧密堆积球所构成的形状, 如图 10.3-2 (b) 所示, 这类膜的通量方程可以用 Kozeny-Carman 方程进行表达。

$$J = \frac{\varepsilon^3}{K\mu s^2 \left(1-\varepsilon\right)^2}\frac{\Delta P}{\Delta l} \tag{10.3-9}$$

式中, ε 为膜内部的孔隙率, 即膜孔的体积分数; s 为内表面积; K 为 Kozeny-Carman 常数, 其值取决于孔的形状和弯曲因子。

在以膜表面过滤为主导的过滤模型中, 用已知半径的溶质的截留率来估计超滤膜的孔径。假设膜孔是相等的圆形毛细管, 溶剂分子半径和膜孔的半径分别为 a 和 r。膜孔通道的截面积可全部用于溶剂的流通, 但对于溶质半径为 a 的溶质分子只能是膜孔通道的截面积的中间部分 (虚线以内), 如图 10.3-4 所示。

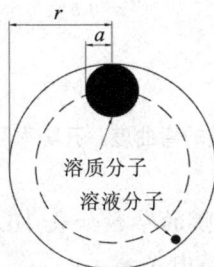

图 10.3-4 孔流过程中颗粒尺寸筛分原理

孔道可用于溶质输运，孔隙的投影面积 A 由该方程给出：

$$\frac{A}{A_0} = \frac{(r-a)^2}{r^2} \qquad (10.3\text{-}10)$$

式中，A_0 为可用于溶剂分子通过孔道的面积。为解释溶剂通过微孔孔道时的流体加速度，溶质传输的有效孔隙面积修正为

$$\left(\frac{A}{A_0}\right)' = 2\left(1-\frac{a}{r}\right)^2 - \left(1-\frac{a}{r}\right)^4 \qquad (10.3\text{-}11)$$

式中，$\left(\dfrac{A}{A_0}\right)'$ 等于滤液中的溶质浓度（c_p）与原料液（c_0）中的浓度之比，即

$$\left(\frac{A}{A_0}\right)' = \left(\frac{c_p}{c_0}\right) \qquad (10.3\text{-}12)$$

因此，根据式（10.3-12），对膜截留率为

$$R = \left[1 - 2\left(1-\frac{a}{r}\right)^2 + \left(1-\frac{a}{r}\right)^4\right] \times 100\% \qquad (10.3\text{-}13)$$

如果溶质的颗粒半径和截留率已知，式（10.3-13）可以用来估计多孔膜的平均孔径。事实上，关于超滤膜的应用中，更多采用切割分子量来表征截留分子量（molecular weight cut off，MWCO），是使用分子量大小表示的超滤膜的截留性能，又称截留分子量。由于直接测定超滤膜的孔径相当困难，所以使用已知分子量的球状物质进行测定。如膜对被截留物质的截留率大于90%时，就用被截留物质的分子量表示膜的截留性能，称膜的切割分子量。

专栏 10-1　超滤膜切割分子量的测定

用来测定切割分子量的标准物质有球形蛋白类、分枝多糖类和线性聚合物类。以下介绍两种常用的方法。

1. 聚乙二醇法

原理是聚乙二醇与碘化铋钾试剂可以生成橘红色的络合物，用分光光度法测试溶液中聚乙二醇含量来计算聚乙二醇的截留率。将已知分子量的聚乙二醇

溶于水中，使其通过超滤膜，测试料液与透过液中的聚乙二醇溶液浓度，计算出超滤装置对该种分子量聚乙二醇的截留率。具体步骤如下：

（1）试剂配制

1#液：准确称取 0.800 g 次硝酸铋置于 50 mL 容量瓶中，加 10 mL 冰乙酸，再加蒸馏水稀释至刻度。

2#液：准确称取 20.000 g 碘化钾置于 50 mL 棕色容量瓶中，加蒸馏水稀释至刻度。

Dragendoff 试剂：量取 1#液、2#液各 5 mL 置于 100 mL 棕色容量瓶中，再加蒸馏水稀释至刻度，有效期为半年。

（2）缓冲液配制

量取 0.2 mol/L 乙酸钠溶液 590 mL 及 0.2 mol/L 冰乙酸溶液 410 mL 置于 1 000 mL 容量瓶中，配制成 pH=4.8 的乙酸-乙酸钠缓冲液。

（3）标准溶液配制

聚乙二醇放入真空干燥箱内，在温度60℃下，干燥 4 h 以除去水分。准确称取聚乙二醇 1.000 g 溶于 1 000 mL 容量瓶中，分别吸取聚乙二醇溶液 0 mL、0.5 mL、1.0 mL、1.5 mL、2.0 mL、2.5 mL、3.0 mL 稀释于 100 mL 容量瓶中，配制成浓度 0 mg/L、5 mg/L、10 mg/L、15 mg/L、20 mg/L、25 mg/L、30 mg/L 的聚乙二醇标准溶液。

（4）标准曲线的制作

将不同浓度的标准溶液各 5 mL 分别置入 10 mL 容量瓶中。分别加入 1 mL Dragendoff 试剂及 1 mL 乙酸-乙酸钠缓冲液，加蒸馏水稀释至刻度。放置 15 min 后，于波长 510 nm 下，用 1 cm 比色皿，在光电分光光度计上测定光密度，蒸馏水为参比液。以聚乙二醇浓度为横坐标、吸光度为纵坐标作图，制成标准曲线。

（5）样品溶液的配制

选择某一分子量的聚乙二醇，配制成浓度为 5 000 mg/L 的聚乙二醇溶液，作为超滤装置性能评价的溶液样品使用。截留率的测定，将配制好的样品溶液在 0.1 MPa 和常温条件下，通过超滤装置运转 20 min 后，收取透过液。原液稀释 200 倍与透过液分别在波长 510 nm 下，测定其吸光度，从标准曲线上查得相应的浓度。

（6）截留率的计算

根据式（10.3-3）计算截留率（R）。每个试样同时取两个样品进行平行试验，以其测试值的算术平均值作为测试结果。

2. 蛋白质法

分别用紫外分光光度法测试料液与透过液中的蛋白质浓度，计算出超滤装置对不同分子量蛋白质的截留率。

（1）标准溶液的配制

牛血清白蛋白在温度105℃下真空干燥至恒重。精确称取牛血清白蛋白1.000 g溶于1 000 mL容量瓶，分别吸取牛血清白蛋白溶液0.2 mL、0.4 mL、0.6 mL、0.8 mL、1.0 mL 置于 10 mL 的容量瓶中加蒸馏水稀释至刻度，配制成浓度为20 mg/L、40 mg/L、60 mg/L、80 mg/L、100 mg/L的牛血清白蛋白标准溶液。

（2）标准曲线的制作

将标准溶液于波长 280 nm 下，用 1 cm 比色皿，在紫外分光光度计上测定光密度，蒸馏水为参比液。以蛋白质浓度为横坐标、光密度为纵坐标作图，制出标准曲线。

（3）样品溶液的配制

选择某一分子量的蛋白质，配制成浓度为 1 000～3 000 mg/L 的蛋白质溶液，作为超滤装置性能评价的样品溶液使用。

（4）截留率的测定

将配制好的样品溶液在 0.1 MPa 和常温条件下，通过超滤装置运转 20 min后，收取透过液。原液与超滤液分别在 280 nm 紫外光区测定吸光度，从标准曲线上查得相应的浓度。

（5）截留率的计算

同上。

10.3.2.2 致密膜的溶解-扩散模型

20 世纪 40 年代中期，溶解-扩散模型也被提出用于解释气体分离的膜分离过程，而在海水淡化等反渗透过程的解释上，由于孔流模型相对比较直观，所以更容易被接受，但孔流模型不能用于解释很多实验现象。60—70 年代，膜分离领域的学者为此开展了激烈的争论，溶解-扩散模型经过不断的完善和发展，至今已经成为反渗透膜分离过程的主流观点。

溶解-扩散模型假设溶质和溶剂都能溶于均质的致密膜表面层内，各自在浓度或压力造成的化学势推动下扩散通过膜相。溶质和溶剂膜介质中的扩散快慢和溶解度大小的差异决定了两者通过膜的渗透速率大小，其具体过程分为三步（图 10.3-5）：第一步，溶质和溶剂在膜的料液侧表面外吸附和溶解；第二步，溶质和溶剂在各自化学势梯度的推动下以分子扩散方式通过致密膜层，扩散过程两者之间没有相互作用；第三步，溶质和溶剂在膜的透过液侧表面脱附。

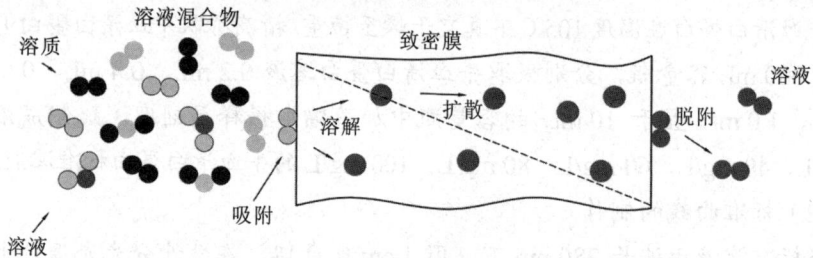

图 10.3-5　溶解-扩散模型的 3 个步骤

首先，从渗透压的实验现象开始解释溶解-扩散模型。当用一个半透膜分离两种不同浓度的溶液时（浓溶液和淡溶液），由于半透膜只允许溶剂通过而不允许溶质通过，半透膜两侧就会出现液位差，这个液位差就等于产生两边溶液的渗透压，如图 10.3-6 所示。

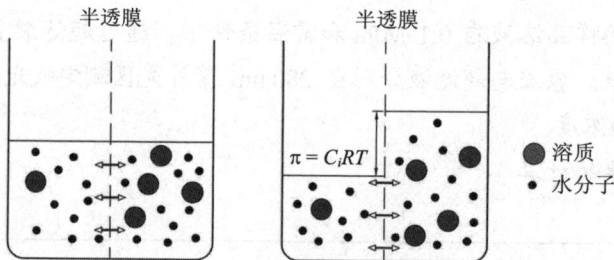

图 10.3-6　不同浓度的溶液产生的渗透压

根据热力学定律，在等温条件下浓溶液和稀溶液中溶剂的化学势分别为

$$u_{i,1} = u_{i,1}^{\circ} + RT\ln\alpha_{i,1} + V_iP_1 \qquad (10.3\text{-}14)$$

$$u_{i,2} = u_{i,2}^{\circ} + RT\ln\alpha_{i,2} + V_iP_2 \qquad (10.3\text{-}15)$$

式中，α 为溶质的活度；u° 为标准状态下的化学势。

专栏 10-2　化学势和活度

在理想溶液中，溶液组分 i 遵循拉乌尔定律：

$$x_i = \frac{P_i}{P_i^*}$$

式中，x_i 为组分 i 在溶液中的摩尔分数；P_i 和 P_i^* 分别为组分 i 的分压和饱和蒸汽压。而组分 i 的化学势 μ_i 可由下式表达：

$$\mu_i = \mu_i^{\ominus} + RT \ln x_i$$

式中，$\mu_i^{\ominus}$ 为组分 i 在标准状态下的化学势。而在真实溶液中，组分 i–i 间的作用力和组分 i–其他组分间的作用力并不相等，导致组分 i 并不满足拉乌尔定律，其化学势也不满足以上关系，即偏离了理想溶液的行为，为此引入了活度和活度系数的概念。定义：

$$\alpha_{x,i} = \gamma_{x,i} x_i$$

式中，$\alpha_{x,i}$ 为组分 i 以摩尔分数所表示的活度；$\gamma_{x,i}$ 为组分 i 用摩尔分数所表示的活度系数。引入活度和活度系数后，拉乌尔定律可以修正为

$$\alpha_{x,i} = \gamma_{x,i} x_i = \gamma_{x,i} \frac{P_i}{P_i^*}$$

组分 i 的化学势则可以修正为

$$\mu_i = \mu_i^{\ominus} + RT \ln a_i$$

真实溶液的浓度越稀，溶剂的活度系数越接近 1，活度和摩尔分数近乎相等，其行为越接近理想溶液。浓度越高，活度系数越偏离 1，真实溶液的行为偏离理想溶液就越大，比如，对于浓度较高的电解质溶液，其活度就无法用摩尔分数取代。

由于稀溶液中溶剂的化学势高于浓溶液，所以会使溶剂通过半透膜从稀溶液流动到浓溶液。该过程持续进行直到达到半透膜两侧的渗透压平衡，即两相中溶剂分子的化学势相等（图 10.3-6）：

$$u_{i,1} = u_{i,2} \tag{10.3-16}$$

由式（10.3-16）可得：

$$RT(\ln\alpha_{i,2} - \ln\alpha_{i,1}) = (P_1 - P_2)V_I = \Delta\pi V_i \qquad (10.3\text{-}17)$$

式中，流体压差（P_1–P_2）被称为渗透压差 $\Delta\pi$。如膜一侧为纯溶液，即 $\alpha_{i,2}=1$，式（10.3-17）变成：

$$\pi = -\frac{RT}{V_i}\ln\alpha_{i,1} \qquad (10.3\text{-}18)$$

式中，π 为浓溶液的渗透压。浓度很低时 $\gamma_i \Rightarrow 1$，式（10.3-18）可利用拉乌尔定律简化：

$$\ln\alpha_i = \ln\gamma_i x_i \approx \ln x_i \approx \ln(1 - x_j) = -x_j \qquad (10.3\text{-}19)$$

$$\pi = \frac{RTx_j}{V_i} \qquad (10.3\text{-}20)$$

式中，溶液中的 i 组分和 j 组分，$x_j=n_j/(n_i+n_j)$。对于稀溶液 $x_j\approx n_i/n_j$，

$$\pi n_i V_i = n_j RT \qquad (10.3\text{-}21)$$

由于稀溶液中 $n_i V_i \approx V$，

$$\pi V = n_j RT \qquad (10.3\text{-}22)$$

且 $n_j/V = c_j/M$，所以：

$$\pi = c_j RT / M \qquad (10.3\text{-}23)$$

这个表示渗透压（π）与溶质的质量浓度（c_j）间的关系的式子称为范特霍夫（Van't Hoff）方程。范特霍夫方程可以看出，渗透压正比于质量浓度而反比于分子量。如溶质存在电离或缔合现象，按式（10.3-23）进行修正，当发生电离时，摩尔数目增加，渗透压增大，而缔合使摩尔数减小，从而渗透压下降。对于微滤和超滤过程，渗透压差很小，可以忽略不计，而对于反渗透过程必须考虑渗透压。

【例 10-3】计算 25℃下，下列水溶液的渗透压：3%（质量）NaCl（M=58.45 g/mol）；3%（质量分数）白蛋白（M =60 000 g/mol）和固体含量为 30 g/L 的悬浮液（1 mol N_A=6.02×10^{23}，其颗粒质量为 1 ng=10^{-9} g），根据 Van't Hoff 定律计算其渗透压。

解：由 Van't Hoff 方程得：

$$\pi = icRT$$

设有 1 L 3%（质量）NaCl（M=58.45 g/mol）溶液，ρ =1.02 g/mL，i 约取 2.0。

$$m = \rho v \times 3\% = 30.6 \ (\text{g})$$

$$c = \frac{m}{Mv} = \frac{30.6}{58.45 \times 1 \times 10^{-3}} = 0.523 \times 10^3 (\text{mol/m}^3)$$

$$\pi = icRT = 2.0 \times 0.523 \times 10^3 \times 8.314 \times 298 = 2.60 (\text{MPa})$$

设有 1 L 3%（质量分数）白蛋白（M=60 000 g/mol），取牛奶的密度 ρ =1.03 g/mL

$$m = \rho v \times 3\% = 30.9 \ (\text{g})$$

$$c = \frac{m}{Mv} = \frac{30.9}{60\,000 \times 1 \times 10^{-3}} = 0.515 (\text{mol/m}^3)$$

$$\pi = icRT = 1 \times 0.515 \times 8.314 \times 298 = 1.276 (\text{kPa})$$

然后，采用分子扩散理论来解释膜介质内部的分离过程。扩散是溶液-扩散模型的基础，表示物质通过浓度梯度从系统的某一个区域传质到另一个区域的过程。如果介质中的单个分子处于恒定的随机的分子热力学运动中，在介质中处于各向同性的状态下，那么分子就没有明确的运动方向，也就是说虽然单个分子在一段时间内产生了位移，但对于一个系统来说没有发生某个方向的传质。如果一旦在介质中某个组分的分子形成了浓度梯度，那么这些物质将会从高浓度区域向低浓度区域产生传质。而当分子浓度不同的两个相邻区域被某个界面分开时，那么两个区域的分子都会穿透界面向对面传质，但从界面的高浓度的一侧传质到低浓度的一侧的分子数量会明显高于反方向的分子数量，所以传质必然是高浓度区域向低浓度区域扩散。Fick 扩散定律的方程可表达为

$$J_i = -D_i \frac{dc_i}{dx} \tag{10.3-24}$$

式中，J_i 为组分 i 渗透通量，kg/（m²·s）；dc_i/dx 是组分 i 的浓度梯度；D_i 为扩散系数，m²/s，可以认为是表征单个分子迁移率的物理量；负号表示扩散方向沿浓度梯度递减的方向。

在固相介质中的扩散，一般认为是缓慢的，其扩散速度比气相和液相中低几个数量级，在膜分离系统中膜介质内的扩散过程是整个分离过程的控制性步骤。因此，致密膜分离过程膜厚度必须非常薄，并且浓度梯度相对较大，这样的膜分离过程才有应用价值。假设反渗透系统只有两种成分，水（i）和盐（j），如果把膜介质过程放大（图 10.3-7），将组分 i 沿着膜截面的厚度 l 方向上的传质过程进行分析，对式（10.3-24）在膜厚度上进行积分，然后得到：

$$J_i = \frac{D_i\left(c_{i0(m)} - c_{il(m)}\right)}{l}$$ （10.3-25）

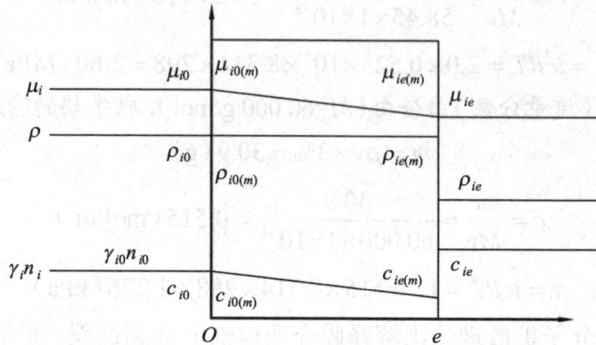

图 10.3-7 溶液-扩散传输过程中的热力学参数及其变化

首先，在膜界面上建立平衡方程在原料液膜界面（左侧界面）上，原料液膜表面压力和膜内压力完全相同，化学势也相等，如图 10.3-7 所示。

$$\mu_{il0} = \mu_{i0(m)}$$ （10.3-26）

但原料液侧的膜表面溶剂浓度和原料侧的表面溶剂浓度存在一定的对应关系，吸附系数（K_i^L）可以表示为

$$K_i^L = c_{i0(m)} / c_{io}$$ （10.3-27）

膜内的压力（p_{i0}）沿膜厚度方向不变，到膜的渗透液外侧（右侧界面）的突降为 p_{il}，界面上存在一个压差（$p_{i0}-p_{il}$），而这个界面上的跨膜化学势也相等。

$$\mu_{il} = \mu_{il(m)}$$ （10.3-28）

在热力学中，液相和膜介质作为不可压缩介质，渗透液侧（右侧）的化学势平衡可表示为

$$\mu_i^0 + RT\ln\left(\gamma_{il}{}^L n_{il}\right) + V_i\left(p_l - p_i\right) = \mu_i^0 + RT\ln\left(\gamma_{il(m)} n_{il(m)}\right) + V_i\left(p_0 - p_i\right)$$ （10.3-29）

由此可推导出：

$$\ln\left(\gamma_{il}^{\;L} n_{il}\right) = \ln\left(\gamma_{il(m)}^{L} n_{il(m)}\right) + \frac{V_i\left(p_0 - p_l\right)}{RT} \tag{10.3-30}$$

渗透液侧的膜表面溶剂浓度和原料侧的表面溶剂浓度存在也可以用吸附系数（K_i^L）进行表达，

$$c_{il(m)} = K_i^L \cdot c_{il} \cdot \exp\left[\frac{-V_i\left(p_0 - p_l\right)}{RT}\right] \tag{10.3-31}$$

式（10.3-24）和式（10.3-25）是膜内部两个界面上浓度的表达式，现在可以通过 Fick 定律建立传质方程，

$$J_i = \frac{D_i K_i^L}{l}\left\{c_{i0} - c_{il}\exp\left[\frac{-V_i\left(p_0 - p_l\right)}{RT}\right]\right\} \tag{10.3-32}$$

式（10.3-32）表明反渗透膜过程中水通量和盐通量均可以通过浓度和压力两个变量计算得到。对于双组分的原料液，可以根据渗透参数，即 $D_i K_i^L/l$ 和 $D_j K_i^L/l$ 以及料液浓度、c_{i0} 和 c_{j0}，计算膜的渗透性能。如果膜具有较高选择性，也就是意味着 $D_i K_i^L/l \gg D_j K_i^L/l$。反渗透膜用于盐水分离时，当施加的水压力与水活度梯度平衡时，膜的水通量为零，式（10.3-32）变成：

$$J_i = 0 = \frac{D_i K_i^L}{l}\left\{c_{i0} - c_{il}\exp\left[\frac{-V_i\left(\Delta\pi\right)}{RT}\right]\right\} \tag{10.3-33}$$

由此得出

$$c_{il} = c_{i0}\exp\left[\frac{V_i\left(\Delta\pi\right)}{RT}\right] \tag{10.3-34}$$

在水压力高于 $\Delta\pi$ 的情况下，可以将式（10.3-28）和式（10.3-30）相结合，得到：

$$J_i = \frac{D_i K_i^L c_{i0}}{l}\left(1 - \exp\left\{\frac{-V_i\left[\left(p_0 - p_l\right) - \Delta\pi\right]}{RT}\right\}\right) \tag{10.3-35}$$

或者

$$J_i = \frac{D_i K_i^L c_{i0}}{l}\left\{1 - \exp\left[\frac{-V_i(\Delta P - \Delta\pi)}{RT}\right]\right\} \qquad (10.3\text{-}36)$$

式中，ΔP 是跨膜的进水压力差（$p_0 - p$）。实验表明，在正常反渗透条件下，$-V_i(\Delta P - \Delta\pi)/RT$ 较小。例如，在反渗透的海水淡化中，当 $\Delta P = 100$ atm、$\Delta\pi = 10$ atm 和 $V_i = 18$ cm³/mol 时，$V_i(\Delta P - \Delta\pi)/RT$ 约为 0.06。

为进一步简化方程，当 $x \to 0$，$1 - \exp(x) \to x$，并且方程（10.3-36）可以简化如式（10.3-37）所示：

$$J_i = \frac{D_i K_i^L c_{i0} V_i(\Delta P - \Delta\pi)}{lRT} \qquad (10.3\text{-}37)$$

假设常数 $A = D_i K_i^L c_{i0} V_i / lRT$，这个方程可以进一步简化为

$$J_i = A(\Delta P - \Delta\pi) \qquad (10.3\text{-}38)$$

常数 A 通常被称为水的渗透速率常数。同样，可以对盐组合在膜内部以 Fick 定律建立传质方程，可以得出盐通量（J_j）的简化表达式：

$$J_j = \frac{D_j K_j^L}{l}\left\{c_{j0} - c_{jl}\exp\left[\frac{-V_j(P_0 - P_l)}{RT}\right]\right\} \qquad (10.3\text{-}39)$$

由于 $-V_j(P_0 - P_e)/RT$ 很小，所以方程中的指数项接近于 1，式（10.3-35）可以写成：

$$J_j = \frac{D_j K_j^L}{l}\left(c_{j0} - c_{jl}\right) \qquad (10.3\text{-}40)$$

或者

$$J_j = B\left(c_{j0} - c_{jl}\right) \qquad (10.3\text{-}41)$$

式中，B 通常被称为盐渗透率常数，其值为

$$B = \frac{D_j K_j^L}{l} \qquad (10.3\text{-}42)$$

根据式（10.3-38），通过如果施加的压力与盐溶液的渗透压相当，那么反渗透膜的水通量几乎为零。随施加压力的增加而增加，通量上升。而根据式（10.3-42），盐通量基本上与压力无关。图 10.3-8 是通量与压力的实验数据，很好地验证了溶解-扩散模型。

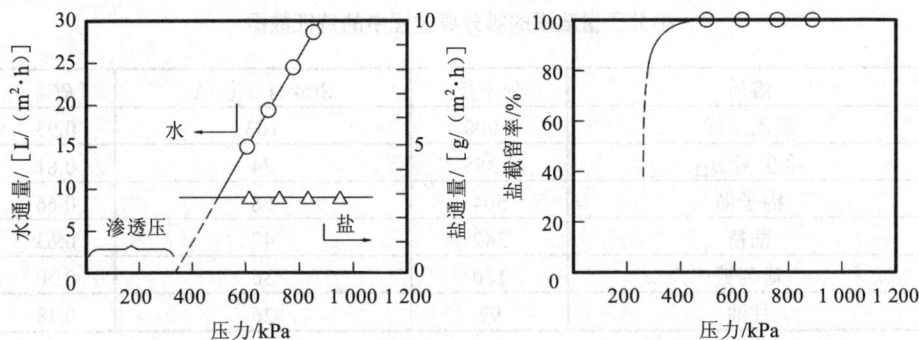

图 10.3-8 模拟海水在反渗透过程中的盐通量、截留率与压力的关系

专栏 10-3 扩散与扩散系数

Fick 定律中的扩散系数是分子运动频率和每次运动大小的度量，表示为因分子扩散而产生的分子通量和分子浓度梯度之间的比例，可以简单地将扩散系数理解为某一平面的单位面外浓度梯度通过该平面的摩尔通量的大小。因此，扩散系数的大小受介质对扩散分子抑制的影响。例如，金刚石晶格中的同位素标记碳的扩散系数非常小，因为金刚石的碳原子极少移动，而且每次移动运动都非常小，只有 $1\sim2$ Å，而大气中同位素标记的二氧化碳扩散系数非常大，因为气体分子是恒定的运动，每次跳跃在 $1\,000$ Å 或更多。同样，在膜分离过程中，组分之间的扩散系数的不同是实现物料分离的主导因素。本章主要关注在液体和聚合物中的扩散，其中扩散系数为 $10^{-5}\sim10^{-10}$ cm²/s。

分子扩散系数可用 Stokes-Einstein 方程表示：

$$D = \frac{kT}{6\pi\eta r}$$

严格意义上讲，该公式只适用于球形以及尺寸较大的颗粒，但也可以近似地用于测算相对较小的分子扩散系数。下表是采用致密膜用对一系列小分子量有机溶质进行了超滤实验，得到的分子量、Stokes 半径和截留系数（R）之间的关系。可见，截留系数随溶质尺寸的增大而增大，膜的选择性也越来越高。

小分子量溶质的膜分离过程中的特征数据			
溶质	分子量	Stokes 半径/Å	$R/\%$
聚乙二醇	3 000	163	0.93
维生素 B_{12}	1 355	74	0.81
棉子糖	504	58	0.66
蔗精	342	47	0.63
葡萄糖	180	36	0.30
甘油	92	26	0.18

10.3.2.3　离子交换膜的固定电荷理论

致密膜中的反渗透为中性膜，即聚合物膜基体中不带电荷，荷电的离子的传质过程取决于其在膜中的溶解度和扩散系数，离子传质的推动力为浓度梯度差。若用带电膜或离子交换膜代替中性膜，那么荷电的离子在膜内部的传质过程会受固定电荷的影响。为此，Teorell、Meyer 和 Sievers 基于能斯特-普朗克（Nernst-Planck）方程和杜南（Donnan）平衡建立了固定电荷理论，描述了离子通过荷电膜的传递过程。

离子交换膜是典型的荷电膜，当与含离子的溶液接触，溶液中的离子则由于受到膜中带有同种电荷的固定离子的静电斥力而不能扩散渗透过膜，这种效应称为 Donnan 排斥效应。如采用平衡热力学表达，当含盐溶液与离子交换膜达到平衡时可以计算离子组分在两相中的化学势，例如，在溶液内离子的化学势：

$$\mu_i = \mu_i^\circ + RT\ln m_i + RT\ln \gamma_i + z_i F\Psi \tag{10.3-43}$$

式中，z 为离子价态；F 为法拉第常数；Ψ 为电势。

由于电解质溶液是非理想溶液，需要采用活度进行表达，阳离子或阴离子的活度表示为摩尔浓度（m）和活度系数（γ）的乘积，在膜内部

$$\mu_i^m = \mu_i^{om} + RT\ln m_i^m + RT\ln \gamma_i^m + z_i F\Psi^m \tag{10.3-44}$$

式中，上标 m 代表膜内部的参数。平衡时两相中电化学势相等：

$$\mu_i = \mu_i^m \tag{10.3-45}$$

假设两相的化学势相等（$\mu_i^0 = \mu_i^{om}$），利用 $E_{\text{don}} = \Psi^m - \Psi$，可以得到式（10.3-46）：

$$\frac{m_i}{m_i^m} = \frac{\gamma_i^m}{\gamma_i}\exp\left(\frac{z_i F E_{\text{don}}}{RT}\right) \tag{10.3-46}$$

$$E_{don} = \frac{RT}{z_i F} \ln\left(\frac{\gamma_{i,m} m_{i,m}}{\gamma_i m_i}\right) \tag{10.3-47}$$

或

$$E_{don} = \frac{RT}{z_i F} \ln\left(\frac{\alpha_{i,m}}{\alpha_i}\right) \tag{10.3-48}$$

对于稀溶液 $\alpha_i = c_i$,

$$E_{don} = \frac{RT}{z_i F} \ln\left(\frac{c_{i,m}}{c_i}\right) \tag{10.3-49}$$

若浓度差为 10 的单价离子,那么界面处平衡电势差为 E_{don}=[(8.314×298/96 500)]/ ln(l/10) =−59(mV)。

Donnan 电位表示膜-溶液界面的电势的形成,而电势形成由离子分布决定,离子分布也决定了荷电颗粒的传质特征。如图 10.3-9（a）所示,阴离子由于与离子交换膜上固定电荷带有同种电荷,故受到排斥而离开界面。以带有固定负电荷（R⁻）离子交换膜为例,该膜分离稀氯化钠溶液,Na^+ 为反离子,如图 10.3-9（b）所示。

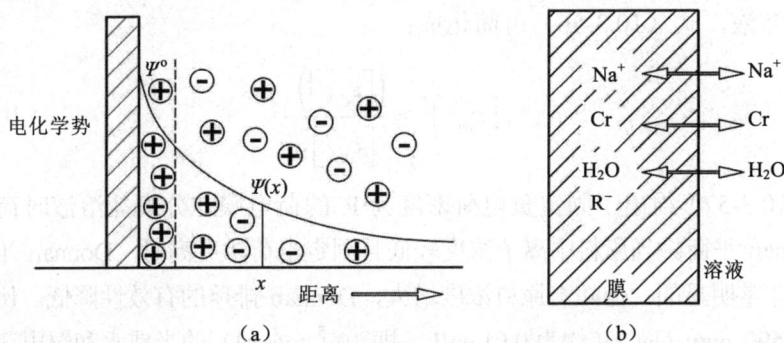

图 10.3-9 膜-溶液界面离子分布及相应的化学电势与距离的关系（a）和离子交换膜 与 NaCl 水溶液的 Donnan 平衡（b）

如假设溶液为理想的,则活度等于浓度（$\alpha_i = c_i$）,Na^+ 和 Cl⁻离子及水分子可自由地从溶液扩散到膜内部,但 Na^+ 离子必须与 Cl⁻离子一起扩散以保持电荷平衡。系统平衡时,两相中离子电化学位相等,在理想条件下活度系数 $\gamma \to 0$,

$$\left[c_{Na^+}\right]^m \left[c_{Cl^-}\right]^m = \left[c_{Na^+}\right]\left[c_{Cl^-}\right] \tag{10.3-50}$$

由于电中性:

$$\sum z_i c_i = 0 \tag{10.3-51}$$

即

$$\left[c_{\mathrm{Na^+}}\right]^m = \left[c_{\mathrm{Cl^-}}\right]^m + \left[c_{\mathrm{R^-}}\right]^m \tag{10.3-52}$$

$$\left[c_{\mathrm{Na^+}}\right] = \left[c_{\mathrm{Cl^-}}\right] \tag{10.3-53}$$

将式（10.3-50）和式（10.3-51）合并：

$$\left[c_{\mathrm{Cl^-}}\right]^m \left(\left[c_{\mathrm{Cl^-}}\right]^m + \left[c_{\mathrm{R^-}}\right]^m\right) = \left[c_{\mathrm{Na^+}}\right]\left[c_{\mathrm{Cl^-}}\right] \tag{10.3-54}$$

将式（10.3-53）代入式（10.3-54）得：

$$\left[c_{\mathrm{Cl^-}}\right]^m \left[c_{\mathrm{R^-}}\right]^m + \left(\left[c_{\mathrm{C^-}}\right]^m\right)^2 = \left(\left[c_{\mathrm{Cl^-}}\right]\right)^2 \tag{10.3-55}$$

进而

$$\frac{\left[c_{\mathrm{Cl^-}}\right]}{\left[c_{\mathrm{Cl^-}}\right]^m} = \sqrt{\frac{\left[c_{\mathrm{R^-}}\right]^m}{\left[c_{\mathrm{Cl^-}}\right]^m} + 1} \tag{10.3-56}$$

对稀溶液，式（10.3-56）可简化成：

$$\left[c_{\mathrm{Cl^-}}\right]^m = \frac{\left(\left[c_{\mathrm{Cl^-}}\right]\right)^2}{\left[c_{\mathrm{R^-}}\right]^m} \tag{10.3-57}$$

式（10.3-57）给出了固定负电荷密度为 $\mathrm{R^-}$ 的荷电膜在分离盐溶液时荷负电溶质的 Donnan 平衡。当原料中离子浓度较低且固定电荷浓度高时，Donnan 平衡的排斥效应是非常明显的。但随着原料浓度增大，Donnan 排斥的有效性降低。例如，对于浓度为 590 ppm NaCl（约为 0.01 eq/L，即 10^{-5} eq/mol）的半咸水和湿电荷密度约为 2×10^{-3} eq/mL 的膜，由式（10.3-57）确定的膜内氯离子的浓度只有 5×10^{-8} eq/mL。这个例子表明膜中与固定电荷的同性离子的浓度非常低，主要由原料浓度和膜内固定电荷密度确定。

离子溶液通常不具备理想行为，所以上述方程中的浓度必须使用活度校正。可以引入平均离子活度系数 $\gamma^\pm$，对单价阳离子和阴离子 $\gamma^\pm = (\gamma^+\gamma^-)^{0.5}$，其中 γ^+ 和 γ^- 分别为阳离子和阴离子的活度系数，式（10.3-57）转化成：

$$\frac{\left[c_{\mathrm{Cl^-}}\right]\left[\gamma_\pm\right]}{\left[c_{\mathrm{Cl^-}}\right]^m \left[\gamma_\pm\right]^m} = \sqrt{\frac{\left[c_{\mathrm{R^-}}\right]^m}{\left[c_{\mathrm{Cl^-}}\right]^m} + 1} \tag{10.3-58}$$

因为离子交换膜经常用在电驱动膜分离过程中，因此一般在电渗析等工艺中对离子溶质存在两种作用力，即浓度梯度和电位梯度形成的推动力。在此情况下，可以综合 Fick 扩散和离子电导两个过程来描述离子传质，所得到的方程称为 Nernst-Planck 公式：

$$J_i = -D_i \frac{dc}{dx} + \frac{z_i F c_i D_i}{RT} \frac{dE}{dx} \qquad (10.3\text{-}59)$$

对于无电势差的情况下发生的荷电膜的传递过程，如纳滤、反渗透或超滤，应考虑对流作用对离子传质的贡献。存在电势差的情况下发生的荷电膜的传递过程，离子传递由 3 种作用因素构成，即电导、扩散和对流：

$$J_i = (\text{扩散}) J_{i,D} + (\text{电导}) J_{i,E} + (\text{对流}) J_{i,C} \qquad (10.3\text{-}60)$$

该式称为扩展的 Nernst-Planck 方程，与式（10.3-59）相比，增加了一个对流项。如不存在耦合现象，并假设理想条件，则扩展的 Nernst-Planck 方程可写成：

$$J_i = -D_i \frac{dc}{dx} + \frac{z_i F c_i D_i}{RT} \frac{dE}{dx} + c_i J_v \qquad (10.3\text{-}61)$$

10.4 膜污染与浓差极化

10.4.1 膜通量衰减

在实际膜分离过程中，一般都会出现膜通量衰减的现象，即随着时间的延长，膜通量持续减小，如图 10.4-1 所示。造成这种现象的主要原因是浓差极化和膜污染。

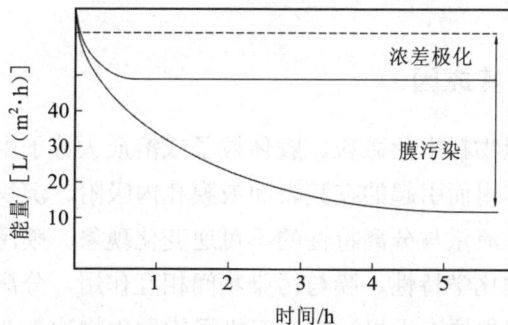

图 10.4-1 随时间变化由浓差极化和膜污染造成的通量衰减

压力驱动膜过程，如微滤和超滤，通量下降非常严重，实际通量通常低于纯水通量的 5%。而在对气体分离和全蒸发过程中，通量衰减问题则不严重。对微滤、超滤、纳滤和反渗透等压力驱动的膜过程，膜通量根据达西定律可表示为

$$J = \frac{\Delta P}{\mu R_t} \tag{10.4-1}$$

式中，R_t 为膜分离系统的总阻力。

膜通量衰减的原因有许多，如浓差极化、吸附、凝胶层及膜孔堵塞，所有这些因素都会导致膜的传递阻力增加。通量衰减的速率快慢取决于膜系统中的膜材料、原料液和操作参数等。图 10.4-2 表示分离过程可能出现的阻力，各种阻力在总阻力 R_t 中所占比例会有所不同。

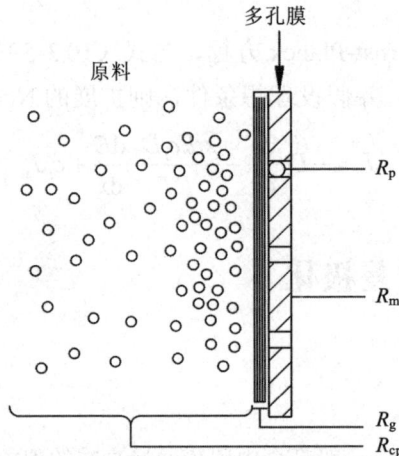

图 10.4-2　压力驱动膜分离过程中的传质阻力示意图

10.4.2　膜污染及其成因

膜污染是指处理物料中的微粒、胶体粒子或溶质大分子由于与膜发生物理化学相互作用或机械作用而引起的在膜表面或膜孔内吸附、沉积造成膜孔径变小或堵塞，使膜产生透过流量与分离特性的不可逆变化现象。膜污染与膜的物理化学特性、污染物的物理化学特性、膜与污染物间相互作用、分离过程操作条件密切相关。膜污染的类型主要有无机污染、有机污染和生物污染 3 种。无机污染是指 $CaCO_3$、$CaSO_4$ 等无机盐沉积结垢引起的无机污染。有机污染是指进水中的大分

子有机物，以及反应器内的微生物产物如腐殖酸、蛋白质、多糖、核酸等物质，这些有机物会吸附到膜表面而形成有机物吸附层，会导致膜过滤性能快速降低，延长清洗时间。生物污染是指微生物在膜表面吸附并生长而引起的生物污染，其占污染物总有机碳的 50%～90%。对于一般市政污水，有机污染和生物污染是主要的膜污染类型。

　　膜污染现象非常复杂，很难从理论上加以分析。甚至对一种给定溶液，其污染也是取决于浓度、温度、pH、离子强度和污染物-污染物、污染物-膜相互作用力（如氢键、偶极-偶极作用力）等物理和化学因素。但是，通量衰减的准确值对膜分离过程设计是必需的。以下先从多孔膜孔堵塞模型进行分析。

10.4.2.1　膜孔堵塞机理

　　根据微粒和膜孔径的相对大小，超滤和微滤过程的膜孔堵塞可分为完全堵塞模型、标准堵塞模型、中间堵塞模型、滤饼过滤模型。如图 10.4-3 所示。

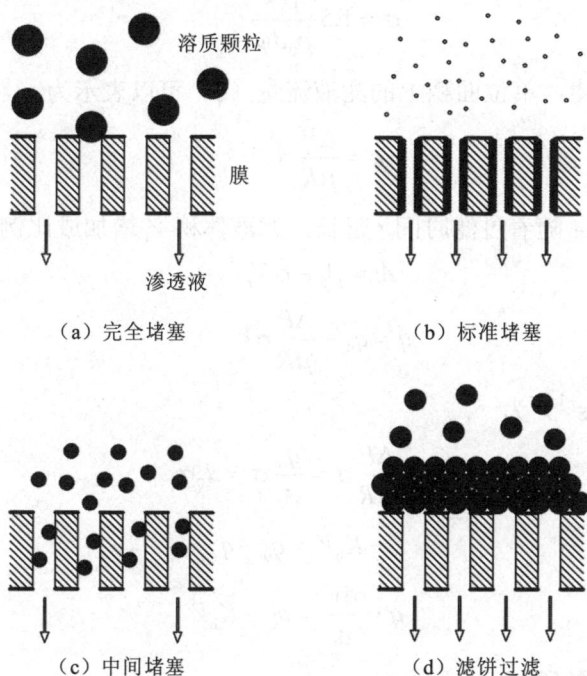

（a）完全堵塞　　　　　　　（b）标准堵塞

（c）中间堵塞　　　　　　　（d）滤饼过滤

图 10.4-3　膜孔堵塞的 4 种类型

（1）完全堵塞

超滤或微滤的多孔膜过滤在完全堵塞现象中，假设每个颗粒可堵塞一个膜孔，并且颗粒不会形成上下叠加。因此，形成完全堵塞需要有两个条件：一是分散微粒粒径与膜孔大小具有相近性；二是溶液中分散微粒的浓度较低。由于实际情况中分散微粒和膜孔的分散性，以及膜表面与膜微粒之间的化学本性、亲水性等因素的影响，使得完全堵塞过滤的其实很少见。

假定有体积 V 的原料液经过过滤，造成膜面积为 σV 的堵塞，σ 为微粒对膜孔造成堵塞的潜势参数（单位为 m^{-1}）。设悬浮颗粒的同等直径为 d，同等球形颗粒的体积为 $\pi d^3/6$ 和球体表面积为 $\pi d^3/\Psi$（Ψ 为形状系数，$0<\Psi<1$，取决于颗粒的形状），悬浮颗粒投影面积为 $\pi d^2/4\Psi$。颗粒密度为 ρ_s，原料液的密度为 ρ_0，s 为原料液中颗粒物的质量分数。因此，体积 V 的原料液过滤后在膜面形成的堵塞面积为

$$\left(\frac{V\rho_s s}{\rho_0}\right)\left(\frac{6}{\pi d^3}\right)\left(\frac{\pi d^3}{\psi}\right)=\sigma V \tag{10.4-2}$$

$$\sigma=1.5\frac{\rho_s s}{\rho_0 d\psi} \tag{10.4-3}$$

根据达西定律，单位面积上的滤液流量（q）可以表示为

$$q=\frac{\Delta P}{\mu R}A \tag{10.4-4}$$

膜有效面积 A 随着过滤时间 t 延长，滤液体积 V_t 增加成比例减小。

$$A_t=A_0-\sigma V_t \tag{10.4-5}$$

$$q=q_0-\frac{\Delta P}{\mu R}\sigma V \tag{10.4-6}$$

设参数 K_b（s^{-1}）为

$$K_b=\frac{\Delta P}{\mu R}\sigma=\frac{q_0}{A_0}\sigma=J_0\sigma \tag{10.4-7}$$

$$K_b V=q_0-q \tag{10.4-8}$$

$$q=\frac{dV}{dt}=q_0-K_b V \tag{10.4-9}$$

因此，可以得到：

$$q=q_0\exp(-K_b t) \tag{10.4-10}$$

由此可得：

$$V = \frac{q_0}{K_b}\left[1 - \exp\left(-K_b t\right)\right] \quad (10.4\text{-}11)$$

合并式（10.4-10）和式（10.4-11），得到：

$$J = J_0 \exp\left(-K_b t\right) \quad (10.4\text{-}12)$$

1985 年 Hermian 定义了一个"阻力系数"的概念，阻力系数的意义是 t 时刻的瞬时阻力增量与滤液体积增量之比

$$\text{阻力系数} = \frac{\mathrm{d}}{\mathrm{d}V}\left(\frac{t}{V}\right) = \frac{\mathrm{d}^2 t}{\mathrm{d}V^2} \quad (10.4\text{-}13)$$

由此，可以得到：

$$\frac{\mathrm{d}^2 t}{\mathrm{d}V^2} = \frac{\mathrm{d}}{\mathrm{d}V}\left(\frac{1}{q_0 - K_b V_t}\right) = \frac{K_b}{q^2} \quad (10.4\text{-}14)$$

通过简化可以得到：

$$\frac{\mathrm{d}^2 t}{\mathrm{d}V^2} = K_b \left(\frac{\mathrm{d}t}{\mathrm{d}V}\right)^2 \quad (10.4\text{-}15)$$

（2）标准堵塞

该类型堵塞是膜孔半径比微粒半径大 3 个数量级的膜进行过滤时形成的。模型建立的假定是过滤时膜孔内壁吸附了部分溶质，因此膜孔的内部体积减少量与滤液流量成正比。设 l 为膜孔长度，N 为膜孔数量，V 为过滤时间段内的滤液体积，建立如下方程：

$$N\left(2\pi r \mathrm{d}r\right)l = -cV\mathrm{d}t \quad (10.4\text{-}16)$$

式中，c 为膜孔吸附溶质的潜势参数，量纲一，表示单位滤液内吸附在膜孔的颗粒体积。

$$\pi N l \left(r_0^2 - r^2\right) = cV \quad (10.4\text{-}17)$$

利用 Hagen-Poiseuille 方程［式（10.3-17）］变形后代入式（10.4-17）中的 r^2，设 $K_s = 2c/(lA_0)$ 可得：

$$q = q_0 \left(1 - \frac{K_s V}{2}\right)^2 \quad (10.4\text{-}18)$$

$$\frac{t}{V} = \frac{1}{Q_0} + \frac{K_s}{2}t \quad (10.4\text{-}19)$$

$$q = \frac{q_0}{\left(1 + \frac{1}{2}K_s Q_0 t\right)^2} \tag{10.4-20}$$

$$J = J_0 \left(1 + \frac{K_s J_0}{2}t\right)^{-2} \tag{10.4-21}$$

同样采用"阻力系数"简化方程

$$\frac{d^2 t}{dV^2} = \frac{d}{dV}\left(\frac{1}{J_0 - (1 - \frac{1}{2}K_s V)^2}\right) = K_s J_0^{1/2} J^{-3/2} \tag{10.4-22}$$

$$\frac{d^2 t}{dV^2} = K_s'\left(\frac{dt}{dV}\right)^{3/2} \tag{10.4-23}$$

式中，$K_s' = K_s J_0^{1/2}$。

（3）中间堵塞

该类型堵塞是膜孔半径比微粒半径大 1～2 个数量级的膜进行过滤时形成的，在膜孔内造成一定的堵塞，属于过渡型的模型。设 A_0 为初始活性过滤膜表面积，包含的悬浮颗粒其在膜上的投影面积 $\Phi = \sigma V$，假设 Δt 是过滤第一批 V 所需的时间。在该体积的原料液通过膜后，活性表面减少到（$A_0 - \Phi$）。对于下一批，滤液的体积将减少到 $V(A_0 - \Phi)/A_0$，并允许颗粒沉积继续叠加沉积，在膜上的投影面积为 $\Phi(A_0 - \Phi)/A_0$。因为悬浮液是完全均匀的，第 2 层颗粒在第 1 层上沉降的概率与在自由表面上的概率相同，阻塞面积的增量将与未阻塞的表面积成正比，因此将由式（10.4-24）给出：

$$\Phi\left(\frac{A_0 - \Phi}{A_0}\right)^2 \tag{10.4-24}$$

在第二步结束时，可用于过滤的有效膜表面等于

$$(A_0 - \Phi) - \Phi\left(\frac{A_0 - \Phi}{A_0}\right)^2 \tag{10.4-25}$$

对于循环的连续批次（在时间 t，$t + \Delta t$，…），可以推导出新增的堵塞面积。随着时间增加并趋向于极限时：

$$A_{t+dt} = A_t - \sigma\left(q_t \cdot dt\right)\left(\frac{A_t}{A_0}\right) \tag{10.4-26}$$

在这个关系中引入 $Q = \Delta PA/(\mu R)$，我们得到：

$$dA = -\frac{P\sigma}{\mu R A_0}A^2 dt \tag{10.4-27}$$

积分可以得到：

$$A = \frac{A_0}{1 + (\sigma\Delta P/\mu R)t} \tag{10.4-28}$$

这意味着：

$$q = \frac{q_0}{1 + (\sigma\Delta P/\mu R)t} \tag{10.4-29}$$

可以采用以下形式：

$$K_i t = \frac{1}{q} - \frac{1}{q_0} \tag{10.4-30}$$

式中，

$$K_i = \frac{\sigma P}{\mu R q_0} = \frac{\sigma}{A_0} \tag{10.4-31}$$

令 $K_i' = A_0 K_i$，则：

$$K_i't = \frac{1}{J} - \frac{1}{J_0} \tag{10.4-32}$$

由式（10.4-32）可以得到：

$$q = q_0 e^{-K_i V} \tag{10.4-33}$$

这是 $q = f(V)$ 关系，并且：

$$K_i V = \ln\left(1 + K_i q_0 t\right) \tag{10.4-34}$$

阻力系数由式（10.4-35）给出：

$$\frac{d^2 t}{dV^2} = \frac{d}{dV}\left(\frac{1}{q}\right) = \frac{d}{dV}\left(\frac{1}{q_0}e^{K_i V}\right) = \frac{K_i}{q} \tag{10.4-35}$$

因此：

$$\frac{d^2 t}{dV^2} = K_i \frac{dt}{dV} \tag{10.4-36}$$

（4）滤饼过滤

滤饼层是过滤微粒大于膜孔孔径时形成的，被截留的大分子物质在膜表面形成滤饼层。假定滤饼层的阻力正比于滤液的体积。设 $q_0 = PA / \mu R_0$ 为初始流量，$q = PA / \mu R_t$ 为 t 时刻的流量。滤膜阻力由膜阻（R_0）和滤饼阻力组成：

$$R_t = R_0 + \alpha W / A \tag{10.4-37}$$

式中，α 为单位质量滤饼层的比阻，m/kg；W 为滤饼质量，kg。

由质量守恒可知，滤饼的质量

$$W = V\gamma s / (1 - ms) \tag{10.4-38}$$

式中，m 为滤饼层中固体颗粒的质量占比。因此式（10.4-37）可以写成：

$$R_t = R_0 + \frac{\alpha \gamma s V}{(1 - ms) A} = R_0 \left[1 + \frac{\alpha \gamma s V}{A R_0 (1 - ms)} \right] \tag{10.4-39}$$

可以得到以下关系式：

$$R_t = R_0 \left(1 + K_c q_0 V \right) \tag{10.4-40}$$

其中

$$K_c = \frac{\alpha \gamma s}{A R_0 q_0 (1 - ms)} = \frac{\alpha \gamma s \mu}{A^2 P (1 - ms)} \tag{10.4-41}$$

易证 $K_c = 2 / K_R (s / m^6)$，式中 K_R 为 Ruth 常数

$$\left(V + V_c \right)^2 = K_R \left(t + t_c \right) = \frac{2 A^2 P (1 - ms)}{\mu \gamma s \alpha} \left(t + t_c \right) \tag{10.4-42}$$

可以推导出：

$$q_t = \frac{\Delta PA}{\mu R_t} = \frac{\Delta PA}{\mu R_0 (1 + K_c q_0 V)} = \frac{q_0}{1 + K_c q_0 V} \tag{10.4-43}$$

于是得到：

$$K_c V = \frac{1}{q} - \frac{1}{q_0} \tag{10.4-44}$$

将式（10.4-44）整理后得到：

$$\frac{K_c V}{2} = \frac{t}{V} - \frac{1}{q_0} \tag{10.4-45}$$

即 $V = f(t)$ 关系式，而 $J = f(t)$ 可以写成：

$$J = \frac{J_0}{\left(1 + 2K_c J_0^2 t\right)^{1/2}} \tag{10.4-46}$$

阻力系数：

$$\frac{d^2 t}{dV^2} = \frac{d}{dV}\left(\frac{1 + K_c q_0 V}{q_0}\right) = K_c \tag{10.4-47}$$

因此：

$$\frac{d^2 t}{dV^2} = K_c \tag{10.4-48}$$

【例 10-4】在膜面积为 $50\ \text{cm}^2$、跨膜压力为 $20\ \text{kPa}$ 时，某一悬浮液进行实验室超滤实验，间隔一定时间测量一次渗透液体积，实验数据记录如下表所示。

实验数据记录表

时间/min	0	1	2	3	4	5	6	7	8	9	10	11	12
V/cm^3	0	1.5	2.78	3.9	4.88	5.74	6.44	7.1	7.68	8.16	8.56	8.92	9.22

（1）将实验数据转换为通量的值 $[\text{L}/(\text{m}^2 \cdot \text{h})]$，并将结果绘制成时间的函数图。

（2）确定数据是否符合 Hermia 污垢模型中的一种。

解：渗透通量是流量除以膜面积。例如，第一个值是

$$J = \frac{q_p}{A} = \left(\frac{1.50\ \text{cm}^3 / \text{min}}{50\ \text{cm}^2}\right)\left(\frac{1\ \text{L}}{1\,000\ \text{cm}^3}\right)\left(10^4\ \text{cm}^2 / \text{m}^2\right) \times$$

$$\left(\frac{60\ \text{min}}{1\text{h}}\right) = 18\ \text{L}/(\text{m}^2 \cdot \text{h})$$

可以通过 $d^2 t/dV^2$ 与 dt/dV 的值来作图检验数据与 Hermia 模型的拟合度（或同样地，取 $\log_{10}$ 对数）。数值如下表所示，并绘制在下图中。

超滤膜通量下降的实验数据

T/min	V_{cum}/cm³	dV/dt/（cm³/min）	dt/dV/（min/cm³）	d²t/dV²/（min/cm⁶）
0	0	1.5	0.667	0.076 4
1	1.5	1.28	0.781	0.087 2
2	2.78	1.12	0.893	0.113 9
3	3.9	0.98	1.020	0.145 3
4	4.88	0.86	1.163	0.219 3
5	5.74	0.74	1.351	0.285 3
6	6.48	0.64	1.563	0.348 8
7	7.12	0.56	1.786	0.531 5
8	7.68	0.48	2.083	0.620 0
9	8.16	0.42	2.381	0.766 1
10	8.58	0.37	2.703	0.885 4
11	8.95	0.33	3.030	—
12	9.28	—	—	—

下表总结了这两部分的相关计算。

T/min	Q/（mL/min）	J/［L/（m²·h）］	ln（dt/dV）	ln（d²t/dV²）
0	1.5	18	−0.405	−2.572
1	1.28	15.36	−0.247	−2.440
2	1.12	13.44	−0.113	−2.173
3	0.98	11.76	0.020	−1.929
4	0.86	10.32	0.151	−1.518
5	0.74	8.88	0.301	−1.254
6	0.64	7.68	0.446	−1.053
7	0.56	6.72	0.580	−0.632
8	0.48	5.76	0.734	−0.478
9	0.42	5.04	0.868	−0.266
10	0.37	4.44	0.994	−0.122
11	0.33	3.96	1.109	—
12	—	—	—	—

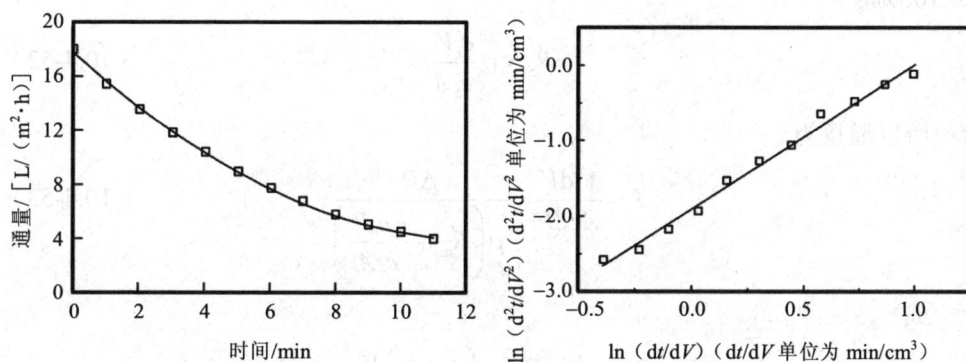

数据呈直线下降，斜率约为 2.0（回归分析得出的值为 1.9）。这一结果表明，Hermia 污垢模型适用于这些数据。

10.4.2.2 膜污染相关参数

膜污染趋势可以通过污染试验来测定，测定设备可以采用超滤杯进行。在一定压力下测定通量随时间衰减的情况，即可测得不同时刻的累积体积。以下介绍如何采用膜过滤指数（MFI）和淤塞密度指数（SDI）描述膜污染现象。

（1）膜过滤指数（MFI）

MFI 是基于滤饼过滤进行设计的。滤饼过滤形成的膜的阻力可以看作由两部分组成，即滤饼阻力（R_c）和膜阻力（R_m）。R_c 等于滤饼比阻（r_c）乘以滤饼厚度（l_c）。假定在整个滤饼层内滤饼比阻力（r_c）是固定的，那么

$$R_t = R_m + R_c = R_m + r_c l_c \qquad (10.4\text{-}49)$$

而滤饼比阻力通常可以 Kozeny-Carman 关系式描述：

$$r_c = 180\frac{(1-\varepsilon)^2}{[d_s\varepsilon^3]} \qquad (10.4\text{-}50)$$

式中，d_s 为溶质颗粒的直径；ε 为滤饼层孔隙率。滤饼的厚度为

$$l_c = \frac{m_s}{[\rho_s(1-\varepsilon)A]} \qquad (10.4\text{-}51)$$

式中，m_s 为滤饼质量；ρ_s 为溶质密度；A 为膜面积。实际上，滤饼的质量是难以确定的，滤饼层的厚度也取决于溶质颗粒的种类，而且与操作条件及过滤时间相关。滤饼层厚度不断增加，导致通量持续衰减。

通过物料衡算可以得到滤饼阻力 R_c，当溶质被完全截留，滤饼浓度为 c_c，即

$R = 100\%$ 时：

$$R_c = r_c \frac{c_b V}{c_c A} \qquad (10.4\text{-}52)$$

所以通量为

$$J = \frac{1}{A}\frac{dV}{dt} = \frac{\Delta P}{\mu\left(R_m + \dfrac{r_c c_b V}{c_c A}\right)} \qquad (10.4\text{-}53)$$

或

$$\frac{1}{J} = \frac{1}{J_w} + \left(\frac{\mu c_b r_c}{\Delta P c_c}\right)\frac{V}{A} \qquad (10.4\text{-}54)$$

式中，J_w 为纯水通量。一般在无搅拌死端过滤条件下，在不同的浓度（c_b）和压力（ΔP）下通量的倒数与渗透液体积呈线性关系。相较于滤饼阻力，膜阻力通常可以忽略不计，所以将式（10.4-53）dt 从 $0\sim t$ 积分，则

$$t = \frac{\mu c_b r_c}{2\Delta P c_c}\left(\frac{V}{A}\right)^2 \qquad (10.4\text{-}55)$$

式（10.4-55）为死端过滤在无搅拌状态下的过滤过程，表明渗透液体积 V 与 $t^{0.5}$ 呈线性关系。通量$J=V/A$ 代入式（10.4-55）得到式（10.4-56），则从式（10.4-56）可看出 J 按 $t^{0.5}$ 衰减。

$$J = \left(\frac{\Delta P c_c}{\mu c_b r_c}\right)^{0.5} t^{-0.5} \qquad (10.4\text{-}56)$$

合并式（10.4-55）和式（10.4-56），对时间 t 积分可得：

$$\frac{t}{V} = \frac{\mu R_m}{A\Delta P} + \frac{\mu r_c c_b}{2A^2 c_c \Delta P}V \qquad (10.4\text{-}57)$$

式（10.4-57）与式（10.4-55）相似，但式（10.4-57）考虑了膜阻。以 t/V 对 V 作图，经过初始的线性段以后，得到一条直线，该直线的斜率定义为 MFI，如图 10.4-4 所示，因此得到 MFI 的计算公式：

$$\text{MFI} = \frac{\eta r_c c_b}{2A^2 c_c \Delta P} \qquad (10.4\text{-}58)$$

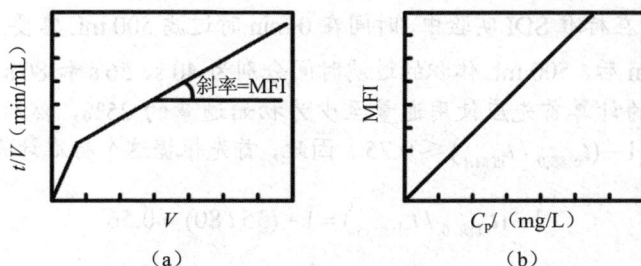

图 10.4-4 t/V 与 V 的关系（a）和 MFI 与溶液浓度 C_p 的关系（b）

应用 MFI 进行膜污染评估，可以通过比较不同的溶液，可以观察到不同的污染行为。同样，也可以在工程设计中给定最大允许 MFI 值，以及一定程度上可以预测通量衰减。但是，MFI 实验为死端过滤，而实际膜过滤一般以错流方式操作。此外，公式中滤饼阻力与压力无关，实际中通常并不是这样的，大部分物料形成的滤饼是可压缩的，比阻一般随着压力的增加而增加，在这种情况下需要对计算值进行优化。

（2）淤塞密度指数（SDI）

淤塞密度指数（SDI），也称污染指数（FI）或淤塞指数（SI），是衡量水质的指标。淤塞密度指数的测定方法是在标准压力（206.8 kPa）下和标准时间间隔（5 min、10 min、15 min 或 30 min）内，一定体积的水样（大于 500 mL）通过一特定微孔膜滤器的阻塞率。对于反渗透系统，一般使用平均孔径为 0.45 μm 的滤孔滤膜。这个指数表征的是水中胶体物和悬浮物的含量，经常用于对要用纳滤或反渗透处理的水进行分类。SDI_{15} 是在 15 min 内通过膜的体积流量的每分钟平均百分比变化，淤塞密度指数可用式（10.4-59）计算，

$$SDI = \frac{\left[1-(t_{f,0}/t_{f,t})\right]100\%}{\Delta t} \qquad (10.4-59)$$

式中，$t_{f,0}$ 为第一次取得 500 mL 所需的时间；$t_{f,t}$ 为第二次取得 500 mL 所需的时间；Δt 从取得第一次测量后到取得第二次测量之间经过的时间。需要注意的是，SDI 的计算应采纳的计算通量至少为初始通量的 25%。

一般来说，SDI 值超过 3.5，待过滤的溶液被认为对中空纤维膜（包括超滤和微滤）以及卷式膜（纳滤或反渗透）具有较高的污染可能性。SDI 可以作为预处理目标指标，但一般不作为膜性能的指标，因为试验中操作的条件与膜使用期间的条件不同。但 SDI<2 时，实际观察到的膜污染出现较大的偏差。

【例10-5】在标准 SDI 实验中，时间在 0 min 时过滤 500 mL 需要 35 s，在 5 min、10 min 和 15 min 后，500 mL 体积的过滤时间分别为 40 s、56 s 和 80 s，计算 SDI 值。

解：SDI 的计算首先应使用通量至少为初始通量的 25%，然后采用最长的时间。也就是说，$1-(t_{过滤,0}/t_{过滤,t}) \leqslant 0.75$。因此，首先根据这个标准计算 15 min 的值：

$$1-(t_{过滤,0}/t_{过滤,15})=1-(35/80)=0.56$$

由于满足该条件，可以使用 15 min 时间的数据，如下所示：

$$\text{SDI}_{15}=\frac{1-(t_{过滤,0}/t_{过滤,t})}{\Delta t}=\frac{1-(35/80)}{15}=3.8$$

10.4.3 浓差极化

在微滤、超滤和反渗透等压力驱动的膜过程中，当压力作用于原料液时，溶质全部或部分地被膜截留，即膜对溶质有一定的截留作用，而溶剂渗透通过膜，截留作用又表明渗透液中浓度（c_p）低于其在主体中的浓度（c_b）。而被截留的溶质会在膜表面处累积，其膜表面的浓度会逐渐提高，这种浓度累积会导致溶质向原料液主体溶液形成反向扩散，但经过最终形成稳态。离膜面较远的溶质因为溶剂向膜表面的流动而形成对流方式流向膜表面传质，而在膜面附近的溶质通过浓度梯度扩散形成返回主体溶液的传质，形成了如图 10.4-5 所示的边界层以及浓度分布。

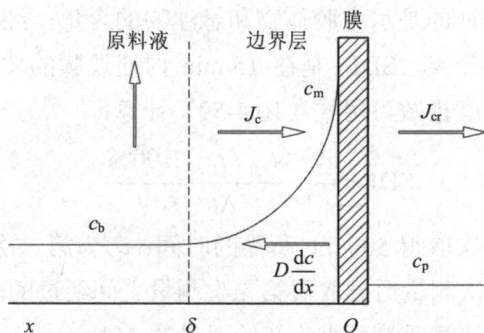

图 10.4-5　浓差极化引起的稳态条件下的浓度分布

假设在距离膜表面 δ 处，即边界层外，料液的浓度等于主体溶液浓度 c_b。而边界层向膜表面的方向上溶质浓度逐渐增大，在膜表面处达最大值 c_m。溶质流向膜的对流通量可写成 J_c，而如溶质未被膜完全截留，则存在一个通过膜的溶质通量可写成 J_{c_p}。当达到稳态的时候，根据质量守恒定律，溶质以对流方式传向膜的量等于渗透通量与反向扩散通量之和：

$$J_C + D\frac{dc}{dx} = J_{c_p} \qquad （10.4\text{-}60）$$

边界条件为

$$x = 0 \Rightarrow c = c_m \qquad （10.4\text{-}61）$$

$$x = \delta \Rightarrow c = c_b \qquad （10.4\text{-}62）$$

将式（10.4-60）积分，则

$$\ln\frac{c_m - c_p}{c_b - c_p} = \frac{J\delta}{D} \qquad （10.4\text{-}63）$$

$$\frac{c_m - c_p}{c_b - c_p} = \exp\left(\frac{J\delta}{D}\right) \qquad （10.4\text{-}64）$$

扩散系数 D 与边界层厚度 δ 之比称为传质系数 k，即

$$k = \frac{D}{\delta} \qquad （10.4\text{-}65）$$

根据截留率的定义

$$R = 1 - \frac{c_p}{c_m} \qquad （10.4\text{-}66）$$

则式（10.4-66）可写成：

$$\frac{c_m}{c_b} = \frac{\exp\left(\dfrac{J}{k}\right)}{R_{int} + \left(1 - R_{int}\right)\exp\left(\dfrac{J}{k}\right)} \qquad （10.4\text{-}67）$$

式中，c_m/c_b 定义为浓差极化模数。可以看出随着通量 J 增大，截留率 R 增加以及传质系数减小，浓差极化模数增大，膜表面处浓度 c_m 增大。

当溶质被膜完全截留时，$R=1$ 及 $c_p=0$，式（10.4-67）变为

$$\frac{c_m}{c_b} = \exp\left(\frac{J}{k}\right) \qquad （10.4\text{-}68）$$

上式为膜过程浓差极化的简化模型，它以简单的形式表明了与浓差极化有关的两个参数——通量 J 和传质系数 k，以及决定这两个参数的因素，通量与膜本身

相关因素，传质系数主要取决于流体力学。

浓差极化参数会导致截留率的变化。当溶质为盐等低分子量物质时，由于膜表面处溶质浓度增高，测定的截留率会低于真实截留率。对于大分子溶质混合溶液，浓差极化对选择性有显著影响。被完全截留的高分子量溶质在膜表面会形成一种次级膜或动态膜，从而使得小分子量溶质的截留率提高。

【例 10-6】用微滤膜对悬浮固体浓度为 8 mg/L 的水进行过滤，通量为 80 L/(m²·h)，回收率为 85%，颗粒物完全截留。悬浮溶液中硅藻土颗粒占悬浮固体总量的 10%，根据 Stokes-Einstein 方程，其传质系数约为 4.8×10^{-6} m/s；扩散系数约为 3×10^{-7} cm²/s。计算：（1）硅藻土在浓缩液的浓度；（2）估算相关粒子的浓差极化层的厚度；（3）通过浓差极化层的粒子浓度分布；（4）浓差极化模数。

解：（1）进料浓度为 8 mg/L 的 10% 为 0.8 mg/L，原液中的浓度：

$$c_c = c_f \frac{1 - r(1 - R)}{1 - r} = 0.8 \text{ mg/L} \times \frac{1 - 0.85 \times (1 - 1)}{1 - 0.85} = 5.3 \text{ mg/L}$$

（2）浓差极化层的厚度可直接代入计算：

$$\delta_{CP} = \frac{D}{k_{mt,CP}} = \frac{3.0 \times 10^{-7} \text{ cm}^2 / \text{s}}{(4.8 \times 10^{-6} \text{ m/s})(100 \text{ cm/m})} = 6.25 \times 10^{-4} \text{ cm} = 6.25 \text{ μm}$$

（3）求出整个浓差极化层中颗粒的浓度，得到如图所示的剖面。溶液/膜界面处的浓度由下式求得：

$$c_{c_{c/m}} = \frac{c_f}{1 - r} \exp\left(\frac{J}{k_{mt,CP}}\right) = \frac{0.8 \text{ mg/L}}{1 - 0.85} \exp\left[\frac{80 \text{ L/(m}^2 \cdot \text{h)} \times 1 \text{ m}^3 / 1000 \text{ L}}{(4.8 \times 10^{-6} \text{ m/s}) \times (3600 \text{ s/h})}\right] = 547 \text{ mg/L}$$

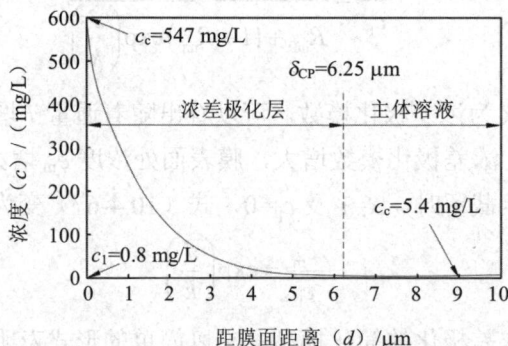

（4）由浓差极化模数的定义可得：

$$PF = \frac{c_{c_{c/m}}}{c_c} = \frac{547 \text{ mg / L}}{5.3 \text{ mg / L}} = 102$$

10.5　膜系统设计与应用

本节重点介绍污水处理工程中常用的压力驱动膜，对电渗析、膜蒸馏等技术也进行了描述。

10.5.1　压力梯度驱动膜系统

10.5.1.1　应用场景

微滤理论上只能截留悬浮固体，而蛋白质等胶体颗粒都可以透过微滤膜，但是实际情况中由于膜孔堵塞或滤饼形成二次动态膜，分离的通量和精度与初始状态有一定的差距。

超滤对物料尺寸大于大分子量的组分能够截留，如蛋白质、多糖以及悬浮固体，而所有的小分子量的组分可以自由通过膜的过程，如盐类、无机酸、氨基酸。

纳滤理论上可以截留一价以上的负电荷离子，如硫酸盐、磷酸盐，而单价的离子可以通过。基于分子的大小和形状，纳滤也能截留不带电荷和溶解性物质。事实上，纳滤对氯化钠也有 0～50% 的截留率，主要取决于进水的浓度。因此，纳滤也经常被认为是"疏松型"反渗透，虽然盐截留率相对较低，但可以使用较低的压力和消耗较少的能耗，因此在有些特殊要求的场合有应用的需求。

反渗透是在污水再生和海水、苦咸水淡化上被广泛应用的膜分离过程，理论上水是唯一通过膜的物质，其他所有的溶解和悬浮的物质被截留。有时一些开放类型的 RO 膜和纳滤（NF）膜会产生混淆。

10.5.1.2　微滤/超滤系统

对于微滤和超滤系统类型，通常有间歇式系统和连续系统。

（1）间歇式系统

间歇式处理单元是最简单的膜分离系统类型，如图 10.5-1 所示。在系统中，一定体积的进水通过循环泵高流速进入膜单元，系统持续运行，直到进水浓缩到目标值。然后浓缩液从储水罐中排出，为下一批次的料液分离做准备。间歇式处理常见于生物、食品和制药等行业中常见的小规模操作，在污水处理领域也应用于污泥浓缩和高值资源回收。

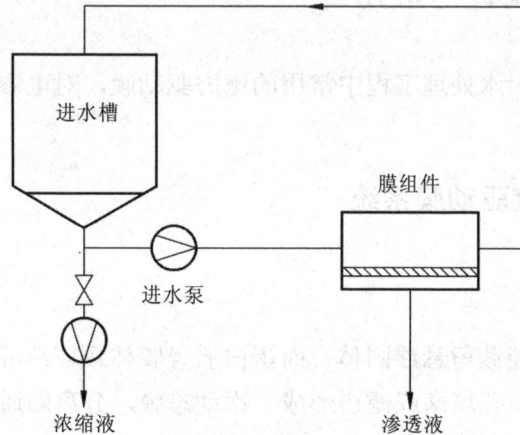

图 10.5-1　间歇式超滤过程的流程示意图

间歇式处理系统设计中，一般假设膜完全截留溶质：

$$R = \left(1 - \frac{c_p}{c_b}\right) = 1 \tag{10.5-1}$$

式中，c_p 为渗透液中的溶质浓度；c_b 为原料液中的溶质浓度。由此可见，储水罐中溶质浓度在时间 t 内从 $c_{b,0}$ 增加到 $c_{b,t}$，同时与储水罐中残余的溶液体积成正比，即

$$\frac{c_{b,t}}{c_{b,0}} = \frac{V_0}{V_t} \tag{10.5-2}$$

其中，渗透液中分离出去的溶液体积为 $V_0 \sim V_t$。通常情况下，少部分溶质会渗透过膜，即截留率 $R < 1$，则所达到的浓度和体积之间的关系可以写成：

$$\ln\left[\frac{c_{b,t}}{c_{b,0}}\right] = R\ln\left(\frac{V_0}{V_t}\right) \tag{10.5-3}$$

当 R 为 1 时，式（10.5-3）即为式（10.5-2）。图 10.5-2 显示了残留进水的浓缩比与不同截留率的膜的体积缩减率的函数关系图，可以看出部分截留导致的溶质损失的影响。

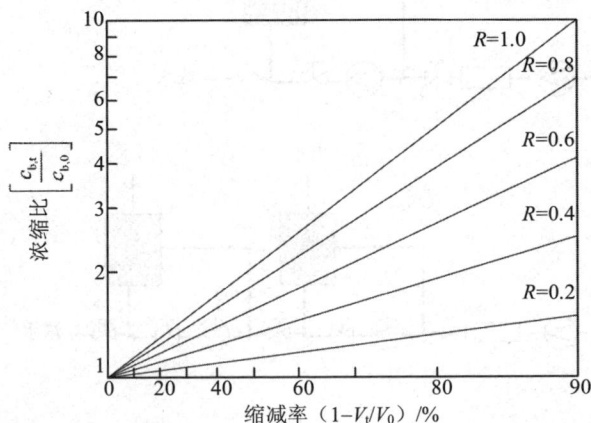

图 10.5-2　不同截留率的间歇运行系统中进水体积缩减率与残留原水的浓缩比的关系

（2）连续系统

连续式膜分离在污水处理与再生、苦咸水淡化领域非常常见，主要特点是模块串联排列，通过一次性分离实现设计目标。一般需要较高的膜面流速实现浓差极化的减缓，如超滤膜系统中的速度是反渗透的 5～10 倍。因此，大型超滤系统需要设计进出水系统，以便提高分离效率，图 10.5-3 显示了一级、二级和三级进水和出水系统的膜分离工艺。在这些系统中，溶液通过循环泵在一组膜组件内连续循环。同时，在循环泵之前，补充溶液进入循环回路系统，从循环回路中再排出同体积、经过浓缩的高浓度溶液。进出水系统的优点是，分离的原料液的体积无论大小都可以保持高速的进料速度。普遍情况下，循环回路中溶液流速是进料溶液流速的 5～10 倍。高循环率导致循环液中的物质浓度接近排放液浓度，显著高于进水浓度。在污水处理过程中，由于超滤膜的膜污染和浓差极化，膜通量随着浓度的增加而减小，因此与间歇系统相比，连续系统需要更多的膜面积来实现所需的分离效果。

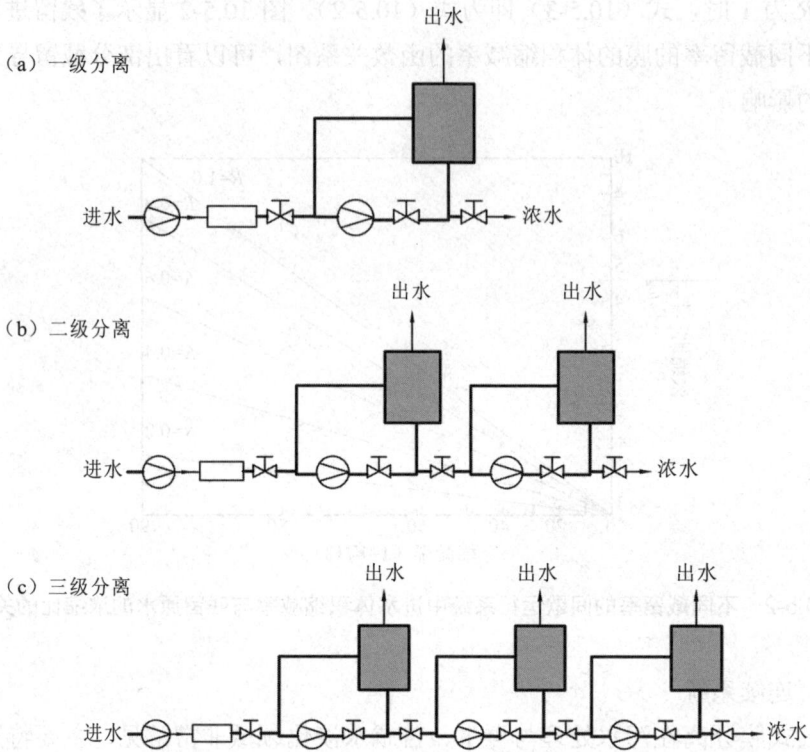

（a）一级分离

（b）二级分离

（c）三级分离

图 10.5-3　超滤工艺中的一级、二级和三级分离的进出料系统设计

　　为了克服单级进出水系统设计的膜面积使用的低效率问题，在工业生产和废水处理中膜系统通常被分成多级，如图 10.5-3 所示。举个简单的例子，膜分离系统目标是回收 87.5%的进水。在单级系统中，每个组件的溶液的平均回收率达到 87.5%。而在多级系统中，第一级将进水回收 75%，第二级将在第一级的出水的基础上回收 50%，这样实现了 75%+（100%–75%）×50%=87.5%的回收。由于单级膜系统中进水浓度都是在一致的情况下运行，而二级膜系统的第二级的膜处理的进水浓度比单级膜系统高 1 倍，可以大大减少膜面积，因此二级进出系统设计的面积约为单级系统的 60%。而如果将系统分成三级过滤系统，第一级回收 50%，第二级继续回收 50%（原体积的 25%），而第三级同样回收 50%（原体积的 12.5%），在这种情况下，三级膜总面积约为执行相同分离的单级系统面积的 40%。

　　由于多级进出水系统的膜面积可以明显减少，大多数大型生产应用的企业都有三～五级的膜系统，而污水处理系统一般不超过三级。因为随着级数增加水中的污染物不断增加，导致的膜污染和浓差极化更加严重，很快达到了级数的极限。此外，由于进料和排出超滤设备涉及的流体循环率很高，泵的成本可能会上升到系统总成本的 30%～40%。因为水泵的供电系统会产生高昂的费用。

10.5.1.3 反渗透/纳滤系统设计

根据溶解扩散理论，RO 的水通量取决于有效压差，而溶质通量取决于溶质浓度差，膜的渗透液的溶质浓度可表示为

$$c_p = \frac{J_s}{J_w} = \frac{B(c_i - c_p)}{J_w} \tag{10.5-4}$$

可改写为

$$c_p = \frac{Bc_i}{J_w + B} \tag{10.5-5}$$

$$R = 1 - \frac{Bc_i}{c_i(J_w + B)} = 1 - \frac{B}{J_w + B} \tag{10.5-6}$$

或

$$\frac{J_w(1 - R)}{R} = B \tag{10.5-7}$$

一般 RO 的截留系数大于 99%时，式（10.5-7）可化简成：

$$J_w(1 - R) = BR = k \tag{10.5-8}$$

其中，k 为常数，从进口浓度（c_i）到出口浓度（c_e）的膜分离过程中，溶剂不断渗透出去，溶质浓度越来越高。假设膜的截留系数 k 不变，那么渗透液中溶质浓度也随之上升，从（$1-R$）c_i 变为（$1-R$）c_e。说明在错流的反渗透分离过程中，渗透液浓度（c_p）、出口浓度（c_e）与截留率存在一定关系。

$$\overline{c_p} = \frac{c_i}{S}\left[1 - (1 - S)^{1-R}\right] \tag{10.5-9}$$

其中，$\overline{c_p}$ 为渗透液平均浓度，以上公式给出了浓缩液和渗透液浓度与回收率 S 和截留系数 R 之间的关系。对于反渗透和超滤，根据要求对截留物还是渗透液进行回收，通常对两者的浓度提出一定的要求。一般情况下，回收率越高，渗透液浓度也越高。根据这些公式可以预测在某一渗透液浓度范围内的最大回收率。

10.5.1.4 膜清洗

（1）化学清洗

微滤和超滤最常见的有机污染物是聚合物形成的有机胶体和凝胶。对于这类污染物最好的清洗方法是用碱性溶液处理，然后用热洗涤剂溶液处理。当污染物是蛋白质凝胶时，酶洗涤剂相对更加有效。无机污染在多孔膜的分离系统中通常不常见。但在超滤系统中，这些盐被夹带的空气氧化成三价铁，三价铁不溶于水，因此形成不溶于水的氢氧化铁凝胶并聚集在膜表面，这类沉淀物通常用柠檬酸或盐酸进行清洗。由于超滤膜的操作环境具有挑战性，并且需要定期清洗，因此膜的寿命明显短于反渗透膜。超滤模块的寿命很少超过 3 年。

反渗透和纳滤等膜材料经常采用酸性清洗剂，如盐酸、磷酸或柠檬酸，能有效去除常见的成垢的化合物。对于醋酸纤维素膜，溶液的 pH 不应低于 2.0，否则会发生膜的水解。无机污染物主要是钙、镁和铁的沉积物。草酸对去除铁沉积物特别有效。而柠檬酸对钙、镁或硫酸钡垢不是很有效，可以使用螯合剂［如乙二胺四乙酸（EDTA）等］去除这类污染物。对于膜上的细菌以及生物代谢的污染物，通常使用碱和表面活性剂清洁剂，一些含有酶添加剂的表面活性剂对去除生物污垢和有机污垢效果较好。为了控制细菌生长，还需要对膜系统进行消毒。对于醋酸纤维素膜，自来水中的含氯量足以控制微生物在膜面的生长。使用甲醛、过氧化氢或过氧乙酸溶液进行定期冲洗消毒也可以防止生物污染。

反渗透膜通常每年清洗不超过两次，可以持续 4～5 年。反复清洗会使膜的分离层逐渐降解和老化，导致脱盐率降低。大多数制造商现在提供的膜组件，根据应用的不同，有 1～2 年的有限保修期。经过良好设计和维护，加上良好的预处理系统，膜的使用寿命通常可以达到 5 年甚至更长。随着膜的使用时限的增加，水通量通常会下降至少 20%，盐的截留率也会开始下降。稀释的聚合物溶液可以用来进行膜面修复，利用聚合物可以堵塞微小缺陷，恢复盐分的分离排斥。比较常用的聚合物有聚乙烯醇、醋酸乙烯酯共聚物或聚乙烯基甲醚。在修复过程中，膜组件经过仔细清洗，然后用稀释液冲洗，具体修复机制还有待研究。

（2）机械清洗

除了用化学溶液定期清洗外，还可以使用膜的机械清洗，特别是在化学清洗不能恢复膜通量的情况下。例如，对于一些管式膜组件，可以通过将直径略大于管道的海绵球穿过管道，这些海绵球轻轻地刮过膜表面，除去沉积的物质，从而有效地清洁这些管道。

水力反冲洗是清洗严重污染的超滤膜的一种机械清洗的方法，该方法广泛用于清洗毛细管和陶瓷膜组件，这类结构的组件可以承受溶液从渗透侧到原料液侧的反向流动。反冲洗通常不用于螺旋缠绕模块，因为反向流动导致膜容易受到损坏。在反冲洗程序中，对膜的渗透侧施加轻微的过压，迫使溶液从渗透侧渗透到膜的进料侧，水力提升作用使膜表面沉积的物质从表面上升。反冲洗水压不能过大，典型的超滤反冲洗压力为 0.3～1.0 bar。

10.5.1.5　能量消耗

压力梯度驱动的膜分离过程为热力学不可逆过程，因此每一个过程都需要一个最小量的功才能完成。能耗的成本是膜分离工艺的主要考虑因素，不同的应用场合能量消耗可能相差很多，这取决于流量、压差、错流速度、膜面积及特定的能量回收系统等因素。例如，反渗透海水淡化工程综合成本中，电耗的成本目前占 44%。理论上消耗的能量是可以用热力学第二定律进行推导计算的，但实际上消耗的能量可能要远大于这个值。压力梯度驱动膜系统中能耗主要设备包括压力提升泵和循环泵，对于采用高压泵驱动的海水反渗透还经常使用能量回收设备。

反渗透海水淡化系统的能量回收装置按照工作原理主要可分为透平式和正位移式两种类型。透平式能量回收装置主要有水力透平式和皮尔顿式（水轮式）两种，通常需要经过"压力能—轴功—压力能"两步转换过程，能量回收效率一般为 35%～76%。正位移式能量回收装置利用反渗透系统排出的高压浓水直接增压进料海水的方式来回收能量，能量回收效率一般为 91%～96%，最典型的是压力交换式能量回收装置。目前，没有采用能量回收装置的反渗透海水淡化工程的能耗（包括海水取水、海水预处理、海水淡化和产水供水的全部能耗）在 8.0 kW·h/t 左右。在采用透平式能量回收装置情况下，对高压泵后的海水进行二次增压，可从反渗透膜堆排出的高压浓缩海水中回收 35%～75%的能量，使海水淡化工程能耗降到 5.5 kW·h/t 以下。正位移式能量回收装置可从反渗透膜堆排出的高压浓缩海水中回收 91%～96%的能量，使海水淡化工程能耗降到 4.0 kW·h/t 以下。在污水再生利用领域，膜系统的能耗随水的含盐量、膜污染程度变化较大。

（a）水力透平式

反渗透系统

产水

透平式能量回收装置

供水泵　　高压泵

浓水

（b）皮尔顿式

M
～

进水

高压泵　　节流阀　　反渗透系统

产水

排放　　涡轮　　涡轮喷嘴阀

（c）压力交换器（PX 型）

反渗透系统

产水

高压泵　　压力提升泵

供水泵

PX 能量回收装置　　浓水

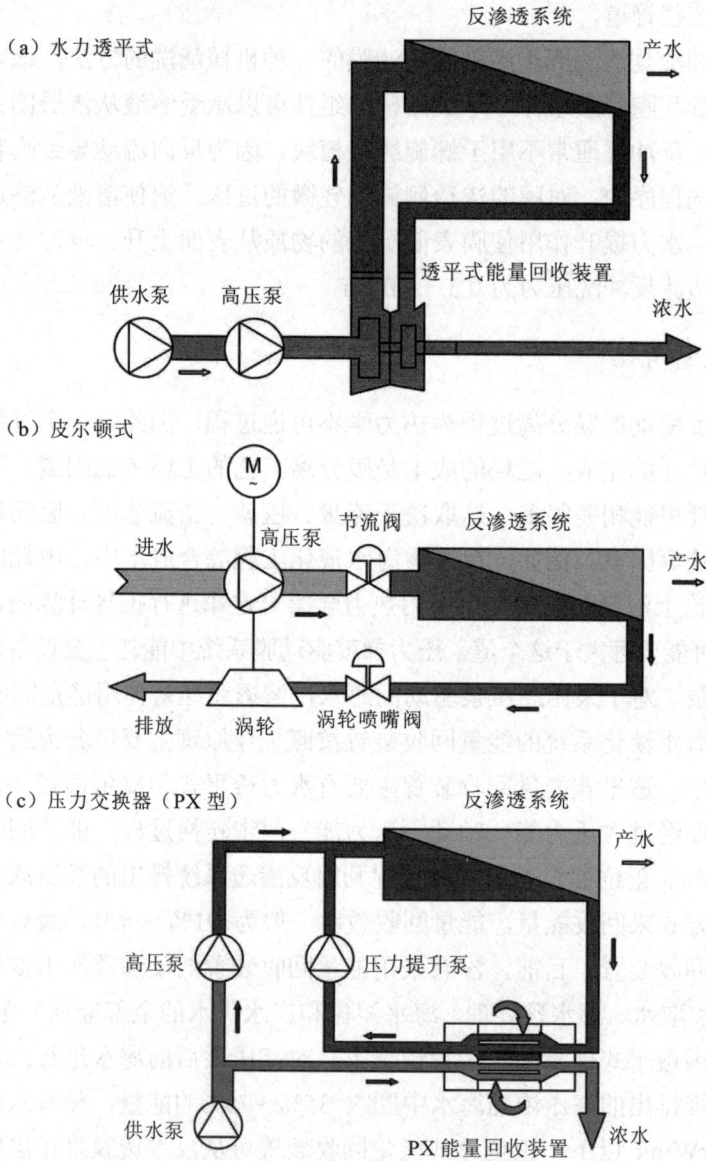

图 10.5-4　能量回收装置流程示意图

　　动力提升泵的作用是使原料升至膜系统分离所需压力。在超滤和微滤中，浓差极化和污染导致通量衰减很快，为尽可能减少这种影响，必须强化边界层内的传质过程，一般通过提高错流速度来实现。因此，大多数错流操作需要两台泵，动力提升泵用于原料液加压，而循环泵用于提高错流速度。因为微滤和超滤对压力要求较低而错流速度较快，所以多孔膜的压力驱动过程能耗主要取决于循环泵而不是压力提升泵。

将液体从 P_1 加压至 P_2 所需的能量为

$$E_P = \frac{q_v \Delta P}{\eta_p} \qquad (10.5\text{-}10)$$

式中，q_v 为流量；ΔP 为压差；η_p 为泵的效率，通常取 0.5～0.8。

对于反渗透和纳滤等高压过程，目前工程一般都使用回收部分能量。例如，在系统的透平中，液体消耗其动能而对叶轮做功，因此液体通过从高压向低压膨胀过程而产生功，这个过程实际上与压缩过程刚好相反。因此，对于高压膜过程，可以推导出回收能量的表达式，但效率 η_p 是相乘的系数。

$$E_t = -\eta_p q_v \Delta P \qquad (10.5\text{-}11)$$

因此透平会产生能量，其效率一般为 0.5～0.9。

【例 10-7】 某污水处理再生单元采用锥形膜系统装置来进行污水再生回用，该系统设计只需 1 台高压原料泵且可维持较高的错流速度。应用某品牌商品膜采用单级过程由污水工业再生水，要求 NaCl < 50 mg/L。为回收部分能量，体系中引入一个能量回收装置，其他相关数据见下表。

再生水产量（q_p）	1 000 m³/d
压差（ΔP）	20 bar
通量（J）	1.3 m³/（m²·d）（15 bar，15℃下，NaCl：1 500 mg/L）
截留率（R）	99.5%
污水盐浓度（c_r）	5 000 mg/L NaCl
回收率（S）	50%
泵效率（η_p）	65%
能量回收效率（η_{px}）	90%

试计算设计产量为 1 000 m³/d 的膜再生水厂所需膜面积和能量消耗，其他污染物浓度极低不予考虑其影响。

解： 计算该品牌膜在此条件下水的渗透系数（A）。已知 15 bar、15℃和 NaCl 浓度为 1 500 mg/L 时通量，

$$J = A (\Delta P - \Delta \pi)$$

$$\Delta \pi = RT\Delta_{cn} / M = (2\,402 \times 1.5 \times 1\,000 \times 2) / 58.5 = 1.23 \times 10^5 \, \text{Pa} = 1.23 \, \text{bar}$$
$$A = 54.2 / (15 - 12.3) = 3.9 [\text{L} / (\text{m}^3 \cdot \text{h} \cdot \text{bar})]$$

计算截留物浓度，即

$$c_r = c_f (1 - S)^{-R} = 5\,000 \times (1 - 0.5)^{-0.995} = 9\,965 \quad (\text{mg/L})$$

平均渗透浓度为

$$\overline{c}_p = \frac{c_f}{S} \left[1 - (1 - S)^{1-R} \right] = 34 \quad (\text{mg/L})$$

出水的盐浓度与再生水的要求质量 $c_p < 100 \, \text{mg/L}$。

根据截留物和原料浓度，可以计算原料侧平均渗透压：

$$\Delta \pi_r = 4.17 \, \text{bar}$$
$$\Delta \pi_p = 8.30 \, \text{bar}$$

由平均渗透压 $\Delta \pi = 6.28 \, \text{bar}$，可以计算出 20 bar 时的通量

$$J = 3.9 \times (20 - 6.28) = 53.8 [\text{L/(m} \cdot \text{h})] = 1.29 [\text{m}^3 / (\text{m} \cdot \text{d})]$$

由此可知，共需总膜面积 1 000/1.29=775（m^2）。

能耗主要取决于高压原料泵。泵的流量为

$$q_f = q_0 / S = 2\,000 (\text{m}^3/\text{d})$$
$$E_{\text{泵}} = \Delta P q_f / \eta_p = 61.5 (\text{kW})$$

一部分能量可回收：

$$E_{\text{透平}} = \Delta P q_f \eta_{px} = 36 (\text{kW})$$

专栏 10-4 膜生物反应器

膜生物反应器（membrane bioreactor，MBR）是基于膜的分离特性，采用传统的活性污泥法和膜技术相结合的一种工艺。在 MBR 工艺中，把膜组件置于污泥混合液中，得到水质良好的出水，利用膜的固液分离替代污泥沉淀池的功能，既可节省基建费用，又可使处理单元结构紧凑。MBR 真正的大规模实际应用始于 20 世纪 80 年代的日本。日本从 1985 年开始的"水综合再生利用系统

90 年代计划"把 MBR 研究在污水处理对象与规模上都大大推进了一步。我国对膜生物反应器的研究在 90 年代初，进入 21 世纪后，随着膜材料成本的降低和性能提高，MBR 在污水处理领域逐渐普及。

目前，污水处理领域绝大部分采用浸没式 MBR。MBR 另外一种形式是错流式 MBR，如图 10.5-5 所示。错流式 MBR 是利用循环泵通过加压方式使料液在膜表面形成高速流动，使料液中的悬浮颗粒难以在表面沉积。而浸没式的 MBR 也是运用错流方式。错流式 MBR 利用泵直接提供水力冲刷，而在浸没式 MBR 中，利用曝气推动水流，形成水流和气流在膜表面冲刷。

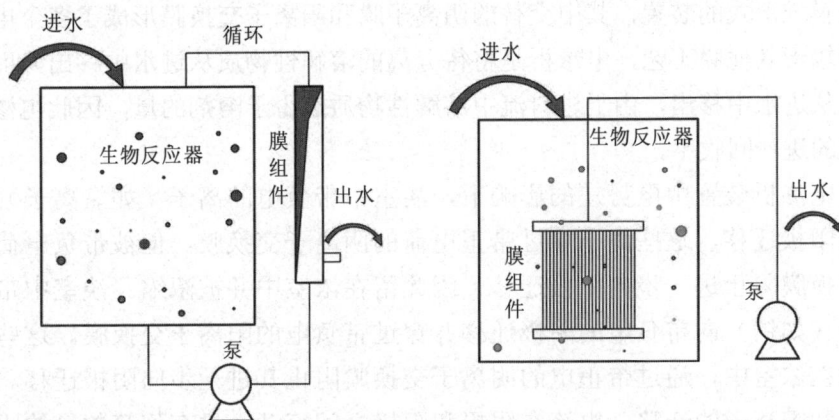

（a）错流式膜生物反应器　　　　　（b）浸没式膜生物反应器

图 10.5-5　两种膜生物反应器的示意图

MBR 相较于传统的活性污泥法有以下优点：

①MBR 不需设沉淀单元，可节省基建费用和占地空间，且处理单元配置紧密，可减少臭味逸散。

②污泥可以被完全截留，有利于某些特殊菌种的培养，系统易于操作、维护。

③污泥浓度高，食料比（F/M）低，可减少剩余污泥的产量。

④污泥龄（θ）长，可以滞留增殖率低的细菌，有利于难降解物质的去除。

⑤不需要添加化学药剂，污泥的沉降性能不影响出水水质。

10.5.2 电渗析系统

10.5.2.1 工作原理

电渗析是一种利用外加电势差将盐的离子从一种溶液中通过离子交换膜传输到另一种溶液中的分离技术。电渗析操作在电渗析池装置中完成。该装置由一个淡（进料）室和一个浓缩室组成，由放置在两个电极之间的阴离子交换膜和阳离子交换膜形成。在几乎所有投入使用的电渗析工艺中，均采用了将多个电渗析池布置成膜堆形式的装置，其中交替的阴离子膜和阳离子交换膜形成了多个电渗析池。相较于其他膜工艺，电渗析是将待分离的溶解性物质从进水中移出，而不是将溶剂从进水中移出，由于进料流中溶解性物质远少于溶剂的量，因此电渗析具有更高的进料回收率。

在电渗析装置中电势差的影响下，淡室中带负电的离子（如氯离子）向带正电的阳极迁移，这些离子穿过带正电荷的阴离子交换膜，但被带负电荷的阳离子交换膜阻止进一步向阳极迁移，因此留在浓室中并被浓缩。淡室中带正电的物质（如钠）向带负电的阴极迁移并穿过带负电的阳离子交换膜。这些阳离子也留在浓室中，通过带正电的阴离子交换膜阻止其进一步向阴极迁移。由于阴离子和阳离子的迁移，电流在阴极和阳极之间流动。只有相等数量的阴离子和阳离子电荷当量从淡室转移到浓室，因此在每个流中保持电荷平衡。电渗析过程的总体结果是浓室中的离子浓度增加，而淡室中的离子却耗尽，如图 10.5-6（a）所示。

10.5.2.2 离子交换膜

离子交换膜是使离子有选择性透过的薄膜，大致分为阳离子交换膜和阴离子交换膜。在阳离子交换膜中，由于有固定的负电荷交换基，因此只有阳离子能够透过，阴离子受负电荷的排斥，无法透过，而阴离子交换膜则利用了相反的作用，如图 10.5-6（b）所示。

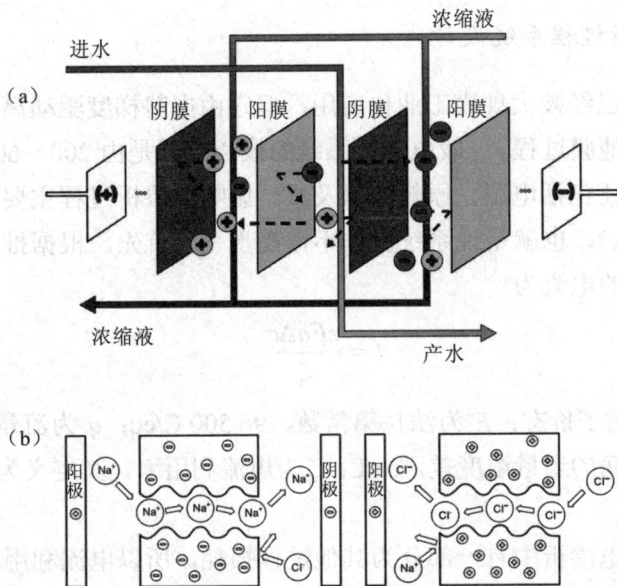

图 10.5-6　电渗析装置膜堆的工作原理（a）和离子交换膜的选择性（b）

　　离子交换膜含有高浓度的固定离子基团，同离子交换树脂一样，单位为 meq/g，浓度一般大于 3 meq/g。当离子交换膜置于水中时，内部的离子基团往往会吸收水分，离子基团之间静电斥力会导致膜的溶胀。所以大多数离子交换膜都是经过高度交联，防止离子交换膜溶胀。然而，交联过高也会使膜材料变脆，因此离子交换膜通常需要保湿储存，保持一定的含水率使膜塑化。大多数离子交换膜的厚度为 50～200 μm，一般通过内衬织物以保一定的强度并将限制过度溶胀。

　　离子交换膜按膜结构可以分为均质和非均质两大类。在均质膜中，带电基团均匀分布在膜基质中，当这些膜浸没在水中时膨胀相对均匀，膨胀程度取决于交联度。在非均质膜中，离子交换基团包含并分布在整个支撑层中，类似于复合膜的支撑层，它仅提供机械强度而不能起到分离作用。例如，可以通过将纳米级的离子交换颗粒分散在聚合物载体中，与支撑层复合制备成非均质膜。由于非均质膜的离子交换部分和惰性的支撑层部分之间在水中的膨胀程度不同，所以可能导致两部分交接处存在泄漏等问题。

10.5.2.3 电渗析过程系统设计

目前电渗析已经被大规模工业化应用，但它由电势梯度驱动离子的传递，设计完全不同于其他膜过程。一般电渗析系统的核心部分是由 200～600 个膜堆经并联或串联组成，还包括电源、原料液以及泵。影响电渗析过程主要的参数之一是极限电流密度（i_1），也就是说系统操作不得高于 i_1。首先，根据推动一定量的离子发生迁移所需的电流为

$$I = \frac{zFq\Delta c}{\xi} \qquad (10.5\text{-}12)$$

式中，z 为离子价态；F 为法拉第常数，96 500 C/eq；q 为流量，L/s；Δc 为原料与产物流之间的当量浓度差，eq/L；ξ 为电流利用率，其定义为膜对的数量 n 与电效率的乘积。

因为电流在电渗析中有一部分为其他过程损耗，所以电流利用率表示了用于膜分离电流的占比，其大小取决于由膜选择性决定的膜效率（η_m）、水传质效率（η_w）及由系统中电流泄漏而导致损失的效率（η_1），一般这些效率都小于 1，所以总电流利用率总是小于 1，实际为 0.7～0.9。

$$\xi = n \times e = m\eta_s\eta_w\eta_m \qquad (10.5\text{-}13)$$

已知电流密度（i）为

$$i = \frac{I}{A_m} \qquad (10.5\text{-}14)$$

式中，A_m 为阳离子或阴离子交换膜的面积。若电渗析膜堆包括 n 个膜对，总面积为

$$A = nA_m \qquad (10.5\text{-}15)$$

将式（10.5-13）和式（10.5-14）代入式（10.5-15）得到为实现电渗析分离效率所需的总膜面积：

$$A = \frac{zfqn\Delta C}{i\xi} \qquad (10.5\text{-}16)$$

电流利用效率和膜堆总数分别为

$$e_\eta = \frac{fq\Delta c}{nI} \qquad (10.5\text{-}17)$$

$$n = \frac{fq\Delta c}{e_\eta I} \qquad (10.5\text{-}18)$$

能耗为

$$E = nI^2 R_{mR} t \qquad (10.5\text{-}19)$$

式中，R_{mR} 为每个膜堆的电阻；n 为系统中膜堆的数量。每个膜堆的电阻由膜堆电阻和溶液电阻共同决定，溶液电阻反比于盐浓度。因为淡室中盐的浓度比较低，所以电阻主要取决于淡室的电阻的大小。将式（10.5-18）和式（10.5-19）合并就可以得到作为电流、电阻、电流和除盐的量的能耗函数，如式（10.5-20）所示：

$$E = \frac{nIzfR_{mc}\Delta cqt}{\xi} \qquad (10.5\text{-}20)$$

因此，系统的总能耗包括驱动离子传递的所需的电能和循环泵的能耗，一个电渗析系统需要原料液、出水、浓水以及阴阳极清洗液的泵，每个部分的泵能耗（E_p）可以通过式（10.5-21）计算。

$$E_p = \frac{q_v\Delta P}{\eta_p} \qquad (10.5\text{-}21)$$

式中，q_v 为流量；ΔP 为提升压力；η_p 为泵的效率。

在实际运行过程中，电渗析系统的实际能耗要比理论能耗高得多，如图 10.5-7 所示。此外，分离效率也不能达到理想中的效果，原因有以下 5 个：

①电渗析系统的分离过程中也存在浓差极化现象，导致离子的传质效率降低。

②离子交换膜并非完全是半透膜，与膜同性电荷的共存离子可能也会穿透过膜，而且在共存离子高浓度的情况下更为明显。

③穿透过离子交换膜的离子呈水合离子状态，携带的水分子会稀释浓室的离子浓度。

④电极在运行过程中会发生氧化还原反应产生电解水现象，消耗部分电能。

⑤部分电能在系统的电路中产生损耗。

其中，浓差极化现象是系统效率下降的主要因素，接下来对此现象展开说明。

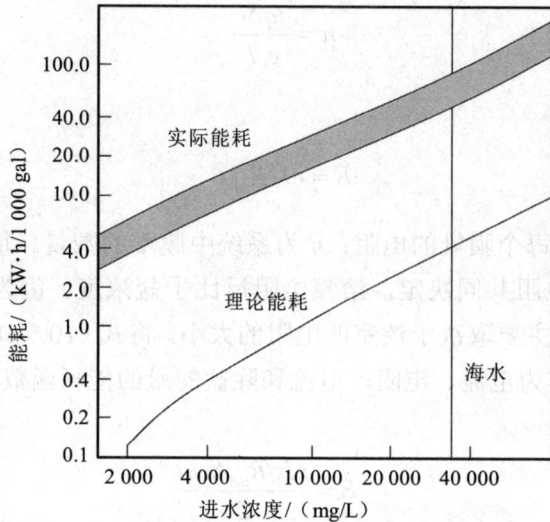

图 10.5-7   电渗析系统中理论能耗与实际能耗的对比

注：1 gal（美）≈3.8 L。

10.5.2.4   电渗析膜过程中的极化现象

以 NaCl 溶液的离子在电渗析池中的传输过程为例，如图 10.5-8 所示。在电渗析系统中，离子交换膜之间的腔室在充分混合的状态，氯离子向左迁移并穿透载有正电的阴离子膜，但被载有负电的阳离子膜截留。同样，向右迁移的钠离子会穿透阳离子膜，但会被阴离子膜截留。因此，最终结果是一组交替的腔室的盐浓度增加，而另一组腔室的盐浓度降低。理论上由电阻引起的电压电位降全部产生在离子交换膜上。在理想状态下，只要充分搅拌，隔室完全处于紊流状态，可以通过增加膜堆上的电流来实现提高离子交换膜的离子通量，从而提高电渗析系统的产率。然而，在实际中膜电阻通常与腔室的电阻成正比，特别是在载流离子浓度较低的稀腔室。在稀腔室中，靠近膜表面会形成离子耗竭区（图 10.5-8），由于耗竭区内缺少载流离子对电流的流通造成了制约。因此，通过位于膜表面边界层的耗竭区内的离子传输主导了电渗析系统的性能。

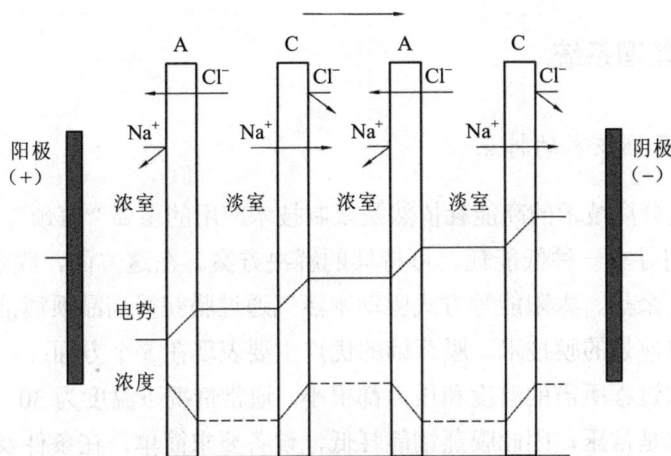

图 10.5-8　理想情况下的电渗析系统内的浓度梯度和电位梯度示意图

可见，浓差极化是实际电渗析系统的性能和效率的主要影响因素。同其他膜过程中的浓差极化的方式一样，浓差极化存在于膜表面附近的边界层，该边界层位于膜表面与充分搅拌的主体溶液之间。在电渗析中，边界层的厚度（δ）一般为 20～50 μm，如图 10.5-9 所示。由于只有一种离子（阴离子或阳离子）可以穿透过膜，所以更容易在边界层内形成浓度梯度，离子在进料侧的边界层中形成耗竭而在渗透侧的边界层中富集。膜表面盐的耗竭导致更高的电压降产生在边界层，而不是在离子交换膜上，从而使系统单位离子的传质需要的能耗显著增加。如果膜表面的离子浓度为零，即使继续增加电压差也不会增加离子传输或通过膜的电流，此时通过膜的电流密度称为极限电流密度。在这种情况下，电能被电极的电解水等副反应消耗掉。在实际操作中，通过高速循环使盐溶液通过膜隔室，可以部分缓解浓差极化现象。

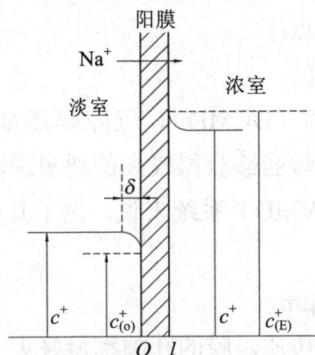

图 10.5-9　电渗析系统中阳离子膜附近的浓度梯度示意图

10.5.3 膜蒸馏系统

10.5.3.1 膜蒸馏技术的特点

目前，膜分离技术的高能耗依然是限制技术应用的主要"瓶颈"，低碳的目标要求促使人们寻求一种低能耗、可持续的解决方案。在这方面，膜蒸馏（MD）可以利用工业余热、太阳能等方式驱动水蒸气通过膜获得高品质清洁水，是一项具有重大应用前景的膜技术。膜蒸馏的优点主要表现在5个方面：

①膜蒸馏过程所需的温度和压力都很小，通常情况下温度为30～90℃，所需的压力几乎都是常压，因此膜蒸馏能耗低，设备要求简单，在条件及技术较为落后的情况下也有可能实现。

②由于蒸馏过程中只允许水蒸气通过，所以对于难挥发物质有较高的截留和浓缩效果。在超纯水的制备应用上有很大的前景。

③浓度很高的废水也可以用膜蒸馏方法。另外，如果被处理的溶液中的溶质容易结晶，则可以把它浓缩到饱和状态，产生结晶体。膜蒸馏是目前膜分离及水处理过程中唯一能把溶质等直接浓缩得到结晶体的膜过程。

④膜蒸馏在系统组件的设计上更加灵活，比较容易设计成回收蒸汽热量的系统，并且很可能由小组件组成大规模集成装置。

⑤在未来能源不足的情况下，膜蒸馏过程可能与太阳能、地热及工业余热结合在一起，在不额外消耗过多能源的情况下进行水处理。

膜蒸馏过程的特点是只允许挥发性组分通过膜孔，而难挥发或不挥发组分被截留，所以膜蒸馏用膜的最大特点就是疏水性，即低的表面能。适用于膜蒸馏的膜材料需要具备以下6个特点：

①膜至少有一面是疏水的。

②对于直接接触膜蒸馏（DCMD）、气隙膜蒸馏（AGMD）及气扫膜蒸馏（SGMD），膜孔径在 0.3 μm 时能够获得较高的通量和液体入口压力（LEP），而针对外加负压的真空膜蒸馏（VMD）系统来说，由于其更容易使膜润湿，膜材料孔径应该更小。

③膜的厚度为 10～700 μm。

④为了提高能量效率及传质，膜的孔隙率最好大于 75%。

⑤较低的弯曲因子，通常取 1.1～1.2。

⑥较高的导热性，通常大于 0.06 W/（m·K）。

目前，常用于膜蒸馏的材料主要有 3 种，具体结构性能如表 10.5-1 所示。

表 10.5-1　膜蒸馏适用材料的性能对比

材料	化学结构	表面能/（×10^{-3} N/m）	导热率/[W/(m·K)]	热稳定性	化学稳定性
聚四氟乙烯（PTFE）		9～20	0.25	很好	很好
聚偏氟乙烯（PVDF）		30.3	0.40	弱	好
聚丙烯（PP）		30	0.17	适中	好

10.5.3.2　膜蒸馏工艺类型

膜蒸馏技术的快速发展使得膜蒸馏的类型也开始趋于多样化。从通过蒸汽的收集方式来分类，膜蒸馏可分为直接接触式膜蒸馏、气隙式膜蒸馏、气扫式膜蒸馏及真空式膜蒸馏（图 10.5-10）。

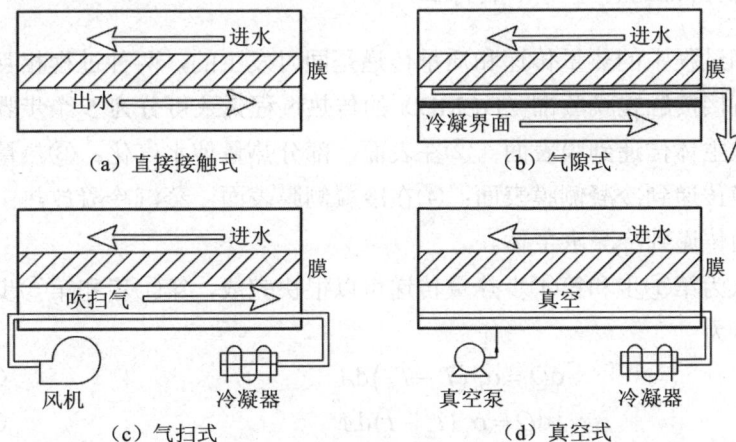

图 10.5-10　膜蒸馏工艺的类型

（1）直接接触式膜蒸馏

直接接触式膜蒸馏是该技术最原始的蒸馏方法。膜两侧的溶液与膜表面直接接触，热侧溶液在膜表面蒸发汽化，在蒸汽压差的驱动下，蒸汽穿过膜孔，在冷侧被冷凝水冷凝收集。这种方法设备简单、通量高、收集效率高、操作方便。

（2）气隙式膜蒸馏

处理液体直接与膜表面直接接触，水蒸气通过膜孔后，没有直接进入冷凝水回收，而是在与膜表面有一定间隙的冷凝板上被冷凝下来，冷凝板的一侧与冷凝水接触。气隙式膜蒸馏，由于空隙的加入，增加了热量的传递过程，因此，通常通量较低，适用于温差较大的膜蒸馏过程。

（3）气扫式膜蒸馏

气扫式膜蒸馏是利用惰性气体，从透过侧将水蒸气吹扫出，然后在外置冷凝装置的情况下，收集水蒸气的过程。这种膜蒸馏方式，通量通常较低，原因在于吹扫并不能将全部的水蒸气扫出，并且有效地冷凝回收。

（4）真空式膜蒸馏

真空式膜蒸馏也叫作减压膜蒸馏，蒸汽穿过膜孔后，在膜的另一侧，由于外置减压装置的情况下形成了负压，水蒸气随管道迁移，在迁移过程中被冷凝胼冷凝收集。因为负压的存在，增大了膜两侧的压力差，加速膜的传质过程，这种方法能够获得较大的通量。但是，外加的负压不能高于热侧溶液在设定温度下的饱和蒸汽压。真空膜蒸馏由于其通量高、处理效率高等优点，近几年被广泛关注。

10.5.3.3 膜蒸馏的传质与传热特征

膜蒸馏过程中的热量传递和质量传递是同时发生的，两种过程相互制约、相互影响。直接接触式膜蒸馏（DCMD）的传热过程大致可分为 5 个步骤：①供料原液热量从主体传递到膜表面；②在表面，部分热量使水汽化；③热量由热侧膜表面经过膜传递到冷凝侧膜表面；④在冷凝侧膜表面，蒸汽冷凝放热；⑤热量从冷凝膜表面传递到冷凝水主体。

一般认为第①步和第④步热量传递可以很快完成，第①步和第⑤步的传热速率可以表示为

$$dQ = \alpha_h \left(T - T_m \right) dA \tag{10.5-22}$$

$$dQ = \alpha_c \left(t_m - t \right) dA \tag{10.5-23}$$

式中，α_h 和 α_c 分别为热侧和冷侧膜对流传递系数；T 和 t 分别为料液主体温

度和冷凝液主体温度。

第③步的热量传递可分为两部分，一部分以热传导的方式传递，这部分热量叫作传导热，用 Q_c 表示：

$$dQ_c = \lambda_m (T_m - t_m) dA / \delta \tag{10.5-24}$$

$$\lambda_m = \varepsilon \lambda_a + (1 - \varepsilon) \lambda_p \tag{10.5-25}$$

式中，λ_m、λ_a 和 λ_p 分别为膜、空气和膜材料的导热系数。还有一部分热传递是水蒸气携带的潜热 Q_a，可以表示为

$$dQ_a = H_v J dA = H_v dG \tag{10.5-26}$$

式中，H_v 为水蒸气的蒸发潜热；J 为蒸汽通量；G 为传质速率。

热量传递伴随着质量传递。质量传递过程主要分为 4 个步骤：①水分子由原液主体扩散到与膜表面接触的边界层；②水分子在边界层处蒸发汽化；③蒸发汽化后的蒸汽穿过疏水膜孔；④蒸汽穿过膜孔后在冷凝侧膜表面被冷凝水液化收集。

第①步的质量传递速率 dG 为

$$dG = k(C - C_m) dA \tag{10.5-27}$$

式中，k 为传质系数；C、C_m 分别为料液主体和膜表面边界层溶剂的浓度；A 为膜面积。第②步的水分子蒸发汽化，发生的速度很快，可近似为汽液平衡状态。这时的蒸汽压取决于膜表面的温度 T_m 和浓度 C_m。第③步的传质速率 dG 可以表示为

$$dG = \frac{\varepsilon D_c (P_{mn} - P_{mc}) dA}{RT \delta \tau} \tag{10.5-28}$$

式中，ε、δ 和 τ 分别为膜孔隙率、膜厚度、弯曲因子；D_c 为有效扩散系数；P_{mn} 为热侧膜表面的温度在 T_m 下的饱和蒸汽压；P_{mc} 为冷凝侧膜表面的温度在 t_m 下的饱和蒸汽压。最后一步可近似为平衡状态，蒸汽压取决于膜表面边界层的温度 t_m。

传热过程中由于膜边界层温度的变化，产生了温度不均现象，叫作"温差极化"。如图 10.5-11 所示，即在热侧，膜表面的边界层温度低于原液主体温度，在冷凝侧，膜表面的边界层温度高于冷凝水主体温度。温差极化的存在阻碍了热量的传递过程。温差极化可以用式（10.5-29）表示：

$$TPC = \frac{T_m^f - T_m^p}{T_b^f - T_b^p} \tag{10.5-29}$$

式中，T_b^f 和 T_b^p 分别为原液主体温度和冷凝液主体温度；T_m^f 和 T_m^p 分别为热侧

膜边界层温度和冷凝侧膜边界层温度。

同时，在传质过程中挥发性物质在膜表面边界层蒸发，导致溶质在膜表面的浓度高于原液主体的浓度，原液主体中挥发组分浓度相对较低，造成了从浓差极化。浓差极化造成的影响可以用式（10.5-30）表示：

$$CPC = \frac{c_m^f - c_m^p}{c_b^f - c_b^p}$$

（10.5-30）

式中，c_b^f 和 c_b^p 分别为料液主体浓度和冷凝液主体浓度；c_m^f 和 c_m^p 分别为热侧膜边界层浓度和冷凝侧膜边界层浓度。

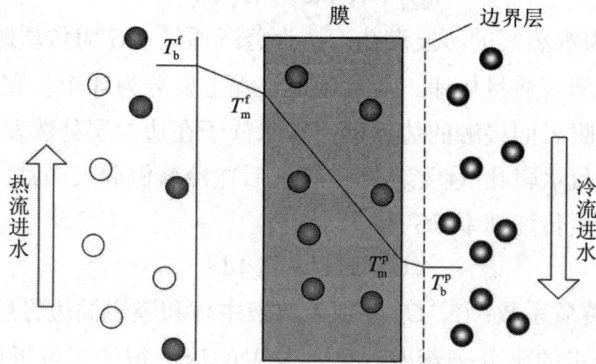

图 10.5-11　直接膜蒸馏过程中的温差极化现象

膜蒸馏过程的传热和传质之间相互影响，Phat 等提出了理论数学模型。首先，温度穿过热量的边界层到达膜表面，这一过程的传递速率为（$q_f^m + q_f$），其中，

$$q_f = h_f(T_f - T_1)$$

（10.5-31）

$$q_f^m = JH_{L,f}\left[\frac{1}{2}(T_f + T_1)\right]$$

（10.5-32）

式中，q_f 为对流热传递；q_f^m 为由于质量穿过料液热边界层传递而引起的热传递；h_f 为料液的热传递系数；$H_{L,f}$ 为原料液的焓；J 为通量；T_f 和 T_1 分别为原液主体温度和热侧膜表面温度。

随后，温度经过膜孔传递到另一侧，速率为 q_m；最后，温度从冷凝侧膜表面传递到冷凝液温度层，速率为 $q_p^m + q_p$，其中：

$$q_{\mathrm{p}} = h_{\mathrm{p}}\left(T_2 - T_{\mathrm{p}}\right) \qquad (10.5\text{-}33)$$

$$q_{\mathrm{p}}^{\mathrm{m}} = JH_{\mathrm{L,p}}\left[\frac{1}{2}\left(T_2 + T_{\mathrm{p}}\right)\right] \qquad (10.5\text{-}34)$$

式中，q_{p} 为对流热传递；$q_{\mathrm{p}}^{\mathrm{m}}$ 为由于质量穿过冷凝侧温度边界层传递而引起的热传递；h_{p} 为冷凝液热传递系数；$H_{\mathrm{L,p}}$ 为冷凝液的焓；T_2 和 T_{p} 分别为冷凝侧膜表面温度和冷凝液主体温度。

在膜内部的热量传递 q_{m} 分为两部分，即膜材料的热传递 q_{c} 和蒸汽运动引起的热传递 q_{v}。基于分线性温度分布和分等焓流动，在膜内部的，热量传递可以写成：

$$q_{\mathrm{m}} = JH_{\mathrm{v}}\{T\} - k_{\mathrm{m}}\frac{\mathrm{d}T}{\mathrm{d}X} \qquad (10.5\text{-}35)$$

式中，$H_{\mathrm{v}}\{T\}$ 为在温度 T 下蒸汽的焓；X 为质量通量传递的距离；k_{m} 为膜材料导热系数，可以被表示为

$$k_{\mathrm{m}} = \left(1 - \varepsilon\right)k_{\mathrm{s}} + k_{\mathrm{g}}\varepsilon \qquad (10.5\text{-}36)$$

式中，ε 为膜的孔隙率；k_{s} 和 k_{g} 分别为固体和气体在膜孔中的导热系数。对于膜导热系数，在一个小的范围 $[0.04\sim0.06\ \mathrm{W/(m\cdot K)}]$ 内变化。

将 $T_0 = 273.15\ \mathrm{K}$ 作为参考温度，那么，$H_{\mathrm{v}}\{T\}$ 可以写成以下形式：

$$H_{\mathrm{v}}\{T\} = H_{\mathrm{v}}\{T_0\} + C_{\mathrm{pv}}\left(T - T_0\right) \qquad (10.5\text{-}37)$$

式中，$H_{\mathrm{v}}\{T_0\}$ 为在参考温度下的蒸发焓；C_{pv} 为蒸汽的比热。将式（10.5-36）代入式（10.5-34）分离变量，整合后得：

$$q_{\mathrm{m}} = \frac{C_{\mathrm{pv}}Je^{A}T_1 - c_{\mathrm{pv}}JT_2}{e^{A} - 1} + J\left(H_{\mathrm{v}}\{T_0\} - C_{\mathrm{pv}}T_0\right) \qquad (10.5\text{-}38)$$

$$A = \frac{JC_{\mathrm{pv}}\delta}{k_{\mathrm{m}}} \qquad (10.5\text{-}39)$$

式中，δ 为膜的厚度。

基于气-液平衡的假定，热力学的性质可以被运用进来。对于蒸汽来说，温

度变化范围在 $0\sim100℃$，$C_{pv}=1.7535\text{kJ}/(\text{kg}\cdot\text{K})$，$(H_v\times273.15)-(C_{pv}\times273.15)=$ 2024.3kJ/kg。则式（10.5-31）和式（10.5-32）可以写成：

$$H_v\{T\}=1.7535T+2024.3 \tag{10.5-40}$$

$$q_m=\frac{1.7535Je^AT_1-1.7535JT_2}{e^A-1}+2024.3 \tag{10.5-41}$$

$$A=\frac{1.7535J\delta}{k_m} \tag{10.5-42}$$

在稳定条件下，热传递公式可以写成：

$$q_f^m+q_f=q_m=q_c+q_v=q_p^m+q_p \tag{10.5-43}$$

联立式（10.5-33）～式（10.5-35）和式（10.5-39）～式（10.5-42）可以得出温度 T_1 和 T_2 的公式：

$$T_1=\frac{ce-bf}{ae-bd} \tag{10.5-44}$$

$$T_2=\frac{af-dc}{ae-db} \tag{10.5-45}$$

其中，

$$a=-h_f-\frac{1.7535Je^A}{e^A-1},b=\frac{1.7535}{e^A-1} \tag{10.5-46}$$

$$c=-h_fT_f-JH_{L,f}\left(\frac{T_f+T_1}{2}\right)+2024.3J \tag{10.5-47}$$

$$d=-\frac{1.7535Je^A}{e^A-1},\ e=h_p+\frac{1.7535J}{e^A-1} \tag{10.5-48}$$

$$f=h_pT_p-JH_{L,p}\left(\frac{T_2+T_1}{2}\right)+2024.3J \tag{10.5-49}$$

式（10.5-44）和式（10.5-45）确定了膜蒸馏过程中传质对传热的影响。

习题

1．请查阅相关资料说明什么是膜污染？什么是膜劣化？说明其主要成因。可采用哪些手段来防止膜污染与膜劣化？

2．计算 25℃下，下列水溶液的渗透压：3%（wt）NaCl（M=58.45 g/mol）；3%（wt）白蛋白（M=60 000 g/mol）和固体含量为 30 g/L 的悬浮液（1 mol 颗粒物总数 N_A=6.02×10^{23}，单个固体颗粒质量约为 10^{-9} g），根据 Van't Hoff 定律计算其渗透压。试根据以上结果，分析为什么喝 1 杯海水使人产生脱水，而喝一杯牛奶就不会？

3．简述可采用什么样的预处理方法来满足反渗透装置的要求。

4．简述孔流模型和溶解-扩散模型的机理以及适用条件。

5．$\frac{c_m}{c_b}$ 为浓差极化模数。当 v=0.5 m/s 时，传质系数 K=1.3×10^{-5}，通量为 33.5 L/(m^2·h)；当 v=4.5 m/s 时，传质系数 K=2.0×10^{-6}，通量为 48.9 L/（m^2·h）。计算两种状态下的浓差极化模数。

6．试简述电渗析的基本原理以及离子交换膜在此过程中的作用机理。

第 11 章　消毒与氧化还原

11.1　消毒

11.1.1　消毒的目的

消毒是指通过工艺过程去除水中的病原微生物，以防止致病菌通过水传播，保护水体安全。水中的病原微生物主要包括病菌、原生动物胞囊、病毒（如传染性肝炎病毒、脑膜炎病毒）以及寄生虫等。在水处理过程中，通过沉淀和过滤可去除部分病原微生物，但后续仍需严格的消毒工艺来确保水质安全。消毒与灭菌的区别在于，消毒旨在杀灭有害微生物，灭菌则旨在杀灭或去除所有活细菌或其他微生物及其芽孢。废水消毒的主要目标是保护公众健康，防止疾病传播，减少对水生生物的不良影响，并消除对环境安全的威胁。

11.1.2　消毒技术

随着人类环境保护意识的不断加深，消毒技术得到了迅速发展。已有的消毒方法包括物理法、化学法及生物法等。其中，生物法是利用生物酶等活性物质直接作用于水中有害细菌和病毒的遗传物质，裂解其 DNA 或 RNA，以达到杀灭这些有害细菌和病毒的目的。然而，由于生物酶消毒剂的相对高成本等原因，生物消毒法在水处理行业尚未得到广泛应用。因此，下文将重点介绍物理消毒法和化学消毒法。

11.1.2.1　物理消毒法

物理消毒法是一种运用热、光波和电子流体等方法来实现消毒的方法。目前广泛采用的物理消毒法包括加热消毒、辐射消毒、高压静电消毒、微电解消毒和紫外线消毒等。

　　加热消毒是通过升温来杀灭病原微生物。然而，由于其在污水处理中的成本较高，目前仅用于特殊场合的处理。

　　辐射消毒利用高能射线（电子射线、γ 射线、X 射线、β 射线等）来杀灭细菌和微生物。其优点在于效果稳定且高效，一般不受温度、压力和 pH 等因素的影响。然而，这种方法需要高额的一次性投资，并且需要辐照源以及安全保护设施，因此在实际废水处理中应用较少。

　　高压静电消毒是将水置于高压电场中，通过引发电化学反应，产生 H_2O_2、单线态氧（$^1O_2$）和超氧阴离子自由基（$O_2\cdot^-$）等活性氧物种，破坏细菌的细胞膜、细胞核和蛋白质，最终导致细胞死亡。这种方法适用范围广、运营管理方便。然而，其缺点在于不能产生持续稳定的杀菌效果。目前主要用于循环水消毒或与其他消毒工艺联合使用。

　　微电解消毒是利用电场产生的活性物质（[O]和[H]），以及微电流作用下水分子电解形成的电子活化水，破坏水中细菌的新陈代谢，降低其活性，从而达到灭菌的目的。其效果显著且没有二次污染。

　　紫外线消毒是目前最常用，也是较实用的废水消毒处理技术之一。

11.1.2.2　化学消毒法

　　化学消毒法是一种传统的饮用水和废水消毒方法，可通过向水中投加消毒剂来实现。理想的消毒剂应具备以下特点：安全易得、易溶解、稳定、低副作用、无腐蚀、无结垢以及无毒等。常见的消毒剂包括氯及其化合物、臭氧、卤素基消毒剂、过氧乙酸、金属铜和银、$KMnO_4$、苯酚和酚类化合物、醇、肥皂和洗涤剂、季铵盐、过氧化氢以及各种碱和酸等。近年来研究发现，采用混合氧化剂的消毒技术比单一常规消毒剂更为有效。

　　然而，目前应用最广泛的消毒方法仍为氯消毒、二氧化氯（ClO_2）消毒和臭氧消毒。接下来，将分别介绍这几种消毒方法。

11.1.3　氯消毒

　　自 20 世纪初以来，对水和废水的消毒在很大程度上依赖于氯等氧化剂的使用。氯消毒是一种使用氯或氯制剂进行消毒的方法，因其效果可靠、操作方便、成本较低，目前在水处理中被广泛采用。

11.1.3.1 氯消毒剂的种类

氯消毒除了使用氯气外，还可以使用其他氯制剂，如次氯酸钠、漂白粉、漂白精、二氧化氯、氯胺、有机氯制剂等。有效氯含量是指某种氯化合物中氧化态氯的百分含量，用于衡量其中所含有效消毒成分的含量。

表 11.1-1　各类消毒剂的性质

消毒剂种类		分子式	性质	有效氯含量/%	备注
氯		Cl_2	气态时呈黄绿色，约为空气质量的 2.48 倍。液氯为琥珀色，约为水质量的1.44 倍	100	氯有刺激性臭味，有毒，当空气中氯气浓度达到 40~60 mg/L 时，呼吸 0.5~1 h 即有危险
次氯酸钠		NaClO	微黄色溶液，有类似氯气的味道	10~13	受高热分解产生有毒的腐蚀性烟气
漂白粉		$Ca(OCl)\cdot CaCl_2\cdot 2H_2O$	白色粉末，有类似氯气的味道	25~35	性质不稳定，保存时避免接触空气
漂白精		$3Ca(OCl)_2\cdot 2Ca(OH)\cdot 2H_2O$	白色或微灰色的粉状或颗粒	>60	性能比较稳定，加入添加剂压片后即为消毒片
二氧化氯		ClO_2	透明水溶液，淡黄色、无臭、无腐蚀性	63	高效、快速持久、无毒、无刺激的消毒剂；极易分解发生爆炸
氯胺	一氯胺	NH_2Cl	无色至黄色液体	68.9	—
	二氯胺	$NHCl_2$		82.5	
	三氯胺	NCl_3		—	

11.1.3.2 氯消毒原理

氯消毒主要通过其水解产物次氯酸（HClO）起作用。当氯与水发生歧化反应时：一个氯原子被氧化为 Cl^+，另一个氯原子被还原为 Cl^-，该反应在几分钟内完成。其他氯制剂溶于水后，同样在常温下也迅速水解为次氯酸。次氯酸为弱酸，在水中会瞬时发生部分电离，其反应如下：

$$Cl_2+H_2O\longrightarrow HClO+H^++Cl^- \tag{11.1-1}$$

$$K_h = \frac{[H^+][HClO][Cl^-]}{[Cl_2]} = 4.5 \times 10^{-4}\ (T=25℃)$$

$$HClO \rightleftharpoons H^+ + ClO^- \qquad\qquad（11.1\text{-}2）$$

其电离常数 $K = \dfrac{[H^+][ClO^-]}{[HClO]}$，即 $\dfrac{[OCl^-]}{[HClO]} = \dfrac{K}{[H^+]}$。

当 $T=25℃$ 时，$K_i=2.9\times10^{-8}$，$pKa=7.6$。

不同温度下次氯酸的电离常数见表 11.1-2。

表 11.1-2 不同温度下次氯酸的电离常数

温度/℃	$K_i\times10^8/$（mol/L）	温度/℃	$K_i\times10^8/$（mol/L）
0	1.50	20	2.62
5	1.76	25	2.90
10	2.04	30	3.18
15	2.23		

注：由 Morris 方程（1966）计算得出。

HClO 的杀菌能力高于 ClO^-，为 ClO^- 的 70 倍以上。这是因为次氯酸是中性小分子，可扩散到带负电的细菌表面，穿透细胞壁进入细菌体内。随后，它与细菌的酶系统发生氧化反应，导致细菌的酶系统遭到钝化破坏并被灭活。而 ClO^- 带负电荷，难以接近带负电的菌体表面。然而，对于无细胞结构的病毒，这两者的消毒效果均较差。

根据式（11.1-2），次氯酸水解后，HClO 和 ClO^- 的相对比例受温度和 pH 的影响显著。同时，从图 11.1-1 中氯物种分布可知，当 pH=7.5，温度为 25℃ 时，HClO 和 ClO^- 的浓度接近；当 pH<7.5 时，HClO 为主要物种；当 pH>7.5 时，ClO^- 为主要物种。因此，可以得出低 pH 有利于提高消毒效果的结论。

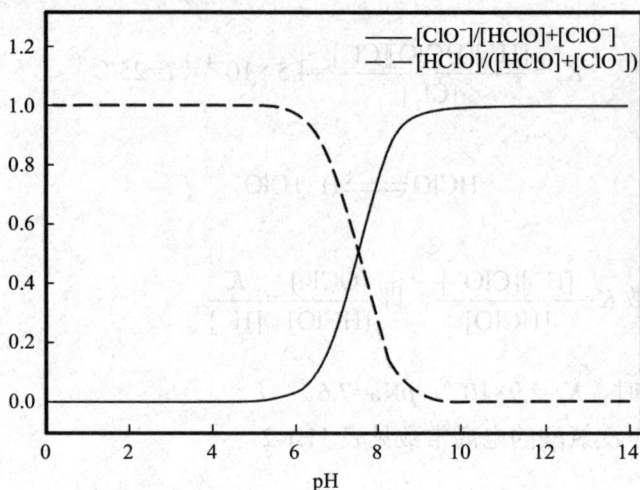

图 11.1-1　pH 与 HClO/ClO⁻的关系

【例 11-1】消毒后废水中游离氯的浓度为 2 mg/L（Cl₂），pH=7。此时水中游离氯的种类有哪些？浓度分别是多少？

解：游离氯的浓度为 2 mg/L（Cl₂），是指实际总消毒剂浓度与含有 2 mg/L Cl₂ 的溶液相同。假设 Cl₂（aq）的浓度可以忽略不计，则消毒剂的总浓度为次氯酸盐的总浓度（HClO 和 ClO⁻浓度之和）。以 meq/L（摩尔离子每升）为单位，总浓度为

$$c_{TOTOCl} = c_{HClO} + c_{ClO^-} = \left(\frac{2\,mg/L\,Cl_2}{70.9\,mg/mmol}\right) \times \left(\frac{2\,meq\,Cl_2}{mmol\,Cl_2}\right) = 0.056\,meq/L$$

次氯酸和次氯酸盐都可以接受两个电子（均有 2 meq=1 mmol），所以总浓度用摩尔浓度表示为

$$c_{TOTOCl} = (0.056\,meq/L) \times \left(\frac{1\,mmol\,ClO}{2\,meq\,ClO}\right) = 0.028\,mmol/L$$

然后，我们可以得到每个物种的浓度：

$$c_{HClO} = \alpha_0 c_{TOTOCl} = \frac{c_{HClO}}{c_{HClO} + c_{ClO^-}} c_{TOTOCl} = \frac{c_{H^+}}{c_{H^+} + K_a} c_{TOTOCl}$$

$$= \frac{10^{-7}}{10^{-7} + 10^{-7.53}} \times (2.8 \times 10^{-5}\,mol/L) = 0.77 \times (2.8 \times 10^{-5}\,mol/L)$$

$$= 2.16 \times 10^{-5}\,mol/L$$

$$c_{ClO^-}=\alpha_1 c_{TOTOCl}=\frac{c_{ClO^-}}{c_{HClO}+c_{ClO^-}}c_{TOTOCl}=(1-\alpha_0)c_{TOTOCl}$$

$$=(1-0.77)c_{TOTOCl}=(1-0.77)\times(2.8\times10^{-5}\text{mol}/\text{L})$$

$$=6.44\times10^{-6}\text{mol}/\text{L}$$

氯溶液注入废水后，可能发生以下反应：①次氯酸与无机和有机化合物反应；②在氨或有机氮存在下，次氯酸进一步反应产生氯胺或其他含氮化合物；③次氯酸也可能与废水中的其他还原污染物或在处理过程中添加的化学品发生反应。当水中含有氨氮（包含 NH_4^+ 和 NH_3）时，氨与次氯酸极易发生氨化反应，产生多种氯胺，包括一氯胺（NH_2Cl）、二氯胺（$NHCl_2$）和三氯胺（NCl_3）。其反应过程如下所示：

$$NH_4^+ + HClO \longrightarrow H_2O + H^+ + NH_2Cl \tag{11.1-3}$$

$$NH_3 + HClO \longrightarrow H_2O + NH_2Cl \tag{11.1-4}$$

$$NH_2Cl + HClO \longrightarrow H_2O + NHCl_2 \tag{11.1-5}$$

$$NHCl_2 + HClO \longrightarrow H_2O + NCl_3 \tag{11.1-6}$$

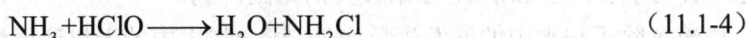

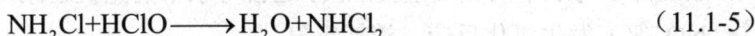

氯胺生成的比值与氨和氯的初始比值（$Cl_2:NH_3\text{-}N$）、pH、温度和接触时间等有关（表 11.1-3）。在通常废水消毒条件下，Cl_2 与 $NH_3\text{-}N$ 的比例是最重要的影响因素。此外，氯胺的生成还与 pH 有关。当 pH 为 5~8.5 时，反应主要生成一氯胺和二氯胺，二氯胺的消毒作用比一氯胺强；当 pH<4.4 时，会生成三氯胺，其消毒作用差且带有恶臭味，在通常的水处理条件下生成的可能性小。随着加氯量的增加，氨最终被氧化为氮气（N_2）或者各种含氮的无氯产物，包括肼（N_2H_4）、羟基氨（NH_2OH）、一氧化氮（NO）、二氧化氮（NO_2）、亚硝酸盐（NO_2^-）等。

表 11.1-3 不同 pH 和 $Cl_2/NH_3\text{-}N$ 下二氯胺与一氯胺的比值

（$Cl_2/NH_3\text{-}N$）/（mol/mol）	pH			
	6	7	8	9
0.1	0.130	0.014	0.001	0.000
0.3	0.389	0.053	0.005	0.000
0.5	0.668	0.114	0.013	0.001
0.7	0.992	0.213	0.029	0.003
0.9	1.392	0.386	0.082	0.011
1.1	1.924	0.694	0.323	0.236

（$Cl_2/NH_3\text{-}N$）/	pH			
（mol/mol）	6	7	8	9
1.3	2.700	1.254	0.911	0862
1.5	4.006	2.343	2.039	2.004
1.7	6.875	4.972	4.698	4.669
1.9	20.485	18.287	18.028	18.002

数据来源：美国国家环境保护局（1986）。

　　氯胺也具有消毒作用，其消毒本质依赖于水解过程产生的 HClO。只有当水中的 HClO 完全耗尽时，氯胺才会水解并释放出 HClO。因此，氯胺的消毒作用较为缓慢，但它在水中相对稳定，能够持续较长时间实现杀菌，同时生成的有机物中氯化反应产物较少。因此，一些水处理厂会采用氯胺消毒法，即在加氯消毒时添加一定的氨（液氨、氯化铵或硫酸铵等）。然而，这种方法的消毒效果较氯消毒差，并可能会产生新的 N-亚硝胺类消毒副产物。

　　液氯除了与水中的氨发生反应外，还会与水中的无机还原性物质（Fe^{2+}、Mn^{2+}、S^{2-}、NO_3^- 等）发生氧化反应，消耗氯气。

$$Cl_2+2Fe^{2+} \Longleftrightarrow 2Fe^{3+}+2Cl^- \tag{11.1-7}$$

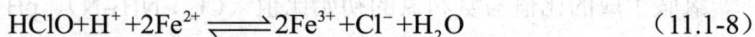

$$HClO+H^++2Fe^{2+} \Longleftrightarrow 2Fe^{3+}+Cl^-+H_2O \tag{11.1-8}$$

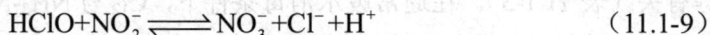

$$HClO+NO_2^- \Longleftrightarrow NO_3^-+Cl^-+H^+ \tag{11.1-9}$$

　　有机物的氯化反应相对容易发生，会产生多种具有毒性和"三致"效应的消毒副产物，如三卤甲烷、卤乙酸、卤乙腈等，对人体健康存在一定危害。因此，氯消毒的安全性正在日益受到关注。研究表明，氯消毒副产物的生成受到反应条件的影响，如投氯量、反应温度、pH、反应时间等。

11.1.3.3　氯消毒的影响因素

　　在应用消毒剂进行消毒的过程中，需考虑以下因素的影响：①消毒剂接触时间和接触室水力效率；②消毒剂浓度；③氧化剂的强度和性质；④温度；⑤悬浮液的生物类型；⑥废水性质（如未过滤或过滤的二级废水）；⑦上游处理工艺。

　　在消毒过程中，最重要的因素之一是接触时间。消毒反应器的设计旨在确保提供足够的接触时间。对于一定浓度的消毒剂，接触时间越长，杀菌量越大。这一结果可用 Chick 定律（1908 年首次提出）进行描述：

$$\frac{dN_t}{dt}=-KN_t \tag{11.1-10}$$

式中，dN_t/dt 为生物数量（浓度）随时间变化的速率；K 为失活速率常数；N_t 为 t 时的生物数量；t 为接触时间。

若 N_0 是 $t=0$ 时的生物数量，则上式可以积分为

$$\ln\frac{N_t}{N_0}=-Kt \qquad (11.1\text{-}11)$$

式中，失活速率常数 K 可通过绘制 $-\ln(N_t/N_0)$ 与接触时间 t 的曲线得到。

其次要考虑的是消毒剂浓度的影响。通常，采用消毒剂的 CT 值［残留消毒剂浓度 C（mg/L）和接触时间 T（min）的乘积，源自简化的 Chick-Watson 模型］来评估其消毒效果。一般来说，当达到特定的 CT 值时，即认为已经满足了消毒要求。CT 的概念最早是在 1962 年被提出的，并且从 1980 年开始在饮用水安全评价中被采用。经过多年发展，可以查询到各种消毒剂在不同微生物和操作条件下的 CT 值。在废水处理领域，越来越普遍地采用 CT 值来控制消毒过程，同时也会分别规定消毒剂的 CT 值和氯的接触时间。目前，消毒剂的 CT 值主要是在实验室中获得的，文献中报道的许多 CT 值仍基于较旧的分析技术。然而，实际的 CT 值会随温度和 pH 的变化而变化，同时微生物种类、废水性质（如所含无机物、有机物、悬浮物等的浓度）和上游处理工艺等也会影响 CT 值。因此，在实际消毒过程中，需在特定地点进行测试，以确定适当的消毒剂用量，从而提高消毒技术的有效性，并建立适当的给药范围。

表 11.1-4　EPA 对氯消毒的要求

对数失活	CT 值/（mg·min/L）					
	温度/℃			温度/℃		
	5	15	25	5	15	25
鞭毛虫	pH≤6			pH=8		
1	39	19	10	72	41	20
2	77	39	19	144	81	41
3	116	58	29	216	122	61
病毒	6＜pH＜10			pH=10		
2	4	2	1	31	15	7
3	6	3	1	44	22	11
4	8	4	2	60	30	15

注：①CT 计算时的浓度单位为 mg Cl_2/L；

②对数失活为反应前后微生物数量比的对数，即 $\lg\dfrac{N_t}{N_0}$。

11.1.3.4 加氯量

当原水中的有机物主要是氨和氮的化合物时，可采用折点加氯的原理来降低水的色度、去除水中恶臭，消除水中的酚、铁、锰等物质。折点加氯的典型反应如下：

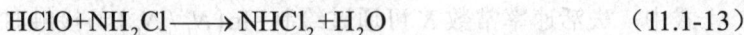

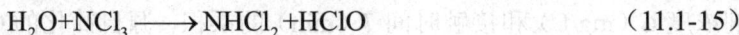

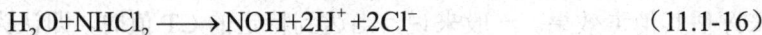

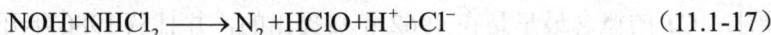

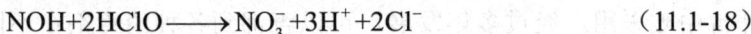

$$HClO+NH_3 \longrightarrow NH_2Cl+H_2O \tag{11.1-12}$$

$$HClO+NH_2Cl \longrightarrow NHCl_2+H_2O \tag{11.1-13}$$

$$HClO+NHCl_2 \longrightarrow NCl_3+H_2O \tag{11.1-14}$$

$$H_2O+NCl_3 \longrightarrow NHCl_2+HClO \tag{11.1-15}$$

$$H_2O+NHCl_2 \longrightarrow NOH+2H^++2Cl^- \tag{11.1-16}$$

$$NOH+NHCl_2 \longrightarrow N_2+HClO+H^++Cl^- \tag{11.1-17}$$

$$NOH+2HClO \longrightarrow NO_3^-+3H^++2Cl^- \tag{11.1-18}$$

加氯量视原水水质和消毒要求不同而异，加氯量和余氯量之间的关系曲线见图 11.1-2。

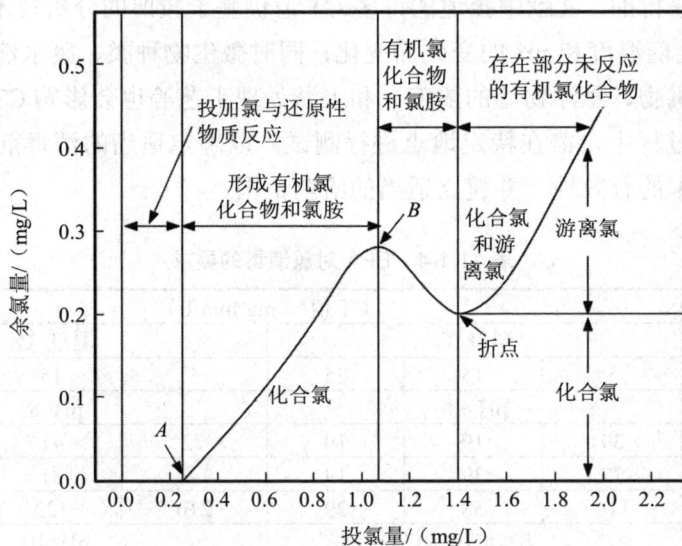

图 11.1-2 余氯量与投氯量的关系

当水中不含其他物质时，投氯量即为余氯量。然而，当水中含有杂质时，余氯量随投氯量的变化曲线如图 11.1-2 所示。A 点之前，投加氯与微生物和还原物质（如 Fe^{2+}、Mn^{2+}、H_2S 和 NO_2^-）等反应，没有余氯产生；在 A-B 段，氯与氨反应形成氯胺，在该用量范围内，大部分为一氯胺，余氯以化合氯形式存在；B 点后，化合氯开始分解转化，一氯胺转化为二氯胺，随着投氯量继续增加，二氯胺转化为三氯胺和硝酸盐等，也会分解成 N_2、N_2O 等，余氯含量下降至最低点处，即折点处，此时水中能够与投加氯作用的物质几乎反应完全，剩余极少量的氯胺（主要为三氯胺）。折点后，增加的氯投入主要以游离氯形式存在，水中同时存在化合氯，此时效果最为稳定显著。加氯量超过折点 B 时的氯化消毒操作称为折点加氯，在含氨水中投氯的研究中发现，当加氯量达到氯与氨的摩尔比值为 $1:1$ 时，化合余氯即增加，当摩尔比达到 $1.5:1$ 时，余氯下降到最低点，即"折点"。

实际加氯操作中，应视原水的水质和消毒要求来调整适宜的加氯量。如当原水中游离氨含量低于 0.3 mg/L 时，通常需要控制氯添加量使其超过折点 B，以维持一定水平的游离氯。然而，当原水中游离氨含量超过 0.5 mg/L 时，则控制氯添加量在 A 点之前即可，此时的化合性余氯可以满足消毒要求。

11.1.3.5 消毒工艺

氯消毒的处理系统包括消毒剂处理单元和混合接触池。液氯及不同氯制剂的消毒剂处理单元有所不同。此外，为考虑残留氯的毒性对水生生物的影响，还需增加除氯工艺。

液氯的生产工艺涉及使用加氯机将液氯瓶中的氯气与水混合，然后将其充分与待处理水混合以实现消毒。而次氯酸钠的生产工艺通常采用无膜电解法，通过用水将食盐稀释进行电解。这种方法具有较低的危险性和挥发性，同时能够实现良好的消毒效果。

将氯溶液与废水充分混合，并保证足够的接触时间，这是有效消毒的关键。因此，氯接触池的主要目的是为氯与废水提供足够的反应时间，以将微生物的数量减少到可接受水平。接触时间通常为 30～120 min，峰值流量的接触时间一般为 15～90 min。在典型的氯接触池中，通常有 2～4 个通道，中间有挡板分开，常用的长宽比≥20:1，深宽比≤1:1。其他设计要求还包括：①最小化短路和死区空间；②最大限度地混合；③减少固体在池中的沉降。氯化作用改善了固体的沉降性能，而固体在池中的沉降也会增加对氯的需求。在消毒厂中还需考虑的其他情形包括氯剂量估算、应用流程、氯接触池设计、现有氯接触池的水力性能评估、出口控制和余氯监测、氯储存设施、化学容器和中和设施以及脱氯设施。氯接触池示意图见图 11.1-3。

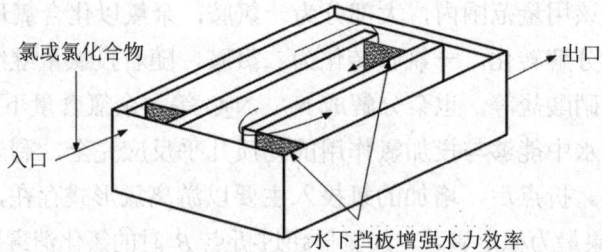

图 11.1-3　氯接触池示意图

11.1.3.6　脱氯

　　氯化反应是破坏可能危害人类健康的致病性生物体和其他有害生物体的最常用的方法之一。然而，废水中的某些有机成分会干扰氯化过程，并与氯反应形成有毒化合物。为了尽量减少这些潜在的有毒氯残留物对环境的影响，需要对处理过的废水进行脱氯处理。脱氯可以通过将余氯与二氧化硫或亚硫酸氢钠等还原剂反应，或利用活性炭吸附来完成。二氧化硫除氯过程见以下反应：

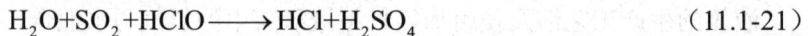

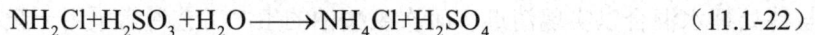

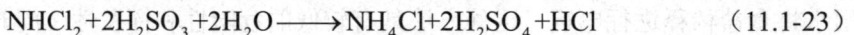

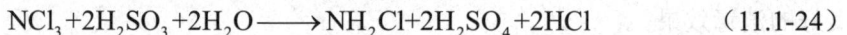

$$SO_2+H_2O \longrightarrow H_2SO_3 \qquad (11.1\text{-}19)$$

$$HClO+H_2SO_3 \longrightarrow HCl+H_2SO_4 \qquad (11.1\text{-}20)$$

$$H_2O+SO_2+HClO \longrightarrow HCl+H_2SO_4 \qquad (11.1\text{-}21)$$

$$NH_2Cl+H_2SO_3+H_2O \longrightarrow NH_4Cl+H_2SO_4 \qquad (11.1\text{-}22)$$

$$NHCl_2+2H_2SO_3+2H_2O \longrightarrow NH_4Cl+2H_2SO_4+HCl \qquad (11.1\text{-}23)$$

$$NCl_3+2H_2SO_3+2H_2O \longrightarrow NH_2Cl+2H_2SO_4+2HCl \qquad (11.1\text{-}24)$$

　　根据 SO_2 和氯之间的总反应式[式（11.1-21）]，1.0 mg/L 氯残留物所需的 SO_2 为 0.903 mg/L。在实际处理中，1.0 mg/L 残留氯（以氯气表示）的脱氯需要 1.0～1.2 mg/L 的 SO_2，SO_2 与氯和氯胺的反应几乎是瞬时的，不需要另外设置接触室。反应中应避免使用过量的二氧化硫，二氧化硫过量时会消耗水中溶解氧[式（11.1-25）]，并导致 BOD 和 COD 增加，pH 下降。

$$HSO_3^-+0.5O_2 \longrightarrow SO_4^{2-}+H^+ \qquad (11.1\text{-}25)$$

　　用于脱氯的钠基化学品包括亚硫酸钠（Na_2SO_3）、亚硫酸氢钠（$NaHSO_3$）、焦亚硫酸钠（$Na_2S_2O_5$）和硫代硫酸钠（$Na_2S_2O_3$）。这些物质与残留氯之间可能发生以下反应：

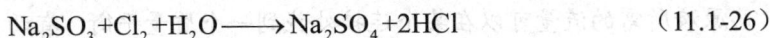

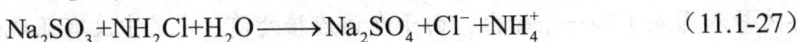

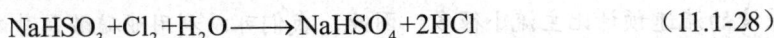

$$Na_2SO_3+Cl_2+H_2O \longrightarrow Na_2SO_4+2HCl \qquad (11.1\text{-}26)$$

$$Na_2SO_3+NH_2Cl+H_2O \longrightarrow Na_2SO_4+Cl^-+NH_4^+ \qquad (11.1\text{-}27)$$

$$NaHSO_3+Cl_2+H_2O \longrightarrow NaHSO_4+2HCl \qquad (11.1\text{-}28)$$

$$NaHSO_3+NH_2Cl+H_2O \longrightarrow NaHSO_4+Cl^-+NH_4^+ \qquad (11.1\text{-}29)$$

$$Na_2S_2O_5+2Cl_2+3H_2O \longrightarrow 2NaHSO_4+4HCl \qquad (11.1\text{-}30)$$

$$Na_2S_2O_5+2NH_2Cl+3H_2O \longrightarrow Na_2SO_4+H_2SO_4+2Cl^-+2NH_4^+ \qquad (11.1\text{-}31)$$

过氧化氢（H_2O_2）也可被用于脱氯。与钠基化合物不同，H_2O_2 会增加水中的氧气，且不会导致水中无机盐的增加。H_2O_2 和氯化合物之间的反应非常快，最佳反应 pH 约为 8.5，其他无机和有机化合物一般不会干扰该反应。但由于 H_2O_2 的运输和储存问题，目前尚未广泛用于氯的去除。使用 H_2O_2 进行脱氯的反应如下：

$$H_2O_2+Cl_2 \longrightarrow O_2+2HCl \qquad (11.1\text{-}32)$$

利用活性炭脱氯时，可能会发生以下反应：

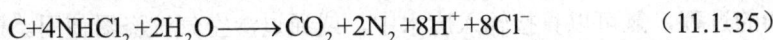

$$C+2Cl_2+2H_2O \longrightarrow 4HCl+CO_2 \qquad (11.1\text{-}33)$$

$$C+2NH_2Cl+2H_2O \longrightarrow CO_2+2NH_4^++2Cl^- \qquad (11.1\text{-}34)$$

$$C+4NHCl_2+2H_2O \longrightarrow CO_2+2N_2+8H^++8Cl^- \qquad (11.1\text{-}35)$$

在利用活性炭脱氯之前，必须先去除水中的有机物，以避免活性炭对其他污染物的吸附而影响脱氯效率。在污水处理厂使用颗粒状活性炭去除有机物时，可考虑用该方法来进行脱氯。此外，目前活性炭的使用成本较高，通常仅在对脱氯要求较高时考虑用该方法。

【例 11-2】 污水处理厂使用氯进行消毒，然后用亚硫酸氢钠（$NaHSO_3$）脱氯后排放到地表水中。如果游离氯浓度为 2 mg/L（Cl_2），需要添加多少 $NaHSO_3$ 才能完全脱氯？如果水流量为 2 m^3/s，0.1 mol/L $NaHSO_3$ 原液的流量为多少？

解： 从【例 11-1】得出，2 mg/L Cl_2 对应的次氯酸盐总浓度为 2.82×10^{-5} mol/L。根据公式：

$$HSO_3^-+HClO \longrightarrow SO_4^{2-}+Cl^-+2H^+$$

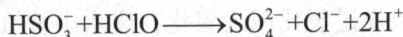

每摩尔 HClO（或更准确地说是总次氯酸盐）需要 1 mol HSO_3^-，因此：

$$c_{NaHSO_3,\,required}=c_{SO_3^-,\,required}=2.82\times10^{-5}\,mol/L$$

由 $NaHSO_3$ 的分子量为 104，得所需 $NaHSO_3$ 的浓度

$$c_{NaHSO_3,\,required}=(2.82\times10^{-5}\,mol/L)\times(104\,g/mol)\times(1\,000\,mg/mol)=2.93\,mol/L$$

原液所需的流量可以在某个连接处找到一个质量平衡,有两个输入(主要设备流量和原液)和一个输出。由于在该连接处前,主流中没有亚硫酸氢盐,而且原液的流速预计比主流小很多,因此,我们可以利用亚硫酸氢盐在连接处前后的质量/时间的值写出质量平衡方程式,假设过程中没有发生化学反应:

$$Q_{stock}c_{stock}=Q_{main}c_{out\,of\,junction}$$

$$Q_{stock}=\frac{Q_{main}c_{out\,of\,junction}}{c_{stock}}=\frac{(2m^3/s)\times(2.82\times10^{-5}mol/L)}{0.1mol/L}=5.64\times10^{-4}m^3/s=0.56\,L/s$$

11.1.3.7 氯的其他应用

氯是一种强氧化剂,除用于消毒外,还可用于许多其他应用。包括气味控制、生物生长控制、污泥膨胀控制、废水分解预防、有机物和无机物去除。

(1)气味控制

废水处理中的气味主要是由硫化氢(H₂S)引起的。氯氧化硫化氢是一个复杂的过程,氯可以直接输入废水中,或通过湿空气洗涤器使用。影响该过程的因素有 pH、碱度、温度、氯与硫化物的比例。最终产物是硫酸盐和硫黄的混合物。氯化合物与硫化氢的氧化反应如下:

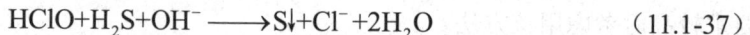

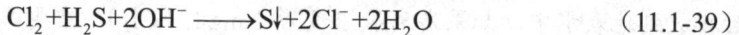

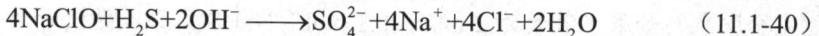

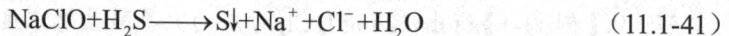

$$4HClO+H_2S+6OH^- \longrightarrow SO_4^{2-}+4Cl^-+6H_2O \tag{11.1-36}$$

$$HClO+H_2S+OH^- \longrightarrow S\downarrow+Cl^-+2H_2O \tag{11.1-37}$$

$$4Cl_2+H_2S+10OH^- \longrightarrow SO_4^{2-}+8Cl^-+6H_2O \tag{11.1-38}$$

$$Cl_2+H_2S+2OH^- \longrightarrow S\downarrow+2Cl^-+2H_2O \tag{11.1-39}$$

$$4NaClO+H_2S+2OH^- \longrightarrow SO_4^{2-}+4Na^++4Cl^-+2H_2O \tag{11.1-40}$$

$$NaClO+H_2S \longrightarrow S\downarrow+Na^++Cl^-+H_2O \tag{11.1-41}$$

(2)无机化合物的去除

许多无机化合物可以通过氯化或次氯化在废水中被氧化和去除。这些化合物包括氨、硫化氢、氰化物、铁、锰和亚硝酸盐等。可发生的化学反应如下:

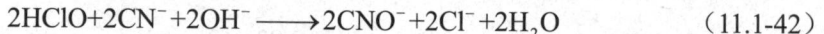

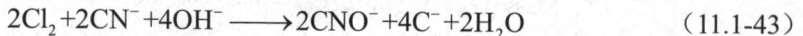

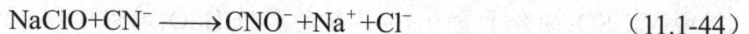

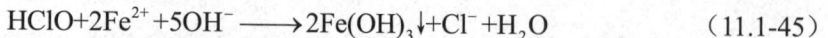

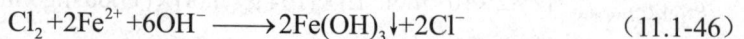

$$2HClO+2CN^-+2OH^- \longrightarrow 2CNO^-+2Cl^-+2H_2O \tag{11.1-42}$$

$$2Cl_2+2CN^-+4OH^- \longrightarrow 2CNO^-+4C^-+2H_2O \tag{11.1-43}$$

$$NaClO+CN^- \longrightarrow CNO^-+Na^++Cl^- \tag{11.1-44}$$

$$HClO+2Fe^{2+}+5OH^- \longrightarrow 2Fe(OH)_3\downarrow+Cl^-+H_2O \tag{11.1-45}$$

$$Cl_2+2Fe^{2+}+6OH^- \longrightarrow 2Fe(OH)_3\downarrow+2Cl^- \tag{11.1-46}$$

$$NaClO+2Fe^{2+}+4OH^-+H_2O \longrightarrow 2Fe(OH)_3\downarrow+Na^++Cl^- \qquad (11.1\text{-}47)$$

$$HClO+Mn^{2+}+3OH^- \longrightarrow MnO_2\downarrow+Cl^-+2H_2O \qquad (11.1\text{-}48)$$

$$Cl_2+Mn^{2+}+4OH^- \longrightarrow MnO_2\downarrow+2Cl^-+2H_2O \qquad (11.1\text{-}49)$$

$$NaClO+Mn^{2+}+4OH^- \longrightarrow MnO_2\downarrow+Na^++Cl^-+2H_2O \qquad (11.1\text{-}50)$$

$$HClO+NO_2^-+OH^- \longrightarrow NO_3^-+Cl^-+H_2O \qquad (11.1\text{-}51)$$

$$Cl_2+NO_2^-+2OH^- \longrightarrow NO_3^-+2Cl^-+H_2O \qquad (11.1\text{-}52)$$

$$NaClO+NO_2^- \longrightarrow NO_3^-+Na^++Cl^- \qquad (11.1\text{-}53)$$

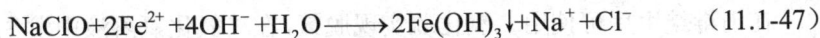

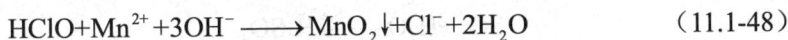

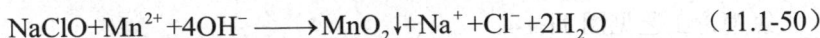

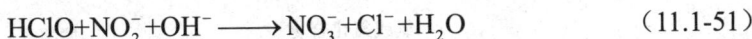

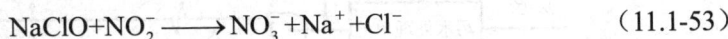

11.1.4 二氧化氯消毒

二氧化氯（ClO_2）也属于氯制剂，是自然界中几乎完全以单体游离原子团形式存在的少数几个化合物之一，1 mol 二氧化氯共结合有 19 mol 电子。外层键域上存在一个未成对的活性自由电子，具有强氧化性。在水溶液中以 ClO_2 分子状态存在，有多种水合物，包括 $ClO_2\cdot6H_2O$、$ClO_2\cdot8H_2O$、$ClO_2\cdot10H_2O$ 等，这有利于其在水中的扩散。ClO_2 是一种黄绿色的气体，有比氯更强的刺激性气味，吸入时对人体有毒。它在空气中可形成浓度超过 10% 体积的爆炸性混合物（相当于溶液中约 12 g/L 的浓度）。相较于次氯酸钠，ClO_2 更容易穿透细胞壁，影响细胞内部含巯基的酶及部分氨基酸，导致其分解破坏，从而减缓新陈代谢，最终导致细菌死亡。

氯气和氯制剂的杀菌原理基本相同，主要依靠水解产物次氯酸（HClO）的作用。它不仅能对细菌起作用，也能与水中的氨生成多种氯氨化合物。而 ClO_2 则不同，通常只起到氧化作用，不与有机物发生氯化作用，也不与氨反应。因此，使用 ClO_2 消毒时，三卤甲烷等消毒副产物的产生大大减少。此外，ClO_2 可选择性地与无机物、有机物发生反应，且不与氨反应，因此投加量也有所减少。然而，ClO_2 在阳光下会快速分解，使用时需现配现用，使用成本较高、运营也相对复杂。过量的 ClO_2 及其副产物 ClO_2^- 对人体也会造成伤害，因此该方法在废水消毒中应用有限。

ClO_2 现场制备的方法有电解法和化学法。电解法包括电解次氯酸盐还原和电解氯酸钠氧化得二氧化氯。然而，电解法因其产生的副产物较多，导致生成的二氧化氯浓度较低。化学法包括次氯酸盐法和氯酸盐氧化法。利用次氯酸盐制取二氧化氯的反应式可表示为

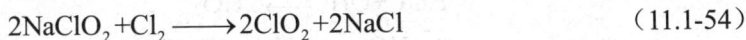

$$2NaClO_2+Cl_2 \longrightarrow 2ClO_2+2NaCl \qquad (11.1\text{-}54)$$

在消毒结束后可使用二氧化硫实现脱氯，在二氧化氯溶液中发生的反应如下：

$$SO_2+H_2O \longrightarrow H_2SO_3 \qquad (11.1\text{-}55)$$

$$5H_2SO_3+2ClO_2+H_2O \longrightarrow 5H_2SO_4+2HCl \qquad (11.1\text{-}56)$$

氯消毒工艺见图 11.1-4。

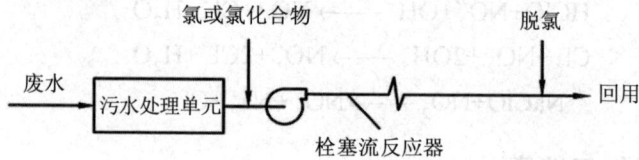

图 11.1-4　氯消毒工艺

11.1.5　臭氧消毒

臭氧（O_3）是一种高反应活性因子，其氧化能力高于过氧化氢、二氧化氯、氯气和高锰酸根等氧化剂，仅次于氟。它不仅能降解水中污染物，还能有效地杀灭各种病原体，包括细菌（大肠杆菌、金黄色葡萄球菌等）、病毒（肝炎病毒、流感病毒、诺如病毒、冠状病毒等）、原生动物和真菌等。

臭氧消毒在水处理方面的应用已有一个多世纪。近年来，化学法、电解法和紫外法等臭氧生成方法的工业化进程的推进，尤其是高压电晕法的规模化成熟，为臭氧的大规模合成及在消毒方面的应用提供了基础。使用臭氧进行消毒的另一个优势是增加了水中的溶解氧，不需要对出水进行再曝气。此外，考虑到氯消毒产生的氯代消毒副产物、残留氯对水体生物的毒性以及脱氯所需的额外成本，臭氧消毒受到了越来越多的关注。

11.1.5.1　臭氧消毒原理

臭氧的氧化还原电位为 2.07 eV，具有极强的氧化能力。此外，臭氧在水中也能生成氧化能力更高的活性自由基，如羟基自由基（·OH），其氧化还原电位为 2.8 eV。臭氧和活性自由基通过化学、物理及生物多方面相互作用，最终与细胞成分发生反应，破坏 DNA 或 RNA，从而达到消毒的目的。

$$O_3+H_2O \longrightarrow HO_3^++OH^- \qquad (11.1\text{-}57)$$

$$HO_3^++OH^- \longrightarrow 2HO_2 \qquad (11.1\text{-}58)$$

$$O_3+HO_2 \longrightarrow HO\cdot+2O_2 \qquad (11.1\text{-}59)$$

$$HO \cdot + HO_2 \longrightarrow H_2O + O_2 \qquad (11.1\text{-}60)$$

在水处理消毒中，臭氧及其产生的活性自由基的灭菌机理为：①直接作用于细胞膜，与细胞膜中不饱和脂肪酸的双键发生反应，增加细胞膜的通透性，导致细胞质反向渗透使细胞失活；②作用于某些微生物的酶，氧化分解细菌内部的葡萄糖转化酶使酶失活，从而阻碍微生物的新陈代谢；③攻击遗传物质 DNA 或 RNA 使其失活，失去遗传转录功能。臭氧消毒对于具有细胞结构的微生物或病原体（如细菌、真菌等），通过直接作用于细胞膜来使其失活。而对于无细胞结构的病毒，臭氧则通过破坏其外部结构蛋白或内部遗传物质来实现杀灭作用。臭氧对细菌和病毒的灭活效果优于对原生动物的影响。这是因为原生动物体表有一层连续的界膜，即原生质膜，使其对臭氧的敏感性要低于细菌和病毒。

11.1.5.2 臭氧消毒工艺

臭氧消毒工艺包括臭氧发生器和接触反应池，接触反应池内有臭氧投加器，池顶部有收集多余臭氧的尾气处理装置。如图 11.1-5 所示，臭氧消毒工艺具体由以下部分组成：①原料气制备设备；②电源；③臭氧发生设施；④待消毒液体流通系统；⑤尾气中的臭氧破坏设施。

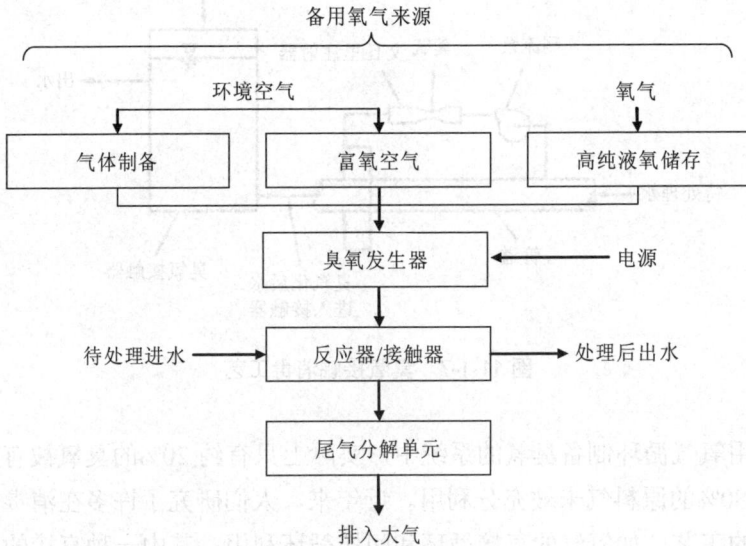

图 11.1-5 臭氧消毒工艺流程

　　臭氧发生装置使空气中的氧气处在无声放电的环境中分裂为单质氧，再重新组合为臭氧，经输气管进入接触反应池。常用的臭氧投加方式有鼓泡法、射流法和涡轮混合法等，以确保臭氧在池内均匀扩散。一般水处理中，由于臭氧浓度较低，在水中的溶解度也不大，故接触反应池常采用串联组合、分级反应的方式（图 11.1-6、图 11.1-7）。

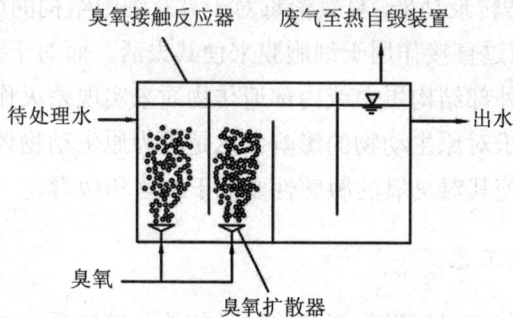

图 11.1-6　臭氧接触反应器

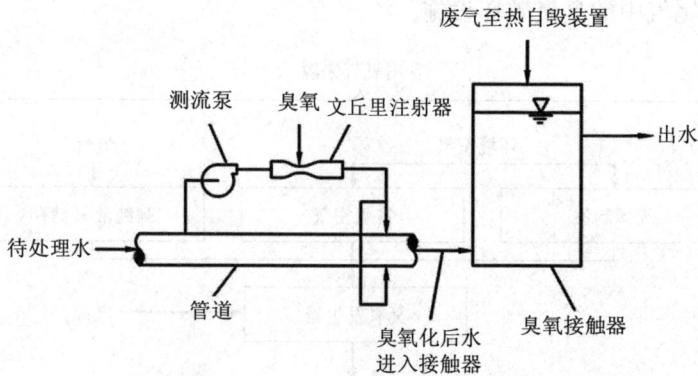

图 11.1-7　臭氧接触消毒工艺

　　在利用氧气循环制备臭氧的系统中，实际上只有约 20% 的臭氧被有效用于消毒，超过 80% 的原料气未被充分利用。近年来，人们研究了许多在消毒后回收氧气和臭氧的工艺，如氧气的直接循环和间接循环利用。其中一种直接的氧气循环过程称为"短循环（SLR）"技术，如图 11.1-8 所示，在这个过程中来自臭氧发生器的 O_2/O_3 混合物被输入一个吸附装置，O_3 被吸附，O_2 被直接回收到臭氧发生器中。被吸附的 O_3 被吸附床的载气脱附下来，之后 O_3/载气的混合气被送入臭氧接触器，剩余的载气被排放到空气中，载气可以是氮气或空气。据报道，采用循环技术可将臭氧系统的整体运行成本降低 70% 以上。最经济可行的间接回收方法是在曝气系统中使用臭氧消毒废气（臭氧破坏后）。废气中含氧量（75%～85%）远高于空气，可显著提高氧转移效率和曝气效率。

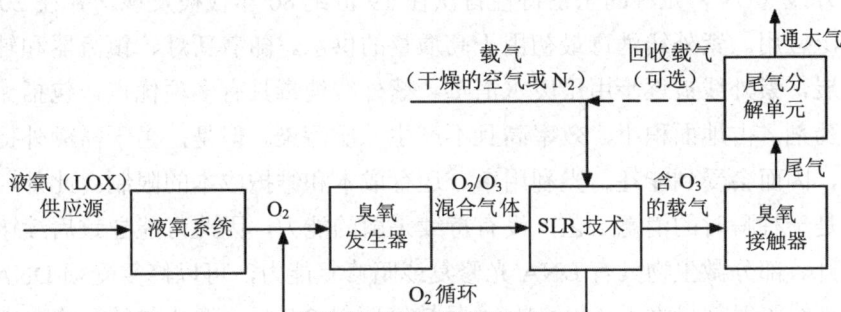

图 11.1-8 氧气回收系统

臭氧具有效果稳定、反应时间短、微生物再生率低等多项优势，能够氧化分解难生物降解的有机物及"三致"物质。此外，过量的臭氧气体也能在较短的时间内分解为氧气，增加溶解氧含量，不会产生残留导致二次污染。另外，臭氧消毒不会形成氯化副产物，如三卤甲烷和卤乙酸。但目前技术的不完备也导致了很多问题，包括高投资和高运营成本，以及在运行时常需投加过量的臭氧来达到有效的消毒。虽可以有效去除有机微污染物，但也会腐蚀管道设备。如果废水中含有大量卤素离子，如 Br^-，臭氧化后会生成一些卤素化合物，如溴仿、溴化乙酸、溴苦、溴化乙腈、溴化氰和致癌物 BrO_3^- 等消毒副产物，需进一步处理达到出水标准。

11.1.6　联合化学消毒

目前，水和废水的消毒标准越来越严格，消费者对用水安全的要求也日益提高，这促使水和废水行业寻求更高效安全的消毒剂。然而，通过增加消毒剂的用量来满足标准时，会导致消毒副产物（DBPs）的增加。在供水领域，新型消毒剂引起了广泛的关注，如使用活性较低的消毒剂氯胺可以有效减少 DBPs 的形成。最新研究还发现，在消毒过程中，同时使用两种（或更多）消毒剂会产生协同效应，从而更有效地实现病原体灭活。联合化学消毒工艺是化学消毒法未来发展的方向之一，然而混合消毒剂的消毒作用、影响因素等还需进一步考察。

11.1.7　紫外消毒

紫外线（UV）光源的杀菌特性首次在 19 世纪 80 年代被发现，并在 20 世纪初被广泛应用。紫外线消毒最初用于高质量的供水。随着新灯、镇流器和辅助设备的发展，紫外线被逐步用于废水消毒。紫外线消毒具有多项优点，包括无须添加化学药剂、占地面积小、效率高且不产生二次污染。但是，由于需额外提供紫外光源，因而会受到能耗、光利用率、运行成本和维护成本的限制。此外，紫外线消毒是一种瞬时的消毒工艺，没有持续杀菌的能力，因此可能导致后续微生物含量上升。部分微生物具有 DNA 光修复或暗修复能力，可以修复受损 DNA。只有在紫外线照射剂量大于 100 mJ/cm^2 且持续照射 2 h 后，微生物的光修复能力才彻底丧失。

（1）消毒原理

紫外线是一种波长在 10～400 nm 的不可见光线，按照波长可大致分为 4 部分：UV-A（315～400 nm）、UV-B（280～315 nm）、UV-C（200～280 nm）、UV-D（10～200 nm）。紫外线消毒是通过细胞内有机化合物吸收 UV-C 段紫外线后发生光化学反应，导致细胞死亡以此达到消毒的目的。紫外线可以有效地灭活水中的各种微生物，已经广泛地用于水处理消毒工艺中。

（2）紫外线消毒工艺

开发紫外线消毒工艺时，需考虑以下因素：紫外线配置系统、杀菌效果、紫外线照射强度和时间、紫外线消毒系统的安全使用以及对环境的影响。紫外线消毒系统从结构上可分为明渠式和封闭管道式，目前大部分污水厂都采用明渠式紫外线消毒系统。此系统不仅包括混凝土渠道，还包括紫外线消毒模块组、配电系统、控制系统、紫外光强探头、低水位探头、水位控制装置、清洗装置等。紫外线模块组包括紫外灯、灯管套管、遮光板、镇流器和模块支架等。根据紫外灯安装的位置，又可分为浸没式和水面式，考虑到紫外辐射能的利用率以及灭菌效果，目前多采用浸没式。明渠式系统中，水流在重力作用下流经紫外线消毒模块组，以杀灭病原微生物，适用于大中型污水处理厂。

目前常用的紫外线消毒灯为汞蒸气灯。汞蒸气灯常为载氩气的石英套管灯，并加入少量的汞。灯中的电极产生等离子体提供电子，汞蒸气和电子的碰撞激发汞原子，当汞原子返回基态时就会发射出紫外光。目前污水紫外线消毒系统中常用的紫外灯管有低压灯（LP）、低压高强灯（LPHO）和中压灯（MP）。在相同有效剂量的情况下，这三类灯的消毒效果相同，但低压紫外灯输出功率低，所需灯管数量多，且低压紫外灯光强较弱，适用于低浊度水处理。中压紫外灯单根输出功率高，紫外灯分散程度高，光强较强，在水中穿透力高，可以用于较高浊度水处理。

但汞蒸气灯也有着汞泄漏的风险。目前，紫外发光二极管（UV-LEDs）正处于研发阶段，利用半导体中电子与空穴的复合发出辐射，其波长范围更广且实现了波长的选择、无泄漏危险、启动快且无须预热，使用寿命也将会更长。如何规范和系统地运用这项技术于水处理中还需进一步研究。除 UV-LEDs 外，还有准分子灯（excimer lamp）、氙气脉冲灯（xenon pulse lamp）等。目前，LED 灯技术还不能与高输出的紫外线灯媲美。但是紫外线技术发展迅速，因此在设计紫外线消毒系统时，必须查阅最新的文献资料。然而大多数新兴技术并没有具体的成本效益和可靠性记录。此外，镇流器是紫外线照射系统中必不可少的一部分，可以用来限制电流。灯具与镇流器的匹配对紫外线消毒系统的设计至关重要。常见的有标准型、节能型和电子镇流器 3 种类型。在紫外灯消毒中最常用的是电子镇流器。

11.2　化学氧化

氧化反应是有机物失去电子的反应过程。利用氧化反应可将废水中的有毒有害物质转化为无毒或微毒的小分子有机物甚至矿化为 CO_2 和 H_2O，也可将难生物降解的有机物转化为可（易）生物降解的小分子物质。废水中的有机污染物（如醛、醇、醚、酚等）及还原性无机离子（如 CN^-、S^{2-}、Fe^{2+}、Mn^{2+} 等）均可通过氧化法得到去除。

本章的化学氧化技术包括常规氧化技术和高级氧化技术。常规氧化技术包括氯氧化技术、二氧化氯氧化技术、臭氧氧化技术、高锰酸盐氧化技术和过氧化氢氧化技术等；高级氧化技术包括光化学催化氧化技术、湿式氧化技术、电化学氧化技术、芬顿及类芬顿氧化技术和超声氧化技术等。

11.2.1 常规氧化技术

常规氧化技术在国内外水处理工艺中应用较为广泛。通过向水中添加氧化剂来将污染物氧化，将毒性较强的污染物转化为无毒或毒性较小的物质。化学氧化剂具有强氧化性，还能够杀灭细菌、病毒等各种微生物，具有消毒作用。常见的氧化剂主要包括氯、二氧化氯、臭氧、高锰酸盐和过氧化氢等。本节将逐一介绍各氧化剂的性质及其应用。

11.2.1.1 氯氧化技术

氯氧化技术在自来水厂中常用作消毒处理，用于杀灭水中的细菌、病毒等。在工业废水中常用来处理氰、硫、酚、氨及有机污染物等，也可用于废水脱色、除味。

（1）处理含氰废水

含氰废水主要来自电镀行业，氰主要以游离氰和络合氰两种形态存在。一般游离状态的氰毒性较大，而络合状态的氰毒性较小。

氯氧化氰化物的过程分以下两个阶段进行。

第一阶段，在碱性条件下，氰化物被氧化成毒性和氰化氢相近的氯化氰。当 pH 为 10～11 时，在 10～15 min 内氯化氰可转化为毒性较小的氰酸根离子（CNO^-）。该阶段称作局部氧化法，反应过程如下：

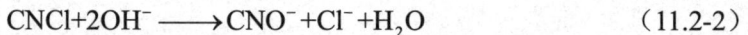

$$CN^- + ClO^- + H_2O \longrightarrow CNCl + 2OH^- \tag{11.2-1}$$

$$CNCl + 2OH^- \longrightarrow CNO^- + Cl^- + H_2O \tag{11.2-2}$$

处理工艺条件应进行以下控制：①废水的 pH 宜大于 11；②对废水进行搅拌可加速反应；③废水中除含游离氰外，还常含有络合氰。考虑到废水中同时还有其他还原性物质存在，实际氧化剂的用量要比用公式计算的理论用量有所增加。以次氯酸钠计，一般为含氰量的 5～8 倍。

第二阶段，进行完全氧化反应，即进一步投加氯氧化剂，破坏 CNO^- 的碳氮键，使其转化为 CO_2 和 N_2。该阶段称作完全氧化处理法，反应过程如下：

$$2CNO^- + 3ClO^- + H_2O \longrightarrow 2CO_2 + N_2 + 3Cl^- + 2OH^- \tag{11.2-3}$$

此阶段氧化剂的用量为局部氧化法的 1.1～1.2 倍；反应在 pH 为 8.0～8.5 时，有利于 CO_2 的逸出；反应时间为 1 h 以内。

（2）折点加氯法除氨

折点加氯法是用氯将废水中的氨氮直接氧化成 N_2 或其他稳定化合物的化学脱氮工艺。当通入废水中的氯气量达到某一临界点时，水中游离氯的含量最低，氨的浓度降为零。然而，当氯气通入量超过该点时，水中的游离氯的含量增多。因此，该点称为折点，而在这种状态下的氯化反应则称为折点氯化反应。

折点加氯法处理后，出水在排放前一般需要用活性炭或二氧化硫进行反氯化，以去除水中残留的氯。1 mg 残留氯需要消耗 0.9～1 mg 的二氧化硫，反氯化时会产生 H^+，但由此引起的 pH 下降一般可以忽略不计。

折点加氯法除氨氮的反应机理如下：

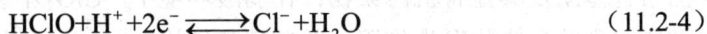

$$HClO+H^++2e^- \rightleftharpoons Cl^-+H_2O \qquad (11.2\text{-}4)$$

$$2NH_4^+ \rightleftharpoons N_2+8H^++6e^- \qquad (11.2\text{-}5)$$

由式（11.2-4）、式（11.2-5）可得：

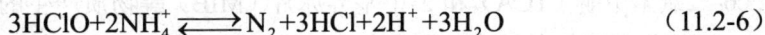

$$3HClO+2NH_4^+ \rightleftharpoons N_2+3HCl+2H^++3H_2O \qquad (11.2\text{-}6)$$

折点加氯法最突出的优点是，通过控制加氯量，可以实现废水中氨氮的完全氧化，同时并达到废水消毒的目的。为克服单独采用折点加氯法处理氨氮废水需要大量加氯的缺点，通常将此法与生物硝化工艺联用，先硝化再除去残留的氨氮。

折点加氯法的处理率可以达到 90%～100%，处理效果稳定，但运行费用高。副产物包括氯胺和氯化有机物，可能会造成二次污染。这种方法适用于处理低浓度氨氮废水（小于 50 mg/L）。

11.2.1.2　二氧化氯氧化技术

二氧化氯（ClO_2）不仅是一种高效的消毒剂，还是优良的水处理剂、漂白剂、食品保鲜剂、防腐剂和除臭剂，已广泛应用于水处理、医疗保健、食品以及造纸行业等。

（1）处理废水中的锰、铁离子

在 pH>7.0 的条件下，ClO_2 可以迅速将水中的二价锰氧化成四价锰，生成难溶化合物，反应式为

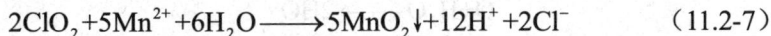

$$2ClO_2+5Mn^{2+}+6H_2O \longrightarrow 5MnO_2\downarrow+12H^++2Cl^- \qquad (11.2\text{-}7)$$

二氧化锰难溶于水，可通过过滤得以去除。通过氧化处理，ClO_2 对锰的去除率为 69%～81%，而氯对锰的去除率仅为 25%。

同样，ClO_2 可以将二价铁氧化成三价铁，生成氢氧化铁沉淀，反应式为

$$ClO_2 +5Fe(HCO_3)_2 +13H_2O \longrightarrow 5Fe(OH)_3\downarrow+10CO_3^{2-}\uparrow+21H^+ +Cl^- \qquad (11.2-8)$$

通过氧化作用，ClO_2 对铁的去除率为 78%～95%，而氯对铁的去除率仅为 50%。

（2）氧化水中的有机污染物

ClO_2 具有很强的氧化性，同 Cl_2 相比，能显著减少有机物氧化过程中三氯甲烷等致癌类物质的产生，从而有效减少二次污染。ClO_2 在水中与有机物的反应具有选择性。在强酸环境中，ClO_2 分解并生成 $HClO_3$、$HClO_2$，可氧化并降解废水中的带色基团及其他有机污染物；在弱酸环境中，ClO_2 不易分解污染物，但能直接和废水中的污染物发生作用，并破坏其结构。

ClO_2 对水中的色、味去除能力强，可以将水中引起臭味的物质（如硫化氢、硫醇等）氧化分解为无毒无味的硫酸或磺酸，且能将氰类和酚类等有毒物质氧化降解为氨根离子和简单的有机物，还能有效去除 2-异丙基-3-甲氧基吡嗪（IPMP）、2,3,6-三氯苯甲醚（TCA）和 2-甲基异冰片（MIB）等物质产生的异味。研究表明，ClO_2 可依靠其强氧化性来打断有机分子中的双键等发色团，因此在印染废水处理中广泛应用。

11.2.1.3 臭氧氧化技术

O_3 是一种强氧化剂。在溶液中，它可以通过两种途径与有机物发生反应：①O_3 与有机物直接反应；②O_3 分解后产生 $HO\cdot$ 与有机物间接反应。两者相比较，直接反应具有选择性、效率慢；间接反应无选择性，$HO\cdot$ 的氧化电位高（2.8 V）、反应能力强、速率快、可诱发链式反应，使有机物被彻底降解。

直接反应：

$$污染物+O_3 \longrightarrow 产物或中间物 \qquad (11.2-9)$$

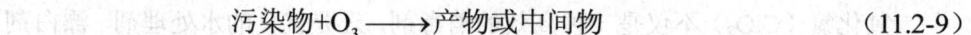

间接反应：

$$污染物+HO\cdot \longrightarrow 产物或中间物 \qquad (11.2-10)$$

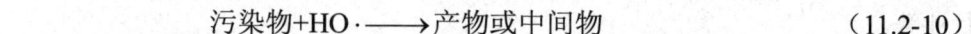

O_3 在水中发生下列反应：

$$O_3 \longrightarrow O+O_2 \qquad (11.2-11)$$

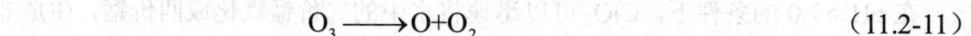

$$O+H_2O \longrightarrow 2HO\cdot \qquad (11.2-12)$$

在碱性介质中，O_3 可与 OH^- 反应，产生自由基的速率很快：

$$O_3 + OH^- \longrightarrow HO_2 \cdot + O_2^- \qquad (11.2\text{-}13)$$

$$O_3 + HO_3 \cdot \longrightarrow HO \cdot + 2O_2 \qquad (11.2\text{-}14)$$

$$2HO_2 \cdot \longrightarrow O_3 + H_2O \qquad (11.2\text{-}15)$$

产生的 $HO\cdot$ 具有比 O_3 更强的氧化能力，可继续与有机物发生氧化反应：

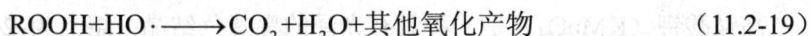

$$HO \cdot + RH \longrightarrow R \cdot + H_2O \qquad (11.2\text{-}16)$$

$$R \cdot + O_2 \longrightarrow RO_2 \cdot \qquad (11.2\text{-}17)$$

$$RO_2 \cdot + RH \longrightarrow ROOH + R \cdot \qquad (11.2\text{-}18)$$

$$ROOH + HO \cdot \longrightarrow CO_2 + H_2O + 其他氧化产物 \qquad (11.2\text{-}19)$$

通过以上反应，可将废水中大分子有机物氧化为易生物降解的小分子化合物。按 O_3 与有机物反应的难易程度，其氧化顺序为链烯烃＞胺＞酚＞多环芳烃＞醇＞醛＞链烷烃。

（1）处理含氰废水

常规的水处理工艺对氰化物的去除效果不大，而 O_3 则很容易将氰化物氧化成毒性较小的氰酸盐，其反应式为

$$CN^- + O_3 \longrightarrow CNO^- + O_2 \uparrow \qquad (11.2\text{-}20)$$

$$3CN^- + O_3 \longrightarrow 3CNO^- \qquad (11.2\text{-}21)$$

O_3 能够迅速氧化电镀含氰废水，去除率可达 97%。此外，采用 O_3 加紫外线照射结合的方法用于处理铁氰络化物时，可将其浓度从 4 000 mg/L 降至 0.3 mg/L。

（2）处理印染废水

印染废水中含有高浓度的人工合成有机高分子染料，采用传统的物理法、化学法或生物法很难满足处理要求，而采用 O_3 氧化法可取得良好的去除效果。染料的颜色主要是由染料分子中存在的不饱和共轭基团吸收部分可见光而产生，这些不饱和共轭基团又称为发色基团，主要有亚硝基、硝基、羧基、硫羧基、偶氮基、乙烯基等。O_3 可将不饱和共轭基团中的不饱和键打开，生成分子量较小的有机酸和醛类化合物，使之失去显色能力。一般来说，O_3 对直接染料、酸性染料、碱性染料、活性染料等亲水性染料的脱色速率较快，效果较好；但对分散染料、还原染料、硫化染料等疏水性染料的脱色速率较慢，效果较差且 O_3 用量大。研究表明，对含低浓度染料的印染废水，应用 O_3 氧化法可以有效去除水的色度和浊度；对含中、高浓度染料的印染废水，应用 O_3 氧化法耦合 PAC 絮凝处理，可强化处理效果。

11.2.1.4 高锰酸盐氧化技术

高锰酸盐是一种无机强氧化剂，能氧化水中的 Fe^{2+}、Mn^{2+}、S^{2-}、CN^-、酚及其他有机物，可破坏微生物的组织结构，具有较强的杀菌、除藻和氧化能力。因此，常用于污水的综合净化处理。

常见的高锰酸盐主要有高锰酸钾、高锰酸钠和高锰酸钙等，其中高锰酸钾应用最为广泛。

（1）高锰酸钾的物理、化学性质

高锰酸钾（$KMnO_4$）是一种具有光泽的黑紫色结晶，熔点为 240℃，易溶于水，其水溶液呈紫红色。$KMnO_4$ 的稳定性较差，温度高于 200℃时会发生分解反应，产生 O_2，反应过程如下：

$$2KMnO_4 \xrightarrow{\triangle} K_2MnO_4 + MnO_4 + O_2\uparrow \qquad (11.2\text{-}22)$$

在中性或碱性溶液中，$KMnO_4$ 相对比较稳定，基本不发生反应。然而，在酸性溶液中，它会迅速发生分解反应，导致溶液变浑浊并有 MnO_2 析出。此外，加热溶液会显著加快分解速度。值得注意的是，光照能加速 $KMnO_4$ 的分解过程。因此，$KMnO_4$ 溶液通常保存在棕色试剂瓶中。

$KMnO_4$ 是一种强氧化剂，在不同的介质中，其还原产物不同，主要有 MnO_4^{2-}、MnO_2、Mn^{2+} 几种形式。

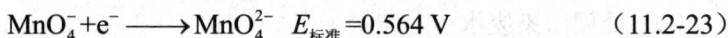

$$MnO_4^- + e^- \longrightarrow MnO_4^{2-} \quad E_{标准}=0.564\ V \qquad (11.2\text{-}23)$$
$$MnO_4^- + 2H_2O + 3e^- \longrightarrow MnO_2 + 4OH^- \quad E_{标准}=0.588\ V \qquad (11.2\text{-}24)$$
$$MnO_4^- + 8H^+ + 5e^- \longrightarrow Mn^{2+} + 4H_2O \quad E_{标准}=1.51\ V \qquad (11.2\text{-}25)$$

由标准电极电势可知，$KMnO_4$ 的氧化性在酸性溶液中最强。它能将 Fe^{2+}、SO_3^{2-}、Cl^-、I^-氧化，并且自身被还原为 Mn^{2+}，此时溶液呈粉色。若 MnO_4^- 过量，它可以与反应生成的 Mn^{2+} 继续反应，进一步生成 MnO_2。在弱酸性或中性溶液中，高锰酸盐的氧化性减弱，与还原剂反应后的产物为棕黑色 MnO_2 固体。而在碱性溶液中，高锰酸盐的氧化性大大降低，还原产物为 MnO_4^{2-}，此时溶液呈绿色。

（2）高锰酸盐氧化在水处理中的应用

1）氧化去除废水中的有机污染物

$KMnO_4$ 不仅能高效氧化去除水中的有机污染物，还能去除水中低浓度的臭味物质（如土臭素）。采用 $KMnO_4$ 代替 Cl_2 对污水进行预处理，可减少含氯消毒副产物的产生。此外，高锰酸盐还具有助凝作用。KMnO$_4$可直接氧化有机污染物，也可在反应过程中形成新生态水合二氧化锰，以吸附或催化去除水中的微量有机污染物。

前文提到，KMnO$_4$在酸性溶液中的氧化性最强。研究发现，KMnO$_4$对中性pH污水中有机污染物的氧化去除效果比在酸性和碱性条件下好。在酸性和碱性条件下，KMnO$_4$对低分子量、低沸点的有机污染物去除效果好，但对高分子量、高沸点的有机污染物去除效果差，甚至出现污染物浓度不减反增的现象。在中性条件下，KMnO$_4$对低分子量、低沸点，高分子量、高沸点的有机污染物去除效果均较好，这归因于KMnO$_4$在中性条件下的氧化反应产物为MnO$_2$。一方面，MnO$_2$具有很强的催化性能，能加快有机物的氧化速率；另一方面，MnO$_2$在水中的溶解度很低，会以水合二氧化锰胶体的形式从水中析出，此胶体比表面积大、活性高，能通过吸附和催化等作用提高KMnO$_4$对水中有机污染物的去除效率。

2）有效控制水中氯副产物

废水处理达到饮用水水质标准时，需对出水进行氯化消毒，而消毒过程中可能产生氯仿和四氯化碳等副产物。将KMnO$_4$处理系统与不加KMnO$_4$的常规处理系统作对比，研究两种处理工艺对出水消毒后水中氯仿和四氯化碳浓度的影响，其检测结果见表 11.2-1。由表 11.2-1 可看出，KMnO$_4$处理工艺对氯化消毒副产物具有明显的抑制作用。

表 11.2-1　KMnO$_4$处理工艺对氯仿和四氯化碳的控制效果

项目		常规处理工艺出水浓度/（μg/L）	KMnO$_4$处理工艺出水浓度/（μg/L）	降低率/%
氯仿	夏季	28	10	64.3
	冬季	12.5	9.2	26.4
四氯化碳	夏季	1.6	0.17	89.4
	冬季	0.3	<0.1	>66.7

11.2.1.5　过氧化氢氧化技术

过氧化氢俗称双氧水，是一种高效的氧化剂。近年来，对过氧化氢的制备以及延伸产品的应用取得了显著的研究进展。过氧化氢水溶液适用于医用伤口消毒、环境及食品消毒、食品纤维脱色、洗衣剂及牙膏制备等。

（1）过氧化氢的物理、化学性质

纯过氧化氢（H_2O_2）是一种淡蓝色的黏稠液体，熔点为$-0.43℃$，沸点为$150.2℃$。H_2O_2的物理性质与水相似，能以任意比例与水混溶。纯H_2O_2性质稳定，在无杂质污染及良好的储存条件下，可长期保存。H_2O_2在浓度较高或温度较低时比较稳定，但受热易分解。当温度超过$153℃$时，H_2O_2会剧烈分解，生成H_2O和O_2。

$$2H_2O_2 \longrightarrow 2H_2O+O_2\uparrow \tag{11.2-26}$$

除受热易分解外，H_2O_2溶液中存在催化剂（如MnO_2等）或受到光照时均可加速自身的分解。因此，H_2O_2常保存于背光、阴凉处。

（2）过氧化氢氧化在水处理中的应用

H_2O_2不仅可以单独氧化降解污染物，还可以与其他废水处理技术联用，使其降解污染物的效果更加显著。

1）处理含硫废水

H_2O_2氧化法可有效控制工业废水中硫化物的排放。

例如，玻璃纸厂废水中硫化物的浓度为$65\ mg/L$，$pH=11$，按S^{2-}与H_2O_2的物质的量比为$1:1.5$投加35%的H_2O_2，同时调节pH为7.5左右，反应进行$1\ h$后，检测硫化物的含量为$13\ mg/L$，继续进行反应$3\ h$后废水中硫化物的含量降至$3\ mg/L$。若加入少量三价铁离子，硫化物基本完全去除，含量可降为$0.1\ mg/L$以下。由此可见，H_2O_2氧化法对含硫废水具有较好的处理效果。

2）处理含氰废水

1984年，世界上第一套H_2O_2氧化处理含氰废水的工业化装置诞生了。如今，这一装置已在许多国家投产使用，主要处理低浓度含氰污水、过滤液、尾矿库的含氰排放水、炭浆厂的含氰矿浆。我国三山岛金矿现已采用H_2O_2氧化处理酸化含氰尾液，主要的工艺流程如图11.2-1所示。此工艺的主要控制参数见表11.2-2。

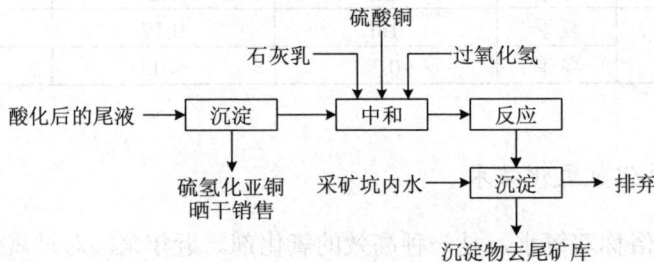

图 11.2-1　H_2O_2氧化处理含氰尾液工艺流程

表 11.2-2　H₂O₂氧化处理含氰尾液工艺的主要控制参数

处理量	2.8～6.0 m³/h	硫酸铜添加量	200 g/m³
H₂O₂添加量	27%的 H₂O₂ 1～3 L/m³	反应时间	>90 min
pH 为 10～11	石灰用量 10 kg/m³		

生产实践表明，含氰废水首先采用酸化法回收 NaCN，经处理后的废水中 CN^-残留量为 5～50 mg/L，再用 H₂O₂氧化法处理，最后 CN^-浓度可降至 0.5 mg/L 以下，达到排放标准。

11.2.2　高级氧化技术

高级氧化技术（advanced oxidation processes，AOPs）是一种以羟基自由基（HO·）作为主要氧化剂来去除水中各种有机及无机污染物的工艺。任何涉及HO·氧化过程的反应均属于高级氧化过程，又称为高级氧化技术。一旦形成HO·，会诱发一系列自由基链式反应，无选择性地攻击水中各种污染物，将其氧化成CO_2、H_2O 或其他矿物盐。

11.2.2.1　高级氧化技术的特点

①产生大量活泼的 HO·。HO·是一种极强的化学氧化剂，其电子亲和能为569.3 kJ，氧化电位为 2.80 V，氧化能力仅次于氟，但它相比氟来说，又具有无二次污染的优势。表 11.2-3 为常见氧化剂的氧化电位比较。

表 11.2-3　常见氧化剂的氧化电位比较

氧化剂	半反应	氧化电位/V
F_2	$F_2(g)+2H^++2e^- \longrightarrow 2HF(aq)$	3.05
HO·	$HO·+H^++e^- \longrightarrow H_2O$	2.80
MnO_4^-	$MnO_4^-+4H^++3e^- \longrightarrow MnO_2(s)+2H_2O$	1.695
O_3	$O_3+2H^++2e^- \longrightarrow 2H_2O+O_2$	2.07
H_2O_2	$H_2O_2+2H^++2e^- \longrightarrow 2H_2O$	1.78
HClO	$HClO+H^++2e^- \longrightarrow Cl^-+H_2O$	1.63
Cl_2	$Cl_2+2e^- \longrightarrow 2Cl^-$	1.36
O_2	$O_2(g)+2H_2O+4e^- \longrightarrow 4OH^-(aq)$	0.40

②反应速率快。由于 HO·属于游离自由基，与普通化学氧化法相比，HO·诱发的氧化反应速率极快。据测定，O_3 与某些有机污染物（如农药类、芳烃类、小分子羧酸类、消毒副产物等）的反应速率常数为 $0.01\sim1\,000\ L/(mol\cdot s)$，而 HO·与这些污染物的反应速率常数能达到 $10^8\sim10^{10}\ L/(mol\cdot s)$。HO·的氧化反应速率主要由其产生速率决定，HO·的形成时间极短，约为 $10^{-14}\ s$，反应时间约为 $1\ s$，可在 $10\ s$ 内完成整个氧化反应，大大缩短了污染治理的时间，提高了废水处理效率。

③反应具有广谱性、无选择性。HO·是一种无选择性、进攻性强的活性物质，几乎可与水中的任何物质发生反应，也很容易发生自聚反应。两个 HO·结合可产生一个 H_2O_2 分子。此外，HO·可诱发链式反应，氧化过程中的中间产物均可以继续同污染物分子发生反应，直至完全矿化。

④可单独使用，也可与其他处理技术联用。高级氧化技术可作为一项独立的处理单元对有机物进行氧化处理，也可以与其他技术联用（例如，作为生化处理过程的预处理手段）。难生物降解的有机物经高级氧化技术预处理后，可生化性显著提高，有助于生物法的进一步降解。

⑤操作简便，易于设备化。高级氧化技术操作简便，处理效果好，适用范围广，易于设备化。

11.2.2.2　光化学氧化技术

光化学氧化是指在紫外光或可见光作用下的所有氧化过程。按照光化学反应中是否有催化剂的参与，可分为光化学氧化和光催化氧化两种。前者为反应物分子吸收光能呈现激发态与周围物质发生氧化还原反应的过程；后者是利用易于吸收光子能量的中间物质（常指催化剂）首先形成激发态，然后再诱导引发反应物分子的氧化过程。随着我国环保意识的逐渐加强，光化学催化氧化技术成为近年来高级氧化技术研究的热门领域，广泛应用于造纸废水、除草剂、垃圾渗滤液等处理领域。目前，常用的光源是紫外光和太阳光，主要氧化剂是 O_3 和 H_2O_2。

（1）光化学氧化

光化学反应的初始步骤是分子吸收光辐射，导致其由基态跃迁到激发态。典型的光化学氧化过程如图 11.2-2 所示，基态分子吸收了光子的能量后转化到激发态，处于激发态的分子有以下 6 种变化途径：

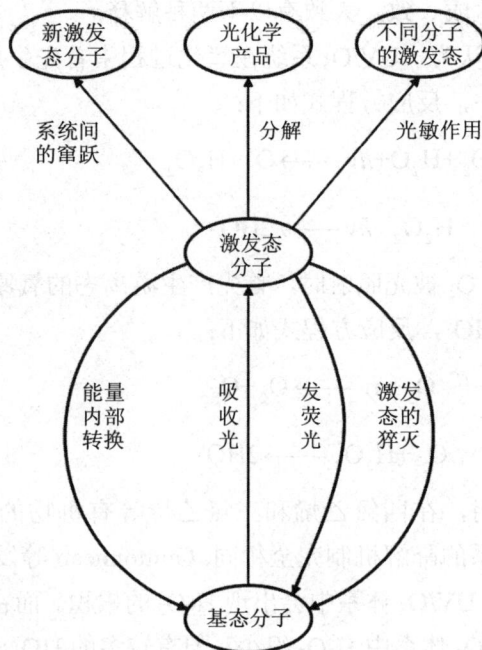

图 11.2-2　光化学氧化过程

①发射光子，重新回到基态。

②被吸收的光子能量通过内部转换变成了振动能，基态分子具有过量的振动能，可通过与其他分子间的碰撞将过量的能量释放，变回正常的基态分子。

③激发态分子发生猝灭，通过与其他分子间的碰撞而释放能量变为基态分子。

④激发态分子与相邻的同种或不同种分子发生光敏作用。

⑤激发态分子通过系统间的窜跃，电子进行重排过渡到一个新的激发态上。

⑥ 激发态分子发生解离反应，转换成光化学产品等。

常见的光化学氧化技术有 3 种组合：UV/O_3 工艺、UV/H_2O_2 工艺和 $UV/O_3/H_2O_2$ 工艺。

1）UV/O_3 工艺

O_3 对于有机物分子具有选择性，一般很难将有机物完全降解为 H_2O 和 CO_2，反应终产物以羧酸类有机物居多。所以，UV/O_3 工艺将 O_3 与紫外光辐射相结合，利用 O_3 在紫外光照射下产生 $HO\cdot$ 等活泼次生氧化剂来氧化有机物，实现有机物的高效矿化和提高 O_3 氧化速率的目的。目前，在关于 UV/O_3 工艺的 $HO\cdot$ 产生机制上，人们的认识尚未达成一致，大致有以下两种解释：

Taube 和 Glaze 等认为，UV/O_3 系统在氧化过程中首先生成 H_2O_2，H_2O_2 接受紫外光激发再产生 $HO\cdot$，反应方程式如下：

$$O_3 + H_2O + h\nu \longrightarrow O_2 + H_2O_2 \tag{11.2-27}$$

$$H_2O_2 + h\nu \longrightarrow 2HO\cdot \tag{11.2-28}$$

Okab 则认为，当 O_3 被光照射时，首先产生游离态的氧原子，游离态的氧原子再进一步反应产生 $HO\cdot$，反应方程式如下：

$$O_3 + h\nu \longrightarrow O_2 + O\cdot \tag{11.2-29}$$

$$O\cdot + H_2O_2 \longrightarrow 2HO\cdot \tag{11.2-30}$$

Glaze 等研究证明，在四氯乙烯和三氯乙烯等有机物的氧化降解过程中，UV/O_3 和 UV/H_2O_2 体系的降解机制完全相同。Guittonnean 等发现，在酸性条件下，光化学反应速率较慢，UV/O_3 体系中会出现 H_2O_2 的累积。而在碱性条件下，光化学反应进行迅速，UV/O_3 体系中 H_2O_2 很少，但有较多的 $HO\cdot$ 出现。因此，目前大多数学者倾向于认同第一种解释。

2）UV/H_2O_2 工艺

H_2O_2 可以将水体中毒性较强的无机或有机污染物氧化成无毒的或易被微生物降解的小分子化合物。然而，在处理高浓度难降解有机污染物时，单独使用 H_2O_2 的效果往往不理想。研究表明，UV/H_2O_2 工艺可有效降解水中的难降解有机污染物，特别是对有机染料分子具有高效破坏作用，常被用于印染废水、化工废水和饮用水的深度处理等。

研究认为，H_2O_2 在 UV（$\lambda < 300$ nm）的照射下，会产生 $HO\cdot$，该过程反应式为

$$H_2O_2 + h\nu \longrightarrow 2HO\cdot \tag{11.2-31}$$

UV/H_2O_2 工艺降解水中活性染料（D）的机理分为 3 部分：UV 直接分解；H_2O_2 直接氧化；UV/H_2O_2 工艺协同降解。

①单一紫外光直接分解过程。

假定染料分子（D）在紫外光的照射下被激活，变成激活状态的 D^*，然后 D^* 自身转化为反应产物 D_1，反应机理如下：

$$D+hv \underset{k_{-1}}{\overset{k_1}{\longleftrightarrow}} D^* \tag{11.2-32}$$

$$D^* \overset{k_2}{\longrightarrow} D_1 \tag{11.2-33}$$

在单一紫外光条件下染料降解的反应速率可表示为

$$r_{UV} = -\frac{d[D]}{dt} = k_1[D] - k_{-1}[D^*] \tag{11.2-34}$$

根据稳态近似原理，假定 D^* 处于稳态，则

$$-\frac{d[D^*]}{dt} = -k_1[D] + k_{-1}[D^*] + k_2[D^*] = 0 \tag{11.2-35}$$

所以

$$[D^*] = \frac{k_1[D]}{k_{-1} + k_2} \tag{11.2-36}$$

将式（11.2-34）代入式（11.2-35）得单一紫外光条件下染料降解的反应速率方程：

$$r_{UV} = -\frac{d[D]}{dt} = \frac{k_1 k_2}{k_{-1} + k_2}[D] \tag{11.2-37}$$

令

$$k_{UV} = \frac{k_1 k_2}{k_{-1} + k_2} \tag{11.2-38}$$

则

$$r_{UV} = -\frac{d[D]}{dt} = k_{UV}[D] \tag{11.2-39}$$

由以上分析可得，染料被单一紫外光降解符合准一级动力学，表观速率常数 k_{UV} 为一个常数，它主要与紫外灯源和污染物特性有关。

②H_2O_2 直接氧化过程。

假定 H_2O_2 直接氧化染料后产物为 D_2。

$$D + H_2O_2 \overset{k_3}{\longrightarrow} D_2 \tag{11.2-40}$$

则直接 H_2O_2 作用下活性染料降解的反应可表示为

$$r_{H_2O_2} = -\frac{d[D]}{dt} = k_3[H_2O_2][D] \tag{11.2-41}$$

令

$$k_{\mathrm{H_2O_2}} = k_3[\mathrm{H_2O_2}] \qquad (11.2\text{-}42)$$

则

$$r_{\mathrm{H_2O_2}} = -\frac{\mathrm{d}[\mathrm{D}]}{\mathrm{d}t} = k_{\mathrm{H_2O_2}}[\mathrm{D}] \qquad (11.2\text{-}43)$$

由以上分析可知，在 $\mathrm{H_2O_2}$ 直接作用下，活性染料降解的反应符合准一级动力学，表观速率常数 $k_{\mathrm{H_2O_2}}$ 与 $\mathrm{H_2O_2}$ 的浓度有关。

③UV/$\mathrm{H_2O_2}$ 工艺协同降解过程。

紫外光分解 $\mathrm{H_2O_2}$ 产生 HO·，假定 HO·氧化染料后的产物为 $\mathrm{D_3}$，其协同降解过程的机理如下：

$$\mathrm{H_2O_2} + h\nu \xrightarrow{\ k_4\ } 2\mathrm{HO}\cdot \quad k_4 = 4.13\times10^{-5}\ \mathrm{mol/(L\cdot s)} \qquad (11.2\text{-}44)$$

$$\mathrm{D} + \mathrm{HO}\cdot \xrightarrow{\ k_5\ } \mathrm{D_3} \qquad (11.2\text{-}45)$$

$$\mathrm{HO}\cdot + \mathrm{H_2O_2} \xrightarrow{\ k_6\ } \mathrm{HOO}\cdot + \mathrm{H_2O} \quad k_6 = 2.7\times10^{7}\ \mathrm{mol/(L\cdot s)} \qquad (11.2\text{-}46)$$

$$\mathrm{HO}\cdot + \mathrm{HOO}\cdot \xrightarrow{\ k_7\ } \mathrm{H_2O} + \mathrm{O_2} \quad k_7 = 1.0\times10^{10}\ \mathrm{mol/(L\cdot s)} \qquad (11.2\text{-}47)$$

$$\mathrm{HOO}\cdot \xrightarrow{\ k_8\ } \mathrm{OO}^{\cdot-} + \mathrm{H^+} \quad k_8 = 1.58\times10^{5}\ \mathrm{mol/(L\cdot s)} \qquad (11.2\text{-}48)$$

$$\mathrm{OO}^{\cdot-} + \mathrm{HO}\cdot \xrightarrow{\ k_9\ } \mathrm{O_2} + \mathrm{OH^-} \quad k_9 = 1.0\times10^{10}\ \mathrm{mol/(L\cdot s)} \qquad (11.2\text{-}49)$$

$$\mathrm{OO}^{\cdot-} + \mathrm{H^+} \xrightarrow{\ k_{10}\ } \mathrm{HOO}\cdot \quad k_{10} = 1.0\times10^{10}\ \mathrm{mol/(L\cdot s)} \qquad (11.2\text{-}50)$$

$$2\mathrm{HO}\cdot \xrightarrow{\ k_{11}\ } \mathrm{H_2O_2} \quad k_{11} = 4.2\times10^{9}\ \mathrm{mol/(L\cdot s)} \qquad (11.2\text{-}51)$$

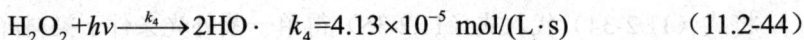

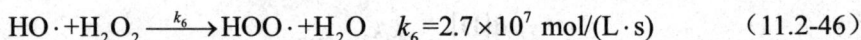

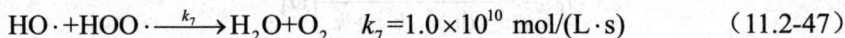

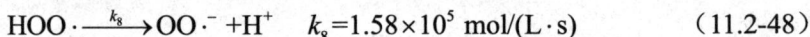

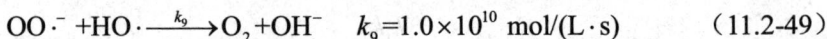

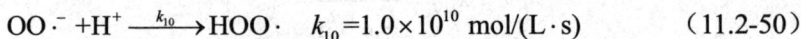

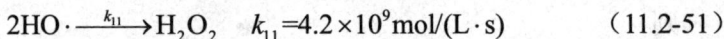

UV/$\mathrm{H_2O_2}$ 工艺协同降解过程的反应速率可表示为

$$r_{\mathrm{UV/H_2O_2}} = -\frac{\mathrm{d}[\mathrm{D}]}{\mathrm{d}t} = k_5[\mathrm{HO}\cdot][\mathrm{D}] \qquad (11.2\text{-}52)$$

根据稳态近似原理，假定 HO·、HOO·、$\mathrm{OO}^{\cdot-}$ 处于稳态，则

$$\frac{\mathrm{d}[\mathrm{HO}\cdot]}{\mathrm{d}t} = 0,\ \frac{\mathrm{d}[\mathrm{HOO}\cdot]}{\mathrm{d}t} = 0\ \text{和}\ \frac{\mathrm{d}[\mathrm{OO}^{\cdot-}]}{\mathrm{d}t} = 0 \qquad (11.2\text{-}53)$$

$$\frac{\mathrm{d}[\mathrm{OO}^{\cdot-}]}{\mathrm{d}t} = k_8[\mathrm{HOO}\cdot] - k_9[\mathrm{OO}^{\cdot-}][\mathrm{HO}\cdot] - k_{10}[\mathrm{OO}^{\cdot-}][\mathrm{H^+}] = 0 \qquad (11.2\text{-}54)$$

结合 $k_9 = k_{10}$，得：

$$\left[\text{OO}\cdot^{-}\right]=\frac{k_8\left[\text{HOO}\cdot\right]}{k_9\left[\text{HO}\cdot\right]+k_{10}\left[\text{H}^+\right]}=\frac{\dfrac{k_8}{k_9}\left[\text{HOO}\cdot\right]}{\left[\text{HO}\cdot\right]+\left[\text{H}^+\right]} \tag{11.2-55}$$

$$\frac{\text{d}\left[\text{HOO}\cdot\right]}{\text{d}t}=k_6\left[\text{HO}\cdot\right]\left[\text{H}_2\text{O}_2\right]-k_7\left[\text{HO}\cdot\right]\left[\text{HOO}\cdot\right]-k_8\left[\text{HOO}\cdot\right]+k_{10}\left[\text{OO}\cdot^{-}\right]\left[\text{H}^+\right]=0$$
$$\tag{11.2-56}$$

将式（11.2-55）代入式（11.2-56）后，整理得：

$$\left[\text{HOO}\cdot\right]=\frac{k_6\left[\text{H}_2\text{O}_2\right]}{k_7+\dfrac{k_8}{\left[\text{HO}\cdot\right]+\left[\text{H}^+\right]}} \tag{11.2-57}$$

$$\frac{\text{d}\left[\text{HO}\cdot\right]}{\text{d}t}=2k_4\left[\text{H}_2\text{O}_2\right]-k_5\left[\text{HO}\cdot\right]\left[\text{D}\right]-k_6\left[\text{HO}\cdot\right]\left[\text{H}_2\text{O}_2\right]-$$

$$k_7\left[\text{HO}\cdot\right]\left[\text{HOO}\cdot\right]-k_9\left[\text{OO}\cdot^{-}\right]\left[\text{HO}\cdot\right]-2k_{11}\left[\text{HO}\cdot\right]=0 \tag{11.2-58}$$

$$\left[\text{HO}\cdot\right]=\frac{2k_4\left[\text{H}_2\text{O}_2\right]}{k_5\left[\text{D}\right]+2k_6\left[\text{H}_2\text{O}_2\right]+2k_{11}} \tag{11.2-59}$$

将式（11.2-59）代入式（11.2-52）得：

$$r_{\text{UV/H}_2\text{O}_2}=-\frac{\text{d}\left[\text{D}\right]}{\text{d}t}=\frac{2k_4k_5\left[\text{H}_2\text{O}_2\right]\left[\text{D}\right]}{k_5\left[\text{D}\right]+2k_6\left[\text{H}_2\text{O}_2\right]+2k_{11}} \tag{11.2-60}$$

HO·氧化有机物的反应速率常数为 10^9 mol/(L·s)，但 H_2O_2 浓度和染料浓度都是毫摩尔级，所以 $2k_{11}\gg k_5[\text{D}]+2k_6[\text{H}_2\text{O}_2]$，反应过程中 H_2O_2 过量较多。

令

$$k_{\text{UV/H}_2\text{O}_2}=\frac{k_4k_5\left[\text{H}_2\text{O}_2\right]}{k_{11}} \tag{11.2-61}$$

则

$$r_{\text{UV/H}_2\text{O}_2}=-\frac{\text{d}\left[\text{D}\right]}{\text{d}t}=k_{\text{UV/H}_2\text{O}_2}\left[\text{D}\right] \tag{11.2-62}$$

综上所述，反应速率表达式为

$$r=r_{\text{UV}}+r_{\text{H}_2\text{O}_2}+r_{\text{UV/H}_2\text{O}_2}=(k_{\text{UV}}+k_{\text{H}_2\text{O}_2}+k_{\text{UV/H}_2\text{O}_2})\left[\text{D}\right]$$

$$=(\frac{k_1k_2}{k_{-1}+k_2}+k_3\left[\text{H}_2\text{O}_2\right]+\frac{k_4k_5\left[\text{H}_2\text{O}_2\right]}{k_{11}})\left[\text{D}\right] \tag{11.2-63}$$

$$r=-\frac{d[D]}{dt}=k_{ap}[D] \tag{11.2-64}$$

式中，k_{ap} 为 UV/H_2O_2 降解水中活性染料的表观速率常数。结果表明，UV/H_2O_2 降解过程符合准一级动力学。

其中，

$$k_{ap}=k_{UV}+k_{H_2O_2}+k_{UV/H_2O_2}=\frac{k_1k_2}{k_{-1}+k_2}+k_3[H_2O_2]+\frac{k_4k_5[H_2O_2]}{k_{11}} \tag{11.2-65}$$

一级动力学的积分表达式为

$$\ln\frac{[D]_0}{[D]}=k_{ap}t \tag{11.2-66}$$

式中，$[D]_0$ 为染料初始浓度；$[D]$ 为染料瞬时浓度。

3）UV/O_3/H_2O_2 工艺

UV/O_3/H_2O_2 工艺是采用 UV 辐射，联合 O_3 和 H_2O_2 的高级氧化技术，其对有机物的降解综合利用了 UV/H_2O_2、UV/O_3 工艺的氧化、光解等作用机制，产生大量 HO·，在实际生产中得到了广泛应用。在 UV/O_3/H_2O_2 工艺中，HO·的产生途径很多，一般可表示为

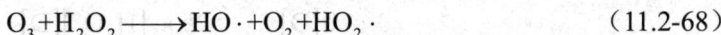

$$H_2O_2+H_2O\longrightarrow H_3O^++HO_2^- \tag{11.2-67}$$
$$O_3+H_2O_2\longrightarrow HO·+O_2+HO_2· \tag{11.2-68}$$
$$O_3+HO_2\longrightarrow HO·+O_2+O_2^- \tag{11.2-69}$$
$$O_3+O_2\longrightarrow O_2+O_3^- \tag{11.2-70}$$
$$O_3^-+H_2O\longrightarrow HO·+O_2+OH^- \tag{11.2-71}$$

UV/O_3/H_2O_2 工艺将 O_3 和 H_2O_2 联用，产生的 HO·对 C—H、C—C 键等基团的化学反应速率通常在 $10^8\sim10^{10}$ L/(mol·s)，与扩散速率的极限值[10^{10} L/(mol·s)]基本相同，极大地增加了有机物的氧化降解速率。大量实践证明，与 UV/O_3 工艺相比，UV/O_3/H_2O_2 工艺在加入 H_2O_2 后对 HO·的产生具有协同作用，导致其对有机污染物的降解效率更高，反应速率也更快。与 UV/H_2O_2 工艺相比，UV/O_3/H_2O_2 工艺系统适用的 pH 范围更加广泛。

（2）光催化氧化

光催化氧化起源于 20 世纪 70 年代。在光电池中，光辐射可使 TiO_2 单电极发生水的氧化还原反应并产生氢气。近年来，将半导体材料用于水中有机物的光催化降解研究不断发展，常用的半导体材料主要包括 TiO_2、ZnO、CdS、WO_3、SnO_2

等。不同半导体的光催化活性不同,对具体有机物的降解效果也有明显差别。TiO_2 因其廉价、无毒、化学稳定性高、光腐蚀性小、价带能级较深、无二次污染等优点,是目前光催化领域的热点材料。

TiO_2 在受到大于禁带宽度的光能(约为 3.2 eV)激发时,其充满的价带电子被激发越过禁带进入导带,同时价带上形成相应的空穴(h^+),所产生的空穴具有很强的捕获电子能力,而导带上的光生电子又具有很高的还原活性,在半导体表面形成氧化还原体系。当半导体处于溶液中时,便可产生 $HO \cdot$,因此,UV/TiO_2 催化氧化法成为备受关注的高级氧化过程之一。其反应机理过程如下:

①光激发产生电子-空穴对

$$TiO_2 + h\nu \longrightarrow h^+ + e^- \qquad (11.2\text{-}72)$$

②电子-空穴对的复合

$$h^+ + e^- \longrightarrow 热量 \qquad (11.2\text{-}73)$$

③由 h^+ 产生 $HO \cdot$

$$h^+ + OH^- \longrightarrow HO \cdot \qquad (11.2\text{-}74)$$

$$H_2O_2 + h\nu \longrightarrow 2HO \cdot \qquad (11.2\text{-}75)$$

$$h^+ + H_2O \longrightarrow HO \cdot + H^+ \qquad (11.2\text{-}76)$$

④由 e^- 产生 $HO \cdot$

$$4e^- + O_2 \longrightarrow 2O^{2-} \qquad (11.2\text{-}77)$$

$$O_2 + H^+ + e^- \longrightarrow HO_2 \cdot \qquad (11.2\text{-}78)$$

$$H_2O_2 + O_2^- \longrightarrow HO \cdot + OH^- + O_2 \qquad (11.2\text{-}79)$$

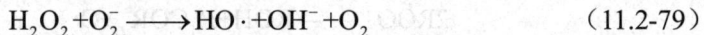

UV/TiO_2 催化氧化技术的缺点是仅能吸收紫外光、光能利用率低、电子-空穴复合严重、量子产率较低。为解决这些问题,人们正在对 TiO_2 等其他光催化剂的功能化改性方面作出努力。

11.2.2.3 湿式氧化技术

湿式氧化技术(wet air oxidation,WAO)最早是由美国的 F.J. Zimeman 于 1985 年提出,20 世纪 70 年代用于处理城市污水处理厂的污泥和造纸废液。自此以后,湿式氧化技术得到了广泛应用。与常规氧化技术相比,湿式氧化技术具有处理效率高、适用范围广、氧化速率快、二次污染低、装置占地小、可回收能源等优点。湿式氧化技术可处理高浓度废水,如染料废水、制药废水、农药废水及垃圾渗滤液等,也可用于还原性无机物和放射性废物的处理。

（1）湿式氧化技术的基本原理

湿式氧化技术一般是在高温（150～350℃）和高压（0.5～20 MPa）条件下进行，在液相中用 O_2 或空气作为氧化剂，氧化水中有机物或还原性无机物的一种处理方法，最终产物为 CO_2 和 H_2O。湿式氧化反应的过程较复杂，目前普遍认为其属于自由基反应，包括链的引发、链的传递和链的终止 3 个过程。

①链的引发。湿式氧化过程中链的引发主要指反应物分子生成自由基的过程，在此过程中，氧通过热反应产生 H_2O_2，反应式为

$$RH(有机物)+O_2 \longrightarrow R \cdot + HOO \cdot \tag{11.2-80}$$

$$2RH+O_2 \longrightarrow 2R \cdot + H_2O_2 \tag{11.2-81}$$

$$H_2O_2 + 催化剂 \longrightarrow 2HO \cdot \tag{11.2-82}$$

②链的传递。链的传递指自由基与分子接触并相互作用，使自由基数量迅速增加的过程，反应式为

$$HO \cdot + RH \longrightarrow R \cdot + H_2O \tag{11.2-83}$$

$$R \cdot + O_2 \longrightarrow ROO \cdot \tag{11.2-84}$$

$$ROO \cdot + RH \longrightarrow R \cdot + ROOH \tag{11.2-85}$$

③链的终止。自由基之间相互碰撞，若生成较稳定的分子，那么链的增长过程将中断，反应式为

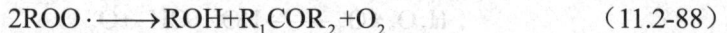

$$2R \cdot \longrightarrow R-R \tag{11.2-86}$$

$$R \cdot + ROO \cdot \longrightarrow ROOR \tag{11.2-87}$$

$$2ROO \cdot \longrightarrow ROH + R_1COR_2 + O_2 \tag{11.2-88}$$

在污水处理过程中，湿式氧化技术可作为完整的处理阶段，将污染物浓度降低至排放浓度。但为了降低成本，可将湿式氧化技术作为其他处理技术的辅助手段，与其他技术联用来强化废水的处理效果。

（2）湿式氧化技术在水处理中的应用

湿式氧化技术适用于处理高浓度、小体积的工业废水，处理低浓度、大体积的生活污水则不经济。湿式氧化技术在处理活性污泥、酿酒蒸发废水、造纸黑色废水、含氰及腈废水、煤氧化脱硫工艺、农药等工业废水方面具有应用前景。

湿式氧化技术可以将活性污泥氧化为无菌、生物稳定、便于填埋和脱水的形式，污泥量大大减少，处理费用明显降低，但操作温度和压力在很大程度上影响活性污泥的氧化程度。顾军等利用 2 L 高压釜进行了湿式氧化技术处理城市污水处理厂活性污泥的研究，在起始混合气压为 5 MPa，反应时间为 30 min，反应温

度从 160℃升高到 250℃后，化学需氧量（COD）和污泥浓度（MLSS）去除率分别从 54.0%、77.2%增加到 83.2%、82.8%，且活性污泥的可生化性能得到了明显改善。用湿式氧化技术处理含有机磷和有机硫农药的废水，当温度为 180～230℃、压力为 7～15 MPa 时，能使有机硫转化为 H_2SO_4、有机磷转化为 H_3PO_4；当反应温度为 204～316℃时，废水中的烃类有机物及其卤化物的分解率均能达到或超过 99%；对于多氯联苯、滴滴涕和五氯苯酚等难降解氯化物，使用混合催化剂进行湿式氧化技术处理，去除率可以达到 85%及以上。张永利等在处理造纸黑液时，控制反应温度为 180℃、氧分压为 3.0 MPa、进水 COD_{Cr} 浓度为 5 500 mg/L，反应 60 min 后，废水的 COD_{Cr} 去除率达到 69.9%，脱色率为 96.3%，浊度去除率为 74.8%。

虽然湿式氧化技术处理废水的效果好，但需要在高温高压条件下进行，其反应装置需要耐高温、耐高压、耐腐蚀，因此设备费用大、投资成本高，这也是湿式氧化技术在实际应用中存在局限性的原因。

11.2.2.4 电化学氧化技术

电化学氧化技术作为一种新型环境友好的处理技术，旨在通过电极表面引发有机污染物的直接或间接氧化反应，最终生成 H_2O 和 CO_2 而从体系中去除的方法。该技术一般不产生有毒的中间产物，符合环境保护的要求。然而，由于长期以来电极材料的限制，电化学氧化技术降解有机物的过程中存在电流效率低、能耗高、难以实现工业化等问题。近年来，国内外许多学者在电催化氧化技术的电极材料和机理研究等方面取得了较大突破，并开始应用于各种难降解有机废水的处理中。

（1）电化学阳极氧化过程及机理

电化学阳极氧化过程可分为直接氧化和间接氧化。

①阳极直接氧化：有机污染物在阳极表面的直接氧化主要靠阳极的氧化作用，将吸附在电极表面的有机污染物降解成小分子物质，将有毒物质转变为低毒或无毒物质，并将难生物降解的有机污染物转化为易生物降解的物质。阳极直接氧化通常在废水中包含的污染物含量较高的情况下发生。

电化学阳极直接氧化技术在实际操作中主要存在两个问题：一是污染物从溶液向电极结构发生迁移的速度受限；二是阳极表面钝化过程对直接电氧化技术过程的执行速率具有限制作用。

②阳极间接氧化：指通过阳极材料氧化溶液中的一些基团，在电极表面生成

活性中间产物，以氧化降解废水中的有机污染物。这一过程在一定程度上发挥了阳极直接氧化的作用，同时又利用了新产生的氧化剂，因此处理效率得到较大提高。

电解过程中，可以利用产生的氧化剂（如 ClO^-、O_3 等）或者高价态的金属离子（如 Fe^{3+} 等）来氧化降解废水中的有机污染物。此外，阴极还能将水溶液中的溶解氧还原成 H_2O_2，从而对有机物产生氧化作用。H_2O_2 还能在 Fe^{2+} 的催化作用下生成 Fenton 试剂，对有机污染物产生电 Fenton 氧化作用。此外，具有催化性能的修饰电极在电解过程中产生的氧化性极强的 $HO\cdot$，也能使有机污染物氧化分解。

（2）电极材料

电催化电极应具有的特性为：导电率高；机械性能好，在使用环境中具有高稳定性；反应表面积大；在电解工业中，电极使用寿命一般要超过 1 年；资源丰富，制备方法简单，成本较低；对于电催化涂层，需要其与基体的附着力强等。

按照电极材料的实际性能，通常可以将阳极电极材料划分为活性电极材料（RuO_2-TiO_2 材料、IrO_2-Ta_2O_5 材料、Ti/Pt 材料及 Carbon and Graphite 材料）和非活性电极材料（Ti/PtO_2 材料、Ti/SnO_2-Sb_2O_5 材料以及 BDD 材料）。对于析氧过电位处在较低水平的电极材料而言，其在电解化学反应过程中容易发生析氧副反应，通常称为活性电极。反之，则称为非活性电极。

（3）电化学氧化在水处理中的应用

1）去除金属离子

去除金属离子是电催化氧化技术在环境应用中的一项成熟技术。电催化氧化去除金属离子是利用阴极反应将金属离子还原，在阴极上沉积，从而达到回收金属、消除环境污染的目的。

金属离子在废水中常以自由离子状态和络合状态两种形式存在。当金属离子以自由离子的状态存在时，处理过程较为简单：

$$M^{z+} + ze^- \longrightarrow M \qquad (11.2-89)$$

但当金属以有机或无机配合物的络合状态存在时，它的还原电位要比自由离子状态更负，也会比自由离子更难沉积，在这种情况下，处理装置最好具有处理阴离子的能力，如：

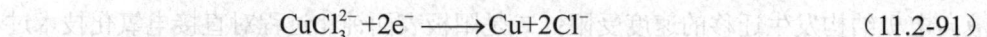

$$CdEDTA^{2-} + 2e^- \longrightarrow Cd + EDTA^{4-} \qquad (11.2-90)$$

$$CuCl_3^{2-} + 2e^- \longrightarrow Cu + 2Cl^- \qquad (11.2-91)$$

2）处理有机污染物

与常规氧化技术相比，电化学氧化技术具有更强的氧化能力，且消耗的化学药剂少、适应性强、可回收有用物质、易于实现自动化控制等，在处理含烃、醛、醇、醚、酚及染料等有机废水中得到了广泛应用。

处理含醇废水时，以不溶性 PbO_2 作阳极，投入 1 mg/L 的 NaOH 作电解质，当电流密度为 $0.19\sim0.22$ A/cm^2 时，电解 3 h 后可使废水中的甲醇全部分解。对于含乙二醇的废水，采用 PbO_2 作阳极进行电解氧化，可使废水 COD 从 28 000 mg/L 下降到 500 mg/L。

处理含酚废水时，乔羽婕等搭建了一种绿色高级氧化苯酚处理系统，利用 UV 催化使 NH_4HCO_3 电化学体系中原位合成的 H_2O_2 快速分解产生 HO·，进而实现高效降解苯酚。结果表明，在低功率 UV 条件下，该单室反应器系统可在 120 min 内完全降解废水中的苯酚。

处理染料废水时，常采用不溶性电极在 NaCl 存在的情况下进行电解脱色，同时去除部分 COD；也可以采用活性炭纤维电极或复极性固定床电极处理印染废水，一般脱色率可达 98% 以上，COD 去除率为 $50\%\sim90\%$。

11.2.2.5 芬顿及类芬顿氧化技术

1894 年，法国科学家 Fenton 在一项科学研究中发现，酸性条件下 Fe^{2+} 和 H_2O_2 共存可以有效地将酒石酸氧化，这为人们分析还原性有机物和选择性氧化有机物提供了一种新的方法。后人为纪念这位伟大的科学家，将 Fe^{2+} 和 H_2O_2 的组合命名为芬顿（Fenton）试剂，使用这种试剂的反应称为 Fenton 反应。1934 年，Haber 和 Weiss 认为，HO· 是 Fenton 反应的主要中间产物，被大家认可并多次验证。1964 年，Eisenhaner 首次使用 Fenton 试剂处理 ABS 废水，ABS 的去除率高达 99%，开创了 Fenton 试剂在废水处理领域的先河。

（1）Fenton 氧化的基本原理

Fenton 反应即 Fe^{2+}/H_2O_2 诱导产生 HO· 的反应，HO· 是反应中间体，可以进攻有机物分子并使其氧化成 CO_2、H_2O 等无机物质。按照 Haber-Weiss 机理，Fenton 试剂中 HO· 的引发、消耗及链反应过程如下。

链的开始：

$$Fe^{2+}+H_2O_2+H^+ \longrightarrow Fe^{3+}+HO\cdot+H_2O \qquad (11.2\text{-}92)$$

$$Fe^{2+}+HO\cdot \longrightarrow OH^-+Fe^{3+} \qquad (11.2\text{-}93)$$

$$HO\cdot+H_2O_2 \longrightarrow HO_2\cdot+H_2O \qquad (11.2\text{-}94)$$

$$Fe^{3+}+H_2O_2 \longrightarrow Fe^{2+}+H^++HO_2\cdot \qquad (11.2\text{-}95)$$

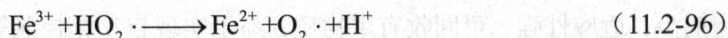

$$Fe^{3+}+HO_2\cdot\longrightarrow Fe^{2+}+O_2\cdot+H^+ \tag{11.2-96}$$

$$HO_2\cdot\longrightarrow H\cdot+O_2\cdot \tag{11.2-97}$$

$$HO\cdot+R—H\longrightarrow R\cdot+H_2O \tag{11.2-98}$$

$$HO\cdot+R—H\longrightarrow[R—H]^++HO^- \tag{11.2-99}$$

链的终止：

$$HO\cdot+HO\cdot\longrightarrow H_2O_2 \tag{11.2-100}$$

$$HO_2\cdot+HO_2\cdot\longrightarrow H_2O_2+O_2 \tag{11.2-101}$$

$$Fe^{3+}+O_2^-\cdot\longrightarrow Fe^{2+}+O_2 \tag{11.2-102}$$

$$Fe^{3+}+HO_2\cdot\longrightarrow Fe^{2+}+H^++O_2 \tag{11.2-103}$$

$$H^++HO_2\cdot+Fe^{2+}\longrightarrow Fe^{3+}+H_2O_2 \tag{11.2-104}$$

$$H^++HO_2\cdot+O_2^-\cdot\longrightarrow O_2+H_2O_2 \tag{11.2-105}$$

$$2H^++O_2^-\cdot+Fe^{2+}\longrightarrow Fe^{3+}+H_2O_2 \tag{11.2-106}$$

$$HO\cdot+R_1—CH=CH—R_2\longrightarrow R_1—C(OH)H=CH—R_2 \tag{11.2-107}$$

$$HO\cdot+R\longrightarrow ROH \tag{11.2-108}$$

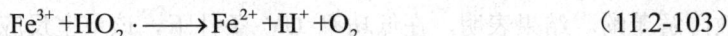

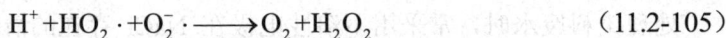

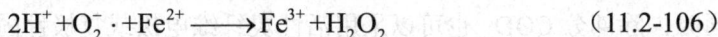

整个反应极其复杂，关键是通过 Fe^{2+} 在反应中起激发和传递作用，使链反应能持续进行直至 H_2O_2 耗尽。

此后，Merz 和 Waters 通过一系列试验间接证实了 Fenton 反应中有 HO· 的产生。Kremer、Garh 等利用顺磁共振（ESR）方法，以 DMPO 作为自由基捕获剂成功获得了 HO· 信号，从而直接证实了 Fenton 反应中存在 HO·。由于 Fenton 试剂在许多体系中确实存在羟基化作用，所以 Haber-Weiss 机理得到了普遍认同。

但是，Walling 和 Kato 的研究指出，Fenton 试剂在处理有机废水时会发生反应生成铁水络合物，其主要反应式如下：

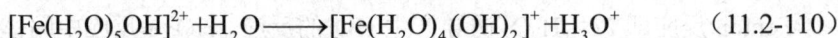

$$[Fe(H_2O)_6]^{3+}+H_2O\longrightarrow[Fe(H_2O)_5OH]^{2+}+H_3O^+ \tag{11.2-109}$$

$$[Fe(H_2O)_5OH]^{2+}+H_2O\longrightarrow[Fe(H_2O)_4(OH)_2]^++H_3O^+ \tag{11.2-110}$$

当 pH 为 3~7 时，上述络合物变成：

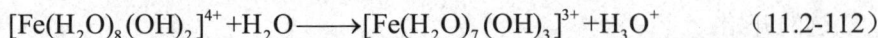

$$2[Fe(H_2O)_5OH]^{2+}\longrightarrow[Fe(H_2O)_8(OH)_2]^{4+}+2H_2O \tag{11.2-111}$$

$$[Fe(H_2O)_8(OH)_2]^{4+}+H_2O\longrightarrow[Fe(H_2O)_7(OH)_3]^{3+}+H_3O^+ \tag{11.2-112}$$

$$[Fe_2(H_2O)_7(OH)_3]^{3+}+[Fe(H_2O)_5OH]^{2+}\longrightarrow[Fe_3(H_2O)_7(OH)_4]^{5+}+5H_2O \tag{11.2-113}$$

以上反应式表明，Fenton 试剂具有絮凝功能，利用 Fenton 试剂高效处理有机废水，不仅归因于 HO· 的存在，这种絮凝/沉降功能同样起到了重要作用。

（2）影响 Fenton 氧化效能的因素

1）pH

Fenton 试剂是在酸性条件下发生作用。在中性和碱性环境中，Fe^{2+} 不能催化 H_2O_2 产生 HO·。此外，pH 升高导致溶液中的 Fe^{2+} 以氢氧化物的形式沉淀，失去催化能力。但当 pH 过低时，溶液中 H^+ 浓度过高，Fe^{3+} 不能顺利地被还原为 Fe^{2+}，催化反应受阻。因此，pH 的变化直接影响 Fe^{2+} 和 Fe^{3+} 的络合平衡，从而影响 Fenton 试剂的氧化能力。研究表明，废水的 pH 在 2～4 时，降解效果较好。

2）H_2O_2 投加量

H_2O_2 的投加量对采用 Fenton 试剂处理废水的有效性和经济性至关重要。一般地，增加 H_2O_2 用量可以改善废水中有机物的降解程度。然而，过量的 H_2O_2 存在对活性有机物质是有害的，且 H_2O_2 同时还是自由基猝灭剂。当浓度过高时，会抑制已产生的 HO·，从而降低 Fenton 试剂降解有机污染物的动力学速率。

3）Fenton 试剂配比

有很多能催化 H_2O_2 分解生成 HO· 的催化剂，包括 Fe^{2+}（Fe^{3+}、铁粉、铁屑）、Fe^{2+}/TiO_2、Cu^{2+}、Mn^{2+}、Ag^+、活性炭等，它们均具有一定的催化能力。然而，在不同催化剂存在的条件下，H_2O_2 对难降解有机物的氧化效果不同。最常用于催化 H_2O_2 分解生成 HO· 的催化剂为 $FeSO_4 \cdot 7H_2O$。

在 Fenton 反应中，Fe^{2+} 起到催化 H_2O_2 产生 HO· 的作用。当 Fe^{2+} 浓度偏低时，HO· 的产生量很少，整个氧化过程受到限制；而当 Fe^{2+} 浓度过高时，部分 H_2O_2 发生无效分解，进而释放出 O_2，同时造成溶液色度的增加。因此，在实际应用中，应严格控制 $[Fe^{2+}]/[H_2O_2]$ 比值，Yoon 等研究了不同 $[Fe^{2+}]/[H_2O_2]$ 比值对反应的影响：

①高比值的 $[Fe^{2+}]/[H_2O_2]$（≥2）：当有机物不存在时，Fe^{2+} 很快就可以消耗完；当有机物存在时，Fe^{2+} 的消耗大大受到限制。但不管有机物存在与否，H_2O_2 都会在反应刚开始的数分钟内被完全消耗。这表明，高 $[Fe^{2+}]/[H_2O_2]$ 比值的条件下，消耗 H_2O_2 产生 HO· 的过程很快能进行完毕。

②中比值的 $[Fe^{2+}]/[H_2O_2]$（=1）：当有机物不存在时，H_2O_2 的消耗刚开始迅速，随后变缓慢；当有机物存在时，H_2O_2 的消耗刚开始迅速，随后完全停止。但不管有机物存在与否，Fe^{2+} 在反应刚开始时就能迅速被消耗完，但消耗 H_2O_2 产生 HO· 的过程无法迅速完成。

③低比值的 $[Fe^{2+}]/[H_2O_2]$（≤1）：与中比值（=1）时的情况一样，Fe^{2+} 能很快被消耗完，但 H_2O_2 被完全消耗的时间会更久。

4）反应温度

对于 Fenton 反应系统，温度升高，HO· 的活性增大，有利于 HO· 与废水中的有机物反应，可提高废水 COD 的去除率；但温度过高时，会促使 H_2O_2 分解为 O_2 和 H_2O，不利于 HO· 的生成，反而会降低废水 COD 的去除率。有报道证明，初始 COD 质量浓度为 1 000 mg/L，当温度从 13℃升高到 37℃时，COD 的去除率可以从 90%增加到 94%。

（3）类 Fenton 氧化技术

为进一步提高对有机物的去除效果，可以在常规 Fenton 试剂中引入光、电、超声、微波等技术，强化 Fenton 试剂的氧化能力，节省 H_2O_2 的用量，提高 H_2O_2 催化分解产生 HO· 的效率，此类改进方法统称为类 Fenton 氧化技术。

1）光 Fenton 技术

①UV/Fenton 法。人们将紫外线引入普通 Fenton 体系，形成了 UV/Fenton 法，这实际上是普通 Fenton 法（Fe^{2+}/H_2O_2）与 UV/H_2O_2 两种工艺的复合，与该两种系统相比，UV/Fenton 法优点在于：降低了 Fe^{2+} 的用量，提高了 H_2O_2 的利用率；Fe^{2+} 和紫外光对 H_2O_2 的催化分解存在协同效应；有机物在紫外光的作用下可部分分解。但该法存在的主要问题是太阳能利用率不高，能耗较大，处理设备费用较高。采用 UV/Fenton 法处理废水［如含除草剂、偶氮类染料（AO_7）、邻氯酚、垃圾渗滤液、有色溶解有机物等的废水］，在相同的氧化剂投加量条件下，将 UV 辐射引入 Fenton 体系，处理效果明显优于普通 Fenton 试剂法。

②UV/H_2O_2/草酸铁络合物法。UV/Fenton 法一般只适用于处理中、低浓度的有机废水，当在 UV/Fenton 体系中引入光化学活性较高的物质（如含 Fe^{3+} 的草酸盐和柠檬酸盐络合物）时，可有效提高对紫外线和可见光的利用效果，进一步提高有机物矿化程度，使废水处理成本降低。

③UV-TiO_2/Fenton 法。将光敏性半导体材料 TiO_2 引入 UV/Fenton 体系，构成 UV-TiO_2/Fenton 法，这是 UV/Fenton 法与 UV/TiO_2 法的复合。UV-TiO_2/Fenton 法对有机物的光解速率大于 UV/Fenton 法与 UV/TiO_2 法的简单叠加。由于 TiO_2 对 UV/Fenton 氧化反应具有催化作用，将其引入 UV/Fenton 法后，该体系表现出很强的光氧化能力，使废水中很多溶解的或分散的有机物被降解，提升了废水的处理效率。

2）电 Fenton 技术

光 Fenton 法较普通 Fenton 法提高了对有机物的矿化程度，但仍存在光量子效率低和自动产生H_2O_2机制不完善的缺点。电Fenton技术利用电化学法产生的H_2O_2和Fe^{2+}作为Fenton试剂的持续来源，解决了普通Fenton试剂在实际工程应用中产生大量化学污泥和H_2O_2需要运输等实际问题，节约了成本。电Fenton法与光Fenton法相比具有以下优点：一是自动产生H_2O_2的机制较完善；二是系统中存在更多能降解有机物的因素，除HO·的氧化作用外，还有阳极氧化、电吸附等。

①阴极电Fenton法（EF-H_2O_2法）。阴极电Fenton法即把电解池中的O_2在阴极上先还原为H_2O_2，然后与加入的Fe^{2+}发生反应生成HO·。这种方法不用添加H_2O_2，有机物也能降解彻底且不易产生中间毒害物，但由于目前所用的阴极材料多是石墨、玻璃碳棒和活性炭纤维等。这些材料电流效率低、H_2O_2产量不高。

②牺牲阳极法（EF-Fe_{ox}法）。电解情况下与阳极并联的铁被氧化成Fe^{2+}，这时Fe^{2+}与加入的H_2O_2发生Fenton反应。在牺牲阳极法的体系中，导致有机物降解的因素除HO·外，还有阳极溶解出的活性Fe^{2+}、Fe^{3+}可水解成对有机物具有强络合吸附作用的$Fe(OH)_2$、$Fe(OH)_3$。该方法对有机物的去除效果高于EF-H_2O_2法，但需添加H_2O_2且耗电，故成本比EF-H_2O_2法更高。

（4）Fenton及类Fenton氧化在水处理中的应用

1）处理垃圾渗滤液

城市生活垃圾的主要处理方式是卫生填埋法，但垃圾填埋场产生的垃圾渗滤液中含有高浓度的有机污染物、重金属离子和氨氮等，且水质变化大、营养元素比例失调，通过生物处理很难达到排放标准。在垃圾渗滤液的处理研究中，Fenton和类Fenton氧化技术得到了较多应用并取得了一定成果。宫磊和徐晓军采用Fenton氧化法和化学沉淀法联合处理昆明垃圾填埋场的渗滤液，该垃圾渗滤液COD_{Cr}为6 080 mg/L，pH为8.5，氨氮为1 780 mg/L，BOD_5/COD为0.214，不适合直接进行生化处理。经过Fenton氧化和化学沉淀法联合处理后，其COD_{Cr}降为1 945 mg/L，去除率达到68%，氨氮降为34.2 mg/L，BOD_5/COD达到0.67，渗滤液的可生化性大大改善，为后续生物处理打下了基础。

2）处理农药废水

杀虫剂、除草剂、有机氯农药和有机磷农药等废水所含的有机污染物毒性大、可生化性差、生物积累性强。陈国华等利用Fenton试剂降解久效磷，结果表明，在Fe^{2+}浓度为0.5 mmol/L、pH=3、H_2O_2浓度为0.19 mol/L、温度为70℃等条件下，在1 h内可实现1.5 mmol/L久效磷的COD去除率达到60%，3 h内COD去除率达到90%，8 h内达到100%，试验还发现Cu^{2+}对Fenton试剂具有较强的协同催化作用。

3）处理含氯酚废水

氯酚类物质是一类对人体有毒害作用的污染物，广泛存在于多种工业废水之中，含氯酚的废水如果不经任何处理就排放会对受纳水体产生负面影响。王维明等研究发现，H_2O_2、铁氧化物催化剂、紫外光之间存在协同作用，所构成的非均相光 Fenton 体系对 4-氯酚具有良好的去除效果，其反应机理为表面催化，催化剂表面的 Fe^{3+} 在光照的作用下被还原为 Fe^{2+}。在催化剂投加量为 1 g/L、H_2O_2 浓度为 7.84 mmol/L 时，反应 30 min 后 4-氯酚的去除率超过 99%，反应 1 h 后矿化度可达 91.4%。此外，有研究发现 Fenton 试剂可以将溶液中的 2-氯酚、3-氯酚、4-氯酚、2,3-二氯酚、2,4-二氯酚和 2,5-二氯酚等全部去除，生成的主要氧化产物是草酸盐和甲酸盐，这两种产物都易被甲烷菌转化为 CH_4 和 CO_2，且不需要驯化过程。以上研究都证明 Fenton 试剂对于处理含氯酚废水极其有效，且 Fenton 氧化技术不仅可以直接降解氯酚类物质，还能作为生物处理技术的前处理过程，提高废水的可生化性。

11.2.2.6 超声氧化技术

超声波是一种在媒质中传播的弹性机械波，人耳能听到的声波频率为 16～20 000 Hz，频率大于 20 000 Hz 的声波称为超声波。超声波是一种波动形式，因此它可以作为探测和负载信息的载体或媒介。同时，超声波又是一种能量形式，当强度超过一定值时，可以通过它与传声媒质的相互作用，影响、改变甚至破坏后者的状态、性质及结构。

（1）超声氧化的基本原理

超声降解有机污染物的机理是在超声波（频率一般在 2×10^4～5×10^8 Hz）作用下液体发生声空化，产生空化泡，在空化泡内及周围极小空间范围内产生高温（1 900～5 200 K）和高压（5×10^7 Pa），并伴有强烈的冲击波和时速高达 400 km/s 的射流，这使泡内水蒸气发生热分解反应，产生具有强氧化能力的自由基，使得易挥发的有机物形成蒸气直接热分解，而难挥发的有机物在空化泡气液界面上或在本体溶液中与空化产生的自由基发生氧化反应得到降解。

（2）超声氧化在水处理中的应用

早在 20 世纪 50 年代，就已发现超声波辐射可引起水中的 CCl_4 分解，后来又有人证实卤代烃、杂环以及苯酚均能被超声裂解。美国《清洁空气法修正案》（Clean

Air Act Amendment，1990）列出的 189 种有害化合物中，大约有一半属于挥发性有机化合物（VOCs），VOCs（如 CH_2Cl_2、$CHCl_3$、TCE 等）几乎都能通过超声波降解，降解产物包括 CO_2、小分子有机酸和无机离子等。目前，超声氧化降解环境中有机污染物的种类大致包括以下 7 类：

①芳香化合物：苯酚、2-氯酚、3-氯酚、4-氯酚、2,4-二氯酚、对硝基苯酚、苯、甲苯、乙苯、氯苯、硝基苯、多环芳烃（PAHs）。

②氯代脂肪烃（CAHs）：TCE、CCl_4、$CHCl_3$、CH_2Cl_2、1,1,1-三氯乙烷。

③炸药：TNT、RDX。

④除草剂和杀虫剂：阿特拉津、alachlor（草不绿）、chlorpropham（氯苯胺灵）、五氯酚、PCBs。

⑤染料。

⑥气体污染物。

⑦其他化合物。

11.3 化学还原

在废水的实际处理过程中，生物法和高级氧化法受到较多关注，但工业废水中有毒有害污染物，如卤代有机污染物、重金属等，往往难以被氧化或生物降解，却相对容易被还原去除或产生毒性较低的还原产物，有利于进一步生物处理。因此，可采用化学还原法处理卤代酚类、有机氯农药、重金属离子、高价无机离子、偶氮染料、硝基苯类等污染物。

11.3.1 化学还原法的原理

化学还原法是指利用还原性的化学药剂来还原有机污染物，常见的还原剂有零价金属、氢气以及其他还原性物质或反应过程中产生的还原性物种。

目前，利用零价金属还原污染物是研究最多的一种还原方法，常用的零价金属有铁、锌、镁、锡等，其中以零价铁还原应用最为广泛。铁的电极电位为 E（Fe^{2+}/Fe）$=-0.144$ V，具有较强的还原能力，可还原一些氧化性较强的有机物和无机离子，还可将电极电位较高的金属置换出来并沉积在铁的表面。

11.3.2 化学还原除铬

11.3.2.1 Fe^{2+}直接还原

Fe^{2+}是一种有效的还原剂，可以用于含铬废水的还原去除。在中性到弱碱性条件下，Fe^{2+}被氧化并形成$Fe(OH)_3$沉淀。同时，$Cr_2O_7^{2-}$被还原为$Cr(III)$，并易吸附在$Fe(OH)_3$沉淀上或与之发生共沉淀，利用Fe^{2+}还原除铬的反应如下：

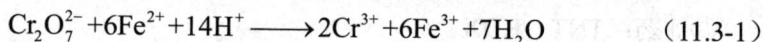

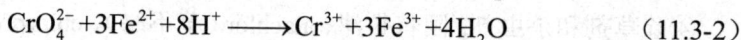

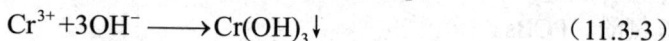

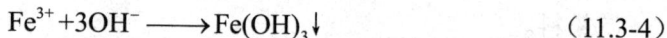

$$Cr_2O_7^{2-}+6Fe^{2+}+14H^+ \longrightarrow 2Cr^{3+}+6Fe^{3+}+7H_2O \qquad (11.3-1)$$

$$CrO_4^{2-}+3Fe^{2+}+8H^+ \longrightarrow Cr^{3+}+3Fe^{3+}+4H_2O \qquad (11.3-2)$$

$$Cr^{3+}+3OH^- \longrightarrow Cr(OH)_3\downarrow \qquad (11.3-3)$$

$$Fe^{3+}+3OH^- \longrightarrow Fe(OH)_3\downarrow \qquad (11.3-4)$$

类似反应也可以在$Fe(II)$与高价铀[$U(VI)$]之间发生，最终形成难溶的$U(IV)$。

11.3.2.2 电化学还原

以铁板为电极加直流电时，可利用电化学加强铬的还原。在阳极，铁失去电子产生Fe^{2+}，CrO_4^{2-}被Fe^{2+}还原成Cr^{3+}：

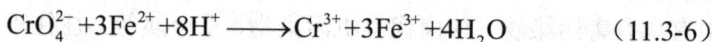

$$Fe - 2e^- \longrightarrow Fe^{2+} \qquad (11.3-5)$$

$$CrO_4^{2-}+3Fe^{2+}+8H^+ \longrightarrow Cr^{3+}+3Fe^{3+}+4H_2O \qquad (11.3-6)$$

在阴极：

$$2H^++2e^- \longrightarrow H_2\uparrow \qquad (11.3-7)$$

$$CrO_4^{2-}+3e^-+8H^+ \longrightarrow Cr^{3+}+4H_2O \qquad (11.3-8)$$

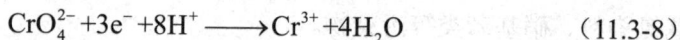

在该反应中，CrO_4^{2-}的还原主要发生在阳极。

11.3.2.3 低价硫还原

在前面消毒章节中介绍了利用低价硫$S(II)$还原脱氯，可利用的低价硫物质有二氧化硫（SO_2）、H_2SO_3、HSO_3^-、SO_3^{2-}，之后通过添加铁盐$Fe(III)$又可以去除硫物质。这里$Fe(III)$被$S(II)$还原为$Fe(II)$，同时$S(II)$被氧化为$S(VI)$（如SO_4^{2-}）。生成的$Fe(II)$通过与$S(II)$生成难溶的FeS进一步脱除水中的硫。此外，在含铬废水的处理中，低价硫（四价硫）物质也是有效的还原剂，可以将$Cr(VI)$还原为低毒的$Cr(III)$。反应过程中随着pH升高，进一步生成$Cr(OH)_3$沉淀。

【例 11-3】在镀铬废水的处理中，常用 $NaHSO_3$ 作还原剂，反应中 $Cr_2O_7^{2-}$ 被还原为 $Cr(III)$，过程中有 H^+ 消耗，产物为 $Cr(OH)_3$ 沉淀，$S(IV)$ 被氧化为 $S(VI)(SO_4^{2-})$，反应 pH 为 2.0 ～ 2.5。（1）请写出该反应的方程式；（2）在上述方程式的基础上，解释说明为什么该反应通常发生在较低的 pH 范围；（3）当溶液中的 $Cr(VI)$ 浓度为 8 mg/L 时，完全去除 $Cr(VI)$ 需要的 $NaHSO_3$ 为多少？

答：（1）HSO_3^- 解离的半反应为

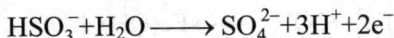

$$HSO_3^- + H_2O \longrightarrow SO_4^{2-} + 3H^+ + 2e^-$$

$Cr_2O_7^{2-}$ 被还原的半反应为

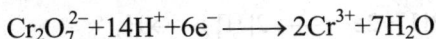

$$Cr_2O_7^{2-} + 14H^+ + 6e^- \longrightarrow 2Cr^{3+} + 7H_2O$$

总反应为

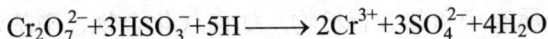

$$Cr_2O_7^{2-} + 3HSO_3^- + 5H \longrightarrow 2Cr^{3+} + 3SO_4^{2-} + 4H_2O$$

（2）反应过程中会消耗 H^+，低 pH 有利于反应平衡向右移动，所以在低 pH 条件下有利于反应的进行，但是这不能确保在低 pH 条件下反应速率更快。有文献报道，该反应速率常数受 H_2SO_3 和 HSO_3^- 比例的影响，前者的反应速率更快。H_2SO_3 的 pK_{a1} 为 1.8，这也说明较低的 pH 有利于增加反应速率。

（3）反应所需的 $NaHSO_3$ 用量可以根据总反应方程式来求，最终需要量为 30 mg/L。

11.3.3　内电解法

相较于单一金属还原，双金属还原可以通过构建原电池加强负极金属的还原能力，从而提高对污染物的还原效率。常见的双金属体系有 Cu/Al 体系和 Cu/Fe 体系等。铁碳内电解法在国内外都有大量研究，也是目前较为成熟的化学还原工艺。铁碳法也是利用 Fe/C 构成的原电池体系，基于电化学中的原电池原理，产生 3 个作用：①电极反应，金属在阳极失去电子析出电解产物；②电极区反应（电解产物对污染物的氧化还原作用），使废水中的氧化性物质被转化，达到废水脱色和去除污染物的目的，同时可加强废水的可生化性；③铁离子的混凝作用，内电解反应中生成的 Fe^{2+} 及其化合物，以及加碱调 pH 后生成的 $Fe(OH)_2$ 和 $Fe(OH)_3$ 絮状物具有较强的吸附-絮凝作用，能使废水中的微小颗粒以及脱稳胶体形成絮体沉淀，进一步降低色度，净化废水。

铁碳内电解法中的铁源可以是铁粉或铁屑（利用廉价的铁屑），碳可以用活性炭、石墨、炉渣等。实际应用中的金属铁都含有杂质碳，且材料表面较粗糙，有

利于形成腐蚀电池。其电极反应为

阳极（Fe）：

$$Fe - 2e^- \longrightarrow Fe^{2+} \tag{11.3-9}$$

Fe^{2+}还会与OH^-反应：

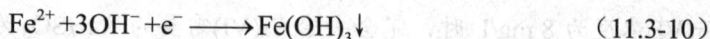
$$Fe^{2+} + 3OH^- + e^- \longrightarrow Fe(OH)_3 \downarrow \tag{11.3-10}$$

$$Fe^{2+} + 2H_2O \longrightarrow Fe(OH)_2 \downarrow + 2H^+ \tag{11.3-11}$$

$$Fe^{2+} + 2OH^- \longrightarrow Fe(OH)_2 \downarrow \tag{11.3-12}$$

阴极（铁中的杂质碳或是外加的碳）：

$$2H^+ + 2e^- \longrightarrow 2[H] \longrightarrow H_2 \tag{11.3-13}$$

$$O_2 + 4H^+ + 4e^- \longrightarrow 2H_2O \text{（酸性充氧时）} \tag{11.3-14}$$

该方法对重金属离子和部分有机物，如卤代化合物、硝基苯类物质、偶氮化合物等，均有较好的还原去除效果，在反应过程中破坏发色、助色基团的结构，使偶氮键断裂、硝基化合物还原为氨基化合物。

尽管目前国内外有不少使用铁碳内电解法处理难生物降解工业废水，以提高废水可生化性方面的研究和工程实践报道，但在实际应用中，存在以下局限性，严重影响这一方法的推广应用。

①使用铁粉作还原剂时，利用较高比表面积的小颗粒铁粉可以提高其还原活性。但实际使用中铁粉易流失、循环再生利用率较低、成本较高，并且由于表面钝化等反应容易板结成块，内部铁无法得到使用。

②利用铁碳内电解法处理废水时，为了提高效率，需在酸性充氧条件下进行。反应后需再加碱调节废水 pH。这个过程中消耗酸和碱，从而增加了处理成本、增大了铁的消耗，并且还会产生大量铁泥，增加了后续处理的复杂性。在运行一段时间后，铁屑会结块板结，腐蚀钝化，使处理效果大幅下降。

11.3.4 化学还原法拓展

除直接还原外，其他还原法还有电化学还原、催化加氢还原、光催化还原、水合电子还原、生物炭还原等。由于这些方法目前主要处在实验室研究阶段，在此仅对液相催化加氢还原法作简要介绍。

液相催化加氢技术是指在含污染物和催化剂的溶液中，利用氢源产活性氢，对污染物进行氢解，形成新的低害或者无害的物质，从而达到处理污染物的目的。该反应是在常温常压下以 H_2 作为还原剂，使用贵金属负载型催化剂。因此相对传统技术，催化加氢技术具有低耗、高效和无二次污染的特点。该方法可处理的污染物有高价无机离子，如 ClO_4^-、ClO_3^-、BrO_3^-、CrO_7^{2-} 等，以及各类卤代有机污染物、偶氮染料、硝基类化合物等。以 BrO_3^- 和氯代有机物为例，发生的典型反应为

$$H_2 \longrightarrow 2H\cdot \tag{11.3-15}$$

$$BrO_3^- + 6H\cdot \longrightarrow Br^- + 3H_2O \tag{11.3-16}$$

$$R\text{—}Cl + 2H\cdot \longrightarrow R\text{—}H + HCl \tag{11.3-17}$$

液相催化加氢反应的溶剂一般为水、有机溶剂（增加反应物的溶解度）或水与有机溶剂的组合。溶剂的选择主要取决于反应物及产物的溶解性。若生成的产物吸附在催化剂表面，将会占据催化剂的活性位点，造成催化剂失活。因此，使用对产物溶解性较好的溶剂可防止产物在催化剂表面的累积。液相催化加氢反应中的氢源一般包括两大类：一类是直接以 H_2 作为活性氢的来源对污染物进行还原；另一类是除 H_2 以外的能提供活性氢的化合物。使用 H_2 作为氢源的催化加氢技术相对来说比较成熟，操作方便，广泛用于气相和液相反应；可以大规模用于化工生产、环境中污染物的降解和资源化。但是在液相催化反应中，H_2 的溶解度不高，限制了其发生扩散，从而影响催化加氢反应的进行。为了克服传质阻力的影响，通常需要提高加氢反应中 H_2 的流速，这在一定程度上造成了浪费。另外一类氢源主要有甲酸和甲酸盐、肼、醇类以及能引发水电解来产氢的物质，如 Fe^0。这类氢源虽然克服了 H_2 溶解度的限制，传质阻力较小，但是产生活性氢的速率也很慢，而且会在反应体系中引入外来物质，需要在后续处理中将其分离出来，增加了操作步骤。后续研究需找到更安全、便捷的还原剂，开发更经济有效的催化剂，以加快该方法的推广应用。

习题

1. 分别说明氯和臭氧氧化消毒的原理及其优缺点。
2. 如何消除氯消毒副产物？
3. 试简述折点加氯法的原理。
4. 通过文献资料的查询，试根据下图解释 TiO_2 光催化氧化原理。

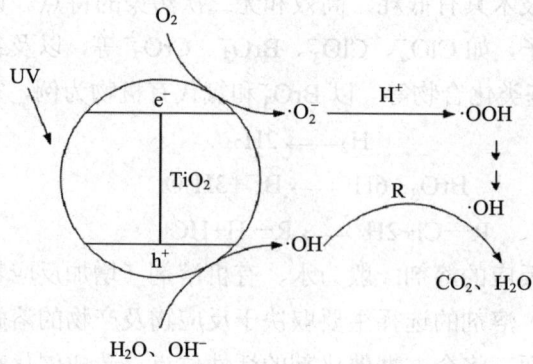

5. 根据《芬顿氧化法废水处理工程技术规范》（HJ 1095—2020），芬顿氧化法处理废水产生的污泥主要有哪几部分来源？

参考文献

[1] 生态环境部. 生态环境标准管理办法[R/OL]. https://www.mee.gov-cn/xxgk2018/xxgk/xxgk02/202012/t2020/1218-813921.html.[2021-02-01].

[2] 裴晓菲. 我国环境标准体系的现状、问题与对策[J]. 环境保护，2016，44（14）.

[3] 国家发展改革委，生态环境部，工信部. 污水处理及其再生利用行业清洁生产评价指标体系[R/OL]. https://www.ndrc.gov.cn/xxgk/zcfb/gg/201909/t201909191181886.html.[2019-08-28].

[4] 胡洪营，张旭，黄霞，等. 环境工程原理：第三版[M]. 北京：高等教育出版社，2015.

[5] 高廷耀，顾国维，周琪. 水污染控制工程：第四版[M]. 北京：高等教育出版社，2014.

[6] 李圭白，张杰. 水质工程学：第二版[M]. 北京：中国建筑工业出版社，2012.

[7] 张自杰，林荣忱，金儒霖. 排水工程：第四版[M]. 北京：中国建筑工业出版社，2000.

[8] 环境保护部. 污水气浮处理工程技术规范：HJ 2007—2010[S]. 北京：中国环境科学出版社，2010.

[9] 住房和城乡建设部，国家市场监督管理总局. 室外排水设计标准：GB 50014—2021[S]. 北京：中国计划出版社，2021.

[10] 环境保护部. 污水混凝与絮凝处理工程技术规范：HJ 2006—2010[S]. 北京：中国环境科学出版社，2010.

[11] 环境保护部. 污水过滤处理工程技术规范：HJ 2008—2010[S]. 北京：中国环境科学出版社，2010.

[12] 邓麦村，金万勤. 膜技术手册：第二版[M]. 北京：化学工业出版社，2020.

[13] 国家环境保护总局科技标准司. 环境保护产品技术要求　超滤装置：HJ/T 271—2006[S]. 北京：中国环境科学出版社，2006.

[14] 生态环境部. 芬顿氧化法废水处理工程技术规范：HJ 1095—2020[S]. 北京：中国环境出版集团，2020.

[15] 生态环境部第二次全国污染源普查工作办公室. 第二次全国污染源普查产排污系数手册[M]. 北京：中国环境出版集团，2022.

[16] 许保玖，龙腾锐. 当代给水与废水处理原理：第二版[M]. 北京：高等教育出版社，2000.

[17] Mark M Benjamin, Desmond F Lawler. Water quality engineering physical chemical Treatment Processes[M]. Wiley, 2013.

[18] Metchalf, Eddy I Aecom. Wastewater engineering treatment and resource recovery[M]. Mc Graw Hill Education, 2014.

[19] Rumana Riffat. Fundamentals of wastewater treatment and engineering[M] . CRC Press, 2012.

[20] Arcadio P Sincero Sr, Gregoria A Sincero. Physical-chemical treatment of water and wastewater[M]. CRC Press, 2002.

[21] Qasim S R, E M Motley, G Zhu. Water works engineering: planning design and operation[M]. New Jersey: Prentice Hall, 2000.

[22] Howe K J, D W Hand, J C Crittenden, et al. Principles of water treatment[M]. New Jersey: John Wiley & Sons, 2012.

[23] Metcalf & Eddy Inc. Wastewater engineering: treatment and reuse[M]. 4th ed. Boston: McGraw-Hill, 2003.

[24] Cleasby J L, Logsdon G S. Water quality and treatment[M]. 5 th ed. New York: McGraw-Hill, 1999.

[25] Qasim S R. Wastewater treatment plants: planning design and operation[M]. 2nd ed. New York: CRC Press, 1999.

[26] Schreiber LLC/Bosman Water Management International. Fuzzy filter® compressible media filter for high-rate suspended solids removal in industrial Municipal, Sewer Overflow and Reuse Applications. http: //www.bosman-water.com.

[27] Amirtharajah A. Optimum backwashing of sand filters[J]. Journal of the Environmental Engineering Divsion, 1978, 104（5）: 827-961.

[28] Roberts Hulbert. Hydraulics of rapid filter sand[J]. JAWWA, 1933, 25（1）: 19-65.

[29] Fair G M, L P Hatch. Fundamental factors governing the streamline flow of water through sand[J]. JAWWA, 1933, 25: 1551-1563.

[30] Batek R C, H Lin, P G Baumann, et al. Cloth media filter retrofit of sand filters increases filtration capacity[J]. World Water: Water Reuse & Desalination, 2011, 28: 38209-38223.

[31] Li J, Deepak F L. In situ kinetic observations on crystal nucleation and growth[J]. Chem Rev, 2022, 122（23）: 16911-16982.

[32] Kanungo S B, Tripathy S S, Rajeev. Adsorption of Co, Ni, Cu, and Zn on hydrous manganese dioxide from complex electrolyte solutions resembling sea water in major ion content[J].

Journal of Colloid and Interface Science，2004，269（1）：1-10.

[33] Liu Y，Shen L. From Langmuir kinetics to first-and second-order rate equations for adsorption[J]. Langmuir，2008，24（20）：11625-11630.

[34] R W Baker. Membrane technology and applications[M]. Wiley，2004.

[35] M Mulder. Basic principles of membrane technology[M]. Springer，1996.

[36] Baker R W，Wijmans J G. The solution-diffusion model：a review[J]. Journal of Membrane Science，1995（107）：1-21.

[37] Hermans P H，Bredée H L. Principles of the mathematic treatment of constant-pressure filtration[J]. Journal of The Society of Chemical Industry，1936（55）：1-4.

[38] Hermia J. Constant pressure blocking filtration laws-Applicationto power-law non-Newtonian fluids[J] . Trans. Inst. Chem. Eng，1982，60（3）：183-187.

[39] Mark M Benjamin，Desmond F Lawler. Water quality engineering physical chemical treatment processes[M]. Wiley，2013.

[40] Phattaranawik J，Jiraratananon R，Fane Anthony G. Heat transport and membrane distillation coefficients in direct contact membrane distillation[J]. Journal of Membrane Science，2003（212）：177-193.

[41] Arcadio P Sincero，Gregoria A Sincero. Physical chemical treatment of water and wastewater[M]. IWA Publishing，2003.

[42] Mohammad Abu-Orf，Gregory Bowden，William Pfrang. Wastewater engineering treatment and resource recovery 5th[M]，McGraw-Hill Education，2014.

[43] Syed R Qasim，Guang Zhu. Wastewater treatment and reuse theory and design examples volume 2[M]. CRC Press，Taylor & Francis Group，2018.

[44] Mark M Benjamin，Desmond F Lawler. Water quality engineering[M]. JohnWiley & Sons，Inc.，2013.

[45] Lim S，Shi J L，Gunten U V，et al. Ozonation of organic compounds in water and wastewater：a critical review[J]. Water Research，2022，213：118053.

[46] Vennen L，Snoeyink. Water chenistny：version[M]. U.S.A. John wiley & Sons，InC.，1980.

Journal of Colloid and Interface Science, 2004, 269(1): 1-36.

[13] Liu Y, Shen L. From Langmuir kinetics to first- and second-order rate equations for adsorption[J]. Langmuir, 2008, 24: 11625-11630.

[14] R Weber. Membrane technology equipment[M]. Wiley, 2004.

[15] M Mulde. Basic principles of membrane technology[M]. Springer, 1991.

[16] Baker R W, Wijmans J G. The solution-diffusion model: a review[J]. Journal of Membrane Science, 1995, 107(3): 1-21.

[22] Hernandez P H. Principles of the anti-oxide treatment of counter-pressure casting[J]. Journal of The Second Journal of Materials Technology.

附　录

附录 1　排放标准

序号	标准号	标准名称	标准实施时间
1	GB 39731—2020	电子工业水污染物排放标准	2021/7/1
2	GB 31572—2015	合成树脂工业污染物排放标准	2015/7/1
3	GB 31570—2015	石油炼制工业污染物排放标准	2015/7/1
4	GB 31574—2015	再生铜、铝、铅、锌工业污染物排放标准	2015/7/1
5	GB 31573—2015	无机化学工业污染物排放标准	2015/7/1
6	GB 30484—2013	电池工业污染物排放标准	2014/3/1
7	GB 30486—2013	制革及毛皮加工工业水污染物排放标准	2014/3/1
8	GB 13458—2013	合成氨工业水污染物排放标准	2013/7/1
9	GB 19430—2013	柠檬酸工业水污染物排放标准	2013/7/1
10	GB 28938—2012	麻纺工业水污染物排放标准	2013/1/1
11	GB 28937—2012	毛纺工业水污染物排放标准	2013/1/1
12	GB 28936—2012	缫丝工业水污染物排放标准	2013/1/1
13	GB 4287—2012	纺织染整工业水污染物排放标准	2013/1/1
14	GB 16171—2012	炼焦化学工业污染物排放标准	2012/10/1
15	GB 28666—2012	铁合金工业污染物排放标准	2012/10/1
16	GB 13456—2012	钢铁工业水污染物排放标准	2012/10/1
17	GB 28661—2012	铁矿采选工业污染物排放标准	2012/10/1
18	GB 27632—2011	橡胶制品工业污染物排放标准	2012/1/1
19	GB 27631—2011	发酵酒精和白酒工业水污染物排放标准	2012/1/1
20	GB 26452—2011	钒工业污染物排放标准	2011/10/1
21	GB 15580—2011	磷肥工业水污染物排放标准	2011/10/1
22	GB 26451—2011	稀土工业污染物排放标准	2011/10/1
23	GB 26132—2010	硫酸工业污染物排放标准	2011/3/1
24	GB 26131—2010	硝酸工业污染物排放标准	2011/3/1
25	GB 25468—2010	镁、钛工业污染物排放标准	2010/10/1
26	GB 25467—2010	铜、镍、钴工业污染物排放标准	2010/10/1

序号	标准号	标准名称	标准实施时间
27	GB 25466—2010	铅、锌工业污染物排放标准	2010/10/1
28	GB 25465—2010	铝工业污染物排放标准	2010/10/1
29	GB 25464—2010	陶瓷工业污染物排放标准	2010/10/1
30	GB 25463—2010	油墨工业水污染物排放标准	2010/10/1
31	GB 25462—2010	酵母工业水污染物排放标准	2010/10/1
32	GB 25461—2010	淀粉工业水污染物排放标准	2010/10/1
33	GB 21909—2008	制糖工业水污染物排放标准	2008/8/1
34	GB 21908—2008	混装制剂类制药工业水污染物排放标准	2008/8/1
35	GB 21907—2008	生物工程类制药工业水污染物排放标准	2008/8/1
36	GB 21906—2008	中药类制药工业水污染物排放标准	2008/8/1
37	GB 21905—2008	提取类制药工业水污染物排放标准	2008/8/1
38	GB 21904—2008	化学合成类制药工业水污染物排放标准	2008/8/1
39	GB 21903—2008	发酵类制药工业水污染物排放标准	2008/8/1
40	GB 21902—2008	合成革与人造革工业污染物排放标准	2008/8/1
41	GB 21901—2008	羽绒工业水污染物排放标准	2008/8/1
42	GB 3544—2008	制浆造纸工业水污染物排放标准	2008/8/1
43	GB 21523—2008	杂环类农药工业水污染物排放标准	2008/7/1
44	GB 20425—2006	皂素工业水污染物排放标准	2007/1/1
45	GB 20426—2006	煤炭工业污染物排放标准	2006/10/1
46	GB 19821—2005	啤酒工业污染物排放标准	2006/1/1
47	GB 19431—2004	味精工业污染物排放标准	2004/4/1
48	GB 19430—2004	柠檬酸工业污染物排放标准	2004/4/1
49	GB 14470.1—2002	兵器工业水污染物排放标准　火炸药	2003/7/1
50	GB 14470.2—2002	兵器工业水污染物排放标准　火工药剂	2003/7/1
51	GB 13458—2001	合成氨工业水污染物排放标准	2002/1/1
52	GB 15581—95	烧碱、聚氯乙烯工业水污染物排放标准	1996/7/1
53	GB 13457—92	肉类加工工业水污染物排放标准	1992/7/1
54	GB 4914—85	海洋石油开发工业含油污水排放标准	1985/8/1
55	GB 4286—84	船舶工业污染物排放标准	1985/3/1
56	GB 21900—2008	电镀污染物排放标准	2008/8/1
57	GB 18596—2001	畜禽养殖业污染物排放标准	2003/1/1
58	GB 18918—2002	城镇污水处理厂污染物排放标准	2003/7/1
59	GB 8978—1996	污水综合排放标准	1998/1/1
60	GB/T 31962—2015	污水排入城镇下水道水质标准	2016/8/1

附录2 工艺工程技术规范

序号	标准号	标准名称	标准实施时间
1	HJ 1095—2020	芬顿氧化法废水处理工程技术规范	2020/1/14
2	HJ 2047—2015	水解酸化反应器污水处理工程技术规范	2016/1/1
3	HJ 2024—2012	完全混合式厌氧反应池废水处理工程技术规范	2013/3/1
4	HJ 2023—2012	厌氧颗粒污泥膨胀床反应器废水处理工程技术规范	2013/3/1
5	HJ 2021—2012	内循环好氧生物流化床污水处理工程技术规范	2013/1/1
6	HJ 2014—2012	生物滤池法污水处理工程技术规范	2012/6/1
7	HJ 2013—2012	升流式厌氧污泥床反应器污水处理工程技术规范	2012/6/1
8	HJ 2010—2011	膜生物法污水处理工程技术规范	2012/1/1
9	HJ 2009—2011	生物接触氧化法污水处理工程技术规范	2012/1/1
10	HJ 2008—2010	污水过滤处理工程技术规范	2011/3/1
11	HJ 2007—2010	污水气浮处理工程技术规范	2011/3/1
12	HJ 2006—2010	污水混凝与絮凝处理工程技术规范	2011/3/1
13	HJ 2005—2010	人工湿地污水处理工程技术规范	2011/3/1
14	HJ 578—2010	氧化沟活性污泥法污水处理工程技术规范	2011/1/1
15	HJ 580—2010	含油污水处理工程技术规范	2011/1/1
16	HJ 579—2010	膜分离法污水处理工程技术规范	2011/1/1
17	HJ 577—2010	序批式活性污泥法污水处理工程技术规范	2011/1/1
18	HJ 576—2010	厌氧-缺氧-好氧活性污泥法污水处理工程技术规范	2011/1/1

附录 3 行业工程技术规范

序号	标准号	标准名称	标准实施时间
1	HJ 471—2020	纺织染整工业废水治理工程技术规范	2020/1/14
2	HJ 2059—2018	铜冶炼废水治理工程技术规范	2019/3/1
3	HJ 2058—2018	印制电路板废水治理工程技术规范	2018/9/1
4	HJ 2056—2018	铜镍钴采选废水治理工程技术规范	2018/9/1
5	HJ 2057—2018	铅冶炼废水治理工程技术规范	2018/9/1
6	HJ 2054—2018	磷肥工业废水治理工程技术规范	2018/6/1
7	HJ 2048—2015	饮料制造废水治理工程技术规范	2016/1/1
8	HJ 2045—2014	石油炼制工业废水治理工程技术规范	2015/3/1
9	HJ 2044—2014	发酵类制药工业废水治理工程技术规范	2015/1/4
10	HJ 2043—2014	淀粉废水治理工程技术规范	2015/1/1
11	HJ 2041—2014	采油废水治理工程技术规范	2014/9/1
12	HJ 2036—2013	染料工业废水治理工程技术规范	2013/12/1
13	HJ 2030—2013	味精工业废水治理工程技术规范	2013/7/1
14	HJ 2022—2012	焦化废水治理工程技术规范	2013/3/1
15	HJ 2018—2012	制糖废水治理工程技术规范	2013/1/1
16	HJ 2011—2012	制浆造纸废水治理工程技术规范	2012/6/1
17	HJ 2004—2010	屠宰与肉类加工废水治理工程技术规范	2011/3/1
18	HJ 2003—2010	制革及毛皮加工废水治理工程技术规范	2011/3/1
19	HJ 2002—2010	电镀废水治理工程技术规范	2011/3/1
20	HJ 575—2010	酿造工业废水治理工程技术规范	2011/1/1
21	HJ 564—2010	生活垃圾填埋场渗滤液处理工程技术规范（试行）	2010/4/1

附录4 城镇生活源水污染物产生系数

地区分类	地区	指标名称	单位	产生系数
一区	黑龙江、吉林、辽宁、内蒙古东部	人均综合生活用水量	L/（人·d）	151
		折污系数	量纲一	0.80
		化学需氧量	mg/L	350
		氨氮	mg/L	36.5
		总氮	mg/L	48.7
		总磷	mg/L	4.42
二区	北京、天津、河北、山西、河南、山东	人均综合生活用水量	L/（人·d）	145
		折污系数	量纲一	0.80
		化学需氧量	mg/L	465
		氨氮	mg/L	53.2
		总氮	mg/L	73.8
		总磷	mg/L	5.76
三区	陕西、宁夏、甘肃、青海、新疆、内蒙古中西部	人均综合生活用水量	L/（人·d）	137
		折污系数	量纲一	0.80
		化学需氧量	mg/L	460
		氨氮	mg/L	52.2
		总氮	mg/L	71.2
		总磷	mg/L	5.12
四区	上海、江苏、浙江、安徽、江西、福建	人均综合生活用水量	L/（人·d）	203
		折污系数	量纲一	0.85
		化学需氧量	mg/L	340
		氨氮	mg/L	32.6
		总氮	mg/L	44.8
		总磷	mg/L	4.27
五区	广东、广西、湖北、湖南、海南	人均综合生活用水量	L/（人·d）	240
		折污系数	量纲一	0.89
		化学需氧量	mg/L	285
		氨氮	mg/L	28.3
		总氮	mg/L	39.4
		总磷	mg/L	4.10
六区	重庆、四川、贵州、云南、西藏	人均综合生活用水量	L/（人·d）	179
		折污系数	量纲一	0.83
		化学需氧量	mg/L	325
		氨氮	mg/L	37.7
		总氮	mg/L	49.8
		总磷	mg/L	4.28